现代化学专著系列·典藏版 43

药用高分子材料与现代药剂

陈建海 主编

奚廷斐　潘仕荣　周长忍　张立德 副主编

科 学 出 版 社

北　京

内 容 简 介

药用高分子材料学是一门新兴的边缘学科，它不仅是生物材料学的一个分支，而且已成为现代药剂学不可缺少的重要组成部分。本书作者在多年科研的基础上借鉴国内外最新成果，力求全面、深入地介绍药用高分子材料及其在现代剂型中的应用。全书以材料特性为中心，以材料在现代剂型中的应用为宗旨，将药用高分子材料学与现代药剂学有机地融为一体。本书由基础篇和专论篇两大部分组成。基础篇论述了药用高分子材料与药剂学关系，介绍材料合成机理与方法、物理性能及表征方法等；专论篇系统地叙述了药用生物可降解材料等五大类不同功能材料的特性、产生特殊功能的机理及这些材料在各种给药系统中的应用。

本书可供从事高分子和药学教学、科研、生产等方面的从业者参考阅读，对相关专业的研究生和本科生也具有重要的参考价值。

图书在版编目(CIP)数据

现代化学专著系列：典藏版 / 江明，李静海，沈家骢，等编著. —北京：科学出版社，2017.1

ISBN 978-7-03-051504-9

Ⅰ.①现… Ⅱ.①江… ②李… ③沈… Ⅲ. ①化学 Ⅳ.①O6

中国版本图书馆 CIP 数据核字(2017)第 013428 号

责任编辑：刘俊来/责任校对：钟 洋
责任印制：张 伟/封面设计：铭轩堂

科学出版社出版
北京东黄城根北街 16 号
邮政编码：100717
http://www.sciencep.com
北京厚诚则铭印刷科技有限公司印刷

科学出版社发行 各地新华书店经销

*

2017 年 1 月第 一 版 开本：720 × 1000 B5
2017 年 1 月第一次印刷 印张：22 1/2
字数：426 000

定价：7980.00 元（全 45 册）

作 者 简 介

陈建海　第一军医大学教授，博士生导师。北京大学理学硕士学位，国际 Controlled Release Society 和 The American Association of Pharmacentical Scientists 高级会员。任《药学学报》、《中南药学》等杂志编委，国家纳米专项基金与自然科学基金评审专家，广州市纳米专项组专家。1986 年赴比利时 Liege 大学留学，1996 年在英国 Nottingham 大学药学院工作。长期从事药用生物降解材料与现代药物剂型研究工作，先后主持国家“863”项目、国家自然科学基金、军队医药卫生基金、中国科学院基金、国防基金、省重点攻关项目等 10 项，获得军队、省部级科技进步二、三等奖 5 项，获国家发明专利 2 项，荣立总后三等功 1 次。以第一作者名义，在国内外主要学术刊物上发表论文 70 余篇。任本书主编，撰写前言及编著第一、五、六、八、十等五章，汇编附录。

奚廷斐　中国药品生物制品检定所研究员，博士生导师，医疗器械中心主任，北京医科大学医学硕士学位。曾在日本国立医药食品卫生研究所工作，从事生物材料、人工器官和组织工程的评价与标准研究。获省部级科技进步奖五项，发表论文 100 多篇，著作 8 部，兼任国家科技奖励评委药械组专家，中国生物医学工程学会常务理事，生物材料分会主任等职。任本书副主编，负责编著第二、三章。

潘仕荣　中山大学教授，博士生导师，华南理工大学硕士学位。曾在美国 Cleveland Clinic Foundation 作访问学者，历年主持国家和省部级科研课题 13 项，获成果 3 项，获国家发明专利 1 项，已发表论文近 50 篇。任本书副主编，负责编著第九章。

周长忍　暨南大学教授，博士生导师，科技学院生物材料室主任，中山大学博士学位。一直从事生物材料方面的研究工作，历年来主持国家及省部级课题 11 项。获部级科技奖 1 项。在国内外学术刊物发表论文 40 多篇，兼任中国生物医学工程学会生物材料分会常任理事兼秘书长，广东省人体组织工程学会副会长等职。任本书副主编，负责编著第四章。

张立德　河北医科大学教授，硕士生导师，曾任药学院院长，享受国务院特殊津贴。一直从事控缓释等新剂型研究。在国家级刊物上发表论文40余篇，论著2部，获省部级科技进步二、三等奖2项，兼任河北省药学会副理事长等职。任本书副主编，负责编著第七章。

序

《药用高分子材料与现代药剂》一书即将和大家见面，这是一件值得重视和庆祝的大事。它反映了我国学者已经认识到现代药用辅料（或称赋形剂、添加剂或填料等）与药物产品质量之间的密切关系。特别是在药物制剂发展到现代剂型时代后。剂型本身在医疗保健中的要求日益提高，已经达到以系统工程高度指导研制解决疾患的水平了。这种科学进步与要求已大大超过对历史上的所有制剂。

值得注意的是，20 世纪 40 年代前，药物制剂的制备与生产都是依靠传统经验积累，没有严格标准，也谈不上要求统一。第二次世界大战结束后，药物制剂进入了剂型时代，即将一定剂量药物与其必要的规格要求用型体固定以利工业化生产。任何一类剂型或个别型体都须通过明确的物理学、化学、生物学等有关科学实验，连同必要的药动学、药效学、有效性、安全性检验，并以一定数量的临床病人验证可行时才能试投市场。剂型是由药物与辅料通过一定工艺制成的。它的设计要涉及型体、主药与辅料。若是辅料的质量与用量无保证、不先进，怎能保证高质量新产品的生产和与人家竞争呢？

应该注意的另一点是，从 80 年代以来，含药微粒（甚至毫微粒）分散体（如微粒、微晶、微球、微囊）的剂型生产技术发展非常快，深受欢迎的原因主要是由于难溶性复杂新药通过这种处理分散为微粒级粒子后容易顺利分布于全身。此外，微粒级粒子还可用适当赋型剂包封以改变原药的性质和强度，并可降低产品的副作用和增加其稳定性。微粒剂型的出现，大大提高了中外医药实践的深度和广度。这些现代剂型的出现不仅仅是由于工艺技术的先进，更重要的是由于适合人体和工艺的高分子辅料的出现。因此，现代剂型中的辅料，已经到了与主药成分同样对待和考虑的时候了。

我很同意陈建海教授在前言中的阐述，先进的思想变成了行动。全书先讲“理论”后以“专论形式”叙述当今国际前沿研究的新剂型，并举实例阐明。本书作者在国内第一次将药用生物材料学与药剂学有机联系起来，以现代剂型的研制创新为宗旨，以材料的特殊功能为线索，用现代剂型的发展带动药用生物材料的推陈出新，是本书的首创。

本书的内容反映了当今药用生物材料与现代药剂学的国际前沿研究课题，得到了许多生物材料学与药剂学老前辈的首肯与鼓励，获得中国科学院科学出版基金的支持。另外，本书着重理论与实践相结合，简练易读，对药剂研制学者很有启发性，是一本先进的药剂学高级参考书。

我相信，本书的出版，对沟通与促进生物材料学与药剂学两个学科的相互渗透与发展，对现代药剂专业高级人才的培养，对现代制剂的研究与开发都将起着积极的推动作用。

愿陈先生等几位教授继续积累，使本著作今后能更加有力地推进我国现代药剂事业的发展。

刘国杰

中国药学会药剂专业委员会名誉主任委员
中国药科大学药剂学教授、博士生导师
2003 年 4 月于南京

前 言

药用高分子材料在经典药剂学中，仅占辅料的一小部分。近年来随着现代剂型的出现与新制剂不断涌现，药用高分子材料在现代药剂中越来越显示出它的重要地位和作用。如今，它已成长并逐步完善，形成了一门独立又交叉的学科，成为现代药剂学不可分割的一个重要组成部分。

从材料学角度看，药用高分子材料应隶属于材料学，严格地说是生物材料学的一个分支。它是以高分子化学、高分子物理以及聚合物工艺学的理论与实践为基础，以药物剂型或制剂的需要为依据，以设计与合成具有某种特殊功能的材料为宗旨的一门综合性学科。从这个意义上说，它是材料学与药学联姻的结果。

过去认为，高分子材料学与药剂学无论在体系上或内容上都是相距甚远的两个互不关联的学科。**如何将高分子材料学与药剂学有机地联系起来，如何在药剂工作者与生物材料工作者之间架起一座沟通桥梁，既为生物材料工作者指明研究开发发展的方向和道路，又为现代药剂工作者提供新剂型设计思路与制剂的原料，这是一个崭新的课题，也是本书的宗旨与特色所在。**

鉴于许多药学工作者较少系统地了解高分子材料化学与物理的原理与特性，本书特撰写了第一部分——基础篇(前五章)，简要而系统地阐述了药用高分子材料的分类、材料的生物相容性、安全性评价标捉与方法、材料稳定性与降解机制；对材料的合成机理、方法与改性途径做了一般性介绍；对高分子材料的物理特性以及表征方法，也做了简要叙述。为第二部分——专论篇打下必要的理论基础。

专论篇以药用高分子材料的特殊功能为线索，分门别类阐述材料的分类与特性及产生这些特殊功能的机理；重点讨论了材料在各种现代剂型中的应用。书中涉及到各类药用高分子材料达数百余种，涉及到的现代剂型有：控缓释给药系统、靶向给药系统、微粒工程给药系统包括微球(囊)、毫微球(囊)、脂质体、胶束、微乳剂等，脉冲给药系统、智能化给药系统、黏膜黏附给药系统、经皮给药系统、植入与介入给药系统、DNA 基因治疗给药系统等。

本书的主要特点有：

1. 内容新颖，具有前瞻性。本书内容是笔者积累多年的本科生、研究生教学经验、科研成果，并结合参考近几年国内外最新文献编著而成。有些材料与剂型可能还处于临床或实验室阶段，但代表着发展的方向，有助读者从中受到启迪、汲取营养,为科研与开发新产品提供参考。

2. 阐述深入浅出,避免繁冗的数学公式推导,做到有理论与原理,有技术与工艺,又有应用与实例。本书既为入门者提供基础知识,又为科研工作者介绍最新材料与制剂成果。专论篇每章末尾均列出有关的最新发表的文献。

3. 以阐述药用高分子材料特性为中心,以材料在现代剂型中的应用为宗旨,将药用高分子材料与现代药剂学有机地融为一体。

本书的编著者,都是现在仍然工作在生物材料与现代药剂学第一线、从事教学与科研工作的年富力强的专家与教授,他们不仅承担着繁重的指导博士、硕士研究生的教学与科研任务,有些还担任重要的业务领导工作。本书是他们利用业余时间,历经两年时间才完稿的。

本书在编写过程中,得到药剂学老前辈刘国杰教授的关怀与鼓励,得到第一军医大学南方医院及其药学部领导的关心和支持,我的几届学生和同事李国锋、任非、李宝红、杨西晓、曾芬等,参加了部分资料收集及文字核对工作,在此一并深表谢意。

特别应提及的是,在本书初稿形成之时,承蒙中国科学院科学出版基金委员会专家们的垂青以及他们对我国科学事业发展的支持。本书有幸获得科学出版基金资助,为本书的顺利出版注入了活力,在此,对基金委员会给予的厚爱与大力支持表示衷心感谢。

药用高分子材料学是跨学科的新领域,涉及内容广,本书仅为一种探索。限于时间和水平,难免有许多不足甚至错误之处,敬请读者批评指正。

陈建海
2002 年 10 月于广州

目　录

专　论　篇

基础篇

第一章　绪　　论

第一节　药用生物材料概述

一、药用生物材料概念

“药用生物材料”是近几年来随着现代药剂学发展而提出的一个新术语，也是材料学不断发展、衍生出来的一门新学科。

（一）药用生物材料的定义

生物材料是一切用于人体，并直接或间接接触人体，而不产生任何影响的一类特殊材料。它包括：长期或暂时植入人体作为治疗或功能的替代材料，通过各种途径，如口服、注射、吸入、植入、介入等进入人体的各种材料与器械，以及与人体皮肤、组织、体液、细胞直接或间接接触的材料，包括包装药品材料与医疗器械，以及组织工程所用到的材料，都属于生物材料范畴[1]。

生物材料与普通工程材料的最大区别是：生物相容性（无毒副作用）[2,3]。这是生物材料精华与价值的体现。

生物材料可分为医用生物材料与药用生物材料两大类。医用生物材料是临床治疗上与人体直接或间接接触的所有生物材料。药用生物材料（pharmaceutical biomaterials or biomaterials for pharmaceutics）是现代药物制剂中协助主药（原料药）产生特殊功能的一类材料，如控缓释、靶向、黏附等，以及包装药品或与药品直接接触的一类生物材料。

药用生物材料可分为药用无机材料与药用高分子材料两大类，前者占的比例很小，可以说绝大部分药用生物材料是高分子材料，因此，常常用**药用高分子材料**来替代**药用生物材料**一词，本书讨论的内容主要涉及药用高分子材料的基本理论、合成、改性方法、技术，表征的现代手段，以及它在现代药剂学中的应用。为节省篇幅，以下各章中出现的“材料”或“高分子材料”统统指“药用高分子材料”。

（二）“药用生物材料”与传统“辅料”的共同点与不同点

在许多药学教科书中常用“辅料”这一术语，全称应为“药物制剂辅料”（pharmaceutical preparation necessities）或药物制剂助剂（pharmaceatical aids）。国外有的部分学者定义为药物赋形剂（pharmaceutical excipients）或药物添加剂与基质（pharmaceutical additives and bases），这一术语概括起来有两个含义：其一“辅料”是与主药不同的另一种材料，它单独没有药效作用；其二“辅料”是制剂中不可少的(必需品，necessities)主药辅助材料。

本书使用的“药用生物材料”与“药剂辅料”[4]有部分相同的内涵，但又有明显的区别。它们的共同的内涵是：它们都是主药以外的另一种材料，一般说来它们单独使用无药效作用(部分具有很小的医疗价值与防治作用)[5]，但又是制剂中必不可少的辅助材料。从这一点意义上说，它们二者是同义词。它们的不同点在于：

1. 出发点不同，产生的术语叫法不同。“辅料”一词是站在药剂学的“立场”上来看问题，所以把原料药叫为“**主药**”，而把除原料药以外的材料，统统叫做“辅(助)(材)料”；而从材料学的观点看，“辅料”是生物材料属下的一个分支，看做生物材料中应用于药剂中的那一部分材料。

2. 历史发展与科学进步造成的内涵差异。“辅料”一词，历史悠久。它的名字与传统剂型相伴随。传统剂型的膏丹丸散，以及大工业化后的片剂、注射剂、胶囊剂等所用到的“辅料”，基本上都是天然或半天然材料，如纤维素及其衍生物、淀粉及衍生物、明胶等，以及少量化工合成产品。这些材料功能单一，来源方便，制备简单。随着科学的进步与新剂型的涌现，这些传统的“辅料”已远远不能满足药剂学发展的需要。随之而来，大量人工合成的生物材料用于一些新剂型，如丙烯酸类高分子材料出现，使胃溶片与肠溶片药物剂型问世。还有现在的许多控缓释制剂中所用的载体材料，如生物可降解材料——聚乳酸、聚乙醇酸及其相应的共聚物等都不是传统意义上的“辅料”，而是新一代的药用高分子材料。可以预言，随着新的剂型产生，如靶向给药系统、脉冲式给药系统、智能反馈式给药系统出现，必然会涌现出一批崭新的人工合成的药用高分子材料，这些材料在结构复杂化程度、功能化程度，以及在改造主药性能方面，与现有的“辅料”有天壤之别。

3. 涵盖的范围不同。“辅料”除带有“经典”含义之外，它包含制剂中用到的所有气体、液体、半固体与固体所有材料，特别是一些小分子的物质，如无机酸、碱、盐，有机物的醇、酚、酯、醚，以及一些小分子乳化剂、助乳剂、助悬剂、添加剂等。从这个意义上说，“辅料”一词比本书用的“药用生物材料”具有更加广泛的涵义。

“药用生物材料”主要侧重于一些天然、半天然、或人工合成的大分子液体或固体一类生物材料，它主要应用于“现代制剂”中的载体，在药剂中起着某些特殊功能作用，如固体或液体药物的分散作用、控缓释作用、包合作用、乳化作用、黏附作用、靶向作用、对环境刺激的反馈作用等等，但它一般不包括传统“辅料”中的小分子物质。从这一点意义上说，它比“传统辅料”所包含内容的范围要窄。

药用生物材料还包括那些包装药品与药品直接接触、药用生物材料与辅料包含的范围，可能发生物理化学作用的材料，如注射用针筒、输液袋、包装药片或药物胶囊的薄膜等(图 1-1)。

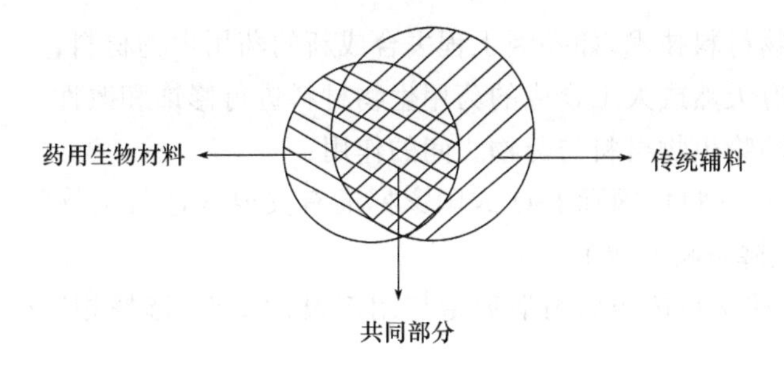

图 1-1　药用生物材料与传统辅料包含范围示意图

二、药用生物材料学的研究内容

（一）药用生物材料学的由来

药用生物材料学是一门新兴的学科，是材料学与药学联姻的产物，是一门边缘交叉学科。材料学与药学都是经典的一级学科。材料学下属的二级学科有无机材料、有机高分子材料、金属材料等。生物材料是材料学下属的二级学科，而药用生物材料是生物材料下属的三级学科。

药学下属的二级学科有药剂学、药理学、药化学、药事管理等。在二级药剂学科下属有：工业药剂学、物理药剂学、生物药剂学、药用生物材料学、药物动力学以及临床药学等。可见，药用生物材料学也是药学下属三级学科[6]。图 1-2 列出材料学与药学学科树第三代学科——药用生物材料学。

（二）药用生物材料学研究内容

药用生物材料学既然是材料学与药学衍生并结合的结果，它的宗旨应根据现代药剂学不同剂型提出的要求，按照材料学的内部固有规律，去设计、研制、开发新的药用生物材料，满足新剂型的各种功能要求，具体内容可包括：

1．根据物理药剂学提出的剂型和制剂设计的理论基本要求，用计算机设计新的具有特殊功能的生物材料；

2．应用材料化学，材料物理及材料工艺学的基本原理与理论，按照药剂学需要的材料组成与结构，去合成新的生物材料；

3．用现代各种仪器与手段，去分离、纯化新的生物材料，以便达到较好的生物相容性效果；

4．采用各种现代仪器与手段，如 IR、NMR、DSC、GPC、X 衍射等表征材料结构和性能；

5．从自然界动物、植物或海洋生物中提取纯化新的物质作为药用生物材料；

6．用生物工程、微生物发酵等方法研制、提纯、开发新的药用生物材料；

7. 用生物材料技术，如基因工程去合成新的药用生物材料；

8. 对现有天然或人工合成的药用生物材料进行修饰和改性；

9. 研究药物生物材料与药物之间的作用；

10. 对药用材料按国际 ISO 或国家标准有关要求进行生物学的评价（包括相容性、稳定性、降解机制等）；

11. 将这些材料按照药剂学剂型与制剂设计要求，选择相应模型药物进行体外实验；

12. 研究药用生物材料与人体组织、体液、细胞相互作用的机理。

三、药用生物材料的分类

药用生物材料分类方法大致有 6 种：

（一）按材料的来源分类

1. 天然材料　从动物、植物、海洋生物、矿物中提取得到的材料，如多糖类淀粉、纤维素、植物凝集素、多肽、蛋白类、透明质酸、明胶、无机硅酸盐材料；

2. 半天然材料或称改性天然材料　以天然材料为基础，进行某种基团修饰，改变其溶解性、结晶度、黏附性、复合性等物理化学性能，如各种纤维素衍生物、改性天然胶类等；

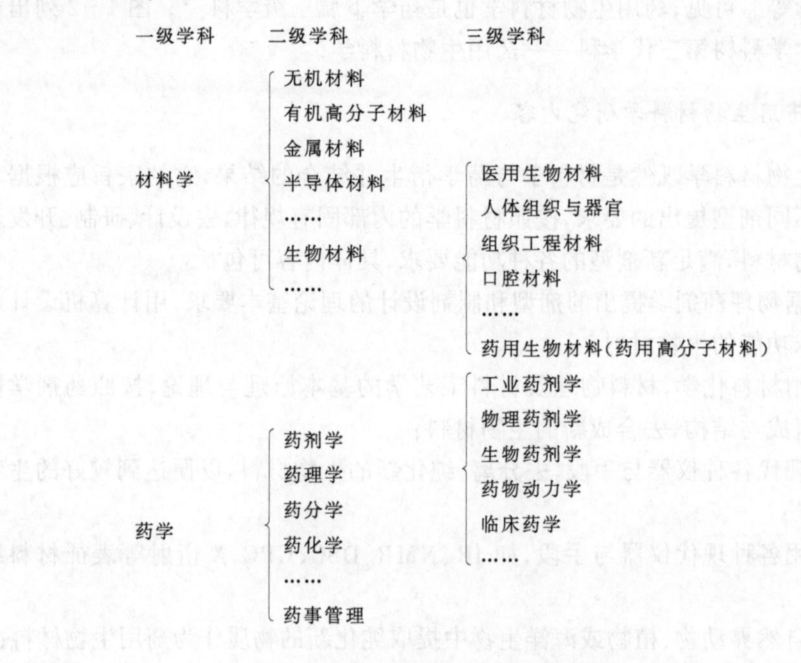

图 1-2　材料学与药学三级学科树示意图

3. 人工合成的生物材料　这类材料中最大量的是生物高分子材料，这主要原因是高分子材料的“人工可裁剪性”造成的材料结构与性能的多样性，此外还有无机高分子材料，如不同分子量的羟基磷酸钙及硅酸盐等。

这种分类方法的缺点是太笼统，看不出材料的主要用途。

（二）按材料稳定性分类

按照这种分类方法可分为可降解生物材料和惰性材料两大类。

可降解材料中又可按作用的环境分为：热可降解材料、光降解材料、酸碱介质可水解材料、酶降解材料、细菌可降解材料、超声与电刺激可降解材料等，对于药用生物材料需求而言，一般地说，希望进入人体后要么可生物降解（水解与酶解），降解的中间产物与最终产物必须对人体无毒副作用；要么是惰性很大的材料，即无机小分子渗出，最后完全排出体外。

（三）按材料种属分类

可分为无机生物材料、有机高分子生物材料、合金生物材料、微生物合成材料、生物技术合成生物材料等。

（四）按现代制剂与剂型分类

1. 控缓释给药系统［controlled or sustained release Drug Delivery Systems (DDS)］；
2. 微粒工程系统（particle engineering DDS）；
3. 靶向给药系统（targeting DDS）或定位给药系统（site-specific DDS）；
4. 智能给药系统（intelligent DDS）或自我调节给药系统（self-regulated DDS）；
5. 经皮给药系统（transdermal DDS）；
6. 黏膜给药系统（mucosal DDS）；
7. 植入给药系统（implanting DDS）；
8. 多肽、蛋白、疫苗类药物给药系统（peptide, protein and vaccine DDS）；
9. DNA 基因治疗给药系统（DNA DDS for gene therapy）。

上述九个大系统中还可以继续细分，如微粒工程系统可分为：微球或微囊给药（microspheres or microcapsules）；纳米球或纳米囊给药（nanospheres or nanoparticles）；脂质体给药（liposome）；大分子胶束给药（macromolecule micelles）等，而这些不同类型微粒系统，可以出现在上述另外 8 种给药系统中，也就是说，上述分类的九大现代给药系统所用的药用生物材料是相互交叉和重叠的，即经常出现一种材料在多个系统中应用（一材多用）的情况。因此，这种分类只能适合于研究不同给药系统制剂方法和技术的分类。

（五）按材料化学结构分类

(1) 聚酯类 $\left[R-\overset{\overset{\displaystyle O}{\|}}{C}-O\right]$ polyesters

(2) 聚丙烯酸类 $\left[\underset{\underset{\displaystyle R}{|}}{CH_2}-\underset{\underset{\displaystyle COOH}{|}}{CH}\right]_n$ polyacrylate

(3) 硅橡胶类 $\left[\underset{\underset{\displaystyle R}{|}}{\overset{\overset{\displaystyle R}{|}}{Si}}-O\right]_n$ silicone rubber

(4) 聚碳酸酯类 $\left[R-O-\overset{\overset{\displaystyle O}{\|}}{C}-O\right]_n$ polycarbonates

(5) 聚氨酯类 $\left[R-NH-\overset{\overset{\displaystyle O}{\|}}{C}-O\right]_n$ polyurethanes

(6) 聚脲 $\left[R-NH-\overset{\overset{\displaystyle O}{\|}}{C}-NH\right]_n$ polyurea

(7) 聚砜 $\left[C_6H_4-\underset{\underset{\displaystyle O}{\|}}{\overset{\overset{\displaystyle O}{\|}}{S}}-C_6H_4\right]_n$ polysulfone

(8) 聚原酸酯类 $\left[O-\underset{\underset{\displaystyle R'}{|}}{\overset{\overset{\displaystyle OR}{|}}{C}}-O\right]_n$ polyotho esters(POE)

(9) 聚酰胺类 $\left[R-\overset{\overset{\displaystyle O}{\|}}{C}-NH\right]_n$ polyamides

(10) α-氰基丙烯酸酯 $\left[CH_2-\underset{\underset{\displaystyle COOR}{|}}{\overset{\overset{\displaystyle CN}{|}}{C}}\right]_n$ poly(alkylcyanoacrylate)s

(11) 多糖类及其衍生物(淀粉、纤维素、纤维素酯类、醚类衍生物、壳多糖、透明质酸等)		polysaccharides
(12) 蛋白类与多肽类		proteins and polypeptide
(13) 乙烯类,如聚乙烯醇(PVA)、聚乙烯吡咯烷酮(PVP)、乙烯-乙酸乙烯共聚物(EVA)等		polyethylene
(14) 聚醚类,如聚乙二醇(PEG)		polyethers
(15) 偶氮基团类	—N=N—	azo-polymer
(16) 聚磷酸酯	$\left[O-P(=O)(OR)-O \right]_n$	polyphosphate ester
(17) 聚膦腈类	$\left[N=P(R)(R') \right]_n$	polyphosphazenes
(18) 羟基磷灰石及其衍生物	$Ca_{10}(PO_4)_6(OH)_2$	hydroxyapatite(HAP)
(19) 聚氯乙烯类	$\left[CH_2-CHCl \right]_n$	poly(vinyl chloride)(PVC)
(20) 聚丙烯类	$\left[CH(CH_3)-CH_2 \right]_n$	polypropyrene(PP)
(21) 聚苯乙烯类型	$\left[CH_2-CH(C_6H_5) \right]_n$	polystyrene(PS)
(22) 聚醚类:环氧树脂等	—O—	polyether

这种分类方式的优点是:具有化学结构相似、材料理化性能相近、比较适合于化学研究工作者,但分类太散,有些不同化学结构材料,其在制剂中的作用是相同的,而同类结构的不同衍生物,性能可能差别较大,如同样是纤维素衍生物的乙基纤维素(EC)与羧甲基纤维素纳(CMC-Na),前者不溶于水,常做制剂的包衣材料与阻滞剂,而后者极易溶于水,常做增黏、增稠及助悬剂,两者性质与用途有天壤之别。

(六) 按材料的特殊功能分类

1. 生物可降解材料
2. 药用水凝胶材料
3. 黏膜黏附性材料
4. 两亲(亲水、亲油)生物材料
5. 离子聚合物及其复合物
6. 惰性生物材料

这种分类方法把具有某种功能特性的材料加以归类,优点是:其一,便于从事剂型研究人员从剂型或制剂特殊要求出发,去寻找相关的药用生物材料。比如:如果要研制一种口腔黏膜片,就可以在黏膜黏附生物材料中寻找参考的有关资料;其二,能更深地挖掘与发现材料与人体组织作用机理与理论,本书的目的不单单提供读者什么材料可在什么剂型或制剂中使用,或简单地将堆积材料提供给读者,还要告诉读者为什么这种生物材料可以用于这种制剂,也就是这种材料功能所依赖的生理作用基础,如黏膜黏附生物材料中丙烯酸类与聚多糖等材料,为什么会产生对黏膜的黏附,黏附机理是什么,这样可使读者在选择材料时,做到举一反三,不局限于书中所提供的材料,因为任何一本书籍不可能百分之百地将所有材料都罗列其中,更何况新兴材料层出不穷;其三,能尽可能地减少各类材料的交叉与重复(当然有些交叉是不可避免的)。

本书的专论篇就是按照材料具有的特殊功能来分类的。由于可降解生物材料在现代制剂中的特殊地位,它的应用广泛性与良好前景,在专论中第六章用较大篇幅叙述它在控缓释系统中应用、释药机理以及具体几种重要可降解生物材料。水凝胶是药物制剂中常用到的材料,不仅现代制剂中用到许多新型水凝胶材料,而且在经典的制剂中也是不可缺少的“辅料”,因此,在第七章中花了一定笔墨重点叙述“老辅料”在新型制剂如靶向制剂中应用;第八章在论述材料与黏膜黏附机理基础上,总结出黏膜黏附材料的共同特点,并分门别类叙述这些材料在胃肠道黏膜给药、口腔黏膜给药、鼻腔黏膜给药、眼部给药、子宫与阴道黏膜给药、经皮给药系统中的应用;第九章以具有亲水、亲油的两性高分子材料为主线,论述了该类材料组成的两性大分子“胶束”,两性天然与改性材料组成的脂质体与乳化剂在现代药物剂型中的应用;第十章的离子聚合物及其复合物是一类新兴材料,虽然在当前临床中应用不多,但它在基因治疗,智能给药系统及液体控缓释制剂中展现出美好的前景。作者将其基本原理、材料主要种类及可应用的领域推荐给读者,让读者吸收、消化、创新,在自己的科研工作中推出更新的成果。

专论篇中各章以药用生物材料为主线贯穿始终,以材料在现代制剂中的应用为重点,穿插些基本原理和材料结构与性能的叙述。尽力减少繁冗深奥的公式与过多的公式推导。

各章中可能出现的内容重叠部分，经主编统筹全局，做了取舍，如第七章水凝胶材料，可能在第六章可降解材料中出现，也可能在第八章黏膜黏附材料中涉及，但每章都突出本章的特点，如第六章只着重提到可降解水凝胶，第八章的结肠定位黏膜黏附给药系统，不做详细叙述，将篇幅让位给第七章。

至于第6分类的惰性生物材料，大部分涉及与药品接触的材料，如输液、注射、包装等材料，因不涉及新剂型的应用问题，本书没有列入。

第二节　药用生物材料与现代药剂学

任何一种药物在供给临床使用时，不可能以原料药形式施用于病人，它必须制成适合于不同医疗的应用形式，这种形式通称为剂型(dosage forms)。剂型按照历史与科学发展不同阶段又分为常规剂型(convention dosage forms)或普通剂型(common dosage forms)和现代剂型(modern dosage forms)。以现代医学与药学理论、知识与技术为指导，结合当今临床医疗防治中提出的特殊新要求，研究药物新剂型与药物新制剂(new pharmaceutical preparations)的设计理论、制造技术、质量控制，形成一门新的学科——现代药剂学(modern pharmaceutics)。

一、药用生物材料是现代药剂学的基础

经典药剂学研究的药物剂型比较简单，主要包括膏、丹、丸、散和片剂、注射剂、胶囊剂、栓剂、软膏剂、液体药剂等，即有些书中说到的第一、二代制剂[7]。这一些制剂所需要的“辅料”品种、结构比较简单，“辅料”的功能也比较简单，主要起赋形、分散、黏合、稀释、增溶、润湿、包衣、稳定等作用。

现代药剂学研究的制剂比较复杂，主要包括控缓释给药系统、靶向给药系统、智能给药系统、经皮给药系统、黏膜给药系统等，即所谓第三代、第四代、第五代给药系统[7]。这些给药系统有的一次给药能维持较长时间的体内有效浓度；有的能将药物浓度集于靶器官、靶组织、靶细胞、靶分子的水平上，提高疗效，并降低全身毒副作用；有的能反映时辰生物技术与生理节律同步的脉冲式给药；有的能反馈体内局部区域生理信息，自动调节释放药量；有的能通过局部皮肤渗透达到全身给药；有的能通过身体局部黏膜给药达到治疗全身疾病的目的；有的能将DNA导入细胞，进入细胞核，纠正或更换原有缺损DNA，达到治疗某种疾病的目的……。具有这样功能的给药系统，在机理上有的相当复杂，在技术上要求很高的水平，在材料(载体)上要求独特与专一。用传统的“辅料”是无法实现上述的功能。**从这个意义上说，没有药用生物材料就没有现代药物剂型，也就不可能有现代药剂学**。换句话说，药用生物材料是现代药剂学的物质基础。现代药剂学的产生和发展必须依

赖药用生物材料学的发生和发展。

二、药用生物材料在现代药物剂型与制剂中的作用

药用生物材料、现代技术与设备是现代剂型与制剂的不可缺少的三大支柱。三者的关系是:其一,材料是现代制剂的基础,没有新型材料,再先进的技术也制备不出理想的现代剂型,“巧妇难为无米之炊”就是这个道理。比如DNA给药系统载体,用常规的“辅料”是绝对达不到目的的。如果没有卡波姆、丙烯酸类树脂材料出现,不可能出现肠溶制剂;如果没有药树脂,就不可能有口服液体微粒控缓释制剂;如果没有离子聚合物,就不会出现新一代DNA的基因治疗新技术。其二,现代技术是关键,如纳米技术、离子导入经皮给药技术[8]、脂质体制备技术等,就不可能出现纳米制剂、无刺激的、高效的经皮给药制剂、脂质体制剂等一批现代剂型。其三,现代设备是依托,没有现代化的设备,不可能使制药形成规模化与工业化。

药用生物材料在现代药物剂型中主要起以下几点作用:

(一) 增强和扩大主药的作用和疗效,降低毒副作用

主要利用靶向(定位)制剂、前体药物、控缓释制剂、脂质体、纳米制剂等新剂型,以达到减少用药量,提高局部药物浓度的疗效,减少毒副作用。

(二) 改变药物的给药途径并提高生物利用度

同一种原料药,可采用不同材料制成不同药物剂型和制剂,可以改变药物的给药途径和作用方式,提高药物的生物利用度。如某些支气管炎、肺炎等,如果用口服制剂,药物首先吸收,经肝首过效应,再分布于全身血液,到达肺部剂量就很少,若用微粉化技术与某些生物材料载体做成的吸入粉雾剂(aerosol of micropowders for inspiration),可使药物直接在气管表皮上肺泡吸收药物,增加药物的生物利用度。另外,如多肽蛋白类药物与疫苗,由于易受胃肠消化酶作用而降解,目前多数用针剂注射办法给药,给病人带来诸多不便与痛苦,若改用药用偶氮聚合物材料或直链淀粉、果胶等包埋药物,可做成口服结肠吸收的定位给药制剂,改变给药途径。也可做成微粉化的吸入粉雾剂,从鼻腔黏膜给药,如胰岛素(INS)就是个典型例子,它的口服结肠定位给药制剂,在国外已临床试用,INS的粉雾剂已在市场销售。

(三) 调控主药的体内外释药速率与释药规律

药用生物材料可以通过各种控缓释制剂,达到主药在体内的控制释放(接近于零级释药)或缓慢释放目的,延长药物在体内的作用时间,提高药物的生物利用度,同时又能降低体内血药峰值的浓度,达到减少毒性的目的。一般可用生物降解材料做成溶蚀骨架片(eroding matrix tablets),可用不溶性离子聚合物材料做成口服

的液体树脂微粒控缓释制剂,可用丙烯酸树脂等材料制成的胃内滞留片或胃内漂浮片(floating tablet),如呋喃唑酮胃漂浮片等。可用生物黏附材料卡波姆(cabomer Cb)、羟丙基纤维素(HPC)等做成的生物黏附片,用于口腔、鼻腔、眼部、阴道、胃肠道等特定部位。如普萘洛尔生物黏附片、醋酸去炎松口疮黏附片等。可用聚酯类可降解生物材料做成皮下埋植剂(implants),如长效左炔诺酮(Levonorgestrel)避孕埋植剂、T形与钥匙形子宫内孕酮释放系统等。还有用许多生物可降解材料做成的微球(囊)、纳米球(囊)、脂质体、微乳剂等做成的控缓释制剂。

药用生物材料不仅可以改变主药在体内释放速率,还可以改变释药的规律,有些病的发作或治疗是与人的生理节律相关,必须按照时辰药理学与患者病情,定量给药,才能发挥药效与预防作用。现代药剂学的时控释放系统(包括脉冲控释系统与延时释药系统等),可以解决这一问题,如用聚乙烯吡咯烷酮(PVP)和亲脂性材料(Carnauba wax, bees wax),再加致孔剂、压片包衣可做成口服地尔硫卓脉冲式控释片,预防心脏病患者在后半夜或凌晨发作或死亡。还可以用异丙酰胺衍生物类水凝胶作为温度敏感的脉冲释药系统,在人体体温高于正常体温时释药,正常体温时不释药。还可以根据药用生物高分子材料不同类型与不同分子量导致降解时间不同这一原理而设计的破伤风类毒素疫苗的脉冲制剂,使免疫接种由三次改为一次接种的多次脉冲释药,达到全程免疫的目的。所有这些新剂型都必须依赖新型的药用生物材料方可实现。

(四) 可逆性改变人体局部生理某些机能,以利于药物吸收

在经皮给药系统与黏膜给药系统中,常加入不同的吸收促进剂,以改变皮肤或黏膜的生理特性,从而提供更多通道让药物通过人体屏障,增加吸收。由于人体各部位黏膜及皮肤结构不同,这种吸收促进剂在不断更新与发展中。

(五) 改变主药的理化性质,使之更适合于药效发挥

有许多药物虽有药效,但由于本身理化性质所限制,无法发挥药效作用,如一些疏水性药物(大部分抗癌药物)很难进入靶细胞,如果将这些药物与水溶性聚合物分子形成聚合物前体药物或形成药物——聚合物的复合物,就很容易穿透细胞膜,进入细胞与细胞核,从而发挥治疗作用。这些新型药物载体有聚谷氨酸[poly(glutamic acid)],聚[*N*-(2-羟乙基)-*L*-谷酰胺]{poly[*N*-(2-hydroxyethyl)-*L*-glutamine], PHEG},β-聚(2-羟乙基门冬氨酰胺)[β-poly(2-hydroxyethyl aspartamide)],β-聚门冬氨酰肼[β-poly(aspartyl hydrazide)],葡聚糖(dextran),聚[*N*-(2-羟丙基)甲基丙烯酰胺]{poly[*N*-(2-hydroxypropyl)methacrylamide], PHPMA}等。这些材料都可做胞浆膨胀剂(plasma expanders)[9],还有些药物如灰黄霉素溶解性差,口服给药吸收差,血药浓度低,疗效结果不理想。当用 PEG-6000 制成固体分

散物后，在胃肠道内迅速溶解、吸收，提高血药浓度与全身抗真菌作用。

（六）增强主药的稳定性，掩盖主药不良味道及减小刺激性

有些药物暴露空气或见光易被氧化，有些药物口服后对胃膜有很大刺激性，有的则异味（臭味）难忍，通过用药用材料包埋，逐步解决上述问题，延长药剂有效期。如，维生素C易氧化变色，用乙基纤维素制成微囊后，可大大得以改善。用β环糊精为载体做成的维生素A、D、C、E以及挥发的三硝基甘油包合物制剂就是例子。用交换树脂（不溶性离子聚合物）与有些苦味药物（分子结构中至少含有一个氨基N原子）如，麻黄碱、伪麻黄碱、美沙芬等，做成药树脂或药树脂胶囊，可掩盖其苦味，如再和甘露醇、山梨醇微粉、蔗糖等分别混合，可制成咀嚼片，适合于老人、儿童服用。

三、现代药剂学推动和促进药用生物材料学的发展

药用生物材料学的产生和发展，是与现代药剂学产生与发展紧密相联的。许多药用生物材料是现代药剂学发展中各种剂型与制剂的需要，才去人工合成或自然界中寻找，或从动植物组织中提取，或用已有天然材料改性而来的。如，带有可摆动的多糖支链的 *N*-(2-羟丙基)-甲基丙烯酰氨与 *N*-甲基丙烯酰-氨基乙酰-氨基乙酰-半乳糖胺形成的共聚物简称[P(HPMA-co-MA-Gly-Gly-GalN)][10]，这个生物材料是专门为结肠定位黏附给药系统设计与合成的，如果没有这种现代剂型的需求，就不可能设计出这种材料来。还有一些智能化生物材料，如pH敏感材料，热敏水凝胶——聚丙烯酰胺（polyacrylamide，PAAm），*N*-取代一类衍生物，包括聚（*N*，*N*-二乙基丙烯酰胺），聚（*N*-乙基丙烯酰胺），聚 *N*-(2-羟丙基)-甲基丙烯酰胺等[11]。它们中一批复杂的衍生物都是应新剂型需求而设计合成出来的，因此，从某种意义上说现代药剂学是药用生物材料的动力与源泉。

第三节　药用生物材料的发展现状与趋势

一、药用生物材料的发展现状

（一）药用生物材料的发展历史

药用生物材料作为新兴学科的确立是近几年的事情。虽然它可以追溯至高分子化学工业发展的近半个世纪，即20世纪50或60年代，生物高分子材料开始应用于制药工业的年代。如果把天然的高分子材料也包括在内的话，药用生物材料的历史与“辅料”历史并驾齐驱。

药用生物材料学科的发展，是随着高分子化学的深入发展而产生并发展的。

众所周知，高分子化学是一门“可裁剪分子结构”的化学，而物质的物理、化学性能是由分子结构所决定的。于是在20世纪60年代末至70年代初，国际上开始有人提出功能高分子概念，即依据分子结构与功能关系理论，设计与合成新的结构的高分子，以此获得具有新功能的材料。也就是在60年代初期，北京大学冯新德教授率先在国内提出生物高分子概念，将高分子引入医学与药学领域。由于文化大革命的特殊历史原因，使这一工作被中断。直至80年代初改革开放以后，生物材料研究工作才真正开始在我国开展起来，同时为药剂学的控缓释材料的合成开展了基础研究工作，在国内真正将合成的药用高分子材料应用于临床基本上是在90年代，比较早的是丙烯酸类聚合物以及可降解的聚乳酸类高分子材料等。

药用生物材料的产生和发展是与现代药剂学的产生和发展息息相关的。80年代开始，我国的改革开放政策促进国内外学术交流，吸收、引进、消化了国外许多现代剂型与制剂新技术并为我所用，一定程度上推动了我国医药工业迅猛发展，同时也带动了我国高校、研究所研究开发现代剂型与制剂，研制与开发新的药用生物材料。

（二）药用生物材料的发展现状

近年来，随着现代药剂学与生物材料，特别是生物高分子材料的发展，随着药物制剂向三效（高效、速效、长效）、三小（毒性小、副作用小、剂量小）和生产三化（现代化、机械化、自动化）方向发展，国际上出现了一大批药物新剂型、新制剂，同时也推动了药用生物材料的研究与开发。据有关文献报道，美国每年新增上市的药用材料有数十种之多，而在实验室或临床阶段使用的新药用材料品种更多。国外药用材料正向着多品种、多规格、多型号的方向发展。如，PEG种类的型号达十余种之多，还有最近几年新开发的各种种类与型号的环糊精、丙烯酸树脂、Cabomer、poloxamer等，此外，他们还十分重视对现有天然、半天然、合成材料的化学改性，得到性能各异的多种衍生物，如在葡聚糖基础上，又开发出许多性能差异的新品种，像葡聚糖硫酸酯、苄基葡聚糖、羧甲基葡聚糖、羧甲基-苄基葡聚糖、羟乙基葡聚糖等。又如，淀粉经化学改性后，可制成预胶化淀粉、羧甲基淀粉、羟乙基淀粉等，克服了天然淀粉缺点，扩大了淀粉的用途。

改革开放以来，我国的药用生物材料的研究、开发和生产也取得很大发展，特别在实验室研究方面，能跟踪世界前沿。在实验室阶段研究，合成出许多新的药用生物材料，如各种类型生物降解材料、智能化材料等，但在开发与生产上却显得不足，其原因有以下几个方面：

1. 从事药用生物材料研究人员与药剂工作者严重脱节。从事材料合成人员只擅于材料前阶段的合成、提纯、改性与表征，而对于后阶段材料的生物学评价了解不多，工作往往停留在一般材料合成阶段，达不到药用标准。而药剂工作者只懂得如何使用这些生物材料,甚至有的对这些材料性能也不是十分了解。这就使得新型生物材料生产与应用产生隔阂与障碍。

2. 药用生物材料研制需要高技术、高投入、规模小。药用生物材料的纯度要比普通工业材料纯得多,它不能含有未反应完的单体,不能残留引发剂、溶剂等,否则会带来毒性,不符合药用标准。这些提纯不仅需要许多道工序,消耗许多试剂,而且有的杂质还不易去除,因此,在技术上有一定难度,还必须有一套生物学评价标准,这使药用材料产品的成本比普通工业产品贵数十倍甚至数百倍。普通工业用材料出售往往以"吨"或"kg"为单位,而药用生物材料以"g"甚至有些以"mg"为单位出售,可见它们二者有天壤之别。由于药用生物材料用量少,使得形成的生产规模与市场需求量也小,这就是国内许多厂家不愿意花大力气开发与生产药用材料的原因之一。在国外,一个公司需生产几十种不同种类与规格相关药用生物材料产品,才能使公司维持在一个相当的生产规模水平。

国内目前的许多"传统辅料"多是出自化工厂与食品厂,在生产工业用化工原料或食品基础上,附带生产些药用"辅料",一个工厂只能生产一二种或几种"辅料",工厂的"主力"与"精力"是花在化工原料或食品上,使得"辅料"的质量水平难以提高,规格与型号单一。这样造成了全国"辅料"生产分散,管理不严的不良状况。

3. 药用生物材料开发周期长、成本高、效益低、缺乏吸引力。药用生物材料从实验室研究到上市场,周期比普通材料要长得多,几乎和开发一个一、二类新药的周期不相上下,中间需经过多个生物学指标评价环节(详见第二章),包括动物试验和上临床,最后由国家药品监督管理局(SDA)发给批号;再者研制后期投入资金大,造成研制成本高。随之新剂型不断开发,药用生物材料的专一性越强,同种类型同一规格的材料,市场需求越少,形成规模小,效益低,远不如开发生产药物制剂的利润,使得国内许多厂家对开发药用生物材料缺乏信心。

二、药用生物材料的发展趋势

近年来,现代药物剂型与制剂正向着多样化、复杂化、专一化的方向发展[12,13],为其服务的药用生物材料也必须随着而变化,总的发展趋势如下:

(一) 品种、规格的多样化

由于剂型与制剂多样化,与之相适应的药用材料也必须多样化,才能满足制剂的需要,很难像传统"辅料"那样,一个品种一种规格的"辅料",可满足多种剂型需要。由于新剂型对载体有特殊的功能要求,使得载体应用范围变窄,这就要求不同种类、不同规格的材料供市场选择。比如现代皮下埋植剂型,载体要求体内有一年以上控缓释作用,只能选取相应降解周期的生物材料,如聚已内酯(PCL),且还必须有一定分子量大小，否则达不到制剂设计要求。

（二）材料分子结构的复杂化

从近几年药用生物材料发展趋势看，每年新增的材料大部分是人工合成的生物高分子材料，还有是已有的天然、半天然材料的改性。这些合成与改性的材料分子结构比以前更加复杂。比如说，最初脂质体组成的材料一般为磷脂与胆固醇类，磷脂类主要包括卵磷脂、脑磷脂、大豆磷脂，这种脂质体具有一般的所谓天然（被动）肝靶向，易被单核巨噬细胞系统（MPS）吞食。如果将一般脂质体改为长循环脂质体，则原有天然磷脂类材料必须换成人工合成的膜材料——二硬脂酸磷酰乙醇胺（DSPE），并再接上 PEG 链，方可避免 MPS 吞噬，后者材料只能靠合成。目前国内生产的天然磷脂在纯度上还达不到制剂要求，而合成的磷脂材料还必须依靠进口。其他热敏脂质体、pH 敏感脂质体等材料也是如此。

（三）材料功能的专一化

由于现代剂型与制剂要求的功能越来越专一，同样也要求其载体材料功能专一化，如口服结肠定位黏附系统，要求材料在酸碱及一般蛋白酶环境中，必须相当稳定，只有在偶氮还原酶环境中，才发生降解，并且还必须具有一定的黏膜黏附作用，这样的材料在自然界目前尚未发现，只有通过人工合成，且这个大分子除具有可被偶氮还原酶作用的偶氮键外，必须能抗酸、碱与耐蛋白酶，还必须具备有黏附性的基团，如多糖支链，羧、羟基等。这样的大分子是复杂的，也是专一的，几乎与释药系统呈一一对应关系。

（四）向专门化、集团化、高技术、高附加值方向发展

上述三个特点，决定了药用生物材料生产的以下几个特点：

1. 生产专门化：由于药用生物材料的功能专一化，使产品的可应用范围窄。由于材料结构的复杂化，使得生产工艺程序复杂化，这只有专门化生产才能达到，不可能像生产“辅料”一样作为工业产品的“副产物”。

2. 生产集团化：由于产品应用范围窄，社会需求量少，使产品市场小，如果产品单一、规格不多，必然在生产上难以上规模，这就必须将小厂合并形成集团，才能具有一定规模与一定效益的企业，才能在社会竞争中生存。

3. 高技术、高附加值：药用生物材料，特别是具有特殊功能的材料，技术难度大、工艺复杂、生产设备昂贵。通常产品技术含量高，具有很高的附加值。如，制备脂质体的原料，有的 1g 价值几千元，并不亚于一般抗癌原料药，这是传统“辅料”不可比拟的。

三、我国药用生物材料发展前景与展望

我国的"改革开放"方针和政策为我国医药工业的发展[14]，为药用生物材料的发展创造了良好的机会和环境。特别是加入 WTO 以后，我国的医药工业正面临着机遇与挑战[15]，这种机遇与挑战将变为一种压力与动力，推动我国药物新剂型与新制剂的改革，促进我国的药用生物材料的研制与开发，改变我国药用生物材料及制剂落后的面貌。

为了早日使我国步入世界先进医药行列，针对我国目前药用生物材料的现状，特提出以下对策。

1. 改变重"主"轻"辅"的观念，加大对药用生物材料开发的力度与投入，要新建设药用生物材料研制、开发、生产、销售为一体的基地。

2. 加强药用生物材料学科与现代药剂学的合作与相互渗透，加强药学院、所与理工院、校科研人员间相互合作，让从事药剂学工作人员多懂些生物材料科学，让从事生物材料研究人员多了解些药剂学。

3. 鼓励企业参与开发新的药用生物材料，政府在政策上予以适当倾斜，在资金上予以帮助。

4. 对原有已生产的药用材料应扩大品种数量，增加商品型号与规格，让制剂工作者有更多的选择。

5. 在药学院中增设药用生物材料专业，培养一批既具有药剂学理论基础，又具有研究、开发药用新材料的人材，满足医药工业发展的需要。

参 考 文 献

[1] 顾汉卿等.生物医学材料学. 天津:天津科技翻译出版公司,1993

[2] 国家技术监督局. 中华人民共和国国家标准,GB/T 16886. 1—2.(1997)

[3] 陈建海等.聚己内酯材料的生物相容性与毒理学研究. 生物医学工程学杂志,2000,17(4):380

[4] 罗明生,高天惠. 药剂辅料大全. 成都:四川科技出版社,1993

[5] 冯凌云等. 羟基磷灰石溶胶对 W-256 癌肉瘤细胞内钙离子浓度及细胞形态结构的影响. 中国生物医学工程学报,1998,17(4):374

[6] 平其能等. 现代药剂学. 北京:中国医药科技出版社,1998

[7] 陆彬. 药物新剂型与新技术. 北京:人民卫生出版社,1999

[8] 梁文权. 经皮给药若干新进展. 药剂学研究现状与前沿学术研讨会论文汇编,南京:2000

[9] Vasant V R, Mannfred A H. Drug Delivery Systems. New York: CRC Press

[10] Ramesh C R, Pavla K, Blanka R, et al. N-(2-hydroxypropyl) methacrylamide copolymers containing pendant saccharide moieties. Synthesis and bioadhesive properties. J Polym Sc, Part A. Polym Chem, 1992, 29:1895

[11] Peppas N A. Hydrogels in medicine and pharmacy. Vol.3. Boca Roton: CRC Press,1987

[12] 中国药学会制药工程专业委员会.微粉工程技术在药剂学领域中应用,2001 中国药学学会年会大会报

告集，北京:2001,47
[13] 中国药学会药剂专业委员会.药剂学的发展与展望,1999,32
[14] 郑筱萸.面向21世纪的中国药学会.1999中国药学会学术年会大会报告集,贵阳:1999
[15] 尹力.我国医药产业的机遇与挑战.2000中国药学会学术年会大会报告集,宁波:2000,15

（陈建海）

第二章　药用高分子材料生物相容性、安全性评价及灭菌方法

第一节　药用高分子材料及其生物相容性

生物相容性(biocompatibility)指生物材料与生物体间的相互作用结果以及生物体对这种结果的忍受程度。国际标准化组织在1987年10月的Bandol会议上提出,生物相容性指生命组织对非活材料产生合乎要求反应的一种性能。

用临床通俗语言,就是材料的“毒性大小”或“毒副作用程度”。生物材料与一般工业材料的最大区别就在于它的生物相容性。对于药用高分子材料而言,由于它伴随药物进入体内,有些暂停留于体内,有些则在体内降解、吸收,因此药用高分子材料生物相容性要求更加苛刻。

一、药用高分子材料毒性的主要来源

药用高分子材料作为药物释放体系的载体将进入人体与人体各部分组织、器官、血液相接触,有可能对人体产生毒副作用,其主要原因有:

1. 材料本身的溶出物或渗出物产生的毒性

高分子材料在合成、改性或加工过程中,会加入一些引发剂、催化剂、稳定剂等,同时材料中也会存在一些残余单体等。当材料进入人体后,由于体液的作用,这些小分子会被溶出或渗出,引起毒副作用。例如,甲醛可引起皮肤炎症,进入血液循环会引起肝中毒;聚氯乙烯中的残留单体聚乙烯有致癌作用,并有麻醉作用引起皮肤血管收缩而产生疼痛;甲基丙烯酸甲酯进入体循环会引起肺功能障碍;乙烯或苯乙烯单体对皮肤或黏膜有刺激作用等。

2. 材料降解的中间物或最终产物产生的毒性

有些高分子材料的最终降解产物虽然没有毒性,但其中间产物有时也会带来毒副作用。例如,有多篇文献报道,聚己内酯、聚乳酸等聚酯类材料在降解过程中会造成局部酸性增大,产生无菌性炎症。

3. 材料在合成或加工过程中带来的细菌或病毒污染

有时由于生产环境控制不好或产品灭菌不彻底,使得药用高分子材料带有细菌或病毒,造成热源反应或炎症反应或其他毒副反应。

因此,作为药物释放体系载体的药用高分子材料,除了满足控释的要求并与药物不发生作用外,还必须具有良好的生物相容性,尽量减小其可能产生的毒副作用。

二、药用高分子材料的生物相容性

生物相容性是指材料与人体之间相互作用产生各种复杂的生物、物理、化学反应，以及人体对这些反应的忍受程度。药用高分子材料应该对人体无毒性、无致敏性、无刺激性、无遗传毒性和无致癌性，对人体组织、血液、免疫等系统不产生不良作用。实际上完全没有不良作用的材料很难找到，但必须尽量降低材料的不良作用，并使其在人体的忍受范围内。药用高分子材料与人体相互作用产生的各种反应在图 2-1 和图 2-2 中列出。

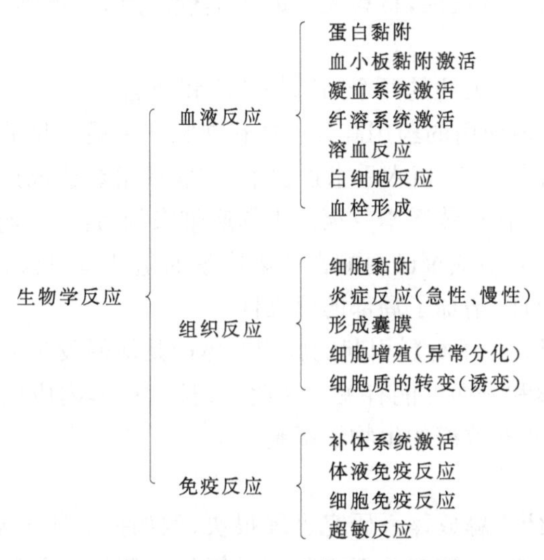

图 2-1　材料对生物体的生物学反应

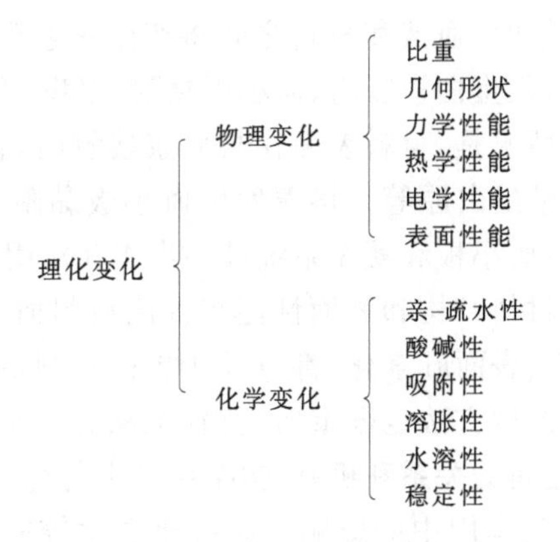

图 2-2　生物体对材料的理化性能影响

1．组织反应

皮下或组织内药物释放体系进入人体内某一部位时，局部的组织对异物产生一种机体防御性反应。例如，物体周围组织将出现白细胞、淋巴细胞和吞噬细胞聚集，发生不同程度的急性炎症。当材料有毒性物质渗出时，局部炎症不断加剧，严重时出现组织坏死。长期存在植入物时，材料被淋巴细胞、成纤维细胞和胶原纤维包裹，形成纤维性包膜囊，使正常组织与材料隔开。如果材料稳定，没有毒性物质渗出，则在半年或更长时间内包膜囊变薄，囊壁中间淋巴细胞消失。这一薄包膜囊也变成释放体系的缓释层。如果材料中残留的小分子毒性物质不断渗出，就会刺激局部组织细胞形成慢性炎症，材料周围的包囊壁增厚，淋巴细胞浸润，逐步出现肉芽肿或发生癌变。

在组织相容性中，最关注的两个问题是炎症和肿瘤。

(1) 炎症　在体内使用的药用高分子材料在临床上最常见的并发症是感染性炎症，引起感染的原因有：①植入手术过程中，皮肤或组织造成损伤给微生物的侵入提供了机会；②药物释放体系本身灭菌不彻底带来的污染；③药物高分子引出的无菌性炎症，例如，聚乳酸或聚己内酯在体内降解时造成局部酸性增加，抑制体内抗炎防御系统的反应性，增加了局部的感染性。

(2) 肿瘤　药用高分子材料引起的肿瘤在体内是缓慢发生的。与材料本身含有毒性物质以及外形和表面性能有关。因此，对长期在体内应用的高分子材料要进行慢性毒性、致突变和致癌的生物学试验。

2．血液反应

近年来，心血管药物释放体系研究进展很快，例如抗心律失常药物控释制剂，防治血管再狭窄控释制剂，抑制人工心脏瓣膜钙化的药物控释制剂。这些制剂中所用高分子材料应该具有良好的血液相容性。

材料与血液直接接触时，血液和材料之间将产生一系列生物反应。这些反应表现为：材料表面出现血浆蛋白被吸附，血小板黏附、聚集、变形，凝血系统被激活，有可能形成血栓。通常情况是：材料表面在与血浆接触时，首先吸附血浆蛋白(例如白蛋白、γ球蛋白、纤维蛋白原等)，接着发生血小板黏附、聚集并被激活，同时也会激活凝血因子，随后血小板和凝血系统进一步相互作用，最后形成血栓。

目前主要通过改变材料结构和表面性能来提高材料血液相容性。例如，采用亲水-疏水微相分离结构、表面肝素化，都有助于提高材料的血液相容性。同时研究血液相容性的体内外评价方法也很重要，特别是从分子水平上研究材料与血液的相互作用，阐明它们之间的关系和机制，包括血液中各种酶、细胞因子、补体的裂解产物在材料与血液相互作用中的影响。通过建立比较完善的血液相容性材料的设计理论和研究方法，进而更好地开发出新的血液相容性好的药用高分子材料。

3. 免疫反应

人体的免疫系统是保护屏障,可防御侵害人体健康的物质和引起疾病的感染源以及其他环境因素和肿瘤。其功能有两种主要机制:第一种,如单核巨噬细胞、粒细胞和异体巨噬细胞都属于非特异性防御的范畴;第二种是特异性针对诱导物的特异性和适应性机制,如淋巴细胞、巨噬细胞及其细胞因子产物都属于特异性防御的范畴。免疫系统可对侵入的微生物和异物进行不同方式的应答:体液免疫应答包括抗体对微生物、病毒表面抗原的反应;由 T 细胞、巨噬细胞和单核细胞介导的细胞免疫应答。

免疫毒性物质可对免疫体系产生有害的作用,改变免疫系统微妙的平衡,发生以下有害反应:

(1) 由于免疫系统中一种或多种损伤或功能削弱而发生免疫抑制反应,结果造成免疫功能抑制或机体的正常防御功能被损害。

(2) 由于特殊免疫应答中的化学物质或蛋白引起的刺激,结果引起超敏和变态反应性疾病。

(3) 由于直接或间接刺激自体应答或自体免疫,引起自身免疫性疾病。

目前有些临床已证实,有些高分子材料会产生免疫毒性。例如,有些低分子量有机分子或单体会引起超敏反应(如残留乳胶、双酚 A、丙烯酸添加剂等);有些高分子材料植入物会造成异体型慢性炎症反应,发生自体免疫疾病(如聚四氟乙烯、聚酯等)。因此,对于药用高分子材料,也必须高度重视可能发生的免疫毒性反应。

第二节　药用高分子材料的安全性评价

药用高分子材料作为药物释放体系的载体会与人体接触,有的载体在体内逐渐降解,有的甚至在体内留置 3～5 年,因此,必须对药用高分子材料进行安全性评价,以保障人民用药的安全性,并把对人体的毒害性作用降低到最低点。

一、药用高分子材料的安全性评价

目前,药用高分子材料的安全性评价主要是采用生物材料生物学评价体系,即世界标准化组织(ISO)制定的 10993 系列标准,国内为国家标准(GB/T)16886 系列标准。

1. ISO 10993 系列标准

ISO 10993 系列标准是由 ISO194 技术委员会研制的。该委员会成立于 1989 年,我国在 1994 年正式组团参加该委员会会议,并由观察委员国成为正式委员国。目前 194 技术委员会已制定了 20 个标准,其目录为:

ISO 10993-1:1997　评价与试验;

ISO 10993-2:1992　动物保护要求；
ISO 10993-3:1992　遗传毒性、致癌性和生殖毒性试验；
ISO 10993-4:1992　与血液相互作用试验选择；
ISO 10993-5:1999　细胞毒性试验:体外法；
ISO 10993-6:1994　植入后局部反应试验；
ISO 10993-7:1995　环氧乙烷灭菌残留量；
ISO/FDIS 10993-8:2000　生物学试验参照样品的选择和定性指南；
ISO 10993-9:1999　潜在降解产物的定性和定量；
ISO 10993-10:1995　刺激与致敏试验；
ISO 10993-11:1993　全身毒性试验；
ISO 10993-12:1996　样品制备和参照样品；
ISO 10993-13:1998 聚合物降解产物的定性与定量；
ISO/DIS 10993-14:1999　陶瓷制品降解产物的定性与定量；
ISO/FDIS 10993-15:2000　金属与合金降解产物的定性与定量；
ISO 10993-16:1997　降解产物和可溶出物毒力动力学研究设计；
ISO/DIS.2 10993-17　用健康风险评价建立可溶出物质允许限量的方法；
ISO/CD 10993-18:1997　材料化学定性；
ISO/CD 10993-19:　材料物理、机械和形态特性；
ISO/CD 10993-20:　医疗器械免疫毒理学试验原理和方法；
ISO/CD 10993-21:　医疗器械生物学评价标准编写指南。

2. 安全性评价试验项目选择

由于药用高分子材料作为药物释放体系的载体会与人体不同部位接触，并且接触时间也会不同，因此应按其接触部位和接触时间进行分类，并按表 2-1 选择要进行的生物学评价试验项目(打×的为应做的试验项目)。一般是在完成基本评价试验后再考虑补充评价试验。在遗传毒性试验出现阳性或被测材料与已知致癌物的结构相似时，应做致癌试验。如果材料用于计划生育或与生殖部位接触时就应补充做生殖和发育毒性试验。如果材料在体内发生降解，就应补充做体内降解试验。

3. 药用高分子材料评价原则

由于药用高分子材料的复杂性，在使用表 2-1 进行生物学评价试验选择时应考虑到各方面因素，下边是一些基本原则和注意事项：

(1) 在考虑一种材料与组织间的相互作用时，不能脱离整个药用高分子材料的总体设计。一个好的药用高分子材料必须要具备有效性和安全性，这就涉及到材料的各种性能，如化学性能、电性能、力学性能、形态学性能、生物学性能等。一个生物相容性好的材料未必具备好的力学性能。因此，一般是在材料满足其物理

表 2-1　药用高分子材料生物学评价试验指南

			基本评价的生物学试验								补充评价的生物学评价试验			
接触部位	A:一时接触(≤24h) B:短、中期接触(>24h—30d) C:长期接触(>30d)		细胞毒性	致敏	刺激或皮内反应	全身急性毒性	亚慢性亚急性毒性	遗传毒性	植入	血液相容性	慢性毒性	致癌性	生殖与发育毒性	生物降解
表面接触	皮肤	A	×	×	×									
		B	×	×	×									
		C	×	×	×									
	黏膜	A	×	×	×									
		B	×	×	×									
		C	×	×	×		×	×						
	损伤表面	A	×	×	×									
		B	×	×	×									
		C	×	×	×		×	×						
由体外与体内接触	血路间接	A	×	×	×	×				×				
		B	×	×	×	×				×				
		C	×	×		×	×	×		×	×	×		
	组织、骨、牙	A	×	×	×									
		B	×	×				×	×					
		C	×	×				×	×			×		
	循环血液	A	×	×	×	×				×				
		B	×	×	×	×		×		×				
		C	×	×	×	×	×	×		×	×	×		
体内植入	组织、骨	A	×	×	×									
		B	×	×				×	×					
		C	×	×				×	×		×	×		
	血液	A	×	×	×	×			×	×				
		B	×	×	×	×		×	×	×				
		C	×	×	×	×	×	×	×	×	×	×		

和化学性能后，再去评价它的生物性能。但是直到目前，材料的尺寸和表面形态对人体组织的影响还未进行深入研究，在现有的标准中都未涉及到这一问题。

(2) 对一个产品的生物学评价，不仅和制备产品的材料的性能有关，而且还和加工工艺有关，所以应该考虑加入材料中的各种添加剂，以及材料在生理环境中可浸提出的物质或降解的产物。在产品标准制定时，应对最终产品的可浸提物质的化学成分进行定性和定量的要求和分析，这样可控制和减少最终产品对生物体的危害。

(3) 考虑到灭菌可能对药用高分子材料的潜在作用，以及伴随灭菌而产生的毒性物质，因此在进行生物学评价试验时，应该用最后灭菌过的产品或最后灭菌过的产品中有代表性的样品作为试验样品或作为制备浸提液样品。

(4) 在进行生物学评价试验时为了减少动物使用量和节约时间，一般是先进行体外试验，后进行动物试验。如果体外试验都通不过，就不必做动物试验。根据我们 10 多年的经验。一般是先进行溶血试验和细胞毒性试验。特别是溶血试验具有很高的灵敏度，是一个很好的粗筛试验。

(5) 进行生物学试验必须要在专业实验室，并由经过培训且具有实践经验的专业人员进行，其试验结果应具有可重复性。在对最终产品做出评价结论时，也应考虑到产品的具体应用及有关文献(包括临床使用资料)。

(6) 由于高分子材料的复杂性和使用的多样性，不能规定一套硬性的合格或不合格指标。否则会出现两种可能：一种可能是受到不必要的限制；另一种可能是产生虚假的安全感。因此一般是在最终产品的标准中确定合格或不合格的指标。

(7) 当最终产品投放市场后，如果制造产品的材料来源或技术条件发生变化；产品的配方、工艺、初级包装或灭菌条件改变；储存期内产品发生变化；产品用途发生变化；有迹象表明产品用于人体时会产生副作用时，要对产品重新进行生物学评价。

4．药用高分子材料生物学评价试验方法学

由于不少药用高分子材料在体内是不降解的，这些植入高分子材料作为异物一定会对生物体产生作用，同时生物体也会对植入高分子材料产生排斥反应，这是机体的防御机制。这些反应从急性到慢性，由局部反应到全身反应。如果这些植入物最终被生物体接受，就认为植入高分子材料与组织之间相容，被称为具有生物相容性；反之，被称为生物不相容性。例如，在涤纶人工血管表面形成伪内膜而具有抗凝血性能，被人体所接受。对于这种生物相容性的好坏评价是根据生物学评价试验来进行的。因此生物学评价试验和药物毒理学试验在目的、原理、方法学上都很不相同。虽然有些试验是在药物毒理学试验基础上发展起来的，但在样品处理和方法学等方面也很不相同；有些试验是独特的，在药物毒理学上是没有的。

(1) 在药物毒理学试验基础上发展起来的试验方法学

① 致敏试验：用材料或其浸提液做试验，评价药用高分子材料的潜在过敏原。常用的方法有最大剂量法和接触斑贴法，使用豚鼠做试验。

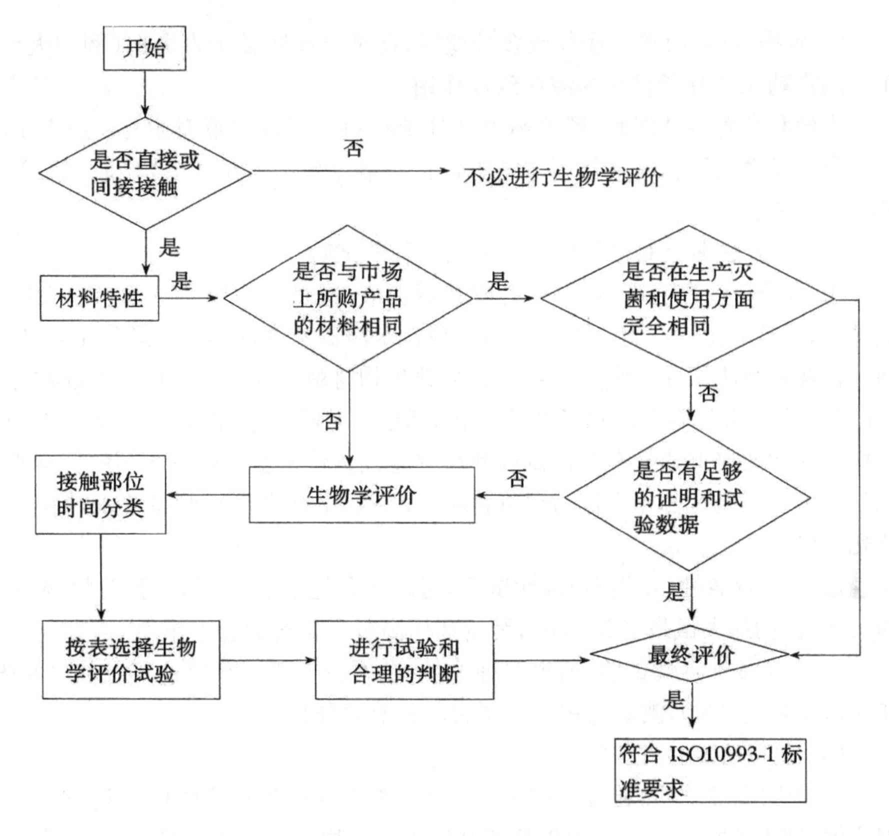

图 2－3　药用高分子生物学评价程序

② 刺激试验：用材料或其浸提液做试验，评价药用高分子材料的潜在刺激源。根据药用高分子材料的具体使用部位，可选择进行皮肤刺激试验、皮内刺激试验或黏膜刺激试验等。常使用兔子做试验。

③ 热源试验：检测材料或其浸提液中是否有致热源物质。常用兔法，是将材料或其浸提液由静脉注入兔体内（10ml/kg），在一定时间内观察兔体温变化，以判断在材料或浸提液中所含热源量是否符合人体应用要求。同时有一些药用高分子材料也可用细菌内毒素检查法。它是应用试样与细菌内毒素产生凝集反应的机理，以判断材料或其浸提液中细菌内毒素的限量是否符合标准要求。对于某类药用高分子材料是否可应用细菌内毒素检查法，必须要经过大量的对比实验（与兔法），并进行样品的干扰试验，才能最后确定。

④ 遗传毒性试验：用哺乳动物或非哺乳动物细胞培养技术，测定药用高分子材料或其浸提液引起的基因突变，染色体结构和数量变化，或其他遗传毒性。为了预防出现假阴性，一般要求同时进行细胞的基因突变，染色体结构改变和 DNA 改变三组试验。

⑤ 致癌试验：由单一途径或多种途径，在试验动物整个寿命期（例如大鼠为 2 年），测定药用高分子材料的潜在致癌作用。

生殖和发育毒性试验：评价药用高分子材料或其浸提液对生育、生殖功能、胎儿和早期发育的潜在有害作用。试验包括一般生殖毒性试验，致畸胎试验和围产期毒性试验。

(2) 在方法学上似乎相似但有很大区别的试验

① 全身急性毒性试验：用材料或其浸提液，通过单一或多种途径由动物模型做试验，评价其急性有害作用。常用生理盐水浸提液进行小鼠尾静脉注射，用植物油浸提液进行小鼠腹腔注射。由于大多数生物材料不能计算 LD_{50}，所以在注射后 24h、48h 和 72h 以观察小鼠的体重变化，运动和呼吸状态，以及死亡情况作为评价指标。这和药典上的异常毒性试验和药物急性毒性试验是很不相同的。异常毒性试验是仅以小鼠是否死亡作为评价指标，而药物急性毒性试验是要求计算出半数致死量（LD_{50}）。

② 全身亚急性（亚慢性）毒性试验：通过多种途径、在不到试验动物寿命 10% 的时间内（例如大鼠最多到 90d），测定药用高分子材料的有害作用。

③ 全身慢性毒性试验：通过多种途径，在不少于动物寿命的 10% 的时间内（例如大鼠要超过 90d），测定药用高分子材料的有害作用。

(3) 独特的试验方法学

① 细胞毒性试验：通过细胞培养技术，测定药用高分子材料或其浸提液对细胞溶解（细胞死亡）、抑制细胞生长和其他毒性作用。常用直接接触法（琼脂扩散方法和滤过扩散方法）。

② 植入试验：将药用高分子材料植入动物的合适部位（例皮下、肌肉或骨）在观察一定时期（例如短期为 7d、15d、30d、60d、90d，长期为 180d、360d 或 720d）后评价对活体组织的局部毒性作用。主要是通过病理切片，观察组织的变化。根据产品使用部位可进行皮下组织植入试验、肌肉植入试验或骨内植入试验。

③ 血液相容性试验：通过药用高分子材料与血液相接触（体外、半体内或体内），评价其对血栓形成、血浆蛋白、血液有形成分和补体系统的作用。其中溶血试验是最常用的粗筛试验。

④ 降解试验：在体内降解的药用高分子材料必须进行体内降解试验、以评价其在体内的吸收代谢过程、分布、生物转化、降解产物以及其有害作用。常用同位素标记方法。

5. 生物学评价试验的参照材料

测量和检测是人类认识自然和改造自然的一种基本手段，是人们为了解物质的属性与特征而进行的工作。当对物质某一特性进行测量或检测时，若测量或检测的结果重复性好，而且不存在任何系统误差，则可认为测量或检测是正确的。正确的测量或检测如实地反映了客观事物所处的状态及变化，使人们了解到事物的真实属性和特征。实现测量或检测的正确，一般必须采用统一的计量单位、推广标准化的测量或检测方法，颁布仪器检定规程和量值传递系统，使用适宜的计量器具或标准物质。因此标准物质的采用是实现正确测量的必要条件。

标准品和参照品在药品检测中具有很重要的位置，已有近100年的发展历史。但目前在药用高分子材料检测方面，系统提出参照材料还仅限于生物学评价试验。在生物学评价试验中，需要使用参照材料来证实试验过程是否正确和可靠，以及作为试验结果评价的参照。按标准描述的方法进行试验时，通过参照材料可说明试验的可重复性，并达到预见的阴性反应和阳性反应，从而证实试验方法是正确和可靠的。通过使用参照材料(阳性和阴性对照)也可保证实验室之间的可比性。

生物学评价试验的参照材料：在生物学评价中，应使用参照材料来证实试验过程，并根据具体生物学评价试验采用相应的阴性对照、阳性对照和空白对照。同一参照材料可用于不同的试验。目前已在使用的阳性参照材料或阴性参照材料有：

(1) 阳性参照材料：含有二甲基或二丁基-二硫代氨基甲酸锌链段的聚氨酯膜、含有有机锡添加剂的聚氯乙烯、增塑聚氯乙烯，含有乳胶成分或锌的盐溶液及酚醛和水稀溶液可作为浸提液的阳性参照液。

(2) 阴性参照材料：高密度聚乙烯、低密度聚乙烯、无硅聚二甲基硅氧烷、聚醚聚氨酯等。

对于一些具体的生物学评价试验，其参照材料也有详细要求，例如：

植入试验

阴性参照材料：高密度聚乙烯、低密度聚乙烯、不锈钢合金；

阳性参照材料：含有有机锡添加剂的聚氯乙烯、增塑聚氯乙烯。

细胞毒性试验

阴性参照材料：高密度聚乙烯；

阳性参照材料：含有有机锡添加剂的聚氯乙烯。

致敏试验

阴性参照材料：高密度聚乙烯；

浸提液空白对照：浸提介质。

6. 生物学评价试验的样品制备

(1) 试验样品的选择原则

有些药用高分子材料生物学评价试验可以直接用材料作试验样品，但有些生物学评价试验必须用溶液(例如全身急性毒性试验、刺激试验等)作试验样品。同时药用高分子材料种类繁多、形状各异，并且有些药用高分子材料不能在溶剂中溶解，对生物学评价试验的样品选择和制备的标准化带来很大难度，但试验样品的选择和制备标准化是保证生物学评价试验结果可靠性和可比性的很关键的一步，因此应遵守以下选择原则：

首先最好直接用药用高分子材料作为试验样品。

若不能直接用药用高分子材料成品，可选择药用高分子材料成品中有代表性的部分作为试验样品。如果这样还不行，可用相同配方材料的有代表性样品进行试验，并按照与成品相同的工艺过程进行预处理。

在采用药用高分子材料成品或有代表性部分作试验样品时，如果高分子材料是由不同材料组成，还应考虑到不同材料的相互作用和综合作用。对于有的特殊生物学评价试验(例如致癌试验)，试验样品的几何形状影响可能会大于材料类型的影响，这时试验样品的几何形状要比按比例选择高分子材料上有代表性的不同材料更为重要。对于有的生物学评价试验(例如植入试验)，则要求对单一材料进行评价，这样若是不同材料组成的药用高分子材料，就需要对这些不同材料分别进行生物学评价试验。

(2) 药用高分子材料浸提液制备

正如上面所述，在进行生物学评价试验时，应尽量采用药用高分子材料最终产品或有代表性部分作为试验样品；当无法采用上述药用高分子材料本身进行生物学评价试验时，才采用药用高分子材料浸提液作为试验样品。但应认识到用浸提液作为试验样品所得结果是有一定局限性的。用浸提液作为试验样品可测定药用高分子材料中可滤出物质对生物体的生物反应，从而进一步预测药用高分子材料对于人体的潜在危害。

在制备药用高分子材料浸提液时，所用浸提介质和浸提条件应最好与最终产品的性能和临床使用情况相适应，并与试验方法的可预见性(如试验原理、敏感性等)相适应。因此理想的浸提条件既要反映产品的实际使用条件，还要反映试验的可预见性。

浸提应在洁净和化学惰性的封闭容器中进行，容器内顶部空间尽量小并保证安全。浸提应在防止样品污染的条件下进行。浸提液制备可以在静态或搅拌条件下进行。如果采用搅拌条件，要注明其搅拌条件和方法。浸提液制备后最好立即使用，以防吸附在浸提容器上或成分发生变化。如果浸提液存放超过 24h(在室温下存放)，则应检查贮存条件下浸提液的稳定性，否则不能再使用。

本标准认为可浸提出的物质量与浸提时间、温度、材料表面积与浸提介质体积比及浸提介质性质有关。浸提是一个复杂过程，受时间、温度、表面积与体积比、浸提介质以及材料的相平衡的影响。如用加速或加严浸提条件，应认真考虑高温或其他条件对浸提动力学及浸提液浓度的影响。最好的浸提条件设计是与临床使用相近并能浸提出最大的浸提物质。下面规定的浸提条件是为了提供一个相互比较的基础，是一个基本指导原则。

用于制备浸提液的试验样品应按上述的描述制备。

① 浸提介质选择

在选择浸提介质时应考虑药用高分子材料在临床使用的部位及可能发生的浸提情况。选择的浸提介质最好能从药用高分子材料中浸提出最大可滤出的物质，并且能和要进行的生物学评价试验相适应。浸提介质应淹没整个试验样品。

极性溶剂：生理盐水、无血清液体培养基。

非极性溶剂：植物油(例如棉籽油或芝麻油)。为了排除劣质或变质的植物油，植物油必须符合以下试验要求：选三只健康兔，剪去背部表面的毛，选 10 个注射点，每点注射 0.2ml 植物油，注射后 24h、48h、72h 观察动物。以注射点为圆心、直径 5mm 以外的区域不显示水肿或红斑。

其他浸提介质：乙醇/水(5% V/V)，乙醇/生理盐水(5% V/V)，聚乙二醇 400，二甲基亚砜，含血清液体培养基。

② 浸提温度

模拟药用高分子材料临床使用可能经受的最高温度，并且在此温度可浸提出最大量的滤出物质。浸提温度还取决于药用高分子材料的理化性能，例如对于聚合物，浸提温度应选择在玻璃化温度以下；如果玻璃化温度低于使用温度，浸提温度应低于熔化温度。下边列出了 5 种浸提温度和持续时间，可根据试验样品性能和临床使用情况进行选择：

37±1℃(95±1.8℉)持续 24±2h；

37±1℃(95±1.8℉)持续 72±2h；

50±2℃(122±3.6℉)持续 72±2h；

70±2℃(158±3.6℉)持续 24±2h；

121±2℃(250±3.6℉)持续 1±0.2h。

在选择浸提温度时，还应注意以下事项：熔点和软化点低于 121℃的试验样品应在低于该熔点的一个标准温度下浸提(例如低密度聚乙烯)。会发生水解的材料应在使水解量最低的温度下浸提(例如对于聚酰胺建议采用 50℃浸提)。经过蒸汽灭菌且在贮存期内含有液体的高分子材料应采用 121℃浸提(例如带药的透析器)。只在体温下使用的材料，应在能提供最大量滤出物质而不使材料降解的温度下浸提(例如胶原制品采用 37℃浸提)。

③ 浸提介质与试验样品表面积(或重量)比例

在浸提过程中，其浸提介质与试验样品表面积(或重量)比例应满足：试验样品被浸提介质浸没；使得生物学评价试验的剂量体系中所含浸提物质的量最大，当然剂量体积应在生理学限度内；使得生物学评价试验能反映试验样品对人体的潜在危害作用。在对药用高分子材料无基本参数的情况下，建议按表 2-2 所列比例进行操作。

表 2-2　试样表面积(或重量)与浸提介质的比例

材料形状	材料厚度/mm	试样表面积(重量)/浸提介质
薄膜或片状	<0.5	$6cm^2/ml$(1)
	0.5～1	$3cm^2/ml$
管状	<0.5	$6cm^2/ml$(2)
	0.5～1	$3cm^2/ml$
平板或管状	>1	$3cm^2/ml$(3)
弹性体片状	>1	$1.25cm^2/ml$(4)
不规则状	按重量	0.1g/ml
不规则形状	按重量	0.2g/ml

注:(1)为双面面积之和;(2)内层和外层面积之和;(3)总接触表面积;(4)总接触表面积,并不再分割。

如果弹性体材料(泡沫、海绵状)按表 2-2 中比例,浸提介质仍不能覆盖样品时,可加大浸提介质量直到覆盖样品,并说明所用表面积比(样品称重精确至0.1g)。对于超吸收体材料,目前暂无认可的标准比例。

有的生物学评价试验可能需要浓缩浸提液,以提高试验的敏感性。但应考虑到在制备浓缩浸提液时,可能导致易挥发物质(如残留的环氧乙烷)丢失。

在制备药用高分子材料有代表性试验样品时,可能在分割时产生微粒,从而在浸提液中出现。这时可采用过滤或其他方法除去这些微粒,但要注明详细理由和过程。

二、药用高分子材料生物学评价试验方法

(一) 细胞毒性试验

1.范围

细胞毒性试验是利用体外细胞培养方法来评价药用高分子材料或其浸提液可滤出成分中急性细胞毒性的潜在性。

2.试验项目选择(推荐)

依据 GB/T16886.5 标准中有关细胞毒性试验的要求,现推荐如下任一种细胞毒性试验方法:琼脂覆盖法,直接接触法,分子滤过法,生长抑制法,进行评价药用高分子材料的细胞毒性。

3.试验条件

(1) 细胞株:可以使用已建立的细胞株,目前我国使用较多的是 L_{929}(小鼠结缔组织成纤维细胞)和 V_{79}(中国地鼠肺成纤维细胞)。

(2) 培养基:培养基及其血清浓度的含量应能适合所选择细胞株的生长,满足细胞生长的需要。培养基内含抗生素的量应不引起细胞毒性以影响材料的评价,

含血清和谷氨酰胺的培养基在2～8℃贮存不能超过一周,只含谷氨酰胺不含血清的培养基在2～8℃贮存不能超过一个月,培养基的pH在7.2～7.4之间,所有培养用液都应是无菌的。

4. 试验方法

(1) 琼脂覆盖法

结果评定标准:在白色背景下观察样品周围及样品下面脱色区范围。在阴性样品周围和下面的细胞单层达到标准的反应即 $R=0/0$,阳性样品亦达到标准反应即 $R=2/2$,否则该培养皿弃之。反应指标:反应指标的大小用反应指标“R”来表示。$R=Z/L$。Z为区域指标(见表2-3),与脱色区大小有关,L为细胞溶解指标(见表2-4),与区域内细胞溶解的范围有关。

表2-3 区域指标

区域指标	区域内情况
0	样品下和周围无可观察到的脱色区
1	脱色区局限于样品下
2	从样品边缘扩散脱色区≤5mm
3	从样品边缘扩散脱色区≤10mm
4	从样品边缘扩散>10mm,但未布满整个培养皿
5	脱色区域布满整个培养皿

表2-4 溶解指标

溶解指标	脱色区内情况
0	未观察到细胞溶解现象
1	脱色区内细胞溶解达20%以内
2	脱色区内细胞溶解在20%～40%之间
3	脱色区内细胞溶解在40%～60%之间
4	脱色区内细胞溶解在60%～80%之间
5	脱色区内细胞溶解在80%以上

反应指标应作为2个数来报告(不是一个分数),两个指标的大小都应很明显,对每一只样品应报告其区域指标的平均值和溶解指标的平均值。无论何种原因,一个指标的4个值丢失了一个以上,则该实验弃之,如仅丢失了一个,则其他3个的平均值可作为指标来报告。

如果在同一实验中,4个相同的样品指标值大小有2个或2个单位以上的差异。如果数值在0～3之内,则应重复试验;如数值是4～5,表示有高度弥散的毒性物质,则不必重复试验。

为了试验可靠起见,规定每种样品重复试验一次以上,最后报告其指标的平均值。

(2) 分子滤过法

结果评价:应在显微镜下检查滤膜,含细胞单层的膜片染色为深兰色,没有细胞的滤膜用来观察实验材料可能对滤膜产生的影响。按照表2-5的记分系统来评价试验样品。

(3) 细胞生长抑制法

结果评价:根据相对增殖率(RGR)均值,按表2-6所列评分标准对样品细胞毒性程度进行评价。

表 2-5 细胞毒性试验

评分	评价	解释
0 级	与单层细胞的其他部分比较染色无差异	无细胞毒性
1 级	存在染色浅或未染色区,其直径小于试样(7mm)	轻度细胞毒性
2 级	未染色区域为 7～11mm	中度细胞毒性
3 级	未染色区域为 12mm 以上	明显细胞毒性

表 2-6 细胞相对增殖率评价

评分	相对增殖率
0 级	≥100
1 级	75～99
2 级	50～74
3 级	25～49
4 级	1～25
5 级	0

（二）皮肤致敏试验

本试验方法是将一定量的药用高分子材料浸提液与豚鼠皮肤接触,以检测材料是否具有引起皮肤致敏的潜在性。有两种方法可供选择,只进行其中一种。

1. 接触斑贴致敏试验

结果评价:如果试验组记分＞1,而对照组记分＜1,提示致敏。如果对照组动物记分＜1,而试验组动物的反应超过最严重的对照反应则被认为是致敏所致。如试验动物在强度上与对照组动物比较,有较高的皮肤反应发生率(1 分),而后者没有一只动物有更强的反应,则须重复致敏。重复致敏将在第一次致敏后 7d 进行。

表 2-7 致敏反应的记分标准

红　斑	记　分	水　肿
无红斑	0	无水肿
轻度红斑	1	轻度水肿
明显红斑	2	明显水肿
中度红斑	3	中度水肿(水肿近 1mm)
中度红斑伴有轻度焦痂	4	重度水肿(超出 1mm)

2. 最大剂量实验

结果观察与评定标准:将敷贴物取下后 1h、24h 和 48h 分别观察该处红斑和水肿,按表 2-8、表 2-9 给各点记分并分级。

按 1h、24h 和 48h 情况列表,如试样分级为 2 或大于 2,则认为致敏。如阴性对照的部分动物(超过 50%)的记分为 1,则另用 10 只动物重复试验。如 60%阳性对照动物的反应不是 2 或不大于 2,则重复试验。

表 2-8 致敏反应和记分标准

红斑	记分	水肿
无红斑	0	无水肿
极轻微红斑(刚可察出)	1	很轻微水肿(刚可察出)
局限性红斑(淡红色)	2	轻微水肿(边缘和高度均局限)
中度到重度红斑(鲜红色)	3	中度水肿(边缘升高近 1mm)
重度红斑(紫红色到轻微焦痂形成)	4	严重水肿(高度超过 1mm,边界过接触区)

表 2-9 致敏反应率

致敏率/%	分级	分类
0～8	Ⅰ	与阴性对照无差别
9～28	Ⅱ	轻微反应
29～64	Ⅲ	中度反应
65～80	Ⅳ	强烈反应
81～100	Ⅴ	极强反应

(三) 刺激试验

1．皮肤刺激试验

本试验是将药用高分子材料浸提液与完整的皮肤在规定的时间内相接触,以评价药用高分子材料对局部皮肤的刺激作用。

结果和评价:按表 2-10 所述记分标准,在移去斑贴物后 24h、48h 和 72h 对实验部位的红斑和水肿反应记分。

表 2-10 皮肤反应记分标准

反应	说明	记分
红斑和焦痂	无红斑	0
	极轻微的红斑	1
	边界清晰的红斑(淡红色)	2
	中等的红斑(红色、界限分明)	3
	严重的红斑(呈紫红色,并有轻微的焦痂形成)	4
水肿	无水肿	0
	极轻微的水肿(刚可察出)	1
	轻度水肿(边缘明显高出周围皮面)	2
	中度水肿(水肿区高出周围皮面约 1mm)	3
	严重水肿(水肿高出表皮面约 1mm 以上,面积超出斑贴区)	4
总的刺激评分		8

注意:对重复接触结果的评价,根据累积刺激指数,其计算为每只动物的刺激评分相加除以动物总数,而每只动物的刺激评分为皮肤在每个观察期时的红斑和水肿的评分总和除以观察的总数。

0～0.4 分为无刺激,0.5～1.9 分为轻度刺激,2.0～4.9 分为中等刺激,5.0～8.0 为强刺激。

每只动物对材料的原发刺激指数(PII)为皮肤在 24h、48h 和 72h 红斑,水肿的总分除以观察的总数。平均原发刺激指数(APII)为所有实验动物的原发刺激指数的和除以实验动物总数。

2．眼刺激试验:本试验通过将一定量的药用高分子材料浸提液滴入动物眼内,观察角膜、虹膜和结膜的反应,从而评价药用高分子材料是否产生对眼的刺激性。

结果和评价:

(1) 单次滴入,在滴入后 1h、24h、48h 和 72h 检查动物的双眼。

(2) 多次滴入的试样，在滴入前和后 1h 检查动物双眼。

(3) 如有持续的损害须延长观察时限，以确定其损伤程度，或其逆向恢复，但不超过 21d。

(4) 按表 2－11 所述记分标准，在滴入后 1h、24h、48h 和 72h 对实验部位的损伤反应记分。

(5) 试验结束后，刮取动物上下眼睑结膜及球结膜表皮细胞涂片，伊红染色，光学显微镜下检查，每只眼(包括对照组)至少各涂片 2 张。

表 2－11　眼损伤反应记分标准

反　应	说　　明	记 分
角膜	混浊度(选最致密混浊区，混浊累及深度)：透明	0
	角膜云翳或弥散混浊区，虹膜清晰查见	1★
	肉眼可见易识别的半透明区，虹膜模糊	2★
	角膜混浊，为乳白色，看不见虹膜及瞳孔	3★
	角膜白斑，完全看不见虹膜	4★
	角膜受累范围：	
	＜1/4，＞0	0
	＜1/2，＞1/4	1
	＜3/4，＞1/2	2
	＜1(完整区域)，＞3/4	3
虹膜	正常	0
	超出正常皱襞，充血水肿，角膜缘充血(其中一种或全部)，对光反应存在，但反应减弱	1★
	光反射消失，出血或严重结构破坏(其中一种或全部)	2★
结膜	充血：	
	变红(累及睑结膜和球结膜，不包括角膜和虹膜)	0
	血管明显充血	1
	充血弥散，呈暗红色，结膜血管纹理不清	2★
	弥散性严重出血	3★
	水肿：	
	无水肿	0
	轻度水肿(包括瞬膜)	1
	明显水肿伴部分睑外翻	2★
	水肿使眼睑呈半闭合状	3★
	眼睑水肿，眼呈半闭合到全闭合状	4★
泪溢	无泪溢	0
	轻度泪溢，任何超过正常量的情况	1
	泪溢累及眼睑和眼睑邻近的睫毛	2
	泪溢湿润眼睑、睫毛和眼周围相当区域	3
涂片	无炎性细胞	0
	少量炎性细胞	1
	较多炎性细胞	2★
	大量炎性细胞	3★

注：★号为阳性结果。

(6) 急性接触，在任何观察期内，有 2/3 滴入试样的眼睛出现阳性反应(表 2-11 中的)，则认为该材料为眼的阳性刺激物。

(7) 如 1/3 滴入试样的眼睛呈阳性反应或反应可疑，需用另外的动物重新评价。

(8) 重复接触：在任何观察阶段，试验组有一半以上动物呈阳性反应，该试验材料则被认为是一种眼刺激物。

3．皮内刺激实验

本试验用于评价药用高分子材料对皮肤产生的潜在刺激性。

结果和评价：

(1) 在注射后即刻、24h、48h 和 72h 观察每个注射部位及周围组织反应，包括充血、肿胀、坏死等。

(2) 根据表 2-12 的记分标准，在每个时间点对每个注射部位的红斑和水肿反应评分并记录。

表 2-12 皮内刺激反应记分标准

反应	说明	记分
红斑和焦痂形成	无红斑	0
	轻度红斑(几乎看不出)	1
	明显红斑	2
	中度红斑	3
	重度红斑伴有轻度焦痂	4
水肿形成	无水肿	0
	轻度水肿(几乎看不出)	1
	明显水肿(边缘明显高出周围皮面)	2
	中度水肿(肿超近 1mm)	3
	重度水肿(超出 1mm，面积超出红斑区)	4
总刺激评分		8

(3) 每只动物对材料的原发刺激指数(PII)为 24h、48h 和 72h 红斑，水肿的总分除以观察的总数。平均原发刺激指数(APII)为所有动物的原发刺激指数的和除以实验动物总数。

(4) 根据计算结果，0.0～0.4 分为无刺激，0.5～1.9 分为轻度刺激，2.0～4.9 分为中度刺激，5.0～8.0 分为强刺激。

(四) 全身急性毒性试验

本试验是一种非特异急性毒性试验。将药用高分子材料浸提液通过动物静脉或腹腔注射到动物体内,观察其生物学反应,以判定材料的急性毒性作用。

结果和评价:

1. 观察指标:注射后于 24h、48h 和 72h 观察记录试验组和对照组动物的一般状态、毒性表现和死亡动物数。其毒性程度根据中毒症状分为无毒、轻度毒性、明显毒性、重度毒性和死亡(表 2-13)。

表 2-13 注射后动物反应观察指标

程 度	症 状
无毒	未见毒性症状
轻度毒性	轻度症状,但无运动减少、呼吸困难或腹部刺激症状
明显毒性	有腹部刺激症状、呼吸困难、运动减少、眼睑下垂、腹泻、体重通常下降至 15~17g
重度毒性	衰竭、发绀、震颤、严重腹部刺激症状、眼睑下垂、呼吸困难、体重减轻、通常<15g
死亡	注射后死亡

2. 在 72h 观察期内,注射材料浸提液的动物反应不大于对照组动物,则认为该材料符合生物材料和制品全身急性毒性试验要求。

3. 在 72h 观察期内,注射材料浸提液动物中有 2 只以上出现轻度毒性症状或仅 1 只动物出现明显毒性症状或死亡,或试验组 5 只动物的体重均下降,即使无其他中毒症状都需要进行重复试验。

4. 重复试验的动物数量应加倍,即每组需 10 只小鼠。浸提液也应该重新制取。重复试验结果若符合 2. 的要求,则认为该材料合格。

5. 如试验组动物有 2 只以上发生死亡或 3 只以上出现明显毒性症状,或动物普遍出现进行性体重下降,则不需重复试验,可认为该材料不符合全身急性毒性试验要求。

(五) 溶血试验

本试验是用药用高分子材料进行体外试验,测定红细胞溶解和血红蛋白游离的程度,对材料的体外溶血性进行评价。由于本试验能敏感地反映试样对红细胞的影响,因而是一项特别有意义的筛选试验。

本试验采用新鲜抗凝兔血或人血。

结果和评价:

溶血程度用%表示,按下列公式计算:

$$[(D_t - D_{nc})/(D_{pc} - D_{nc})] \times 100$$

D_t=试验样品吸收度

D_{nc}=阴性对照吸收度

D_{pc}＝阳性对照吸收度

若材料的溶血率≤5%，则材料符合溶血试验要求；溶血率＞5%，则预示受试验材料有溶血作用。

（六）热源试验

1. 兔法：本试验是将一定量试验材料的浸提液由静脉注入兔体内，在规定时间内，观察兔体温变化，以确定浸提液中所含热源量是否符合人体应用要求的一种方法。

结果和评价：

(1) 在初试的3只家兔中，体温升高均在0.6℃以下，并且3只家兔的体温升高总度数在1.4℃以下；或在复试的5只家兔中，体温升高0.6℃或0.6℃以上的总数仅有1只，并且初复试合并8只家兔的体温升高总数不超过3.5℃时，均应认为试验材料浸提液符合热源检查要求。

(2) 如初试3只家兔中仅有1只体温升高0.6℃或0.6℃以上，或3只家兔体温升高均低于0.6℃，但升高总数在1.4℃或1.4℃以上时，应另取5只家兔复试，检查方法同前。

(3) 如初试的3只家兔中，体温升高0.6℃或0.6℃以上的兔数超过1只时；或在复试的5只家兔中，体温升高0.6℃或0.6℃以上的兔数超过1只时；或在初复试合并8只兔的体温升高数超过3.5℃，均应认为试验材料浸提液不符合热源检查的要求。

(4) 将所有温度下降的反应都计为无温度上升。

2. 细菌内毒素检查法：本法采用鲎试剂与细菌内毒素产生凝集反应的机理，以判断药用高分子材料中细菌内毒素的限量是否符合规定的一种方法，内毒素的量以内毒素单位(EU)表示。

(1) 检查方法：取装有0.1ml鲎试剂溶液的试管(或复溶后的0.1ml/支规格的鲎试剂原安瓶)8支，其中2支加入0.1ml按最大有效稀释倍数稀释的样品溶液作为样品管，2支加入2λ内毒素工作标准品溶液0.1ml作为阳性对照管，2支加入细菌内毒素检查用水0.1ml作为阴性对照管。样品阳性对照溶液为用按最有效稀释倍数稀释的样品溶液将细菌内毒素工作标准品制成2λ浓度的内毒素溶液。将试管中溶液轻轻混匀后，封闭管口，垂直放入37±1℃的水浴中，保温60±2min，保温和拿取试管过程应避免受到振动造成假阴性结果。

(2) 结果评价：将试管从水浴中轻轻拿出，缓缓到转180℃时，管内凝胶不变形，不从管壁滑脱者为阳性，记录为(＋)；凝胶不能保持完整并从管壁滑脱者为阴性，记录为(－)。样品两管均为(－)，认为符合规定；如两管均为(＋)，认为不符合规定；如两管中一管为(＋)，一管为(－)，则按上述方法另取4支样品复试，4管中一管为(+),即为不符合规定。阳性对照、样品阳性对照为(-)或阴性对照为(+),试验无效。

(七) 遗传毒性、致癌性及生殖毒性试验

根据ISO10993标准的要求,药用高分子材料长期接触人体或植入体内组织、血液应进行潜在的遗传毒性、致癌性和生殖毒性等方面的生物学评价试验,按下述要求进行评价试验。

药用高分子材料作下列用途时应做遗传毒性试验:用于黏膜、损伤皮肤表面接触时间超过30d;用于间接接触血液超过30d;用于导入体内与组织、骨、血液接触超过24h;用于植入体内与组织、骨、血液接触超过24h。

药用高分子材料作下列用途时应做致癌性试验:用于导入体内与组织、骨、血液接触超过30d;用于植入体内与组织、骨、血液接触超过30d。

注:遗传毒性试验阴性者可不做致癌试验,可疑者应做致癌试验。

1. 遗传毒性试验

(1) 总则:当进行药用高分子材料的遗传毒性试验评价时,由于受试物的化学结构、理化性质及对遗传物质作用终点(基因突变和染色体畸变)的不同,试验组最少应做三项试验,这些试验的结果应从DNA影响、基因突变和染色体畸变等三个方面反映出对遗传毒性的影响。

(2) 样品制备的要求:任何材料和制品均应用最终产品送检、浸提液应采用适合的溶剂、采用生理盐水或能溶解材料的适合溶剂(如DMSO)的任一种浸提液进行试验。受试的浸提液至少应包括最大材料表面积等高、中、低三个剂量组。为了保证实验结果的可比性,DMSO溶液浸提液的浸提温度可采用37℃最少24h。

(3) 试验方法:体外遗传毒性试验,主要可参照中国新药审批办法中推荐的进行微生物回复突变试验;哺乳动物培养细胞染色体畸变试验。

体内遗传毒性试验,参照中国新药审批办法中推荐的选做啮齿类动物微核试验,但对于生殖系统的材料与制品应进行显性致死试验。

2. 致癌试验

(1) 总则:致癌试验是将材料以一定的形式处理动物,在大部分和整个动物生命期间及死亡后检查肿瘤的出现数量、类型、发生部位及发生时间,与对照动物比较以评价材料及其降解产物有无致癌性。因此,在体内植入的可吸收降解材料在遗传毒性试验中显示阳性结果时均应做致癌试验。

(2) 样品的准备和要求:试样应选择固体状态的材料,因材料的形状、大小对局部肿瘤的发生有密切关系,一般可将样品制成圆形膜片,厚度≤0.5mm,直径10mm,两面光滑,置生理盐水中煮沸灭菌30min,24h内备用。不耐热材料可采用适合的化学或其他物理方式灭菌。样品的大小亦可根据材料性质而定。

(3) 试验要求:试验动物可采用大鼠,试验组和对照组雌雄各 50 只以上,实验终了时各组动物至少应有 16 只,体重选择在 60～80g,植入部位选背部两侧皮下,植入时间一般为两年。试验组和对照组肉眼观察到局部有肿瘤病变或可疑肿瘤病变时,应对全身主要器官进行病理组织学检查。

3. 生殖毒性试验

(1) 总则:药物和环境化学物可以作用于女性或男性生殖系统,可能引起不育、流产、死胎、畸形等生殖能力的影响。药用高分子材料亦不能排除这种可能性。因此如用于宫内避孕药物控释体系或其他在体内直接接触生殖系统组织或接触胚胎与胎儿的药物控释体系应做生殖毒性试验。

(2) 样品的准备和要求:缓释装置的样品应将计划用于人的多倍的剂量植入动物体内进行试验。

(3) 试验方法与要求:材料的生殖毒性试验方法参考我国新药审批办法中规定,可选用一般生殖毒性试验,致畸胎试验和围产期毒性试验。动物常用小鼠或大鼠,每组应在 20 只以上,试验设 2～3 种剂量组,最高剂量应有轻度毒性反应,最低剂量应为拟议中的人应用剂量的若干倍量。植入部位原则上与临床应用部位相同,植入时间雄性动物在交配前 60 天以上,雌性动物在交配前 14 天。

(八) 植入试验

通过植入试验可从宏观和微观水平来评价组织的局部反应。材料的理化性质(如形状、密度、硬度、表面光洁度、酸碱度等)、植入部位或体内负荷、移动等都可能影响局部组织的反应性。必须用已知的药用高分子材料作对照。

1. 试验周期

植入物的局部反应,观察期包括亚慢性(短期)和慢性(长期)两个时期。短期试验:不超过 90d,如植入 7d、15d、30d、60d、90d。长期试验:超过 90d,如植入 180d、360d 等。

2. 植入物的埋植点

根据测试材料类别、用途、试验周期、设计要求等,选用不同的植入位点,即皮下植入试验,肌肉植入试验、骨骼植入试验。其中以肌肉内植入作为常规试验方法,可用于亚慢性或慢性试验。

3. 动物选择

动物选择要考虑植入物的大小、试验周期、动物寿命以及种属之间软、硬组织生物反应的差异。

对于埋植于肌肉或皮下组织的短期试验,一般选择小鼠、大鼠、仓鼠、豚鼠或兔。

对于埋植于肌肉或骨骼组织的长期试验,可选用兔、狗、绵羊、山羊或其他生命周期较长的动物。试验材料和对照材料应在同样条件下，植入同龄动物的相应解剖位置，植入数量有赖于动物的大小和解剖部位。

4.肌肉植入试验

将一定大小、一定形状的样品(1mm×10mm 圆柱试样，要求表面光滑，边缘平整)植入家兔或犬背部深层肌肉，定期采集标本和周围组织，肉眼及显微镜下观察接触部位的组织反应。

5.皮下组织植入试验

试验材料埋植皮下结缔组织内，适用于短期内观察局部生物学反应者。植入试样的形状和尺寸，可由实验者根据情况设计，本标准推荐以下形状和尺寸。

植入大鼠:直径 1mm，长 2mm 圆柱体；

植入兔:直径 1mm，长 10mm 圆柱体；

植入狗:直径 6mm，长 18mm 圆柱体。

对照材料:应具有和试验材料同样的形状和尺寸。

6.骨内组织植入试验

通过骨内组织植入试验测定植入部位骨组织生物反应。这种试验也可用来测定同种材料、不同表面状态和结构的生物学反应，或者评价治疗方法和材料改良效果。

为保证植入物在骨组织内是稳定的和考虑实验动物管状骨的长短、粗细以及髓腔的状态，常用的植入体参数为：

兔:直径 2mm，长 6mm，圆柱体

狗、羊:直径 4mm，长 12mm，圆柱体

大鼠、豚鼠植入物大小、形态和数量因解剖位置局限，可相应缩小。

(九) 血液相容性试验

通过药用高分子材料与血液相接触，评价材料对血栓形成、血浆蛋白、补体系统和血液有形成分的作用。

1.原则

根据试验的基本过程、系统以及血液学的反应，评价血液相容性的试验可分五个方面(组)，分属二个水平、三种类型。

(1) 五个方面:血栓形成方面、凝血方面、血小板方面、血液学其他方面、免疫学方面(暂未推荐)。

(2) 二个水平:水平一，是推荐的试验项目(见表 2-14)；水平二，是提供进一步选择的项目(见表 2-15)，具体试验方法可参见有关文献。

(3) 三种类型:体外试验、半体内试验和体内试验。

表 2-14 推荐的评价项目(水平一)

分组	类型	试验项目
血栓形成方面	体外	体外动态血栓形成试验
凝血方面	体外	凝血时间试验
	体外	动态凝血时间试验
	体外	血浆复钙时间
	体外	凝血酶原时间试验
血小板方面	体外	血小板黏附试验
	半体外	半体外血小板黏附试验
血液学其他方面	体外	溶血试验
	体外	白细胞计数和分类
免疫学方面		

表 2-15 供选择的评价项目(水平二)

分组	类型	试验项目
血栓形成方面	体内	体内血栓形成试验
凝血方面	半体内	白蛋白吸附试验
	半体内	纤维蛋白原黏附试验
血小板方面	体外	单克隆抗体 SZ-21 测定黏附血小板试验
	体外	β-TC 含量测定试验
血液学其他方面	体外	网织红细胞计数
免疫学方面	体外	补体激活试验

2. 试验要求

(1) 试验时,试样暴露在血液的条件应达到如下要求:

暴露时间——不少于 15min

温度——37℃

流量——类似试样的应用部位

试验开始——暴露后 15min 内

(2) 尽量使用人的血液进行试验。非人类灵长类动物(如狒狒)血液凝集机制和心血管系统都与人非常相似,因而参考价值较大。

(3) 应选择合适的动物进行试验。狗对评价血栓形成敏感度高于人类,能提供非常有用的资料。猪与人类在血液学和心血管系统上有相似性,因而也是较合适的动物模型。此外,小牛或羊也可能产生令人满意的结果。

(4) 实验时应尽量避免使用抗凝剂。若制品设计在有抗凝剂存在时使用,试验时抗凝剂浓度应在临床使用浓度范围内。

测定凝血酶原时间,建议不采用草酸盐抗凝,因为可能会导致 V 因子不稳定,使凝血酶时间延长。

(5) 实验应重复足够次数,以获得足够数据。

第三节 药用高分子材料的灭菌

消毒和灭菌两者含义不同,消毒是指破坏非芽孢型和增殖状态的微生物过程,使其达到无害;而灭菌是指杀灭产品中一切微生物过程,使其达到灭菌。一切微生物包括病原菌和非病原菌:如细菌、芽孢、真菌、病毒等。芽孢是某些微生物在其生命周期中的正常休眠阶段，其耐杀灭性要比增殖状态高许多倍。用消毒方法不能杀灭芽孢、肝炎病毒等。因此灭菌能达到消毒目的，而消毒则达不到灭菌要求。消毒的指标是灭菌指数达到 10^3，灭菌的指标是灭菌指数达到 10^6（即对一百万件灭菌后，只允许有一件以下的有活的微生物存在）。虽然消毒和灭菌含义不同，但两者是有关联的。例如，某化学药剂在低浓度时是消毒剂，浓度高时是灭菌剂。

一、微生物的灭杀

微生物是一群形体微小，构造简单的低等生物，一般由单细胞构成，也有简单的多细胞和没有典型细胞形态的类型。它包括细菌、放线菌、真菌、立克次氏体、病毒等。由于芽孢膜致密耐热，抵抗力强，因此常以杀灭芽孢作为评价灭菌效果的依据。

灭菌过程中，杀灭微生物的速率通常与微生物的浓度或单位体积内微生物的数目成正比，因此药用高分子材料的最终产品的细菌污染程度对灭菌条件选择有重要意义。为了保证达到灭菌要求，一般与体内接触或植入体内的药用高分子材料都要求至少在 10 万级的洁净条件下生产，有的甚至要求在百万级条件下生产。对于无菌产品国家标准要求生产、装配、包装车间空气细菌总数应不大于 500 Cfu/m^3，灭菌前在产品表面细菌总数不大于 10Cfu/m^3（Cfu：菌落形成单位）。

微生物灭杀速率常用“十分之一时间”的 *D* 值表示，即杀灭 90% 微生物所需要的时间，为速度常数的倒数。表 2-16 是湿热灭菌致死芽孢的 *D* 值；表 2-17 是环氧乙烷灭菌的 *D* 值；表 2-18 是辐射灭菌的 *D* 值。当由实测或由文献查出微生物致死 *D* 值后，根据灭菌要求（如微生物存活率为 10^{-6} 时），可计算出所需要的灭菌时间。

表 2-16　湿热灭菌致死芽孢的 *D* 值

芽孢	介质	温度/℃	*D* 值/分
嗜热脂肪	水	100	3000
杆菌芽孢	水	115	24
	水	121	4
	水	100	11.3
	水	105	2.5
枯草杆菌	pH=6.8	121	0.57
芽孢	pH=6.8	115	2.2
	pH=6.8	110	6.9
巨大杆菌芽孢	水	110	1.0
	水	115	0.025
内毒梭状杆菌	缓冲液	112.8	1.09
芽孢	缓冲液	7.7	1.95
产芽孢梭状	缓冲液	121.1	0.15
芽孢杆菌	水	121.1	0.48～1.4

表 2-17　环氧乙烷灭菌的 *D* 值

微生物		浓度/mg·l^{-1}	温度/℃	相对湿度/%	*D* 值/分
凝固杆菌芽孢（CATCC8083）		700	30	30	13.5[b]
			50	30	4.05[b]
短乳杆菌（ATCC83057）		700	30	30	5.88[a]
					2.32[b]
肠系膜明串珠菌		700	30	30	3.45[a]
					1.69[b]
嗜热脂肪杆菌		500	54.4	40	2.63[c,d]
短小杆菌芽孢		500	54.4	40	2.81[c]
产芽孢梭状杆菌芽孢	（ATCC7055）	500	54.4	40	3.667[c]
	（ATCC3584）	500	54.4	40	3.00[c]
草分支杆菌		500	54.4	40	2.40
粪链球菌		500	54.4	40	3.04[c]
枯草杆菌芽		700	40	33	15.5[a]
枯草杆菌黑色变种芽孢		500	37.8	30～50	9.9[d]
		500	65.6	30～50	1.6[d]
		1000	37.3	30～50	5.5[d]
		500	65.6	30～50	1.8[d]
		500	54.4	40	6.66[c]
					4.30[d]
肉毒杆菌 A 芽孢		700	40	47	11.5[a]
		700	40	33	11.8[a]

注：a. 滤纸上；b. 玻璃上；c. 非吸湿载体上；d. 吸湿载体上。

表 2-18　辐射灭菌的 *D* 值

微生物		环境	*D* 值/rad × 10^6
细菌	大肠杆菌	缓冲液	0.021
	粪链球菌	注射针	0.183
	M.radiodurans	注射针	0.268
	M.rediodurans R	缓冲液	0.15
细菌芽孢	巨大芽孢杆菌		0.34
	IMF1166		
	炭疽杆菌		0.45
	610	水	0.171
		各种载体	0.14～0.36
	E610	注射针	0.158
		玻璃板	0.17
		外科手套内	0.16
		润湿状态	0.19～0.34
		干燥状态	0.12～0.20
枯草杆菌 PCI219			0.20
破伤风梭状杆菌 ATCC9441		水	0.177
内毒梭状杆菌 A			0.18
内毒梭状杆菌 B			0.33
破伤风梭状杆菌			0.16

二、灭菌方法

(一) 湿热灭菌法

湿热灭菌法原理是高温可使微生物细胞蛋白质凝固。由于在湿热灭菌中加压蒸汽的穿透性增强、温度高以及细胞原生质含水量高,变性凝固更容易发生,所以湿热灭菌是热灭菌中最普通、效果最好、最可靠的一种灭菌方法。常用 115℃,压力 0.7kg/cm^2,时间 30min;或 121℃,压力 1kg/cm^2,时间 20min。

由于许多高分子材料耐热不高,不适用于湿热灭菌法。适用于湿热灭菌的高分子材料有:聚丙烯、尼龙、硅橡胶、聚四氟乙烯、聚酯、聚碳酸酯、环氧树脂等。

(二) 环氧乙烷灭菌法

化学消毒和灭菌法也是经常采用的,它是使化学物质渗入到微生物的细胞内与其反应形成化合物,影响蛋白质、酶系统的生理活性,从而破坏细胞的生理机能而导致细胞死亡,达到灭菌效果。常用的化学消毒灭菌剂分为溶液和气体两种,主要有醇类(乙醇等)、过氧化物(过氧化氢等)、卤族元素及其化合物(次氯酸等)、氧杂环化合物(环氧乙烷等)、醛类(甲醛、戊二醛等)、酚和酚衍生物(石炭酸等)、季胺化合物(新洁而灭等)等。其中工业上最常使用的是环氧乙烷灭菌剂。

环氧乙烷(ethylene oxide ,EO)分子式为 C_2H_4O,具有芳香的醚味(可闻出的气味阀值为 500～700ppm),是易燃和易爆的有毒气体。在 4℃时相对密度为 0.884;沸点为 10.8℃;在常温常压下环氧乙烷为无色气体,比空气重,其相对密度为 1.52。

环氧乙烷是一种广谱灭菌剂,可在常温下灭杀各种微生物(包括芽孢、病毒、真菌孢子等。)EO 穿透性很强,可以穿透微孔,达到产品的深度,从而大大提高灭菌效果,目前药用高分子材料广泛采用 EO 进行灭菌。EO 可以与蛋白质上的羧基(—COOH)、氨基(—NH_2)、硫氢基(—SH)和羟基(—OH)发生烷基化作用,造成蛋白质失去反应基团,阻碍了蛋白质的正常化学反应和新陈代谢,从而导致微生物死亡。EO 也可以抑制生物酶的活性(包括磷酸致活酶、肽酶、胆碱化酶和胆碱酯酶)。

环氧乙烷由于穿透力强,消毒后必然会有部分残留在材料的表面。残留量是随材料的性能和形态不同而有差别,其中天然橡胶、涤纶树脂较多;聚氨酯、聚氯乙烯次之;聚乙烯、聚丙烯吸收最少。同时,多孔材料也容易吸收。这些残留的环氧乙烷进入体内后会引起溶血、破坏细胞、造成组织反应。例如人工肾用的透析器中残留的环氧乙烷会引起典型的全身变态性反应。因此在各国标准中,都对环氧乙烷残留量有严格控制。例如法国规定环氧乙烷残留量不应大于 2 ppm,丹麦规定不超过 5 ppm,日本规定不超过 10ppm,我国标准一般规定不超过 10 ppm。表

2-19列出了美国FDA规定的环氧乙烷及有关有害化合物的最大允许值。环氧乙烷灭菌时，在有氯存在时(例如生理盐水中NaCl)会反应产生有害的氯乙醇，与水会生成乙二醇。有许多国家对这两种有害化合物也有严格控制。但我国标准中还未涉及到这两种有害化合物。

表2-19　环氧乙烷及其有关化合物的最大允许值(ppm)

器械名称		环氧乙烷	氯乙醇	乙二醇
体内植入物	大(100g以上)	250	250	5000
	中(10～100g)	100	100	2000
	小(10g以下)	25	25	500
宫内避孕器具		5	10	10
接触镜片		25	25	500
与黏膜接触的器械		250	250	5000
与血液接触的器械(体外使用)		25	25	250
与皮肤接触的器械		250	250	5000
刷手海绵		25	250	500

(三)辐射灭菌法

电离辐射能使微生物产生广泛的物理和生物效应，目前的研究表明，辐射会使微生物中的脱氧核糖核酸(DNA)发生诱导电离。辐射灭菌具有穿透力强、效果好，可在常温进行，并在连续和大批量灭菌时经济效果好。电离辐射的灭菌剂量通常是以每克被照射物质吸收100尔格能量为一个拉得(rad)计量。常用的辐射剂量为0.5～2.5百万拉得(Mrad)。工业上最常用^{60}Co辐射的射线进行辐照。

电离辐射也是一种能量辐照，会使许多高分子材料变色和发生化学结构变化(交联或降解)。例如，用于制备一次性注射器用的聚丙烯在辐照后会变色和发脆，只有在聚丙烯中加入特殊防辐照添加剂后，才能进行辐照消毒。因此对被辐射的材料进行选择或改性是进行辐射灭菌必须首先要考虑的问题。

三、有关灭菌的标准

(一)工业湿热灭菌的确认和常规控制要求(ISO 11134)

本标准规定了工业湿热灭菌的工艺选择，确认灭菌工艺和控制常规灭菌的要求。这个标准涉及所有应用湿热灭菌工艺(包括饱和蒸汽和空气-蒸汽混合气体)，适用于所有进行湿热灭菌的生产企业或单位。

1. 产品条件

产品在暴露于额定的最多灭菌周期后应符合其技术规格和安全要求。产品应能经受潮湿、较高温度和压力及其变化强度，并便于灭菌因子与所有灭菌的表面相接触。灭菌前若需作处理(例如清洗)，则这些处理必须作为再次灭菌步骤中的一部分予以确认。

2. 包装条件

包装至少应由一层内包装和一层外包装组成。包装应允许产品内部空气的排出并让蒸汽透入，对非通透性包装(例如装有小玻璃瓶)也可通过热力传导以达到灭菌要求。

3. 设备

每部灭菌装置应有一个或多个铭牌并永久固定，明显标示。灭菌装置应符合IEC 1010-1 和 1010-2 及相应的标准，或我国法规中的安全性要求。灭菌装置应附有安装说明书、设备安全有效操作说明书和维修说明书。

(1) 蒸汽：灭菌装置应设计成采用饱和蒸汽或预调的空气-蒸汽混合气体进行工作。采用饱和蒸汽时，蒸汽的干燥值应不低于 0.95，所含非可凝性气体不超过 3.5%(*V*/*V*)，过热不超过 5℃。为保证连续的蒸汽质量，蒸汽冷凝时不得含有大量会削弱灭菌工艺、损坏灭菌装置或危害产品完整性的杂质。灭菌器减压阀前的蒸汽压力波动不得超过 10%，而且减压比不得大于 2 比 1。

(2) 空气：压缩空气应不含有液态水，并滤除所有≥5μm 的微粒，每立方米空气中含油不超过 0.5mg。在进入灭菌室前，压缩空气应通过微生物截留过滤器，该过滤器截留大于 0.3μm 微粒应不少于 99.5%。

(3) 水：供产生蒸汽用的水和直接冷却的水，均不得含有会削弱灭菌工艺、损坏灭菌器或损害被灭菌产品的杂质。表 2－20 列出了各种杂质的极限值。真空系统用水的质量应达到可以饮用，供水时温度不超过 15℃，硬度应小于或等于 0.2mmol/L。

表 2－20　水所含杂质的极限值

杂质	极限值	杂质	极限值	杂质	极限值
蒸发残留物	≤ 15mg/L	铅	≤ 0.05mg/L	导电率	≤ 50μS/cm
硅	≤ 2mg/L	其余重金属	≤ 0.1mg/L	pH 值	6.5～8
铁	≤ 0.2mg/L	氯化物	≤ 3mg/L	外观	无色、清澄、无沉淀
镉	≤ 0.005mg/L	磷酸钙	≤ 0.5mg/L	硬度	≤ 0.1mmol/L

4. 灭菌工艺选择

根据产品的排列模式和产品与包装承受各种温度、压力以及总的热量输入的能力来选择湿热灭菌周期和类型。产品类型、产品包装和容器载物的排列模式对湿热灭菌条件都有影响，表 2－21 列出了各种影响因素。

表 2-21 对湿热灭菌条件影响的各种因素

因素		应考虑的事项
产品包装	单位体积的密度 气密封性 多孔性 标签	湿气穿透度，周期结束前充分干燥的能力，密封强度，截留的湿气或冷凝水，灭菌的保持，加工过程中产品标签的保持
产品材质和类型	成分 复杂性 设计	吸湿程度、热降解、排气通风、湿气穿透及其后干燥的程度，保持灭菌程度
灭菌装置的载物情况	产品堆放密度，例如是装满还是部分装载	蒸汽穿透速度，湿气穿透而彻底灭菌后干燥速度

最容易控制和确认的湿热灭菌工艺是采用机械排除空气的饱和蒸汽工艺。这类工艺中最大的两个变量是从密集的多孔载物中排除空气的能力和保持饱和蒸汽状态。水分过多会造成多孔载物潮湿、包装破损或出现斑点。

只有在配合产生均匀热介质穿过灭菌器的有效循环时，才采用空气-蒸汽灭菌工艺。例如，对于密封容器中液相和气相产品进行湿热灭菌，比单纯加热需要更大的外部压力，可采用往蒸汽里加入空气的办法产生所需的超压。为把蒸汽和空气充分混合，需要在灭菌室里安装一个强力的混合装置，同时被灭菌产品的排列模式要便于空气-蒸汽在各个包装之间进行有效循环。

(二) 环氧乙烷灭菌的确认和常规控制(ISO 11135)

本标准规定了环氧乙烷(EO)灭菌工艺过程、灭菌工艺过程的确认以及常规控制的要求和指导原则。

1. 环氧乙烷灭菌工艺过程

预处理 → 处理(抽真空 → 加温 → 加湿)→ 灭菌(注入灭菌剂 →
保持一定时间 → 去除灭菌剂 → 放入空气)→ 通风

其中处理和灭菌两个过程为一个灭菌循环。

(1) 预处理：微生物的环氧乙烷灭活受水分含量的影响较大，因此一般要在规定的温度和湿度下对产品进行预处理，这样可减少灭菌循环的时间。预处理结束时，测量的灭菌负载中的温度和湿度应不超过规定的±5℃和±15%。

(2) 灭菌循环：为了使整个灭菌柜和灭菌负载内达到均匀和可重现 EO 分布，加入灭菌剂前必须控制柜内残留空气含量。因为在静态条件下 EO 不能很好地与空气混合，因此在使用纯的 EO 或易燃气体混合时，排出空气要达到高真空度；在使用非易燃 EO 混合气体时，则排出空气不需达到高真空度。

(3) 通风：由于 EO 及其反应物是有害的，因此通过通风尽量去掉残存的 EO

及其反应物。通风可在灭菌柜内或在独立区域内或在两者中进行。温度、停放时间、强制气体循环、装载特性、产品与包装材料对通风的效果都有影响。

2. 环氧乙烷灭菌确认

确认包括灭菌装置试运行确认和性能确认(物理和微生物学)两个过程。

(1) 试运行确认

通过试运行证明预处理、灭菌循环和通风设备满足工艺设计要求。在预处理空载条件下,通过烟雾试验和换气次数风速测定来确认由灭菌产品所占的整个区域内气体循环分布图,并在足够长的时间内监测整个预处理区的温度和湿度。一般在每 $2.5m^3$ 预处理区用一个温度探头和一个湿度传感器可获理想的空间区域分布图。

在灭菌循环中,要确认灭菌工艺过程的各种参数:达到真空的程度和速度;灭菌柜的泄漏率;处理过程注入蒸汽时压力参数;EO 的加入速度和压力以及与气体浓度的关系;排除 EO 达到真空的程度和速率;加入空气所达到的压力及速度;重复处理和灭菌过程以及重复中的变化。同时还要确认辅助系统,如提供的蒸汽质量,灭菌剂汽化器性能,灭菌柜供气过滤器和供水过滤器的可靠性,蒸汽发生器在最大灭菌负载下持续供汽的质量等。

测定通风温度分布、气流速度和气流分布图,确认通风区各种参数。

(2)性能确认

① 物理性能确认:确认产品、包装、装载形式、设备和过程参数是否有变化,若有变化,需要设计新的灭菌参数;若无变化,按等效性处理并形成文件。测定预处理、灭菌循环和通风过程各种物理参数,并与试运行时的参数作比较,确认达到灭菌设计要求。

② 微生物学确认:通过生物指示剂失活来确认产品灭菌过程的有效性。生物指示剂应放在产品最难灭菌的位置。若在产品灭菌设计时不能将生物指示剂放在最难灭菌的地方,可用芽孢悬液给产品接种(芽孢悬液应符合 ISO 11138-1 标准)。环氧乙烷灭菌常用枯草杆菌芽孢(ATCC 9372)作为生物指示剂。放置生物指示剂的数量应满足验证整个灭菌负载的生物失活,一般灭菌柜可用体积 $\leqslant 5m^3$ 时,至少放置 20 个生物指示剂;体积大于 $5m^3$ 至 $10m^3$ 时,每增加 $1m^3$ 应增加 2 个生物指示剂;体积大于 $10m^3$ 时,每增加 $2m^3$ 应增加 2 个生物指示剂。

3. 环氧乙烷灭菌过程控制和检测

要记录并保留每一个灭菌循环数据以证明灭菌过程达到设计规范要求,这些数据至少包括:

(1) 对预处理区内最难达到规定条件的位置进行监测,并记录湿度和温度;

(2) 开始时间和从预处理区内移出每一灭菌负载的时间;

(3) 每一灭菌负载开始灭菌循环的时间;

(4) 在灭菌循环中从灭菌柜内具有代表性位置测量的温度和压力；

(5) 证实气体灭菌剂已注入到灭菌柜内；

(6) 测定所用 EO 的量或柜内 EO 的浓度；

(7) 记录灭菌剂作用时间；

(8) 通风过程中时间、温度和压力变化，以及通气操作过程；

(9) EO 灭菌指示剂的试验结果。

4．灭菌效果监测和产品放行

通过核对所有物理数据和灭菌指示剂，证明灭菌循环达到规范要求，并且产品达到灭菌要求。使用化学指示剂时，要求所有包内和包外化学指示剂均要符合标准颜色。使用生物指示剂是更可靠的检测灭菌效果的方法，通过存活曲线法或部分阴性法来测定微生物灭活能力。

(三) 生物指示剂(ISO 11138 系列标准)

本系列标准包括总则，环氧乙烷灭菌用生物指示剂和湿热灭菌用生物指示剂3个标准。生物指示剂应和灭菌过程的物理监测配合在一起使用，以证明灭菌过程的灭菌效果。当灭菌过程中物理监测的数据超过了规定的范围，不管生物指示剂获得的结果如何，灭菌循环都不被认可。同时生物指示剂的性能会受到使用前贮存环境、使用方法或暴露在灭菌循环时的技术所影响，因此应按照生产厂家的说明书进行贮存和使用。

1．总则

(1) 试验菌：试验菌应是无需特殊设备和易于处理的菌株，这些菌株应经过鉴定，并由公认的菌种保存中心保存。例如，环氧乙烷灭菌采用枯草杆菌芽孢，湿热灭菌用嗜热性脂肪杆菌芽孢。

(2) 试验菌悬液：制造厂商应明确制备试验菌悬液的培养基和培养条件，同时在培养和随后的处理方法中，应保证在载体染菌时使用的悬液不含有影响染菌载体或生物指示剂操作的培养基残留物。制造厂商应标明试验菌的贮存条件和有效期，并对试验菌悬液进行活菌计数，标出活菌计数与总的被测微生物数量的百分比。

(3) 染菌载体：染菌载体的制备是将试验菌染在载体上，然后在控制条件下干燥。生产一批染菌载体时，只能采用一批试验菌。同一批生物指示剂的染菌载体上试验菌数量应相同。制造厂商应明确染菌载体的保存条件和有效期，并且要有标识和详细的使用说明。

(4) 生物指示剂：生物指示剂应在原始包装内将每个染菌载体分别包装。原始包装的设计和制造应保证在按要求的条件进行贮存和运输时，染菌载体不会被污染或试验菌从载体上丢失。每个生物指示剂的原始包装上应标识：试验菌名称、批号、失效期、灭菌方法、制造厂家名称和商标以及地址。

(5) 抵抗力测定：可通过存活曲线法或部分阴性法来测定 D 值，并计算存活-杀灭时限。

$$\frac{\text{存活时间}}{\text{剂量}} \geqslant D\text{值} \times \log(\text{初始菌数} - 2)$$

$$\frac{\text{杀灭时间}}{\text{剂量}} \leqslant D\text{值} \times \log(\text{初始菌数} + 4)$$

2. 环氧乙烷灭菌用生物指示剂

(1) 试验菌：试验菌为枯草杆菌芽孢或其他被证明具有同等性的微生物。已证实 Bacillus subtilis NCTC 100T3，CIP 7718 和 ATCC 9372 为合适菌株。

(2) 试验菌悬液：悬液所含活试验菌的数目应在规定总数范围±35%以内。

(3) 载体和内包装：确认载体和内包装材料符合规定要求，试验条件为温度≥55℃，相对湿度≥70%，气体浓度≥800mg/L，暴露时间≥6h。

(4) 生物指示剂：在生产过程中，必须控制每个生物指示剂上可再生的试验菌数目，并限定在规定总数±50%之内或标明规定总数的最小值和最大值。日常监测中使用的生物指示剂规定总数必须不小于 1×10^6，规定增殖不大于 1×10^5。

3. 湿热灭菌用生物指示剂

(1) 试验菌：嗜热性脂肪杆菌芽孢或其他被证明具有同等性的微生物。已证实 *Bacillus stearothermophilus* NCTC 1003，DSM 497，ATCC 12980，DSM 22，CIP 5281，DSM 5934，ATCC 7953，NCTC 10007 为合适菌株。

(2) 试验菌悬液：悬液所含活试验菌的数目应在规定总数范围±35%以内。

(3) 载体和内包装：确认载体和内包装材料符合要求，试验条件温度为 145℃或不低于生产厂商规定的最大暴露温度+5℃，暴露时间为 30min 或不少于生产厂商规定的最大暴露时间。

(4) 生物指示剂：在生产过程中，必须控制每个生物指示剂上可再生的试验菌数目，并限定在规定总数±50%之内或标明规定总数的最小值和最大值范围。日常监测中使用的生物指示剂规定总数必须不小于 1×10^5，规定增殖不大于1×10^4。

(5) 抵抗力：采用存活曲线或部分阴性法测定 D 值(测定条件是暴露于湿热 121±1℃，时间不少于 1.5min)，其对数倍数的 D 值应不少于 10min。

在 110～130℃内选两种温度和用两种方法测定接种载体上试验菌的 D 值，然后计算 Z 值(即湿热灭菌中在暴露温度下的变化，相应于以 D 值表示的10倍变化)。Z 值应不低于 6℃，规定增殖不大于 0.1℃。

$$Z = (T_2 - T_1)/(\text{Log}_{10} D_1 - \log_{10} D_2)$$

(注：D_1 和 D_2 分别为在温度 T_1 和 T_2 时得到的 D 值)

（四）化学指示剂（ISO 11140 系列标准）

本系列标准规定了可在蒸汽、环氧乙烷、电离辐照、蒸汽-福尔马林或干热灭菌过程中使用的化学指示剂要求。本系列标准包括通用要求、试验方法、用于多孔性物品灭菌器的高密度物品穿透试验装置和用于非多孔性物品灭菌器的低密度物品穿透试验装置 4 个标准。

1. 通用要求

(1) 灭菌程序的关键参数：各种不同类型的灭菌程序的关键参数是不同的，在表 2-22 中列出。

表 2-22　不同类型灭菌程序的关键参数

灭菌程序类型	灭菌程序缩写	关键参数
蒸汽灭菌	STEAM	时间、温度、饱和蒸汽
干热灭菌	DRY	时间、温度
环氧乙烷灭菌	EO	时间、温度、湿度、EO 浓度
电离辐射灭菌	IRRAD	总吸收剂量
蒸汽-福尔马林灭菌	FORM	时间、温度、湿度、福尔马林浓度

(2) 指示剂生产：生产厂家应按质量体系标准（ISO 9000 系列标准）制备指示剂，指示剂终点变化应可清晰地观察到，生产厂家应备有证书，证明指示剂在使用中或使用前后不会大量释放有毒物质，损害健康或损害被灭菌产品。

(3) 指示剂说明书：在包装箱内技术说明书或指示剂单包装上要标明：指示剂的类型，指示剂预定的选择变化，指示剂相对应的关键参数及相互关系，储存条件，生产日期，储存期限或有效期限，批号，使用说明，在使用中可能对指示剂产生干扰的各种物质或情况，使用前或后需要采取的补充性安全措施，生产厂商名称和地址。

2. 指示剂分类

(1) 程序指示剂（1 级）：用于单个单元（如包装袋或箱）的灭菌程序。

(2) 特定试验的指示剂（2 级）：用于灭菌器或灭菌过程中的特定试验。

(3) 单项参数指示剂（3 级）：用于标示某一项关键参数是否达到标定值。

(4) 多项参数指示剂（4 级）：用于标示两项或多项参数是否达到标定值。

(5) 综合指示剂（5 级）：用于标示各灭菌周期内所有关键参数是否达到灭菌要求。

(6) 模拟指示剂（周期验证指示剂）：用于指示各灭菌周期内所有关键参数是否达到标定值。

3. 不同指示剂的附加要求

(1) 程序指示剂(1 级)附加要求

蒸汽灭菌程序指示剂:在稳定的(140±2)℃干热条件下,(30±1)min 后,应显示无变化或显示的变化明显不同于暴露在蒸汽灭菌程序后的变化;在(121＋3)℃饱和蒸汽至少 3min 或(134＋3)℃不到 30min 时,应未显示暴露于蒸汽灭菌程序的终点;在干燥的饱和蒸汽中不超过(121＋3)℃和 10min 或不超过(134＋3)℃和 2min 时应清晰可见地显示暴露于蒸汽灭菌程序中。

干热灭菌程序指示剂:在稳定的(160＋5)℃干热不少于 20min 之前时应未显示暴露于干热灭菌程序的终点;在稳定的(160＋5)℃干热不超过 40min 时,应达到显示暴露于干热灭菌程序的终点。

环氧乙烷灭菌程序指示剂:在(60±2)℃和相对湿度大于 85%,并不少于 90min 后,应显示无变化或显示明显不同于暴露环氧乙烷灭菌程序的变化;在环氧乙烷为(600±30)mg/L 和(30±1)℃ 下,并相对湿度为(60±10)% 中至少 5min 前,应为显示暴露环氧乙烷灭菌程序的终点;在环氧乙烷为(600±30)mg/L 和(30±1)℃下并相对湿度为(60±10)%中,不超过 30min 时,应显示环氧乙烷灭菌程序的终点。

电离辐照灭菌程序指示剂:在紫外光(235～280nm)下和表面强度不低于 3.3W/m^2 并不少于 120min 时应显示无变化或显示明显不同于暴露在电离辐照灭菌程序的变化;在吸收剂量不到 1kGy 前,应未显示暴露在电离辐照灭菌程序的终点;在吸收剂量不超过 5kGy 前,应清晰显示在电离辐照灭菌程序的终点。

蒸汽-福尔马林灭菌程序指示剂:在(80±2)℃下不少于 90min 时,应显示无变化或显示明显不同于该灭菌程序后的变化;在(70±2)℃下,且在蒸汽-福尔马林为(10±2)mg/L 中不少于 5min 时,应未显示该灭菌程序的终点;在(70±2)℃下且在蒸汽-福尔马林为(10±2)mg/L 中不超过 2min 时,应显示该灭菌程序的终点。

(2) 单项参数指示剂(3 级)的附加要求

单项参数指示剂应可清晰显示表 2－22 中所列出的一项关键参数,并达到表 2－23 所列的相应范围和极限值。同时在指示剂包装上标示出达到终点的标定值。

(3) 多项参数指示剂(4 级)的附加要求

多项参数指示剂可清晰显示表 2－22 中所列出的两项或两项以上关键参数,并达到表 2－23 中所列的相应容差范围和极限值。同时在指示剂包装上标示出达到终点的各标定值。

(4) 综合指示剂(5 级)的附加要求

综合指示剂应可清晰显示表 2－24 中所列相应容差范围内的各个规定参数的某个灭菌周期。同时标定值应在产品上标示说明。

表 2－23　关键参数的容差和极限值

灭菌方法	时间 /min	温度 /℃	气体浓度 /mg·L^{-1}	相对湿度极限值	蒸汽饱和度极限值	
					低限	高限
蒸汽	$SV^{+0}_{-25}\%$	SV^{+0}_{-2}			0.85	1.0
干热	$SV^{+0}_{-25}\%$	SV^{+0}_{-5}				
环氧乙烷	$SV^{+0}_{-25}\%$	SV^{+0}_{-5}	$SV^{+0}_{-25}\%$	＞30%		
蒸汽-福尔马林	$SV^{+0}_{-25}\%$	SV^{+0}_{-3}	$SV^{+0}_{-20}\%$		0.85	1.0

注：SV 为标定值（标示产品对某个关键参数的反应值）。

表 2－24　综合指示剂关键参数的容差和极限值

灭菌方法	时间 /min	温度 /℃	气体浓度 /mg·L^{-1}	相对湿度极限值	蒸汽饱和度极限值	
					低限	高限
蒸汽	$SV^{+0}_{-15}\%$	SV^{+0}_{-1}			0.85	1.0
干热	$SV^{+0}_{-20}\%$	SV^{+0}_{-5}				
环氧乙烷	$SV^{+0}_{-20}\%$	SV^{+0}_{-5}	$SV^{+0}_{-15}\%$	＞30%		
蒸汽-福尔马林	$SV^{+0}_{-25}\%$	SV^{+0}_{-3}	$SV^{+0}_{-20}\%$		0.85	1.0

注：SV 为标定值（标示产品对某个关键参数的反应值）。

（5）模拟指示剂（6 级）的附加说明

模拟指示剂应可清晰显示表 2－25 中所列相应容差范围内各个规定参数的某个灭菌周期。同时标定值应在产品上标示说明。

表 2－25　模拟指示剂关键参数的容差和极限值

灭菌方法	时间 /min	温度 /℃	气体浓度 /mg·L^{-1}	相对湿度极限值	蒸汽饱和度极限值	
					低限	高限
蒸汽	$SV^{+0}_{-6}\%$	SV^{+0}_{-1}			0.85	1.0
干热	$SV^{+0}_{-20}\%$	SV^{+0}_{-1}				
环氧乙烷	$SV^{+0}_{-10}\%$	SV^{+0}_{-2}	$SV^{+0}_{-10}\%$	$SV_{-10}{}^{+0}\%$		

注：SV 为标定值（标示产品对某个关键参数的反应值）。

（五）环氧乙烷残留量的测定（ISO 10993-7）

被环氧乙烷（EO）灭菌后的药用高分子材料，往往含有残留的 EO。由于 EO 有毒性，可导致皮炎、溶血、致畸，不排除接触产生癌变的可能，所以残留量 EO 应控制在一定范围内。进行 EO 灭菌后的药用高分子材料应测定其 EO 残留量。

1. 浸提液的制备

将被测样品截成小块，精密称取 1 g 放入装有 500 μl 去离子水的顶空瓶中，密封，容器内压力为常压，平衡时间20min，浴温50℃，供顶空分析。

注：检测样品若不即刻测试，放入顶空瓶密封好的样品在冰箱内可保存4天（否则EO在H_2O中可有部分转变成乙二醇）。

2. 试验

(1) 标准溶液的配制：将事先加入约40ml去离子水盖塞的50ml容量瓶在分析天平上称重，用清洁滴管迅速吸取液态EO(99.7%)，滴4滴于上述准确称重好的50 ml容量瓶中，轻摇，盖塞瓶在分析天平上称重（两次称重差即为EO重量），加去离子水至刻度摇匀即为浓溶液。将此溶液稀释成100μg/ml作为标准贮备液。

注1：取液态EO的容器必须预先放冰箱中冷却，而且不得接触溶剂。

注2：容量瓶倒置放贮备液，标准溶液稳定不可放置过久，大于14天应重配。

注3：配制标准溶液应在通风橱内进行。

(2) 实验部分：

试剂：环氧乙烷标准品纯度＞99.7%

仪器：气相色谱仪（氢焰检测器）FID和自动顶空进样器

(六) 无菌检查法

无菌检查法系指检查药用高分子材料是否无菌的一种方法。无菌检查的全部过程应严格遵守无菌操作，防止微生物的污染。

1. 培养基灵敏度检查法

菌种：腾黄微球菌(Micrococcus Lutea)(CMCC(B)28001)，生孢梭菌(Clostridium sporogenes)(CMCC(B)64941)，白色念珠菌(Candida albicans)(CMCC(F)98001)。

操作：取腾黄微球菌的营养琼脂斜面和白色念珠菌的霉菌琼脂斜面的新鲜培养物分别用0.9%灭菌氯化钠溶液制成均匀的菌悬液；将生孢梭菌的不含琼脂需气菌、厌气菌培养基的新鲜培养物，吸入灭菌离心管，离心，弃去上清液，菌体用0.9%灭菌氯化钠溶液制成均匀的菌悬液。分别取上述菌悬液用0.9%灭菌氯化钠溶液稀释至与细菌浊度标准管相同的浓度，然后作10倍系列稀释并计数。将腾黄微球菌$1:10^5$～$1:10^8$菌液、生孢梭菌$1:10^6$～$1:10^9$菌液、白色念珠菌$1:10^5$～$1:10^8$菌液各1ml，分别接种至9ml试验培养基中，每个稀释度至少接种3管，以未接种的培养基管作对照，细菌试验管置30～35℃培养3d，白色念珠菌置20～25℃培养5d。逐日记录结果。

结果判定：以接种后培养基管数的2/3以上呈现生长的最高稀释度为该培养基的灵敏度（且接种量均应小于10个），三次试验中，以两次达到的最高灵敏度为判定标准。

需气菌、厌气菌培养基灵敏度为腾黄微球菌 1∶10^6；生孢梭菌 1∶10^7；霉菌培养基灵敏度为白色念珠菌 1∶10^6。

（附注）肉浸液制备法：取新鲜牛肉，除去肌腱及脂肪，切细，绞碎后，每 1000g 加水 3000ml，充分搅拌，在 2～10℃浸泡 20～24h，煮沸 1h，滤过，压干肉渣，补足液量，分装，121℃灭菌 30min，置冷暗处备用。也可用牛肉浸出粉 3g，加水 1000ml，配成溶液代替。

2．对照用菌液

金黄色葡萄球菌（*Staphylococcus aureus*）菌液：取金黄色葡萄球菌（CMCC(B) 26003）的营养琼脂斜面新鲜培养物 1 白金耳，接种至需气菌、厌气菌培养基内，在 30～35℃培养 16～18h 后，用 0.9%灭菌氯化钠溶液稀释成 1∶10^6。

生孢梭菌（*Clostridium sporogenes*）菌液：取生孢梭菌（CMCC(B)64941）的需气菌、厌气菌培养基新鲜培养物 1 白金耳，再接种至相同培养基内，在 30～35℃培养 18～24h 后，用 0.9%灭菌氯化钠溶液稀释成 1∶10^6。

白色念珠菌（*Candida albicans*）菌液：取白色念珠（CMCC(F)98001）的霉菌琼脂培养基斜面新鲜培养物 1 白金耳，接种至霉菌培养基内，在 20～25℃培养 24h 后，用 0.9%灭菌氯化钠溶液稀释成 1∶10^5。

3．检查法

用无菌操作直接取药用高分子材料或药用高分子材料代表样；若不能直接取，可取按标准规定制备的浸提液，然后分别接种于需气菌、厌气菌培养基 5 管，其中 1 管接种对照用菌液 1ml，供作阳性对照；取 1 支需气菌、厌气菌培养基管作阴性对照，另接种于霉菌培养基 2 管，一般培养基分装量 15ml，接种样品浸提液 0.5～1ml，或培养基能覆盖药用高分子材料样品或其代表样。

接种后轻轻摇动，使匀。需气菌、厌气菌培养基在 30～35℃培养 5d，霉菌培养基在 20～25℃培养 7d。培养期间应逐日检查是否有菌生长（阳性对照在 24h 内应有细菌生长）；如在加入样品后，培养基出现浑浊或沉淀，经培养后不能从外观上判断时，可取该培养液转种入另一支相同的培养基中或斜面培养基上，培养 48～72h 后，观察是否再现浑浊或在斜面上有无菌落生长，并在转种的同时，取培养液少量，涂片制成染色标本，用显微镜观察是否有菌生长。

当阳性对照管显浑浊并确有细菌生长，阴性对照管呈阴性时，可根据观察所得的结果判定：如需气菌、厌气菌及霉菌培养管均为澄清或虽显浑浊但经证明并非有菌生长，均应判为样品合格；如需气菌、厌气菌及霉菌培养管中任何一管显浑浊并确证为有菌生长，应重新取样，分别依法倍量复试，除阳性对照管外，其他各管均不得有菌生长，否则应判为样品不合格。

四、灭菌技术的进展

湿热灭菌、环氧乙烷灭菌和电离辐射灭菌是目前使用最为广泛的灭菌技术。

从杀灭微生物角度看，它们的杀菌谱广、灭菌可靠，但也存在各自的问题，例如，对材料的影响，毒性问题，以及环境等问题。因此随着科学技术发展，相继出现一些新的灭菌方法。

（一）激光灭菌

由于激光具有巨大能量，当被金属表面反射后，其能量可能被附着于金属表面的生物组织吸收，结果导致生物组织破坏。其优点是简便、快速，可以在手术室内对一些偶然被污染的手术器械和植入物进行就地灭菌。但其价格较昂贵。

（二）超声协同灭菌

单纯的超声波，一般不能杀死微生物，要达到杀菌的目的就需要耗费每毫升数瓦的巨大能量。因此临床上常用化学消毒剂加上超声波协同，可以大大提高灭菌效果和缩短灭菌时间。一般常用醛类、酚类、季胺化合物等加上超声波协同，在60℃、30min可达灭菌。

（三）气体等离子体灭菌

等离子体可破坏芽孢外壳，因此常在低温、低压下用等离子体气流加入少量醛类灭菌剂，使得活化的醛类分子容易进入芽孢内部起反应，达到灭菌效果。低温等离子体所用载体有氧气、氩气、氮气、氦气等，所接触的醛类有甲醛、乙醛、戊二醛等。气体等离子体灭菌作用速度快、效果好。例如，完全杀灭枯草杆菌菌株，用干热灭菌法需要在150℃下灭菌60min；用环氧乙烷灭菌要在54℃下，浓度为600mg/L，相对湿度50%时需灭菌2h。而用等离子气体灭菌，在气体流速80～100ml/min，甲醛流速10mg/min，电磁频率为13.56MHz，10min即可达到灭菌。由于等离子体灭菌温度低、甲醛用量小、对器件没有腐蚀性和残存毒性，所以适用于对热敏感的高分子材料，也适用于由金属或玻璃及高分子材料制作的细小管线及复杂器件。这是一种有发展前景的灭菌方法。

药用高分子材料与完好皮肤接触（例如贴皮制剂），一般要求进行消毒，而与破损体表或与体内接触时都要求进行灭菌。如果这类药用高分子材料不进行灭菌，就非常容易造成感染，导致治疗失败或患者生命危险。因此灭菌工艺的控制和灭菌检测也是保证药用高分子材料安全性的一个重要环节。

参考文献

[1] Ranade V V，Drug Delivery Systems. Newgorle：CRC Press，Inc，1996

[2] 秦伯益. 新药评价概论（第二版）. 北京：人民卫生出版社，1998

[3] 杨子彬. 基础医学卷，生物医学工程学. 哈尔滨：黑龙江科学技术出版社，2000

[4] 俞耀庭．生物医用材料(21世纪新材料丛书)．天津:天津大学出版社,2000

[5] Brown L, Langer R. Transdermal delivery of drugs. Annual Review of Medcine,1998,39:221

[6] 陈建海,黄春霞,陈志良等．聚己内酯材料的生物相容性与毒理学研究．生物医学工程学杂志,2000,17(4):380～382

[7] 卢凤琦,曹宗顺,庄昭霞等．壳聚糖的降解与生物相容性研究．生物医学工程学杂志,1998,15(2):183～185

[8] 郝和平,奚廷斐,卜长生.医疗器械监督管理和评价.北京:中国医药科技出版社,2001

[9] ISO10993(ISO/TC194);Biological evaluation of medical devices.

[10] 奚廷斐．医疗器械生物学评价.中国医疗器械信息,1999,5(3):4～9;5(4):8～16;5(5):10～13

[11] 奚廷斐．医疗器械灭菌.中国医疗器械信息,2000,6(2):17～22;6(3):23～28

[12] 杨晓芳,奚廷斐．生物材料生物相容性评价研究进展．生物医学工程学杂志,2001,18(1):123～128

（奚廷斐）

第三章　药用高分子材料的降解

第一节　概　述

人体是一个极其复杂的生理环境，存在着影响药用高分子材料性能的各种因素。药用高分子材料在生物体内的组织反应与材料本身的化学组成，高次结构以及表面特征等因素有关。生物稳定性好的材料长时间在体内埋植能形成一个稳定的结构状态，对生物体一般不会产生太大的影响，如聚甲基丙烯酸甲酯（有机玻璃）就属于这一类。但仍有相当多的聚合物处于代谢、呼吸、酶催化反应之中，很难保持原来的化学、物理、力学性能而产生降解。表 3－1 列出某些聚合物在体内埋植后的强度变化。

表 3－1　某些药用高分子材料埋植后的强度变化

材　料	时　间	抗拉强度/$kg·cm^{-2}$	伸长率/％	材　料	时　间	抗拉强度/$kg·cm^{-2}$	伸长率/％
聚乙烯	对照	189.8	780	硅橡胶	对照	66.8	800
	17 个月	135.7	420		17 个月	65.4	800
聚四氟乙烯	对照	207.4	320	聚己内酯	对照	280.0	—
	17 个月	201.5	250		17 个月	80.0	0
尼龙	对照	653.9	550	聚乳酸	对照	360.0	—
	17 个月	365.6	140		17 个月	0	0

由上述数据可见，像尼龙这样在体外还是比较好的高分子材料，但并不适于植入体内，当埋植体内 17 个月后强度损失 44％，埋植 3 年后，强度损失竟高达 81％。再如，聚乙烯醇多孔海绵体修补材料会被人体结构组织侵入，出现钙沉积变硬；硅橡胶心脏瓣膜小球会被体内的类酯（如胆固醇）溶胀变性。外消旋聚乳酸一般在不到半年的时间被机体完全降解、吸收，聚己内酯则需要 3 年甚至更长时间。由此可见，生物降解、老化问题实际上是生理组织对材料的作用问题，生理环境之所以会对植入材料产生重大影响，其原因大致有三：

1．由于生理体液主要是水解反应所引起的材料降解、交联或相变，从而导致材料性能改变。

2．由于形成自由基，引起氧化反应（氧化降解），导致材料性能改变。

3．由于酶的催化作用导致材料性能改变。

然而这些因素对材料的作用还是由材料本身的结构所决定的。

如:尼龙由于存在酰胺基,具有亲水性,所以能引起水解而降解。聚酯聚氨酯由于有不少键亲水,所以也能很快的发生降解而开裂,但嵌段聚醚聚氨酯则有所改进,耐水性能大大提高。聚酯的酰基虽然也不够稳定,因它是疏水的,所以不易水解。聚乙烯等聚烯烃的键上并没有活性基团,不会水解,应该是稳定的,但它的键断裂时会产生游离基,引起氧化降解。只有具有稳定结构的聚四氟乙烯及硅橡胶,才不易发生老化降解,尤其是硅橡胶耐老化降解性能较为突出。

药用高分子材料分为生物降解型和非生物降解型两大类。生物降解型是按照药物释放的要求,在规定的时间内药用高分子材料逐步降解;非生物降解型是药物高分子材料在体内基本不降解,而长期在体内滞留或到一定时间后用手术方法取出。由于药用高分子材料常含有单体、低聚物、溶剂、催化剂、添加剂、填充物、加工助剂等残留物或沥滤物,而这些残留物或沥滤物在体内体液、酶等作用下会逐步进入体内,并有可能产生一定的毒害作用,因此应该对药用高分子材料的降解过程、机理和产物进行研究,以保证这些材料的安全性。

一、降解研究设计原理

分析药用高分子材料在正常使用情况下是否会降解,对材料的安全性评价是十分重要的。对药用高分子材料都进行降解研究难度很大,因此对哪些情况应考虑有必要进行降解研究,哪些情况可不必进行降解研究作了原则规定。

(一) 应考虑降解研究的情况

1. 材料会被生物体吸收;
2. 长期在体内使用(大于 30d),可能有明显的生物降解;
3. 材料与人体接触时,可能有毒性物质释放。

(二) 可不必进行降解研究的情况

1. 在预计使用中,对某种药用高分子材料的降解产物的安全性评价有大量的研究数据;
2. 某种药用高分子材料已具有长期的安全临床使用历史。

在设计降解评价方法时应考虑材料的化学特性、物理特性、材料与药物的作用和使用时间、部位及局部环境等因素。若能检索到相应的标准与文献中通用推荐的方法,应优先考虑采用规定的降解产物定性和定量的方法。

由于研究降解问题比较复杂,设计实验方案尤为困难。目前大都先采用体外的方法进行试验,随后再进行体内实验,并研究体内外实验的相关性。体外方法重要的有 3 种:①在模拟体液中;②在氧化剂溶液中;③在含有酶、磷脂的溶液中进行加速实验或进行实际时间试验。其过程如图 3-1。

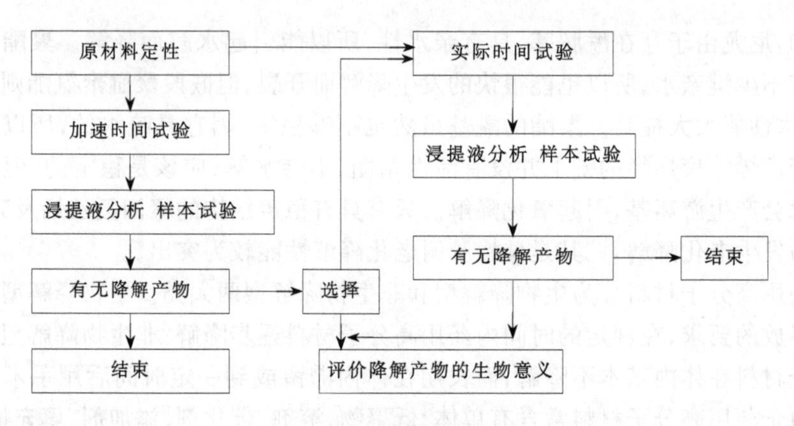

图 3-1 体外降解评价示意图

二、研究方案

(一) 降解研究方案的制定

降解研究方案的制定主要包括确定降解产物的分析方法，以及通过这些方法对降解产物的研究：

1. 降解产物化学和物理化学性能；
2. 降解过程中材料及裂解物的表面形态；
3. 降解产物的生物性能及生物化学性能。

降解产物释放的程度和速度取决于在表面降解产物的浓度、从材料内部向表面的迁移速率、产物在生化媒介的溶解性、生化媒介的流动状态等。

材料在降解过程中产生的降解产物可能是颗粒状的，也可能是可溶性的化合物。需要采用适当的方法对它们进行定性，并在研究报告中对采用的方法加以说明。

若对降解产物进行生物学评价，应考虑材料中原有的其他物质(如残留单体、催化剂、填料等)的影响。

(二) 降解研究中应考虑的问题

如果缺少有关材料降解或潜在降解产物的生物反应方面的重要数据，那么应考虑下列实际情况：

1. 材料的基本情况分析：材料外形、作用与设计原理的描述，使用时的基本要求和生物环境，材料化学组成和成分，材料加工工艺和灭菌方法。
2. 材料结构改变：材料结构发生改变会导致不同性质的降解产物，并使药物控释变成崩解释放。导致材料结构发生变化的因素有：灭菌、植入操作、材料与组织的相互作用等。
3. 物质从表面释出的因素有：腐蚀、溶出、迁移、解聚、脱落、剥落等。

第二节　非降解型药用高分子材料的降解

有些药物释放体系需要在体内长期控释，例如，用于计划生育的皮下埋植剂是用硅橡胶作为抗生育药物左炔诺孕酮的载体，在皮下植入后药物释放可达 3～5 年，然后再将硅橡胶管用手术取出。硅橡胶，以及聚乙烯酸乙烯酯共聚物、聚甲基丙烯酸甲酯、聚乙烯、聚氨酯等这类材料一般被认为是非降解型药用高分子材料。但在体内水解、酯解、氧化降解等作用下，这些材料也会发生一定程度的降解。奚廷斐等人对聚醚聚氨酯材料进行体内外研究，发现聚醚聚氨酯材料表层会发生降解，表层的结构发生变化，分子量下降，有降解产物出现。在临床使用中，也发现有类似现象。例如常用聚醚聚氨酯制作起搏器电极的绝缘层时，在体内使用 5 年后，发现电极表面的绝缘层发生龟裂。因此对非降解型药用高分子材料也应该进行降解研究，对其降解产物进行定性和定量表征，并对降解产物是否会带来有害作用进行评价。

一、降解试验方法

加速或实际时间降解试验可用于给降解产物定性和/或给降解产物定量。加速降解试验只作为筛选试验。如果在加速试验中没有观察到降解产物则无须再进行实际时间的降解试验。如果发现降解产物，则须进行实际时间试验。

（一）试验准备

1．样品制备

样品制备的通用方法应按 ISO 10993-12《医疗器械生物学评价——第 12 部分：样品制备与参照样品》的有关规定。此外，在做降解试验前样品应干燥至恒重。应注意干燥温度不能使材料发生不可逆的变化，如：熔融、流动或降解等。同时更应该注意在干燥条件下聚合物的结晶度等与降解行为有关的性能不能改变。结晶度等性能的变化会导致材料的降解行为变化，直接影响试验结果的真实可靠性。

2．试验前样品的定性、定量分析

试验前样品的定性分析对于研究降解行为来说极为重要。应当选择与具体样品相适应的分析方法对试验前样品的化学与结构以及物理性能进行定性、定量分析。该标准的附录 A 中列出了若干种用于聚合物材料定性的分析方法及其运用范围。ISO 10993-18《医疗器械生物学评价——第 18 部分：材料定性》中也列出了聚合物材料的化学定性分析方法及其应用范围均可作为参数。

应当看到，由于一种药用高分子材料载体可含有几种来自不同渠道的材料，所以进行细致的分析是十分必要的，但由于分析所需要的时间较长，花费的经费较多;因此,要善于从供应商处获取准确的分析数据,以减少分析工作。

3. 试剂和仪器

(1) 试验溶液

水解降解用的试验溶液常用的有两类。一类是水解降解用溶液,若采用分析实验室用水,应符合 ISO 3696 分析实验室用水规定和试验方法中二级水质的要求。也可采用缓冲液并符合 ISO 13781,一般常用的是 pH=7.4 的磷酸盐缓冲液或 pH=6.8 的缓冲液。后者由 0.5 mol (68.08g/L) 的磷酸二氢钾和 0.5mol (89.07g/L) 磷酸氢二钠组成,溶剂采用二次蒸馏水配制的 0.9%氯化钠溶液。配制时上述磷酸盐采用分析纯并干燥至恒重。另一类是氧化降解用的溶液,若采用过氧化氢作氧化剂,一般采用 3%的过氧化氢水溶液,配制时过氧化氢采用药典级。也可采用芬顿试剂(稀过氧化氢溶液与 Fe^{2+} 盐的混合液),一般采用 100μmol Fe^{2+} 和 1mmol H_2O_2 混合。采用含氧化剂溶液时要注意在温度升高和长时间放置或随着试验时间的延长,氧化剂的浓度会随之变化。因此,进行降解试验过程中要定期(一般为一周)测试一次溶液浓度,试验溶液应采用新配制的进行降解试验。人体内理化、机械条件和模拟生物试验环境见表 3-2。

表 3-2 人体理化和机械条件

条件与单位	值	部位
酸碱度,pH	1	胃内容物
	4.5~6	尿液
	6.8	细胞内
	7	间质
	7.15~7.35	血液
P_{O_2}/mmHg	2~40	间质
	12	髓内
	40	静脉
	100	动脉
	160	大气
P_{CO_2}/mmHg	40	牙槽
	2	大气
温度/℃	37	一般中心
	20~42.5	病时偏差
	28	一般皮肤
	0~45	四肢皮肤

条件与单位	值	部位
机械的	压力/MPa	组织
	0~0.4	松质骨
	0~4	骨密
	4	肌肉(峰值压)
	40	腱(峰值压)
	80	韧带(峰值压)
	应力循环次数/a^{-1}	活动
	3×10^5	蠕动
	3×10^5	吞咽
	$0.54\sim43\times10^7$	心肌收缩
	$0.1\sim1\times10^6$	指关节运动
	2×10^8	行走

注 1:1mmHg=133.322Pa。

注 2:表 3-2 出自 ISO/TR10993—9:1994;原始出处为 NFS90—701—1988。

对于某些特定的聚合物,除选择上述试验溶液外,还可选择其他的降解溶液。

例如：模拟体液，含酶、蛋白质的溶液等。表 3-3、表 3-4 和表 3-5 列出一些模拟液的配方，供选择参考。

表 3-3 人工唾液组成

化合物	浓度/$mg \cdot L^{-1}$	体积摩尔浓度/$mol \cdot L^{-1}$
Na_2HPO_4	260	1.91×10^{-3}
NaCl	6700	3.4×10^{-3}
KSCN	330	1.47×10^{-3}
KH_2PO_4	200	1.47×10^{-3}
$NaCO_3$	1500	17.86×10^{-3}
KCl	11200	16.22×10^{-3}

表 3-4 人工血浆组成

化合物	浓度/$mg \cdot L^{-1}$	体积摩尔浓度/$mol \cdot L^{-1}$
NaCl	6800	117.24×10^{-3}
CaCl	200	1.8×10^{-3}
KCl	400	5.41×10^{-3}
$MgSO_4$	100	0.83×10^{-3}
$NaHCO_3$	2200	26.2×10^{-3}
Na_2HPO_4	126	0.89×10^{-3}
NaH_2PO_4	26	0.22×10^{-3}

表 3-5 人工骨液组成

化合物	浓度/$mg \cdot L^{-1}$	体积摩尔浓度/$mol \cdot L^{-1}$
$CaCl_2$	73.52	0.5×10^{-3}
$MgSO_4 \cdot 7H_2O$	98.6	0.39×10^{-3}
KH_2PO_4	261.28	1.91×10^{-3}
$NaH_2PO_4 \cdot 2H_2O$	47.48	0.3×10^{-3}
$FeSO_4 \cdot 7H_2O$	0.83	0.003×10^{-3}
NaCl	5344	101×10^{-3}
KCl	1640	22×10^{-3}
$NaHCO_3$	1260	15×10^{-3}
HEPES	4766	20×10^{-3}
N-2-羟乙基哌嗪乙烷磺酸 D-葡萄糖	2000	11×10^{-3}
$CH_3COONa \cdot 3H_2O$	54.43	0.4×10^{-3}
鲸蜡戊二酸	29.22	0.199×10^{-3}

模拟胃液　根据美国药典 XXⅡ版配制如下：用 1ml 的盐酸溶解 2g 氯化钠和 3.2g 胃蛋白酶，加水至 1000ml，该溶液的 pH 值约 1.2。

模拟肠液　根据美国药典 XXⅡ版配制如下：用 250ml 水溶解 6.8 g 磷酸二氢钾，混匀，加入 190ml 0.2mol/L 氢氧化钠和 400ml 的水。加 10g 胰酶，混匀，用 0.2mol/L 的氢氧化钠溶液调节此溶液至 pH 为 7.5± 0.1。用水稀释至 1000ml。

无论采用哪种试验溶液（包括上述溶液），在试验报告中对溶液的选择、配方应加以说明。若对降解产物要进行生物学评价，由于使用抗菌素和抗霉剂会干扰生物学评价,因此整个降解试验要保持在无菌条件下进行。

(2) 试验的容器

根据选择的试验溶液的不同配方,可选择密闭的化学级玻璃容器、聚四氟乙烯和聚丙烯容器。实验时要设置空白容器对照组以证明容器不干扰降解试验的结果。

(3) 天平

测量样品降解过程中质量损耗的天平应符合所需精确度要求。如:降解测定可吸收材料天平的精确度为1%,测定不降解的材料,天平的精确度为0.1%。测定样品质量的天平,对于可吸收材料天平精确度为样品总质量的0.1%,测定不降解材料,天平精确度为样品总质量的0.01%。试验报告中对质量耗损测定方法的精确度和标准偏差应加以说明。

(4) 干燥器

应使用能干燥试验样品至恒重且不引起污染或挥发性降解产物丢失的干燥器。试验报告中对干燥器的结构与使用作详细说明。

(5) 真空装置

能使干燥器内达到足够的真空度(<500Pa=50mbar)。在试验报告中应详细说明真空装置的结构、操作与技术参数。

(6) 分离装置

用于分离在降解试验时产生的碎片。可采用惰性滤器和温控离心机或两者的组合。试验报告应详细说明分离装置的结构、操作与技术参数。

4. 试验样品的数量

每次试验,至少应对3个样品同时进行试验。每个样品应单独应用一个容器。每次试验期间应使用一个空白对照样品。若实验结果需进行统计学处理则需要更多的样品。

5. 试验样品的形状和大小

样品的大小和形状对产生降解产物的数量起关键作用。若只选取成品的一部分作为试验样品,应避免或尽量减少选用成品中那些不与生物环境接触的面,从而保证试验结果更接近实际情况。选择样品的大小、形状和表面积应考虑降解溶液和测定质量平衡至恒重的平衡时间。对可吸收聚合物,不要求样品质量与降解溶液达到平衡。在某些情况下,应按成品制备时所使用的同样的加工、清洁、无菌方法制备试验样品。

6. 质量/体积比

试验样品的质量和试验溶液的体积之比应是1∶10。使用该比例时也应考虑到降解产物的释放有可能干扰降解过程本身并影响降解速度和降解反应的平衡。样品应完全浸入试验溶液。在试验报告中要对选用比例进行报告和论证。

7. 样品预处理

为建立质量平衡，样品应干燥至恒重。如果器械含有易挥发成分，注意选择适当的干燥方法。此时，试验报告应对干燥方法和条件加以说明。

8. pH值

试验溶液的pH值根据使用部位的pH值范围加以选择；若反之，试验所产生的降解产物有可能与生物条件下产生的不相符。同时应保持在一个适当的范围内；还应考虑由于生理现象，如炎性反应引起的pH值的改变；温度变化也能改变pH值。试验报告对选择的pH值及范围控制加以说明。

9. 质量平衡的测定

从试验溶液中取出样品须用足量的分析用水冲洗，并将冲洗液及被冲下碎片加入到试验溶液里。将最后经过过滤或离心所获得的样品和碎片干燥至恒重，再测定质量平衡。

10. 试验后样品及降解产物定性

采用试验前样品定性的方法对试验后样品及降解产物进行定性。

（二）加速降解试验

1. 温度

选择的温度应高于37℃并低于材料的熔化或软化温度。一般选用(70±1)℃，较高的温度会导致聚合物发生副反应，较低温度下则可能不发生。在试验报告中应对所选温度加以说明。

2. 试验期

可使用两个试验期：2d和60d。也可根据聚合物特点，选择其他的试验期。对可吸收高分子材料，试验期可持续到材料失去完整性为止（指单一材料）。所选的试验期如不是2d或60d，应在试验报告中进行报告和论证。

（三）实际时间降解试验

1. 温度

在(37±1)℃下进行试验。

2. 试验期

可选用1个月、3个月、6个月和12个月4个试验期，也可根据聚合物的特点选择其他试验期，在试验报告中报告并论证使用的试验期。

（四）对高分子材料的定性分析方法

可采用下列分析方法对聚合物材料定性：

1. 溶液黏度测定法（平均分子量、分支、膨胀/交联密度）；
2. 流变特性（熔化区域、溶化黏性、热稳定性、分子量分布）；

3. 色谱法(例如气相色谱法、高效液相色谱法测定残留单位、附加剂和可沥滤物;凝胶色谱法测量平均分子量和分子量分布变化);

4. 分光光度法(例如紫外光谱法、红外光谱法、核磁共振、质谱法用于识别聚合物、测试浓度和分布;原子吸收光谱法测定催化剂重金属含量);

5. 热分析(例如,用热差式扫描量热法测定玻璃化转变、熔化区域或软化点、混合物)。一种成品药用高分子材料载体可含有几种来自不同渠道的材料,所以必须进行细致研究,并要求从供应商处得到准确的分析数据,以此来减少分析工作。

二、通用试验程序

图 3-2 描述了通用试验程序。

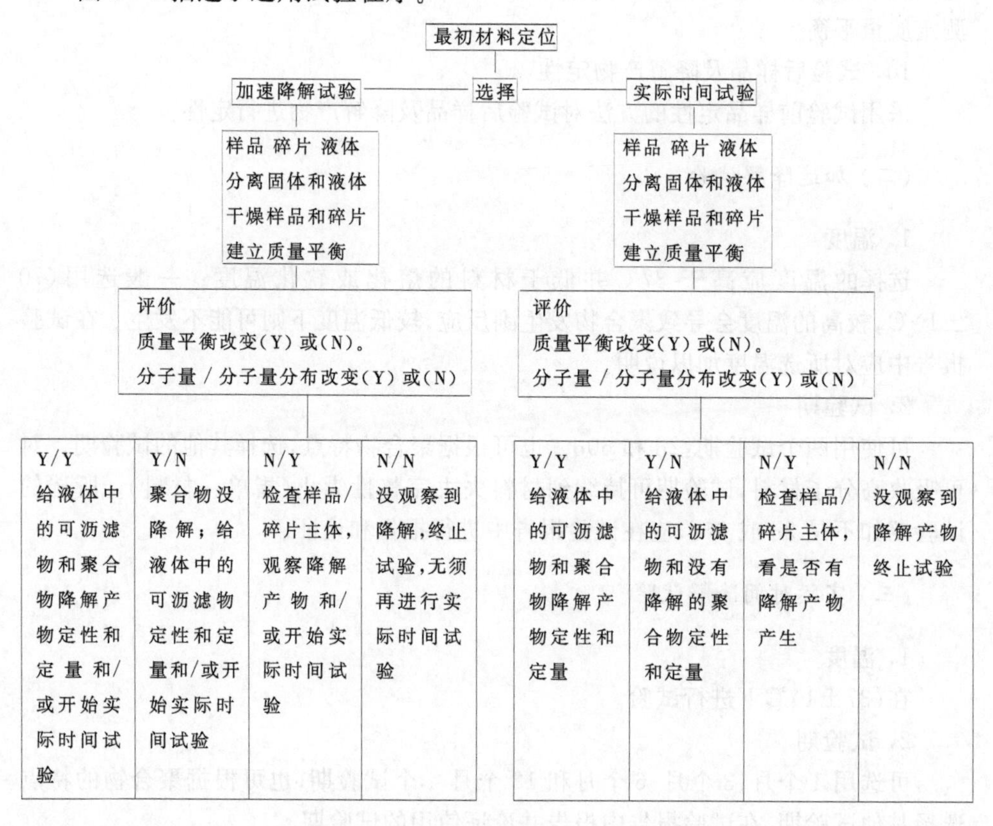

图 3-2 降解通用试验程序(Y=Yes, N=No)

(一) 试验前样品材料定性

试验前样品材料定性包括成品中主体聚合物以及聚合物中存在的残留物质和添加剂。仅依靠分析来获得这些信息是很难的,所以最好从材料的生产厂和供应商中获得这些信息。聚合物的纯度及对配方所用的添加剂的定性分析是非常重要的。

(二) 加速降解试验

1. 测量试验前质量

干燥试验样品至恒重,测定试验样品的质量。

2. 分离样品、碎片和溶液

降解试验后需分离样品、碎片和溶液,一般有 2 种方法。

(1) 通过过滤分离在室温真空条件下,将滤器干燥至恒重,测定滤器的质量。用经过称重的滤器将可能存在的碎片与降解溶液分离,必要时可用真空或加压过滤。过滤时可注水喷射,并用分析纯水洗涤滤出物 3 次。

(2) 离心分离测量干燥、洁净的离心管的质量后,将离心试验溶液移至离心管内,闭合管,然后进行离心分离。为了使固体碎片颗粒分离,将离心管在离心机上旋,轻轻将上清液用滴管吸取倒入一容器内,再用分析纯水清洗使碎片颗粒悬浮,再进行离心分离。上清液吸取倒入上述容器,重复该步骤两次。

3. 分析

(1) 测定质量平衡在室温真空条件下,干燥滤器及其滤出物或离心管及其内容物至恒重。然后测定滤器及其滤出物或离心管及其内容物的质量,计算样品的质量损耗。

(2) 样品和碎片的定性采用适当的方法测定分子量和分子量分布。一般采用黏度法及凝胶色谱法。也可采用其他方法。对交联聚合物类,试验测定质量平衡和聚合物交联密度,而不是分子量/分子量分布。同时,判定有无降解也以交联密度作判据。

4. 评价(见图 3-2)

(1) 第一种(N/N)质量平衡无改变,分子量/分子量分布无改变;没发现降解产物,终止试验,无须再进行实际时间的降解试验。

(2) 第二种情况(N/Y)质量平衡无改变,但分子量/分子量分布已改变;检查主体样品/碎片观察是否有降解产物。开始进行实际降解试验。

(3) 第三种情况(Y/N)质量平衡改变,但分子量/分子量分布无改变;聚合物明显没有降解。按照 IS010993-1 评价液体中存在的可沥滤物。开始进行实际时间降解试验。

(4) 第四种情况(Y/Y)质量平衡改变,分子量/分子量分布也改变;定性并定量液体中可沥滤物和聚合物降解产物。开始进行实际时间实验。

(三) 实际时间降解试验

1. 测量试验前样品质量值

干燥试验样品至恒重。测定试验样品的质量。

2．分离样品、碎片和溶液，方法同上

(1) 通过过滤分离在室温真空条件下，干燥滤器至恒重，测定滤器的质量。用该滤器分离样品和可能存在的碎片与降解溶液。过滤时可使用注水喷射，并用分析纯水洗涤滤出物三次。

(2) 通过离心分离在室温下真空干燥离心管，测量干燥、洁净的离心管的质量后，将降解试验溶液移至离心管内，闭合管，然后进行分离。为了使固体碎片颗粒分离，将离心管在离心机上旋转，轻轻将上清液用吸管吸取，倒入一容器内，再用分析纯水使碎片颗粒悬浮，再次离心分离，轻轻将上清液吸取倒入容器内。再重复该步骤两次。

3．分析

(1) 测定质量平衡在室温、真空条件下，干燥滤器及其滤出物或离心管及其内容物至恒重。然后测定滤器及其滤出物或离心管及其内容物的质量，计算样品的质量损耗。

(2) 样品和碎片的定性采用适当的方法测定分子量和分子量分布，一般采用黏度法及凝胶色谱法，也可采用其他方法。对交联聚合物，测定质量平衡和聚合物交联密度，而不是分子量/分子量分布。同时，判定有无降解，也以交联密度作判据。

4．评价(见图 3-2)

(1) 第一种情况(N/N)质量平衡无改变，分子量/分子量分布无改变，没发现降解产物，终止试验。

(2) 第二种情况(N/Y)质量平衡无改变，但分子量/分子量分布已改变，检查主体样品/碎片观察降解产物。

(3) 第三种情况(Y/N)质量平衡改变，但分子量/分子量分布无改变，聚合物明显没有降解。按照 ISO10993-1 评价液体中存在的可沥滤物。

(4) 第四种情况(Y/Y)质量平衡改变，分子量/分子量分布也改变，定性并定量液体中可沥滤物和聚合物降解产物。

第三节　降解型药用高分子材料的降解

降解型药用高分子材料在药物释放体系中应用较多。这类材料会按照设计要求在体内较快地降解，其产物会进入代谢途径而排出体外。为了保证药物的安全性，对降解型药用高分子材料的降解必须进行降解研究，以确定降解产物是否有毒副作用。上节中讲述的试验方法和试验程序对于降解型药用高分子材料的降解研究也是适用的。目前也常采用同位素标记的方法研究降解型药用高分子材料在体内的降解途径、代谢方式以及降解产物是否在体内滞留。降解机制详见第六章，下面是常用的几种降解药用高分子材料的降解资料：

一、海藻酸(alginic acid)

(一) 化学结构

海藻酸是亲水性的天然聚合物,可以从巨藻、海带、叶藻、鹅掌菜、爱森藻、马尾藻、墨角藻等中提取,它是直链型(1-4)键合的古罗糖醛酸与甘露糖醛酸的共聚物。

(二) 理化性能

两种糖醛酸在分子中的比例变化(表 3-6),以及其所在位置不同,会导致海藻酸的性能各异,如黏度、凝胶性等。

在实际中常使用海藻酸盐类,特别是海藻酸钠,其物理性能见表 3-7。并根据不同的用途可分为中、高、低黏度,或分为药品级、食品级或工业级。

表 3-6 海藻酸的组成变化

藻 类	甘露糖醛酸(M)含量/%	古罗糖醛酸(G)含量/%	M/G 比	M/G 比范围
巨藻	61	39	1.56	—
泡叶藻	65	35	1.85	1.40~1.95
掌状海带	59	41	1.45	1.40~1.60
长角藻	31	69	0.45	0.40~1.00
(*Laminaria hyperborea*(*stipes*))腔昆布与羽叶藻(*Ecklonia cava* 与 *Eiscnia bicyclis*)	62	38	1.60	—

表 3-7 海藻酸盐的物理性能

项 目	褐藻酸	精制褐藻酸钠	特别澄清的褐藻酸钠	褐藻酸铵	褐藻酸二酯
干燥失重/%	7	13	9	13	13(最大)
灰分/%	2	23	23	2	10(最大)
色泽	白	乳白	奶油色	棕色	奶油色
相对密度	—	1.59	1.64	1.73	1.46
堆积密度/$kg \cdot m^{-1}$	—	54.62	43.38	56.62	33.71
褐变温度/℃	160	150	130	140	155
炭化温度/℃	250	340,460	410	200	220
灰化温度/℃	450	480	570	320,470	400
发火温度/℃	*	*	*	*	*
燃烧热/$J \cdot g^{-1}$	11.72	10.47	10.21	12.73	18.59
当1%水溶液时:溶解热/$J \cdot g^{-1}$	0.377	0.335	0.481	0.188	0.377
折射率(20℃)	—	1.3343	1.3342	1.3347	1.3343
pH 值	2.9	7.5	7.2	5.5	4.3
表面张力/N	0.58	0.62	0.70	0.62	0.58
冰点降低/℃	0.010	0.035	0.020	0.060	0.030

（三）降解

海藻酸是一类含聚甘露糖醛酸与聚古罗糖醛酸链段结构的天然高分子。它无论是在水溶液中或是在含有一定分量水分的干品中，都在不同程度上产生降解，因而其平均分子量与分子量分布范围也不断变化。所以在贮存中保质极为困难，在生产过程中难于控制，在应用上也很容易变质。类似海藻酸这样的高分子物质都有类似的性质。能使海藻酸类高分子物质降解的原因，其现象表现为热降解、酶降解、机械降解、射线降解，以及其他各种药剂降解等。在自然状态中最为突出的是酶降解。海藻酸酶是一种裂解酶，它在27～30℃下活性最大；这种酶对热很敏感，在50℃下10min内即失掉活性。在生产中可以利用甲醛或氯化锌等使其酶失活。

海藻酸在人体内会缓慢降解为甘露糖和古罗糖，可随尿排出。

二、几丁质和几丁聚糖

（一）化学结构

几丁质(chitin)和几丁聚糖(俗称壳聚糖 chitosan)的化学结构与纤维素相似。

（二）理化性质

几丁质在自然界分布很广，在藻类、虾、蟹、昆虫等的骨骼及外壳以及菌类细胞壁中都有。据推测，地球上几丁质的年产量约为$1\times10^{10}\sim1\times10^{11}$ t，是仅次于纤维素的第二大天然资源。几丁质与几丁聚糖在自然界是以共存形式存在的，即天然几丁质中均含有几丁聚糖，但几丁聚糖含量甚少，一般低于15%。工业上系用几丁质脱乙醛基后得到高含量(可大于60%)的几丁聚糖。几丁聚糖和几丁质性能不同，它是一种高分子电解质，可溶解于稀盐酸、有机酸水溶液中。表3-8是几种几丁聚糖的主要性能指标。

表3-8　几丁糖的主要性能指标

	工业级	结晶级	医用级
外观	淡黄色或青灰色片状物	白色或微黄片状物	无色、透明黏稠状物体
水分	≤13%	≤10%	
灰	≤3%	≤1.5%	
不溶物	≤1%	≤0.5%	
脱乙酰度		≥85%	≥95.0%
透光度(660nm，0.1%溶液)	70%～80%		

几丁聚糖在药剂中有广泛用途，除了用于药物释放体系的载体外，还可用于作

吸收促进剂、保护剂、靶向剂、黏附剂等。

(三) 降解机理

几丁聚糖化学名为β-(1-4)-乙酰基-乙脱氧-D-葡聚糖,在体内被吞噬并被溶菌酶降解,最终生成葡萄糖而被吸收,其溶解吸收较缓慢,需数月之久。

Tikhonov 实验证实,交联后的几丁聚糖的降解速度比未交联几丁聚糖要慢数倍到数十倍;其交联程度越高,降解吸收越慢。侯春林和顾其胜采用^{3}H 标记几丁聚糖,并将其制成棒状固体,植入大鼠骨内。实验结果显示,术后 5 个月内几丁聚糖在体内吸收很少,在术后 7 个月起吸收加快,植入 15 个月后有近三分之一的几丁聚糖被吸收。实验结果表明,交联几丁聚糖是一种制备长效局部药物释放体系的载体。

三、可生物降解型聚酯

在药物释放体系中用的最多的合成药用高分子材料是可生物降解型聚酯类聚合物。合成这类聚合物主要有两类方法:微生物发酵法和化学合成法。采用微生物发酵法目前主要用来合成聚羟基烷酯(PHA),如聚 3-羟基丁酸酯[P(3-HB)]。化学法主要是缩合聚合法和开环聚合法。缩合聚合法是指具有不同官能团如羟基、羧基通过脱水酯化,得到聚酯;开环聚合法主要是交酯类和各种内酯类的单体开环聚合。

(一) 聚羟基乙酸(PGA)

PGA 由乙交酯开环聚合制备,是一线性聚羟基脂肪酸,可形成结晶状聚合物,其结晶度一般为 40%~50%,熔点为 225℃。PGA 不溶于常用的有机溶剂,可溶于六氟异丙醇类强溶剂。为了改善 PGA 性能,常采用与其他聚合物共聚的方法,最成功的共聚物是羟基乙酸和乳酸(GA/LA=90/10)形成的无规聚合物,它的熔点降低为 205 ℃,结晶度也降低,可在较低温度下加工。

用同位素标记的 PGA 膜植入动物体内,9 个月后完全吸收,其降解途径是:PGA 被体液水解成单体羟基乙酸,然后被组织吸收。酯酶的存在可加速 PGA 降解。由于羟基乙酸天然存在于人体组织,所以 PGA 没有明显的异物组织反应,代谢的最终产物由粪、尿和呼吸排出,不在组织中存留。

(二) 聚乳酸(PLA)

PLA 是在一定温度和压力下通过催化剂作用,由丙交酯开环聚合而制备的。分子量可用黏度法测量。PLA 有三种异构体:PDLA、PLLA、PDLLA。PDLLA 为透明非晶态固体,黏均分子量为 $18\times10^4\sim25\times10^4$,PLLA 为半透明半结晶态固体，黏均分子量为 $5.0\times10^{5}\sim1.0\times10^{6}$。

PLA 在体内水解成乳酸，是糖的代谢产物，组织反应小。PDLLA 降解吸收较 PLLA 快，PDLLA 在体内完全吸收需 6～18 个月，PLLA 则需 8 个月～4 年。影响降解速率的因素有：① 微观结构因素：材料化学特性、分子量、分子量分布、结晶度及表面特性等；② 宏观结构因素：包括使用时间的长短、形状和重量表面积比等；③ 环境因素：与使用部位的局部环境有关。PLA 在降解过程中，由于其降解的酸性产物不能很快被吸收，所以造成局部 pH 值下降，引起无菌性免疫反应率较高。

（三）聚己内酯（PCL）

PCL 是由 ε-己内酯单体开环聚合而制备。PCL 是半结晶态聚合物，结晶度约为 45%，分子量可从几万到几十万。PCL 具有其他聚酯材料所不具备的一些特征，最突出的是超低玻璃化温度（$T_g=-60$℃）和低熔点（$T_m=57$℃），因此在室温下呈橡胶态，从而使 PCL 比其他聚酯有更好的药物通透性。此外 PCL 还具有很好的热稳定性，分解温度为 350 ℃，而其他聚酯的分解温度一般为 250 ℃。

PCL 的一个重要特性是对小分子药物有很好的通透性。在生物降解聚酯材料中，PCL 的药物通透性最好。例如，对于孕酮的通透性，PCL 是 PLA 的 105 倍。由于 PCL 兼具有生物降解性和良好的通透性，所以主要用作药物控释载体，特别是可溶蚀的扩散型控释装置；也可制备长效的药物控释载体，还可制成微球、微胶囊、膜、纤维、棒状及纳米粒子等制剂。

PCL 在生理环境中可水解降解，在某些情况下交联的 PCL 可被酶降解。低分子量碎片可被吞噬细胞吞并在细胞内降解，与 PGA 和 PLA 有类似的组织反应和吸收代谢过程。PCL 分子中有较长的亚甲基链段，因此降解速度比 PGA 和 PLA 慢的多。在体内完全吸收和排出时间为 2～4 年，且分子量越大，吸收时间越长。分子量 10 万左右的 PCL 要在体内被完全吸收需要 3 年左右的时间，而吸收相同分子量的 DL-PLA 只需要 1 年，PCL 与 DL-PLA 共聚或共混合后降解速度明显加快。Pitt 等人详细研究了共聚物的降解行为，发现它的降解速度随共聚物中乳酸组分的增加而加快。由表 3-9 数据可知，通过控制共聚物的组成比可得到降解时间从 3 个月到 3 年的一系列降解材料。

表 3-9　聚己内酯-乳酸共聚物在体内完全降解的时间

组成比(CL/LA)	完全降解时间/d	组成比(CL/LA)	完全降解时间/d
100/0	875	10/90	84
73/27	224	0/100	350
67/43	112		

参考文献

[1] 郝和平. 医疗器械生物学评价标准实施指南. 北京:中国标准出版社,2000

[2] 甘景镐,甘纯玑,胡炳环. 天然高分子化学. 北京:高等教育出版社,1993

[3] 侯春林,顾其胜. 几丁质与医学. 上海:上海科学技术出版社,2001

[4] 段宏,宋跃明等. 骨科聚乳酸内固定物应用研究. 生物医学工程学杂志,2001,18(1):119~122

[5] Tingfei Xi, Michio Sato, Akitada Nakamura, Yasushi Kawasaki, Takashi Umemura, Mitsuhiro Tsuda: Degradation of polyetheruthane by subcutacous implantion into rats. 1: Molecular weight change and surface morphology of materials, J. Biomed. Mater. Res., 1994, 28: 483~490. (or 22th Japanese Symposium on Medical Polymer, 1993, p41~42)

[6] Tingfei Xi, Michio Sato, Akitada Nakamura, Yasushi Kawasaki, Takashi Umemura, Mitsuhiro Tsuda: Degradtion of polyetherurethane by subcutancous implantion into rats. 2: Changs of contact angle infrared. Spectra. an nuclear magnetic resonance spectra J. Biomed. Mater. Res., 1995, 29: 1201~1213. (or 22th Japanese Symposium on Medical Polymer, 1993, p43~44)

[7] Pitt CG. Poly(ε-caprolactone) and ion copolymers . in: Polymeric Biomaterial (Dumitrius ed.) . New York: Maral Dekker Inc, 1994, 71~119

(奚廷斐)

第四章　药用高分子材料的合成与改性

药用高分子材料是高分子材料的一个分支，它除了生物相容性等特殊性质外，其他物化性能与高分子材料相似。本章简要论述高分子的基本概念、结构、合成机理、方法与材料的改性。

第一节　高分子材料的基本概念

一、高分子链的构成

高分子化合物(macromolecules)通常是指分子量很高(一般为 $10^4 \sim 10^6$)的一类化合物，亦称大分子化合物或高分子或聚合物。严格地说，具有高分子特性的化合物才能称为高分子。高分子之所以有许多特殊的性能，都与其分子量高有关。如高分子较难溶，甚至不溶；溶解先经过溶胀；溶液黏度比同等浓度的小分子溶液要高得多；由于分子量高，分子间作用力大，通常只能呈黏稠的液态或固态，不能气化；固态高分子具有一定力学强度，可抽丝、能拉膜等。

用于合成高分子的小分子化合物叫单体，高分子就是由成千上万个单体分子通过聚合反应连接而成的，其化学组成取决于单体的组成和聚合方法。聚氯乙烯和聚环氧丙烷的单体分别为氯乙烯和环氧丙烷，聚酰胺-66 的单体为己二胺和己二酸两种。上述三种高分子的结构可表示为：

$$\left[CH_2-\underset{\underset{Cl}{|}}{CH}\right]_n$$

聚氯乙烯

$$\left[O-CH_2-\underset{\underset{CH_3}{|}}{CH}\right]_n$$

聚环氧丙烷，聚氧化丙烯

$$\left[NH(CH_2)_6NHCO(CH_2)_4CO\right]_n$$

聚酰胺-66

式中：

$$\left[CH_2-\underset{\underset{Cl}{|}}{CH}\right] \qquad \left[O-CH_2-\underset{\underset{CH_3}{|}}{CH}\right] \qquad \left[NH(CH_2)_6NHCO(CH_2)_4CO\right]$$

称为重复单元或链节，n 为重复单元数或链节数。显然，高分子的分子量 M 就等于链节分子量 M_0 与链节数 n 的乘积，即 $M = nM_0$。由于高分子分子量很大，端基对高分子的性能影响不大，故一般在分子式中不用表示出来。

对聚氯乙烯而言，重复单元 $-\!\!\left[CH_2-\underset{\underset{Cl}{|}}{C}H\right]\!\!-$ 与单体 $CH_2=\underset{\underset{Cl}{|}}{C}H$ 的元素组成相同，仅部分电子状态稍有差别，故重复单元又称单体单元。聚酰胺-66的重复单元却由己二胺 $NH_2(CH_2)_6NH_2$ 和己二酸 $HOOC(CH_2)_4COOH$ 两种单体失水缩合聚合（缩聚）而成，其重复单元与单体结构不同，只能是结构单元，而不是单体单元。

高分子所含单体单元或重复单元的数目，称为该高分子的聚合度，用 x（或 P，或 DP）来表示。所以聚合物分子 $M = DP \times M_0$。

确切地说，聚合物（polymer）是高聚物（high molecular polymer），低聚物（low molecular polymer）和齐聚物（oligomer）三者的总称。对大多数高分子化合物而言，它们事实上是不同大小分子量的同系混和物，其中以高聚物为主体，决定了聚合物的特征，也含有少量低聚物，甚至只有几个重复单元的齐聚物。

二、高分子的命名

高分子的命名法很多，但实际应用多以习惯命名方法为主。如天然高分子均按习惯名称进行命名，如纤维素、甲壳素、淀粉、木质素、蛋白质等。

由一种单体合成的高分子，其习惯是在对应的单体名称之前加一个“聚”字。如聚氯烯、聚丁二烯、聚甲醛、聚环氧丙烷、聚 ε-己内酰胺、聚 ε-氨基己酸等等。但有时也有特殊，如聚乙烯醇这个名称是名不符实的，因为乙烯醇单体事实上并不存在。聚乙烯醇实为聚乙酸乙烯酯的水解产物。

由两种单体合成的高分子，有的只要在两种单体名称上加词尾树脂，有的加词尾共聚物即可，如苯酚-甲醛树脂（简称酚醛树脂）、尿素-甲醛树脂（简称脲醛树脂）、三聚氰胺-甲醛树脂、醇酸树脂等；由乙烯和乙酸乙烯酯合成的乙烯-乙酸乙烯酯共聚物，由乙烯和丙烯合成的乙烯-丙烯共聚物（简称乙丙共聚物）等。

另外，可按高分子的结构特征来命名。如聚酰胺以酰胺键为特征，类似的有聚酰、聚氨基甲酸酯（简称聚氨酯）、聚碳酸酯、聚醚、聚硫醚、聚砜、聚酰亚胺等等。这类名称都分别代表一类高分子，如聚酰胺中有聚己二酰己二胺、聚癸二酰癸二胺、聚己内酰胺等。

IUPAC 命名法按如下步骤进行：首先确定结构重复单元，再排好其次序，然后按小分子有机化合物的 IUPAC 命名规则给结构重复单元命名并加括弧，最后在名称前冠以聚字即成高分子的名称。

三、高分子的分类

从不同角度出发，就有不同的分类方法。

1．按聚合物来源分类

按来源可分为天然高分子和合成高分子两大类。

2. 按主链结构分类

碳链高分子：主链全部由碳原子组成；

杂链高分子：构成主链的元素除碳外，还有氧、氮、硫、磷等一些元素；

元素高分子：主链中不含碳原子，只有硅、氧、铝、钛、硼等若干种元素。

3. 按性能用途分类

通过控制聚合反应条件和采用不同成形加工方法，可制得不同用途的高分子材料，如塑料、合成橡胶、合成纤维、涂料和黏合剂以及其他功能高分子材料等。

4. 按组成的变化分类

高分子的化学组成与单体基本没有变化的称为加成聚物。反应中有小分子副产物生成，因而高分子的化学组成不同于单体的称为缩合聚合物。

5. 按分子形状分类

线型与体型聚合物。

6. 按聚合物热性质分类

热塑性与热固性树脂。

四、高分子的平均分子量和分子量分布

（一）平均分子量的意义

对小分子化合物而言，分子量是个确定值，然而高分子却不同，即使一种"纯"的高分子，也往往是由分子量不等的同系高分子所组成，因此通常所测得的分子量都具有统计平均的意义。由于统计平均方法不同，所得平均分子量也不一样。

分子量常用的表达方法有：

(1) 数均分子量

假设一个聚合物试样中，含有若干种分子量不等分子，试样总质量为 W，总摩尔数为 n，种类数为 i，则有关系式：$\sum n_i = n$；$\sum w_i = W$；$n_i/n = N_i$；$w_i/w = W_i$；$\sum N_i = 1$；$\sum w_i = 1$；$w_i = n_iM_i$。其中分子量为 M_i，分子重量为 w_i 的分子个数为 n_i，数均分子量 M_n 定义为：

$$\overline{M}_n = W/n = \sum n_iM_i/\sum n_i = \sum N_iM_i \tag{4-1}$$

式中，N_i 为聚合物摩尔分数。

凡是以依数性为根据的实验方法，如渗透压法和端基法所测得的平均分子量均为数均分子量。

(2) 重均分子量

重均分子量是以重量作统计权重的平均分子量。整个试样中，重量分数为 W_i，则重均分子量 $\overline{M}_w$ 定义为：

$$\overline{M}_w = \sum n_iM_i^2/\sum n_iM_i = \sum w_iM_i/\sum w_i = \sum W_iM_i \tag{4-2}$$

重均分子量大于数均分子量，因为一个分子量较高的分子，其重量分数大于分子量较低者。用光散射法及超离心法（沉降平衡法）等方法测出的分子量都是重均分子量。

(3) 黏均分子量

用稀溶液黏度法测得的平均分子量，定义为：

$$\overline{M}_\eta = \left[\sum W_i M_i^{\alpha}\right]^{1/\alpha} \tag{4-3}$$

式中，α 是 Mark-Houwink 方程（$[\eta]=kM^{\alpha}$）中的指数，与高分子和溶剂性质有关。柔性链高分子的 α 一般为 0.5～1，在一定的分子量范围内，α 为常值。线型高分子在良溶剂中，由于线团扩张，α 接近 0.8；支化高分子在溶液中的尺寸要小些，所以 α 也较小。当溶剂能力减弱时，α 值减低。

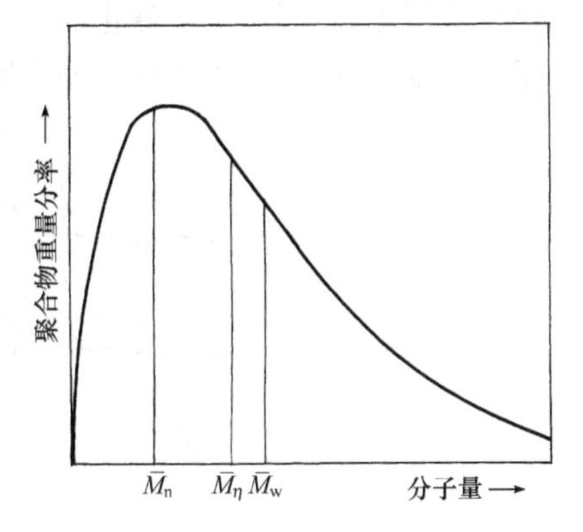

图 4-1　分子量分布曲线中 $\overline{M}_n$、$\overline{M}_\eta$、$\overline{M}_w$ 三者关系

在不同种类的平均分子量中，分子量不同的分子对平均分子量的贡献不同，分子量小的分子对数均分子量的贡献较大，分子量大的分子对重均分子量的贡献比对数均分子量的贡献大，只有高分子的分子量均一时，数均分子量才等于重均分子量。对于黏均分子量来说，当 α=1 时，黏均分子量等于重均分子量，而当 0.5<α<1 时，数均分子量小于黏均分子量，后者又小于重均分子量，当 α 值愈接近于 1 时，黏均分子量愈接近于重均分子量。

$\overline{M}_n$，$\overline{M}_\eta$，$\overline{M}_w$ 三者关系见图 4-1，一般为

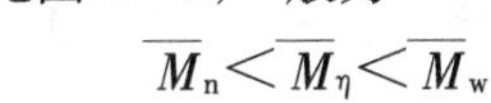

（二）多分散性和分子量分布

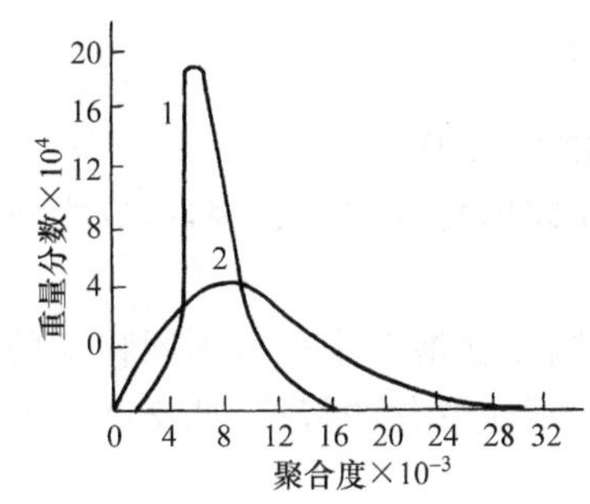

图 4-2　分子量分布曲线

1. 硝酸纤维素（平均聚合度 800）

2. 聚苯乙烯（平均聚合度 800）

由于高分子的分子量相差较大，这种特性称为分子量的多分散性和分子量分布，平均分子量相同的高分子，其分子量分布可能相差较大，所以分子量分布也是影响分子性能的重要因素。分子量分布表示方法有两种：

A. 分布指数：用 M_w/M_n 的比值来表示分子量分布宽度。对于分子量均一体系，$M_w=M_n$，比值为 1。比值越大表明分布越宽

B. 分子量分布曲线：除了不同的平均分子量，对有时还希望了解分子量分布情况。以各级分的

重量对分子量作图，绘制出分子量分布曲线（如图 4－2）。由图可见，分子量的分布曲线具体体现出高分子的多分散性。不难看出，硝酸纤维的分子量分布较窄（见曲线 1），聚苯乙烯的分子量分布较宽，即较为分散（见曲线 2）。分子量分布的测定的实验方法有沉淀分级法、溶解分级法和凝胶色谱法（GPC 法）等。

五、高分子链的结构形态

高分子链的结构形态有 3 种：线形、支链形和体形（图 4－3 所示）。究竟呈何种结构形态取决于高分子的结构组成及热处理过程。双官能团化合物之间的反应可得到线形聚酯，如二元醇与二元酸。若以多官能团化合物（如甘油）代替部分双官能团化合物，则可得体形结构的缩聚产物。又如乙烯在高压下聚合得到支链形的低密度聚乙烯；而用配位催化剂在低压下聚合，则可得线形的高密度聚乙烯；聚乙烯通过辐射处理，又可得体形的交联聚乙烯。

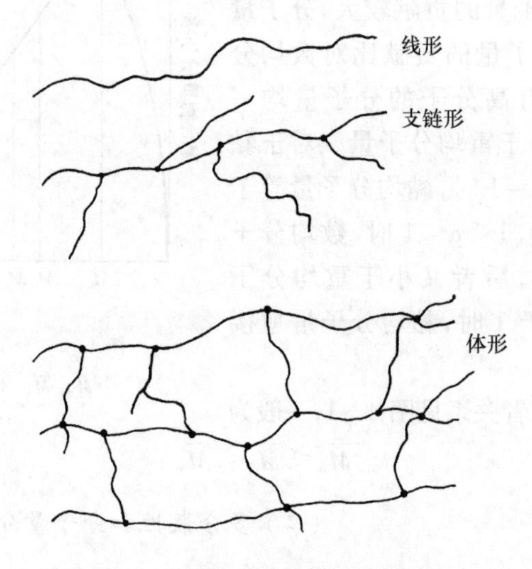

图 4－3　高分子链结构形态示意图

大多数线形高分子加热会熔融，又可溶于适当溶剂之中。

如果在线形或支链形高分子分子的若干点上彼此以化学键相连接，即成为体形高分子。

体形高分子虽不能溶解，但按其交联程度的不同而在溶剂中可有不同程度的溶胀，此外，高度交联的高分子具有刚硬、不易变形、不能软化的特征；低交联的高分子则能溶胀，加热会软化。

第二节　连锁聚合反应

由单体小分子变为聚合物大分子的反应称为聚合反应，聚合反应按反应机理分为连锁聚合和逐步聚合。连锁聚合反应由链引发、增长、终止等基元反应构成。逐步聚合，在反应的初期单体先很快形成二聚体、三聚体、四聚体等低聚物，随后低聚物之间反应，分子量逐步增加。随着有规立构聚合与配位化学理论发展，又产生新类型聚合反应即配位聚合反应。

聚合反应按元素组成与结构变化可分为加成聚合和缩合聚合。由单体加成而聚合起来的反应称加成聚合，而由单体间缩合脱去小分子而形成聚合物的反应叫缩合聚合。随着高分子化学发展，又出现开环聚合、并构化聚合、氢转移聚合等新类型。

聚合反应涉及内容主要有，聚合机理、引发剂单体及聚合物分子量的设计等。

连锁反应中引发剂可分为自由基引发剂与活泼化合物分解出阳离子或阴离子引发剂，以此又分为自由基聚合与阳离子或阴离子聚合。

烯类单体的加聚反应绝大多数属于连锁聚合反应的机理。根据活性中心的不同，又可分为自由基聚合、正离子聚合、负离子聚合和配位聚合。表 4－1 中列举了几种常见单体的聚合类型。

表 4－1　几种单体的聚合类型

单体		聚合类型			
		自由基	负离子	正离子	配　位
$CH_2=CH_2$	乙烯	@			@
$CH_2=CH-CH_3$	丙烯				@
$CH_2=CH-CH_2-CH_3$	1－丁烯				@
$CH_2=CH-CH=CH_2$	丁二烯	@	@	+	@
$CH_2=C(CH_3)CH=CH_2$	异戊二烯	+	@	+	@
$CH_2=CH-C_6H_5$	苯乙烯	@	@	+	+
$CH_2=CHCl$	氯乙烯	@			+
$CH_2=CHF$	氟乙烯	@			
$CF_2=CF_2$	四氟乙烯	@			
$CH_2=CHOR$	乙烯基醚			@	+
$CH_2=CHOCOCH_3$	乙酸乙烯酯	@			
$CH_2=CHOCOOCH_3$	丙烯酸甲酯	@	+		+
$CH_2=C(CH_3)COOCH_3$	甲基丙烯酸甲酯	@	+		+
$CH_2=CHCN$	丙烯腈	@	+		+

注：+ 表示可以聚合；@ 表示已工业化。

一、自由基聚合反应

(一) 自由基聚合反应概况

引发单体为单体自由基的方法有:引发剂引发热引发,高能辐射引发,等离子体引发等,常用的引发剂主要有热解型引发剂与氧化还原体系。

1. 热解型引发剂

在加热情况下分解、释放自由基,主要有两类:

① 过氧化物类

分子结构含过氧键的一系列化合物,主要以过氧化苯甲酰(OBP)为代表:

$$C_6H_5—COO—O—OCO—C_6H_5 \xrightarrow{热} 2\,C_6H_5—COO\cdot \longrightarrow 2\,C_6H_5\cdot + CO\uparrow$$

② 偶氮类引发剂,最常用偶氮二异丁腈(AIBN):

$$CH_3C(CH_3)(CN)—N{=}N—C(CH_3)(CN)CH_3 \longrightarrow CH_3C(CH_3)(CN)\cdot + N_2$$

上述两种引发剂属油溶性引发剂,用于本体聚合、悬浮聚合、溶液聚合。

2. 氧化还原体系

由过氧化物类与还原剂组成氧化还原体系主要种类有:

① 金属离子和过氧化物组成体系

$$H_2O_2 + Fe^{2+} \longrightarrow HO^- + HO\cdot + Fe^{3+}$$

HO·自由基引发剂反应,生成末端带羟基聚合物。

② 过硫酸盐与硫代硫酸盐,硫醇等还原剂组成体系

$$K_2S_2O_8 + RSH \longrightarrow RS_4 + KSO + KHSO_4$$

(二) 自由基聚合反应机理

自由基聚合反应主要包括链引发、链增长、链终止和链转移 4 个基元反应。

1. 链引发

链引发是形成单体自由基的过程。用引发剂引发时,链引发包含 2 个反应:

① 引发剂均裂成一对初级自由基 R·:

$$I \longrightarrow 2R\cdot$$

② 初级自由基与单体加成,生成单体自由基:

$$R\cdot + M \longrightarrow RM\cdot$$

I 代表引发剂分子;M 代表单体分子。

2. 链增长

链引发产生的单体自由基不断地和单体分子结合生成链自由基,如此反复的

过程称为链增长反应：

$$RM\cdot \longrightarrow RMM\cdot \longrightarrow RMMM\cdot \longrightarrow \cdots\cdots$$

$$M_n \xrightarrow{M} M_n + I$$

链增长是放热反应，增长速率很高，单体自由基在瞬间可结合上千甚至上万个单体，生成高分子链自由基。在反应体系中几乎只有单体和高分子，而链自由基浓度极小。该过程是形成高分子的主要过程。

3．链终止

链自由基失去活性形成稳定高分子的反应为链终止反应。具有未成对电子的链自由基非常活泼，当两个链自由基相遇时，通过双基偶合终止和双基歧化反应，形成稳定分子，这一过程称为双基终止。

4．链转移

链自由基除了能与单体发生链增长反应外，还能向体系中其他分子转移，即从其他分子上夺取一个原子(氢、氯)而终止，失去原子的分子又成为新的自由基，再引发单体继续新的链增长。此时，体系中自由基数目没有减少，只要转移后的自由基活性与单体自由基差别不大，则对聚合反应速率无明显影响，从动力学角度讲，没有发生链终止。

5．阻聚反应

当某些物质加到反应体系中与链自由基反应，形成稳定分子或没有再引发自由基能力，使聚合速率降为零，这些物质称为阻聚剂。该反应称为阻聚反应。

6．自由基聚合产物分子量

在没有链转移和无杂质条件下，自由基聚合产物分子量与单体浓度成正比，与引发剂浓度的平方根成反比。温度越高，分子量下降。

二、自由基共聚合反应

(一) 概述

加聚反应只用一种单体进行聚合，可称为均聚合反应，所得的高分子称为均聚物。如将两种或两种以上不同单体进行聚合，生成的高分子链中包含两种或两种以上的单体单元，这就称为共聚物。该反应就称为共聚反应。如：

$$M_1 + M_2 \longrightarrow \sim\sim M_1M_2M_2M_2M_1M_1M_2 \sim\sim$$

根据反应活性中心不同，分为自由基共聚、离子共聚和配位共聚等。在此重点讨论自由基聚合。

共聚物的分子链包含两种或两种以上单体单元，其结构、相对数量和排列方式决定了共聚物的物理力学性能。因此通过共聚可制取一系列不同性能的产物。

两种单体能否共聚以及在产物中的比例如何，取决于两种单体的相对活性及浓度。活性大的单体先聚合,因而聚合初期形成的产物中含量较多。随着反应的进行,活性大的单体逐渐消耗,在未反应的单体原料中的浓度下降,聚合后期形成的聚合物中所占的比例相应减少。可见共聚合时,聚合先后生成的产物组成不相同,这是共聚合的一个特征。

此外,有些本身不能聚合的单体却可与其他单体共聚得到共聚物。如顺丁烯二酸酐、丁烯二酸二乙酯和二氧化硫本身都不能聚合,但前两种可与苯乙烯共聚,后者可与许多带有斥电子取代基的烯类单体共聚而得到聚砜:

$$n\mathrm{RCH{=}CH_2} + n\mathrm{SO_2} \longrightarrow \left[\underset{\displaystyle \mathrm{R}}{\underset{|}{\mathrm{CH}}}-\mathrm{CH_2}-\mathrm{SO_2}\right]_n$$

因此,通过共聚扩大了单体的使用范围,增加了高分子品种,并开辟了高分子新的用途。三种甚至四种单体的多元共聚物在实际应用中越来越显得重要,ABS树脂就是其中一例。

根据目前所知,双组分共聚物有下列4种类型:

1. 无规共聚物

以M_1、M_2分别表示第一、第二种单体单元,在高分子链中M_1和M_2的排列没有一定的顺序:

$$\sim\sim M_2M_2M_1M_2M_1M_1M_1M_2\sim\sim$$

2. 交替共聚物

高分子链中M_1、M_2呈有规则的间隔排列:

$$\sim\sim M_2M_1M_2M_1M_2M_1M_2\sim\sim$$

3. 嵌段共聚物

高分子链中M_1和M_2成段出现,h、m、q、r、s、t代表单体元数:

$$(M_1)_h(M_2)_m(M_1)_q(M_2)_r(M_1)_s(M_2)_t$$

4. 接枝共聚物

以某一单体(如M_1)组成的长链为主链,而另一单体(M_2)形成支链与之相接:

$$\sim\sim M_1\underset{\begin{array}{c}|\\M_2\\M_2\\M_2\\M_2\end{array}}{M_1}M_1M_1M_1M_1\underset{\begin{array}{c}|\\M_2\\M_2\\M_2\\M_2\end{array}}{M_1}M_1\sim\sim$$

(二) 共聚合方程

1. 二元聚合方程的推导

共聚物的性能与组成有密切关系,但通常原料组成与共聚物组成并不相同,而共聚合的机理却与均聚反应基本相同,也有链引发、链增长、链终止和链转移等,当然情况会复杂得多。对共聚物的组成取决于共聚物组成的链增长反应上。如以两种单体 M_1 和 M_2 所组成，当它们和两种单体作用时，链增长反应共有下列 4 种竞争反应：

$$\sim\sim M_1\cdot + M_1 \xrightarrow{K_{11}} \sim\sim M_1\cdot \quad \upsilon_{11} = K_{11}[M_1\cdot][M_1] \tag{4-4}$$

$$\sim\sim M_1\cdot + M_2 \xrightarrow{K_{12}} \sim\sim M_2\cdot \quad \upsilon_{12} = K_{12}[M_1\cdot][M_2] \tag{4-5}$$

$$\sim\sim M_2\cdot + M_2 \xrightarrow{K_{22}} \sim\sim M_2\cdot \quad \upsilon_{22} = K_{22}[M_2\cdot][M_2] \tag{4-6}$$

$$\sim\sim M_2\cdot + M_1 \xrightarrow{K_{21}} \sim\sim M_1\cdot \quad \upsilon_{21} = K_{21}[M_2\cdot][M_1] \tag{4-7}$$

式中，K_{11}、K_{12}、K_{22}、K_{21}相应于各链增长反应的速率常数；K 的下标中左边数字表示活性链，右边数字表示单体。其中 K_{11}和 K_{12}分别等于单体 M_1、M_2 均聚反应的链增长速率常数；υ_{11}、υ_{12}、υ_{22}、υ_{21}相应于各链增长反应速率；$[M_1]$、$[M_2]$、$[M_1\cdot]$、$[M_2\cdot]$各表示相应单体和链长长短不一的活性链的总浓度。

为求得共聚合方程，通常作如下假设：

① 活性链的类型（$\sim\sim M_1\cdot$ 和 $\sim\sim M_2\cdot$）及其反应性能完全决定于末端结构单元（M_1 或 M_2）的性质，而不受其他结构单元和长度的影响。

② 当分子链相当长时，则引发以及向单体转移消耗的单体非常少，所以共聚物组成由链增长反应所决定。

③ 与均聚反应相同，应用稳态处理。即在反应过程中$M_1\cdot$转变为$M_2\cdot$的速率必等于$M_2\cdot$转变为$M_1\cdot$的速率，$[M_1\cdot]$及$[M_2\cdot]$保持恒定。因为式(4－5)、(4－6)并不改变活性链的浓度，式(4－5)是减少$[M_1\cdot]$，增加$[M_2\cdot]$，而式(4－7)则恰恰相反。显然$M_1\cdot$和$M_2\cdot$也通过引发生成或通过终止反应消失。但这些反应的速率与反应式(相比小到可以忽略，所以在稳态情况下：

$$K_{12}[M_1\cdot][M_2] = K_{21}[M_2\cdot][M_1] \tag{4-8a}$$

$$[M_1\cdot] = K_{12}[M_2\cdot][M_1]/K_{12}[M_2] \tag{4-8b}$$

在链增长过程中，两种单体 M_1 和 M_2 的消耗速率分别为：

$$-d[M_1]/dt = K_{11}[M_1\cdot][M_1] + K_{21}[M_2\cdot][M_1] \tag{4-9}$$

$$-d[M_1]/dt = K_{12}[M_1\cdot][M_2] + K_{22}[M_2\cdot][M_2] \tag{4-10}$$

链增长过程中所消耗的单体都进入共聚物中，故某一瞬间进入共聚物中两种单体之比，即等于两种单体的消耗速率之比：

$$\frac{-d[M_1]/dt}{-d[M_2]/dt} = \frac{d[M_1]}{d[M_2]} = \frac{K_{11}[M_1\cdot][M_1] + K_{21}[M_2\cdot][M_1]}{K_{12}[M_1\cdot][M_2] + K_{22}[M_2\cdot][M_2]} \tag{4-11}$$

由式(4－8b)和(4－11)联列，可得：

$$\frac{d[M_1]}{d[M_2]} = \frac{K_{11}K_{21}[M_2\cdot][M_1]^2 + K_{12}[M_2] + K_{21}[M_2\cdot][M_1]}{K_{22}[M_2\cdot][M_2] + K_{21}[M_2\cdot][M_1]} \tag{4-12}$$

式(4－12)的分子分母各除以 $K_{21}[M_2\cdot][M_1]$,并令

$$\gamma_1 = k_{11}/k_{12} \qquad \gamma_2 = k_{22}/k_{21}$$

γ_1,γ_2 称为竞聚率,则有

$$\frac{d[M_1]}{d[M_2]} = \frac{[M_1](\gamma_1[M_1]+[M_2])}{[M_2](\gamma_2[M_2]+[M_1])} \tag{4－13}$$

式(4－13)称为共聚合方程,表示某一瞬间,所得共聚物的组成对竞聚率 γ_1、γ_2 的依赖关系,也叫做共聚物组成微分方程。

为研究和使用方便,多数情况下采用摩尔分数或重量分数来表示两种单体的比例。设 f_1、f_2 分别为原料单体混合物中单体 M_1 及 M_2 的摩尔系数;F_1 和 F_2 分别为共聚物中 $d[M_1]$及 $d[M_2]$所占的摩尔分数,则:

$$f = 1 - f = \frac{[M_1]}{[M_1]+[M_2]}$$

$$F_1 = 1 - F_2 = \frac{d[M_1]}{d[M_1]+d[M_2]}$$

将上列二式代入式(4－13),简化后可得:

$$F = \frac{\gamma_1 f_1^2 + f_1 f_2}{\gamma_1 f_1 + 2 f_1 f_2 + \gamma_2 f_2^2} \tag{4－14}$$

式(4－14)称为摩尔分数共聚合方程。

2. 竞聚率(γ)的意义

推导式(4－13)时,引入两个参数 γ_1 和 γ_2。其中 $\gamma_1 = K_{11}/K_{12}$,它表示以$M_1\cdot$为结尾的活性链加本身单体 M_1 与加另一个单体 M_2 的反应能力的比值。$M_1\cdot$加 M_1 的能力即为均聚能力,M_1 加 M_2 的能力即为共聚能力,两种反应互为竞争反应,故称 γ_1 为单体 M_1 的竞聚率,也称为单体 M_1 的活性比。即 γ_1 是单体 M_1 和 M_2 分别与末端为$M_1\cdot$的增长活性链的相对活性。同理,γ_2 为单体 M_2 的竞聚率。

当 γ 介于 0 与 1 之间时,共聚倾向大于自聚倾向;当 $\gamma=0$ 时,说明只能共聚不能自聚;当 $\gamma=1$ 时,表示共聚和自聚倾向相等;当 $\gamma>1$ 时,自聚倾向大于共聚。就自由基共聚来说,γ_1 和 γ_2 大于 1 的例子极少,几乎只有一二个,而对离子型共聚,这类例子却较多。

由此可知,γ_1 和 γ_2 两个参数不仅决定共聚物的组成,还决定了 M_1 和 M_2 单体单元在共聚物大分子链中的排列,也反映了结构和反应性能之间的内在联系。关于自由基共聚竞聚率的数值,已作了大量实验工作,可查阅有关高分子手册。

3. 竞聚率与共聚物的组成

随着两种单体竞聚率的变化,所得聚合物的组成也相应变化,有下列几种情况:

(1) $\gamma_1=\gamma_2=1$:表明两种单体自聚和共聚的能力相同,因而共聚物的组成与单体原料的组成相同,在共聚物组成图上是斜率等于 1 的直线,称恒比共聚,如图

4-4 中的曲线 1 所示。

(2) $\gamma_1<1$, $\gamma_2<1$：表明两种单体相互共聚的能力比各自均聚的能力强。若 γ_1 和 γ_2 接近于 0，则共聚物的组成几乎与单体的组成无关，M_1 和 M_2 交替地排列在共聚物中，即两种单体各占一半，称交替共聚，如图 4-4 中的曲线 2 所示。

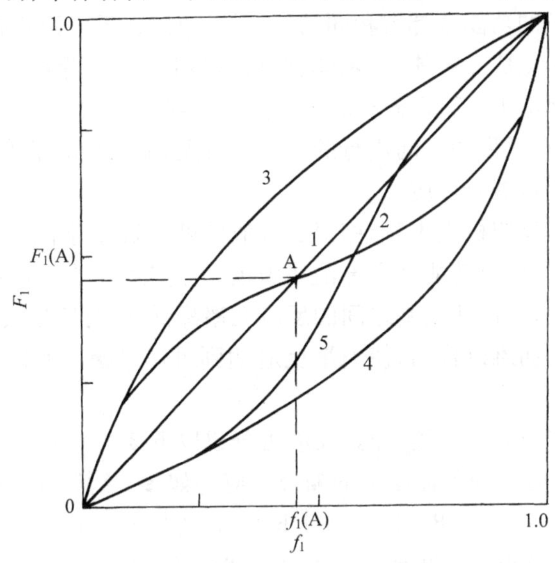

图 4-4 共聚物组成曲线

f_1 为原料中单体 M_1 的摩尔分数；F_1 为共聚物中单体 M_1 的摩尔分数；A 为恒比共聚点

(3) $\gamma_1>1$, $\gamma_2\leqslant1$ 时：单体 M_1 容易自聚，不易与 M_2 共聚，而单体 M_2 不易自聚却容易与单体 M_1 共聚，即在聚合时，不论生成哪一种自由基，优先与 M_1 单体反应，共聚物中单体 M_1 的比例总是高于原料中 M_1 的比例，即共聚物组成曲线总在恒比共聚曲线 1 上方。当时 $\gamma_1\leqslant1$, $\gamma_2>1$ 时，情况正与此相反。如曲线 3、4 所示。

(4) $\gamma_1>1$, $\gamma_2>1$：两种单体都易自聚而不易共聚，生成各自的均聚物或嵌段共聚物，如曲线 5 所示。

竞聚率是一个指标，用以估算两种单体能否共聚及共聚组成的大致情况，但竞聚率不是恒定值，它与温度和压力有关。根据实验可以测定不同单体的竞聚率，并根据该值计算共聚物的组成。

第三节 缩合聚合反应

一、概述

具有两个或两个以上反应基团的小分子化合物，通过多次逐步缩合形成高分子，并伴随有小分子物生成的反应称为缩合聚合反应，简称缩聚反应。

缩聚反应主要是在化合物基团之间进行的，以聚酯反应为例，二元酸和二元醇在酸催化条件下，链增长是从羧基与羟基发生酯化而开始的，生成一端带羟基、另一端带羧基的二聚体。二聚体中的羟基(或羧基)能进一步酯化，生成两端都带有羧基(或羟基)的三聚体或一端带羧基、另一端带羟基的四聚体。

由于单体分子的功能基都有相同的反应性，所以在反应开始后不久，体系中极大部分单体分子转化成二聚体、三聚体、四聚体等低分子量聚酯，随反应时间增长，单体分子几乎全部消失，而高分子分子量仍然在继续增大，这就表明缩聚反应后期，链增长主要是在低聚物之间进行的。由此可见，缩聚反应是缩聚物分子量随时间增长而增大的逐步聚合反应。

如果仅从以上反应机理来看，缩聚反应似乎可不断进行下去，产物分子量可无限增高，直至体系中所有功能基全部消耗为止。但实际上随着缩聚物分子量增高，介质黏度不断增大，自由功能基之间的反应几率降低，同时所生成的小分子副产物也因体系黏度过大而难以排出，使缩聚反应达到可逆平衡。所以产物分子量通常小于 10^5。

根据参加反应单体的种类，缩聚反应可分成以下 3 类：

1．均缩聚：只有一种单体参加的缩聚反应。如 ε-氨基己酸的缩聚反应

$$n\text{a}-\text{R}-\text{b} \longrightarrow \text{a}\!\left[\text{R}\right]_n\!\text{b}+(2n-1)\text{ab}$$

2．混缩聚(杂缩聚)：由两种具有不同功能基的单体参加的反应。这两种单体自身都不能进行均缩聚。如二元酸与二元醇，二元酸和二元胺的缩聚反应：

$$n\text{a}-\text{A}-\text{a}+n\text{b}-\text{B}-\text{b} \longrightarrow \text{a}\!\left[\text{A}-\text{B}\right]_n\!\text{b}+(2n-1)\text{ab}$$

a、b 代表官能团，A、B 代表残基，生成线形缩聚物。

3．共缩聚：有两种情况，一是相对于均缩聚而言，如在均缩聚中加入另一种单体进行缩聚，称为共缩聚：

$$n\text{a}-\text{A}-\text{b}+n\text{a}-\text{B}-\text{b} \longrightarrow \text{a}\!\left[\text{A}-\text{B}\right]_n\!\text{b}+(2n-1)\text{ab}$$

另一种是相对于混缩聚而言，即在混缩中再加入第三单体进行缩聚，也称为共缩聚：

$$n\text{a}-\text{A}-\text{a}+n\text{b}-\text{B}-\text{a}+n\text{b}-\text{c}-\text{b} \longrightarrow —\text{A}-\text{B}-\text{C}-\text{A}-\text{C}—$$

按照生成产物的分子结构形态，缩聚反应可分为线形缩聚反应和体形缩聚反应两种。

(1) 线形缩聚反应：参加反应的单体都只含有两个反应功能基，反应中分子沿着链端向两个方向增长，结果形成线形高分子，这类反应称为线形缩聚反应。

(2) 体形缩聚反应：参加缩聚反应的单体之一含有多个反应功能基时，则在反应中分子向几个方向增长，结果形成体形结构高分子，这类反应称为体形缩聚反应。

还可根据缩聚反应生成物的类型分成聚酯、聚酰胺、聚砜、聚醚等，此外，按照

反应的性质，还可分成平衡缩聚反应和不平衡缩聚反应。

通过缩聚反应不仅可在高分子主链中引进多种杂原子（如 O、S、N、Si 等），且可使之含有环状、梯形、网状、体形和氢链结构形式，这将给高分子带来优良的耐热性、尺寸稳定性、高模量和高强度等特性。

二、缩聚反应的可逆性

以酯化反应为例，虽然缩聚反应和单功能低分子的缩合反应都是平衡可逆反应，但是缩聚反应还有其自身的特殊性。缩聚反应靠逐步反应来完成，每一步反应都可独立存在，并且可逆。

由此可见，缩聚反应的链增长是一连串的可逆平衡过程，其每一步都有一个平衡常数 k，如果每一步的平衡常数和速率常数都不相同，那么问题就变得极其复杂。等反应活性理论就是假设平衡缩聚反应的每一步都具有同一平衡常数和速率常数，只需用一个 K 和 k 值来代表。

三、反应程度与聚合度

反应程度是指在给定的时间内已参加反应的功能基数目与起始功能基数目的比值。如在二功能基体系的聚酯反应过程中，

$$n\mathrm{HO{-}R{-}COOH} \longrightarrow \mathrm{H}\!\left[\!\mathrm{O{-}R{-}\overset{\overset{\displaystyle O}{\|}}{C}}\right]_{n}\!\mathrm{OH} + (n-1)\mathrm{H_2O}$$

设 N_0 为初始时—COOH（或—OH）的数目，N 为反应到某一时刻时—COOH（或—OH）的数目，此时反应程度为

$$P = \frac{\text{已参加反应的功能基数目}}{\text{起始功能基数目}} = \frac{N_0 - N}{N_0} \tag{4-15}$$

测定反应过程中未反应的功能基数目，便可确定反应程度。

四、平衡常数与聚合度

根据功能基等反应活性理论，功能基的反应性与分子链长无关，缩聚反应所包括的一连串可逆反应的平衡常数，可认为是相等的。因此在描述可逆平衡缩聚反应时，可简单地用功能基之间的反应方程表示。

如用数量分数表示体系中各组分的浓度，以聚酰胺为例，设反应起始时—COOH（—NH_2）的浓度为 1，平衡时已参加反应的—COOH（—NH_2）数量分数为 P，则平衡常数为

$$K = \frac{K_1}{K_{-1}} = \frac{[\mathrm{-CO-NH-}]\cdot[\mathrm{H_2O}]}{[\mathrm{-COOH}]\cdot[\mathrm{-NH_2}]} = \frac{P \cdot N_{\text{水}}}{(1-P)^2}$$

$$\frac{1}{(1-P)^2}=\frac{K}{P \cdot N_{水}} \tag{4-16}$$

将$\overline{X}_n=\frac{1}{1-P}$代入(4-16)式可得

$$\overline{X}_n=\frac{1}{1-P}=\sqrt{\frac{K}{PN_{水}}} \tag{4-17}$$

在密闭体系中，每生成一个酰胺键，同时生成一个水分子，即 $N_{水}=P$，所以：

$$\overline{X}_n=\frac{1}{P}\sqrt{K}=\frac{1}{N_{水}}\sqrt{K} \tag{4-18}$$

当分子量较大时($\overline{M}>10^4$)，反应程度 $P\to1$，式(4-18)可写成：

$$\overline{X}_n=\sqrt{\frac{K}{N_{水}}} \tag{4-19}$$

(4-19)为平衡缩聚中数均聚合度与平衡常数及小分子副产物浓度三者之间的近似关系式。该式表明缩聚物的数均聚合度与平衡常数的平方根成正比，与小分子副产物浓度的二分之一次方成反比。

五、影响缩聚平衡的因素

(一) 温度的影响

平衡缩聚反应产物的分子量与平衡常数有关，温度与平衡常数的关系可用等压方程表示：

$$\ln\frac{K_1}{K_2}=-\frac{\Delta H}{R}\left(\frac{1}{T_1}-\frac{1}{T_2}\right) \tag{4-20}$$

式中，ΔH 为缩聚反应的等压热效应。

(二) 反应程度的影响

按照功能基等反应活性理论，在一定温度下，平衡常数与反应程度无关。而在实际反应技术中，随着反应程度增加，聚合度不断增大，功能基的反应性下降与等反应性理论发生偏差，导致平衡常数随反应程度的增加而增大。

(三) 压力的影响

压力的影响主要是对小分子生成物的排除，小分子的排出有利于缩聚反应向形成大分子的方向进行。

六、缩聚反应产物分子量的控制

分子量是影响产物性能的主要因素之一，缩聚产物的分子量虽可通过反应程度和反应时间来加以控制，但最后所得的缩聚物分子链两端仍保留着可继续反应的功能基，在适当条件下，特别是加工过程中，可继续发生反应引起分子量改变。为了使分子量稳定在一定范围内，可设法将高分子链的端基"封"起来，使其丧失进一步反应的能力。如在聚酯反应中，二元酸(或二元醇)过量，结果使分子链两端都变成—COOH(或—OH)基；或者在反应体系中加入少量乙酸作为封链剂使分子链失去进一步反应的条件，从而达到有效控制分子量的目的。

七、体形缩聚反应

若缩聚反应的单体中至少有一种具有 2 个以上官能团时，便可形成体形结构，形成体形高分子。多数体形高分子具有力学强度高、硬度大、耐热和尺寸稳定性好等优点。

体形缩聚反应进行到一定程度以后，体系黏度突然急剧增大，迅速转变成具有弹性的凝胶状态，进而形成不溶不熔的坚硬固体。这种体系黏度突然增大形成凝胶的现象称为凝胶化，出现凝胶时的反应程度称为凝胶点(P_C)。反应开始时，一般先生成线形或支链形结构高分子，凝胶点是反映线形或支链形高分子转变成体形结构高分子的临界转折点。

根据以上特点，体形缩聚反应大致可分成甲、乙、丙三个阶段。当 $P<P_C$ 时，得到的甲阶高分子，该高分子分子量比较小，可溶可熔；当 $P\rightarrow P_C$ 时，得到加热能软化的乙阶高分子；当 $P>P_C$ 时，可得丙阶高分子，这种高分子不能溶解，也不能熔融。

为了便于模塑加工，体形缩聚反应必须控制在凝胶点以前使反应终止，以便获得甲阶或乙阶预聚体，然后根据需要，在模塑加工过程中使预聚体进一步缩聚，转变成体形结构产物。所以凝胶点是控制体形缩聚反应的重要依据。

为了掌握凝胶化现象规律，使体形缩聚反应停止在甲阶或乙阶。显然从理论上研究凝胶点和进行实验预测，对于指导和控制体形缩聚反应具有相当重要的实际意义。在理论上也有几种不同的预测方法，这里介绍一种比较简便实用的 Carothers 预测法。

1. Carothers 方程

Carothers 从反应程度的概念出发，并根据反应体系的平均官能度，推导出体形缩聚反应的凝胶点。

所谓平均官能度，系指参加缩聚反应的各种单体官能度的平均值，以 f 表示，并可按下式求得：

$$\overline{f}=\frac{f_A N_A+f_B N_B+f_C N_C+\cdots\cdots}{N_A+N_B+N_C+\cdots\cdots} \tag{4-21}$$

式中：f_A、f_B、f_C 分别代表单体 A、B、C 的官能度；N_A、N_B、N_C 分别代表单体 A、B、

C 的分子数。如对于等当量的 2/3 官能度体系，

$$\overline{f}=\frac{2\times3+3\times2}{3+2}=2.4$$

按 Carothers 的方法推导凝胶点时，设 N_0 为起始时单体分子总数，N 为反应后体系的大小分子总数，则反应物的功能基总数为 $N_0\overline{f}$，由于两种单体 A、B 以等当量混合，反应每一步消耗两个功能基，所以反应中消耗的功能基数为 $2(N_0-N)$。于是反应程度可写成：

$$P=\frac{2(N_0-N)}{N_0\overline{f}}=\frac{2}{\overline{f}}-\frac{2N}{N_0\overline{f}} \tag{4-22}$$

以 $\overline{X}_n=\frac{N_0}{N}$ 代入上式，得：

$$P=\frac{2}{\overline{f}}-\frac{2}{\overline{f}}\cdot\frac{1}{\overline{X}_n} \tag{4-23}$$

发生凝胶化时，理论上可认为反应物已经开始转向体形结构，故可认为 $\overline{X}_n\to\infty$，也就是把 $\overline{X}_n\to\infty$ 时的反应程度称为凝胶点（P_C），则：

$$P_C=\frac{2}{\overline{f}} \tag{4-24}$$

2. 实验测定

若反应体系中气泡难以排出或体系迅速变稠时的反应程度为凝胶点。实验测定的凝胶点一般都略低于 Carothers 方程的计算值。如用等当量邻苯二甲酸与甘油反应，实测结果，在反应程度达到 0.785 时出现凝胶化现象；而根据 Carothers 方程 P_C 值应为 0.833。造成偏差的原因显然是在凝胶化时，$\overline{X}_n$ 实际上不是无限大的缘故。据报道，邻苯二甲酸与甘油反应在接近凝胶点时，$\overline{X}$ 大约为 24，此时 P_C 值为：

$$P_C=\frac{2}{2.4}-\frac{2}{2.4\times2.4}=0.80$$

此值与实验值较接近。其他二元酸、甘油反应的凝胶点也都在 0.75～0.80 之间。

八、缩聚反应实施方法

（一）熔融缩聚

熔融缩聚是在原料单体和生成的缩聚物均处于熔融状态下的一种反应实施方法。熔融缩聚具有以下特点：

1. 反应温度较高，一般在 200～300℃之间，比生成的高分子熔点高 10～20℃，不适宜于生产高熔点的高分子。

2．反应时间较长，延长反应时间有利于提高缩聚物的分子量。

3．由于反应温度较高，需要在惰性气氛(如 N_2)中进行。

4．为了获得高分子量高分子，反应后期一般需要减压，使生成的小分子副产物尽可能排除出反应体系，有利于较高分子量的产物形成。

5．反应完成后，必须使高分子在黏流状态下，从反应釜底流出、经制带机制带、冷却、切粒，供后加工使用。

(二) 溶液缩聚

溶液缩聚是单体在溶液中进行缩聚反应的一种实施方法。常用来生产油漆、涂料、胶黏剂等，特别是可用于不适宜采用熔融缩聚法制备的分子量高且难溶的耐高温高分子，如聚酰亚胺、聚苯醚、聚芳香酰胺等的合成。

溶液缩聚的特点如下：

1．与熔融缩聚相比，溶液缩聚的反应温度较低，因而常常需要采用反应性较高的单体，如二元酰氯、二异氰酸酯等和二元醇、二元胺等参加反应。

2．小分子副产物可用能与其形成共沸物的恒沸溶剂带出，溶剂可循环使用。

3．溶液缩聚一般适用于不平衡缩聚反应，反应过程中不需要加压及抽真空，反应设备比较简单。

4．溶剂的存在有利于吸收反应热，使反应平稳进行。

(三) 界面缩聚

界面缩聚是将两种单体分别溶于两种不互溶的溶剂中，然后将这两种溶液倒在一起，在两液相的界面上进行缩聚反应。如将己二胺和 NaOH 的水溶液倒在癸二酰氯的三氯甲烷溶液上，在两相的界面便会发生缩聚反应。

界面缩聚的特点是

1．界面缩聚是一种不平衡缩聚，反应中析出的低分子化合物溶于某一溶剂相或被溶剂相中某一物质吸收(如上述反应中析出的氯化氢被氢氧化钠吸收)，所以产物分子量较高。

2．界面缩聚反应采用的是高反应性单体，高分子在界面上迅速生成，其分子量与反应程度关系不大。

3．反应温度较低，故可避免由于高温造成的高分子主链结构变化及链交换等副反应，因此有利于高熔点耐热高分子的合成。

4．对单体纯度和当量比的要求不严，缩聚物的分子量主要与界面处的单体浓度有关，只要接近等当量比，就可获得高分子量缩聚物。

第四节　聚合反应的实施方法

一、本体聚合

本体聚合是只有单体本身在引发剂或光热作用下进行的聚合，有时还可能加有少量助剂。

若生成的高分子能溶于各自的单体中，形成均相称均相聚合，如苯乙烯、甲基丙烯酸甲酯、乙酸乙烯酯等。若生成的高分子不溶于它们的单体，在聚合过程中会不断析出称非均相聚合，又叫沉淀聚合。如乙烯、氯乙烯、偏氯乙烯、丙烯腈等。

本体聚合的优点是高分子较纯净，可制得透明制品，适于制板材，聚合设备也较简单。缺点是体系很黏稠，聚合热不易扩散，反应温度较难控制，易局部过热，产物分子量分布较宽，聚合过程中自动加速现象很明显。

二、溶液聚合

溶液聚合是将单体和引发剂溶于适当的溶剂中进行的聚合反应。生成的高分子能溶于溶剂的叫均相溶液聚合，如丙烯腈在二甲基甲酰胺中的聚合。高分子不溶于溶剂而析出者，称异相溶液聚合，如丙烯腈的水溶液聚合。

本法的优点是反应热易传出，聚合温度易控制，反应后物料易输送，低分子物易除去，能消除自动加速现象。缺点是单体浓度小，聚合速率慢，设备利用率低，高分子的分子量不高，溶剂回收较麻烦。

三、悬浮聚合

悬浮聚合是指溶解有引发剂的单体以小液滴状态悬浮在水中进行的聚合。单体液滴在聚合过程中逐步转化为高分子固体粒子，单体与高分子共存时，高分子-单体粒子有黏性，为了防止粒子相互黏结，体系中需加分散剂，在粒子表面形成保护膜。因此悬浮聚合一般由单体、引发剂、水、分散剂4个基本成分组成。同样，根据高分子在单体中的溶解情况，也可分为均相聚合(如苯乙烯、甲基丙烯酸甲酯)和沉淀聚合(如氯乙烯)。均相聚合可得透明的珠状，沉淀聚合得到的产物为不透明粉末。

悬浮聚合制得的粒子直径约在0.001～2mm范围。粒子直径在1mm左右的往往又叫做珠状聚合，在0.01mm以下的又叫分散聚合。粒子直径的大小与搅拌强度和分散剂的性质、用量有关。悬浮聚合是制备药物微胶囊的常用方法之一。

四、乳液聚合

乳液聚合是指在乳化剂的作用和机械搅拌下，单体在水中分散成乳状液而进行的聚合反应。乳液聚合体系的组成较复杂，最简单的配方由单体、水、水溶性引发剂、乳化剂4个组分组成。所得高分子颗粒的直径约为0.05～0.2μm，远比悬浮聚合的粒子要小。乳液聚合的优点是：(i)以水为介质，体系黏度低，易传热，温度易控制；(ii)采用水溶性的氧化还原引发体系，反应可在低温下进行，聚合速率快，产物分子量高；(iii)反应后期体系的黏度还很低，适合于制取黏性的高分子（如丁苯橡胶）和直接应用乳液的场合。乳液聚合的缺点是，当不是以乳液形式使用时，聚合后需经凝聚、洗涤、干燥等后处理，产物纯度较差。

在制备药物毫微球（囊）及制备药物乳剂与微乳剂时，也常用该方法。

五、辐射聚合

以电磁辐射引发和增长的聚合反应称为辐射聚合。所用的辐射有α-粒子、β-射线、γ-射线、X-射线等，实验室中常用同位素^{60}Co和γ源。

辐射线与单体作用后，可生成自由基、阴离子或阳离子，多数情况下，辐射引发自由基聚合。

聚合物经高能辐射能产生聚合物自由基，它能引发单体聚合，同时也能相互结合形成交联聚合物。如聚乙烯醇与明胶在一定条件下，以一定剂量的γ射线照射，可发生相互交联，形成微囊，再将微囊浸泡于药物的水溶液使其吸收，待水分蒸发后即得药物微囊。这种制微囊法的特点是工艺简单、易成型，不需粉碎就能得到外观粉末状的微囊。

辐射聚合的优点是：不用介质与引发剂，产物中污染杂质少，不需繁琐的提纯步骤。因此，该法比较适合于医用生物材料的合成；缺点是：较难于控制照射剂量，照射剂量大小决定了最终产物的分子量与分子量分布。因为照射过程是聚合与降解同时可能发生的过程。

第五节　高分子化学反应

高分子的化学反应与药用高分子材料改性、药用包装材料的防老化与降解直接相关。

一、交联和接枝

（一）交联

线形高分子链间以共价键连接成网状或体形高分子的反应称为交联。按实施方法可分为化学交联和物理交联。化学交联一般通过缩聚反应和加聚反应来实现。

广义地说，橡胶交联统称为硫化。这包括化学硫化（如用硫化剂），也包括物理硫化（如辐射硫化）。橡胶经适度硫化后，回弹性能和耐磨性能都有显著提高。

线形不饱和聚酯用途不大，只有经过交联转化为体形树脂（固化）才能有较大的使用价值。不饱和聚酯固化的实质是烯类单体与不饱和聚酯进行共聚，打开双键，分子间产生交联。

（二）接枝

高分子的接枝改性目前已得到广泛应用，特别是在天然高分子材料改性，如对淀粉、纤维素、甲壳素的改性，在天然高分子中接入甲基、乙基、丙基、乙酰基等，使天然材料的亲/疏水性、黏性、溶解性都发生改变，满足制剂的需要。接枝方法主要有 3 种：链转移法、高分子引发法和功能基反应法。前两种方法的实质是设法使高分子形成活性中心。活性中心可以是自由基，也可以是正、负离子，但较常见的是自由基。高分子形成活动中心后再与第二种单体共聚，得到接枝共聚物。

1．链转移法

利用反应体系中的自由基向高分子链转移形成链自由基，进而引发单体进行聚合，产生接枝。但因高分子的链转移常数较小，可能只得到含有少量接枝物的产物。为了提高高分子的链转移常数，常在高分子中引入链转移常数较高的基团如—SH、—NR_2、—CH_2R等。此法尽管有均聚物共生，但操作容易，成本较低，故目前仍广泛应用于不需分离接枝高分子的场合，如制造胶黏剂和涂料等。

在铈盐引发下于纤维素或聚乙烯醇链上接枝丙烯腈时，接枝效率较高，其原因是 Ce^{4+} 很难引发丙烯腈均聚反应。一般高分子药物可利用此法将药物活性基因接枝到高分子链上。

2．高分子引发法

该法是借助在高分子链上导入易于产生自由基的基团，如—COOH、—COOR、—N_2X、—X基等。然后在光、热作用下使其变成链自由基，引发单体在基链上接枝共聚。如聚苯乙烯的 α－C 上进行溴代聚苯乙烯在光作用下C—Br键均裂为自由基，引发单体接枝共聚。若分子链是含叔碳氢原子，也可通过适当的方法产生自由基。

某些高分子不必预先引入易产生自由基的特种基团，而直接辐照（γ 射线，X 射线或紫外线），也能在高分子的特定部位形成自由基并引发另一单体聚合获得接枝共聚物。如聚乙酸乙烯酯用 γ 射线辐照得到接枝高分子材料等。

3．功能基反应法

含有侧基功能基的高分子，可加入端基高分子与之反应形成接枝共聚物。

高分子的侧基功能基,可通过使用相应结构的单体共聚而引入。这是一类高分子-高分子间的反应,接枝效率很高。显然,支链的聚合度则由端基高分子的聚合度决定。所以这种接枝方法可用于高分子的设计合成。如将甲基丙烯酸甲酯和甲基丙烯酸β-异氰酸乙酯的共聚物与末端为氨基的聚苯乙烯(以氨基钠为催化剂的苯乙烯聚合产物)反应,即得到接枝高分子。

二、降解反应

高分子降解是高分子链在机械力、热、高能辐射、超声波、生物或化学反应作用下,分裂成较小部分的反应过程。在此过程中,首先是链断裂,由此形成的自由基能迅速与周围其他高分子分子或化学物质反应,产生不可逆的断裂链。但也可能在这些自由基彼此重新结合而成分子链,这是降解反应的逆反应:

(一) 热降解

热降解可分为两种类型:

1. 解聚反应。高分子裂解反应发生在末端链节上,导致链节逐个脱落,生成的单体迅速挥发。此时分子量变化很慢,其分子链仍以自由基形式存在,能继续进行链式解聚,如聚甲基丙烯酸甲酯的热解聚。

2. 无规断链反应。高分子链的断裂没有固定点,其主要产物是低分子量高分子,所以分子量下降迅速,但高分子重量损失很少,如聚乙烯的热降解反应。

(二) 氧化降解

天然和人工合成高分子暴露在空气中,易于发生氧化作用。其结果是分子链上形成过氧基团及含氧基团,引起分子链的裂解及交联,高分子黏度、强度和硬度都发生显著变化。

初步总结出高分子结构与耐氧化性的关系,并以此作为选择耐氧化高分子的依据:

1. 饱和高分子的耐氧化性比含不饱和键的二烯类高分子好;
2. 线形高分子在其熔点以下的温度时,比非结晶性高分子较耐氧化;
3. 结晶高分子在其熔点以下的温度时,比非结晶性高分子较耐氧化;
4. 取代基的存在和交联的形成都能改变高分子的耐氧化性。

热、光和臭氧的存在都会使氧化降解加速进行。高分子的臭氧降解主要发生在双键部位,如天然橡胶经臭氧降解,分子链在双键处断裂,生成乙酰丙醛。

(三) 机械降解

机械力作用下高分子链断裂的过程称为机械降解,如研磨、撞击、挤拉和强烈搅混都会造成高分子链断裂。天然橡胶的塑炼就是常见的机械降解的例子。

高分子溶液遇到激烈搅拌或超声波作用,高分子链也会产生机械降解,降解程度和速度往往取决于溶剂。在良溶剂中,高分子链较为伸展,体积膨大,线团密度小,分子链较易拉断,容易降解;而在不良溶剂中则较稳定。

三、老化和防老化

高分子材料在加工、贮存及使用过程中,物理化学及力学等综合性能发生不可逆的坏变现象称为老化。橡胶的发黏、变硬和龟裂,塑料变脆、破裂都是典型的老化现象。

热、光、电、高能辐射和机械应力等物理因素,氧化和酸、碱、水的作用等化学因素以及生物霉菌的侵袭,都会导致高分子老化。实际上,老化是上述诸因素综合作用的结果。这些因素中,光氧老化和热氧老化是最为常见的老化作用。

高分子的老化速率与其本身的化学结构有较大关系,应特别指出的是,高分子链上叔氢原子具有较大活性,氧化反应往往发生在这一位置上,因此聚丙烯比线形聚乙烯易于氧化。

诱导效应和超共轭效应是导致叔氢原子活泼的内在原因。同样,与羟基、羧基和其他吸电子基团相邻的碳氢键亦较易断裂。

参 考 文 献

[1] 林尚安,陆耘,梁兆熙. 高分子化学. 北京:科学出版社,1983

[2] 夏炎. 高分子科学简明教程. 北京:科学出版社,1988

[3] 潘祖仁. 高分子化学. 北京:化学工业出版社,2000

[4] 金日光 .高分子物理. 北京:化学工业出版社,2000

(周长忍拟稿,陈建海修改)

第五章　生物高分子材料结构、性能与表征技术

对于药剂工作者来说,了解与掌握药物载体——生物高分子材料的结构与性能是非常必要的;而高分子的结构与性能又是直接相关联的。本章从讨论高分子材料不同层次结构入手,阐述生物高分子材料一般物理状态与力学特性。

高分子材料结构主要分为以下几个层次:

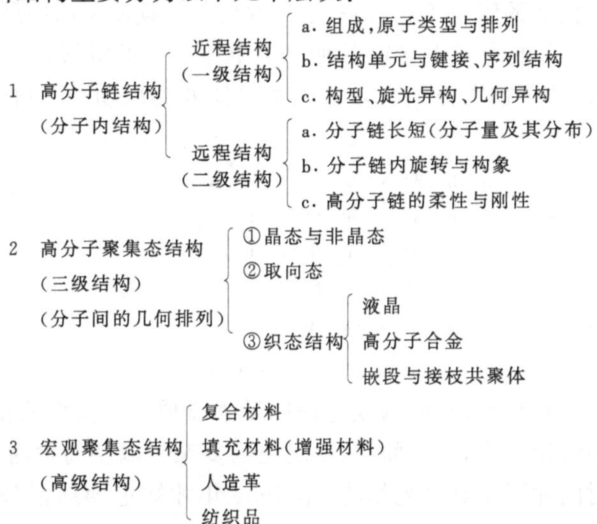

本文主要讨论与药物载体相关的高分子链结构与聚集态结构,另外也将讨论高分子溶液的性质。

第一节　高分子的链结构

影响高分子材料性能的因素很多,除了高分子的化学组成、分子量和分子量分布外,就是链的结构形态。根据分子链范围的大小,可分为近程结构和远程结构。

一、高分子链近程结构

近程结构是指链中较小范围的结构状态。包括高分子结构单元的化学组成和键接方式,空间排列以及支化、交联等。近程结构是高分子最基础的微观结构,与结构单元有直接联系,又称为一级结构。

(一) 结构单元的键接方式与共聚物的序列结构

键接方式是指高分子的分子链中各结构单元以何种方式相连接。对于结构完

全对称的单体，只有一种键接方式，然而对于结构不对称的单体，由于其结构左右不对称，形成高分子链时可能有 3 种不同键接方式：头-头连接，尾-尾连接和头-尾连接。对聚氯乙烯而言，3 种键接顺序如下：

头-头键接　—CH₂—CH(Cl)—CH(Cl)—CH₂—

头-尾键接　—CH₂—CH(Cl)—CH₂—CH(Cl)—

尾-尾键接　—CH(Cl)—CH₂—CH₂—CH(Cl)—

这里把带取代基的碳原子叫做头，不带取代基的碳原子叫做尾。

共聚物的序列结构是指两种或两种以上单体单元的键接顺序。通常有无规、交替、嵌段和接枝共聚物之分。如 A、B 两种单体的共聚物分子链的结构单元有 4 种排列形式：

无规共聚物：—A—B—B—A—B—A—A—A—B—A—

交替共聚物：—A—B—A—B—A—B—A—B—

嵌段共聚物：—A—A—A—A—B—B—B—B—B—A—A—A—

接枝共聚物：—A—A—A—A—A—A—A—A—A—A—（第 3 个 A 上接枝 —B—B—B—，第 4 个 A 上接枝 B—B—B—，第 8 个 A 上接枝 —B—B—）

共聚物结构已相当复杂，而构成生命的基本物质——蛋白质由二十几种氨基酸按严格的序列键接而成，可想而知，情况更为复杂。以胰岛素为例，Sanger F.几乎花了几十年时间才弄清其序列结构，至 1955 年才知道胰岛素分子由 A、B 两根长链组成，A 链有 21 个氨基酸，B 链有 30 个氨基酸，A、B 间以过硫桥相键接，A 链中还有一个链内过硫桥。胰岛素的序列结构研究表明，生物高分子中序列结构的微细差别会导致其生理功能上的巨大变化。

（二）高分子链的构型

构型是对分子中的最近邻原子间的相对位置的表征，是指分子中由化学键所固定的原子在空间的几何排列。构型不同的异构体有旋光异构和几何异构两种：

1．旋光异构

当分子中存在一个不对称碳原子时，就产生了互为镜像的旋光异构体。

若每一个链节中有一个不对称碳原子，每个链节就有 2 个旋光异构单元存在，它们组成的高分子链就有 3 种立构排列方式。若按锯齿形主链构成的平面投影，以聚丙烯为例，甲基 R 的相对排布如图 5－1 所示。全部由一种旋光异构单元键接而成的高分子称为全同立构(isotactic)，甲基 R 全部位于平面的一侧；由两种旋光异构单元交替键接成的高分子称间同立构(syndiotactic)，其 R 交替处于平面两侧；

两种旋光异构单元完全无规则键接成的高分子则称无规立构(atactic),R 无规地处于平面两侧。

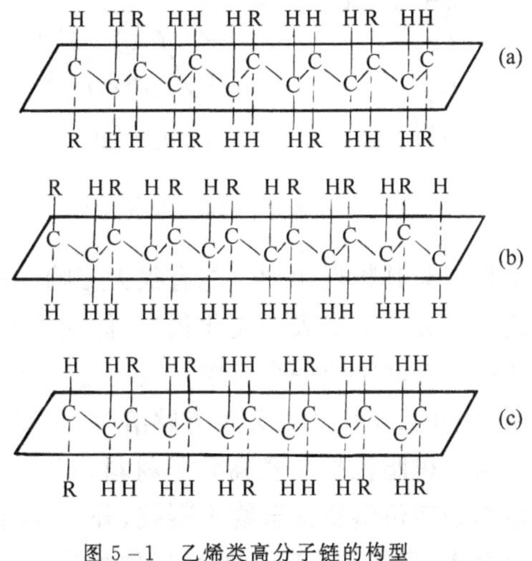

图 5-1　乙烯类高分子链的构型

(a)间同立构;(b)全同立构;(c)无规立构

2. 几何异构

几何异构是由于双键不能内旋转而引起的异构现象。例如,双烯类单体丁二烯聚合有 1,4-顺式加成和 1,4-反式加成 2 种几何异构体。

顺式 ＼CH_2／CH═CH＼CH_2／CH_2＼CH═CH／CH_2＼

反式 ＼CH_2／CH═CH／CH_2＼CH_2／CH═CH／CH_2＼

综上所述,分子链中结构单元的空间排列是规整的,称为有规立构高分子(包括旋光异构和几何异构),其规整程度称为立构规整度或等规度。有规立构高分子大部分能结晶,而无规立构高分子一般则不能。分子排列规整和易于结晶的性能提高了聚合物的硬度、密度和软化温度,降低了在溶剂中的溶解度。

(三) 支链、交联和端基

一般高分子都是线型的分子长链可以蜷曲成团,在一定条件下也可以伸展成直线,取决于本身的柔顺性及外部条件。线型高分子的分子间没有化学键结合。在受热、受力或介质存在情况下,分子间可互相移动或流动,这就是高分子材料在适当溶剂中可溶,加热可熔融,易于加工成型的原因。

如果在缩聚过程中有 3 个或 3 个以上官能团单体存在,或在加聚过程中,有自由基链转移反应发生,或双烯类单体中第二双键的活化等,就可能生成支化的或交联的高分子,如图 5-2。

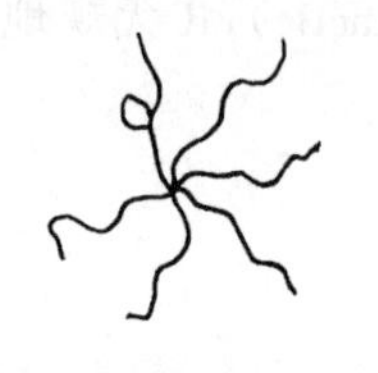
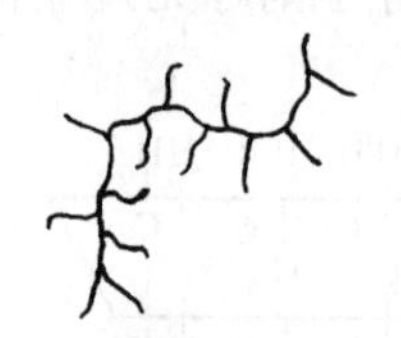

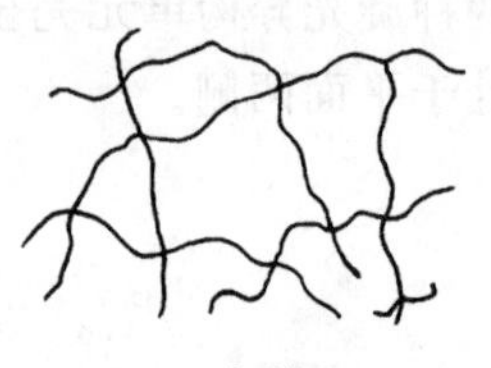
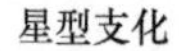

图 5-2　高分子链的支化与交联

支化后的高分子材料对其物理化学性能有很大影响。通常以支化点密度或两相邻支化点之间的链平均分子量来表示支化程度,称支化度。

高分子链之间通过支链联结成一个三维空间网型大分子时,即成为交联结构。交联与支化是有质的区别的,支化的高分子能够溶解,而交联的高分子是不溶不熔的。如离子交换树脂与药树脂就是交联高分子材料,只有当交联度不太大时能在溶剂中溶胀。还有像结肠定位偶氮聚合物水凝胶,分子链间由偶氮基团交联,形成可溶胀而不溶解的聚合物,只有在结肠中偶氮还原酶作用下,偶氮键断裂,才使之降解为可溶解的线型高分子。

一般来说,在分子量较大时,端基对高分子的性能影响不大,所以大部分情况下,对聚合物的端基不做说明。但有时端基对高分子材料性能会产生影响。如聚酯类可降解材料,如果端基为羧基对促进材料的降解起一定的催化作用。如果是羟基为端基这种作用就很弱。另外,当分子链中或支链上含有能与端基形成某种键会带来影响。许多药用水凝胶材料的溶胀性都与此性质有关。

二、高分子链的远程结构

高分子链的远程结构的研究是考察整个分子链范围内高分子的结构状态,它包括了高分子链的长短和分子链的内旋转,又称为二级结构。

(一) 高分子链的内旋转

高分子主链中的单键,可绕键轴旋转,此种现象为单键内旋转。

由于内旋转而产生的分子在空间的不同形态称为构象。构象不同于构型,构象转变是由热运动引起的物理现象,而构型的改变却是破坏原有化学键,形成新键的化学变化。

完全自由的内旋转没有能量变化,这是一种实际上不存在的理想情况。碳原子上总带有其他原子或基团,内旋转时如这些原子或基团充分接近,原子外层电子云之间会产生排斥力,阻碍内旋转,必须克服一定的内旋转势垒。所以内旋转总是不自由的,差别仅在于受阻程度不同,即内旋转势垒不同,表现出分子链的柔顺性不同。

(二) 高分子链的柔性与刚性

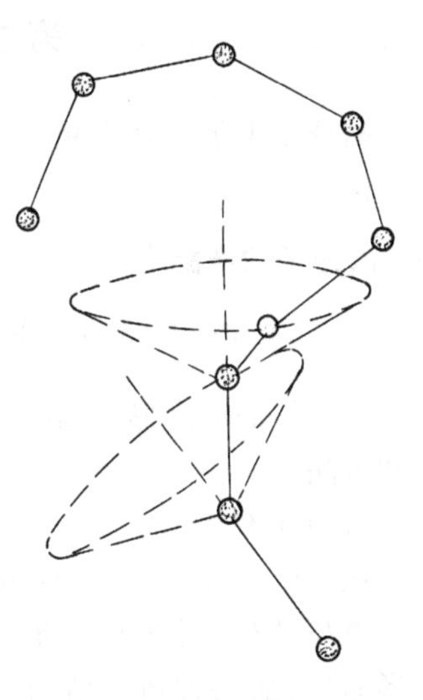

图 5-3 键角固定的高分子链的内旋转

高分子主链中有成千上万个单键,每个单键都可发生内旋转,可产生内旋转异构体数目相当惊人。假定高分子链中有 1000 个单键,每个键内旋转出现两种构象,整个分子链可能有 2^{1000} 个构象,即约 10^{301} 个构象。尽管内旋转并不完全自由,可能出现的构象数目会大大减少,但毕竟相当可观。这种由于内旋转而使高分子长链表现出不同程度卷曲的特性称为柔性。不难想象,不能实现内旋转的分子只有一种构象,表现为刚性。由于热运动,分子链能产生构象转变则必然表现出柔性,且柔性程度随构象数增多而增大。所以内旋转是导致分子链出现柔性的根本原因(见图 5-3)。

1. 主链结构

主链中含有C—O、C—N和Si—O键,其内旋转均比C—C键容易。因氧、氮原子周围没有或仅有少量其他原子,内旋转位阻减小,故聚酯、聚酰胺、聚氨酯分子链均为柔性链。此外,Si—O—Si的键角也大于C—C键,这又进一步减小了内旋转势垒,所以聚二甲基硅氧烷(硅橡胶)分子链柔性很大,是一种在低温下仍能使用的特种橡胶。

双烯类高分子主链中含有双键,虽然双键本身不发生内旋转,但却使其相邻的单键因非键合原子间距的增大而变得容易内旋转,导致聚丁二烯、聚异戊二烯在室温下具有良好的弹性。

主链中的共轭双键则因电子云的重叠而不能产生内旋转,是刚性链,如聚乙炔、聚苯。

主链中引入苯环、杂环,则柔性减小,即使在温度较高情况下分子链也不易产生内旋转,这是耐高温高分子所具有的一个结构特征。

2. 侧基

侧基极性越强,数目越多,相互作用就越大,链的柔性也越差。非极性侧基,体积越大,空间位阻就越大,使链的刚性增加。如侧基对称,使链间距离增大,相互作用力减小,柔性就增大。

3. 氢键

如分子内或分子间形成氢键,就会增加分子链的刚性。纤维素分子能形成许多氢键,妨碍了分子链内旋转,成为刚性链。

第二节　高分子聚集态结构

高分子聚集态结构又称超分子结构，它是指高分子本体中分子链的排列和堆积结构。

一、高分子的结晶态

（一）高分子的结晶形态

高分子的结晶形态因结晶条件而异，主要有折叠链晶体、伸展链晶体、纤维状晶和串晶。

1．折叠链晶体

在常压下，高分子从不同浓度溶液和熔体中结晶，可生成单晶及球晶等结晶体。单晶是有一定几何外形的薄片状晶体。聚乙烯单晶为菱形晶片，聚甲醛是六角形晶片，晶片厚度一般为 100Å 左右。由于高分子的长链结构，运动不如小分子那样自由，这就妨碍了分子链的规整排列，导致晶格产生缺陷，严重时会出现部分非晶区。当结晶高分子从浓溶液中析出或由熔体冷却时，会形成一种球形多晶体，称之为球晶，它由许多径向发射的长条扭曲的单晶片组成。

球晶尺寸较大，可达几十至几百 μm，在偏光显微镜下，可观察到暗十字图像。球晶形成时，以晶核为中心，向四周生长许多扭曲的长晶片，称为球晶纤维。球晶纤维之间为纤维束状半晶区和非晶区。当结晶程度较低时，球晶分散于连续的非晶区中，随结晶程度的提高，球晶可相互接触，甚至遍及整块高分子。

2．伸展链晶体

当高分子在几千甚至几万大气压下结晶时，可得完全伸展链晶体。伸展链晶片是由完全伸展的分子链规整排列而形成的片状晶体，晶体中分子链平行于晶面方向，晶片厚度基本上与伸展的分子链长度相当，其大小与高分子分子量有关。如聚乙烯分子量超过 10^6 时，晶片厚度可达 10^5Å 以上，由于高分子分子链长短不同，因而晶片厚度就不均一，其大小分布与分子量分布相当。

3．高分子串晶

高分子串晶是介于折叠链晶体和伸展链晶体之间的多晶体。这是在应力作用下产生的结晶。串晶中伸展链部分随剪切应力的增大而增加，强度、耐腐蚀性、耐溶剂性也得以改善。所以串晶的研究对纤维的纺丝和薄膜的成形工艺有重要的实用意义。如高速挤出并经淬火的高分子薄膜，由于串晶结构的存在，其模量和透明度大大提高。

（二）高分子结晶过程的特点

结晶是高分子链从无序转变为有序的过程。这一过程有三个特点：

1. 结晶必须在一个合适的温度范围内进行，这范围就是 $T_g \sim T_m$（T_g 为玻璃化转变温度，T_m 为熔点）。因高分子结晶过程也与低分子相同，分为晶核形成和晶粒生长两个阶段。首先通过分子链的规整排列生成足够大而热力学稳定的晶核，然后高分子链进一步凝集在晶核表面，使晶粒生长。这两种过程均与温度有关。高于 T_m，晶核不易生成；低于 T_g，体系黏度太大，分子链不易规整排列，晶核不能生长；只有在 $T_g \sim T_m$ 的温度范围内，结晶才有可能。

应注意，即使在合适的温度范围内，结晶温度不同，结晶速度也有差别，并在某一温度出现一极大值，如天然橡胶在－24℃结晶速度最大。

2. 同一高分子，同一结晶温度下，时间不同，结晶速度也不同。结晶速度对时间所作曲线呈反 S 形。最初结晶速度很慢，如用膨胀计法来研究高分子的体积变化，几乎观察不到体积收缩，但过了一段时间，体积收缩趋于明显，最后结晶速度又逐渐减小。

3. 结晶高分子没有精确的熔点，只存在一个熔融温度范围，也称熔限。熔限大小与结晶温度有关。结晶温度低则熔限宽，反之则窄。因结晶温度低时，分子链活动能力差，形成晶体不完善，且各晶粒完善程度差别大，故熔点低而熔限宽，反之则熔点高而熔限窄。

（三）影响结晶过程的因素

1. 分子链结构。凡结构对称（如聚乙烯）、规整（如有规立构聚丙烯）、分子间能产生氢键或有强极性基因（如聚酰胺等）的高分子均易结晶。

分子链结构同样也会影响其结晶速度，这是因为分子链进入晶相结构所需活化能因分子结构而异。链结构越简单，对称性越高，取代基空间位阻越小，链的规整性越好，其结晶速度也越快。

2. 温度。温度是结晶过程的最敏感的因素，温度相差 1℃，其结晶速度常数 k 相差约 1000 倍。

3. 应力。应力能使分子链按外力的方向有序排列，有利于结晶。

4. 杂质。杂质的影响较为复杂。有的杂质能阻碍结晶，有的杂质能加速结晶。

（四）结晶对高分子物理力学性能的影响

结晶使高分子链三维有序，紧密堆积，增强了分子链间作用力，导致高分子密度、强度、硬度、熔点、耐热性、抗溶剂性、耐化学腐蚀性等物理力学性能的提高，从而改善了塑料的使用性能。如无规聚丙烯是一种不能结晶的黏稠液体或橡胶状高弹性体，不能用作塑料。但由定向聚合所制得的等规聚丙烯能结晶，不仅可用作塑料，而且能纺成纤维——丙纶。

结晶会使高弹性、断裂伸长率、抗冲强度等性能下降。显然,结晶对以弹性和韧性为主要使用性能的材料是不利的,结晶会使橡胶失去弹性而爆裂。

此外,掌握结晶的规律及影响因素也有利于正确进行材料的加工成形。如尼龙制品加工成形时冷却太快,结晶不完全,使用时还处于结晶过程,这样就会导致制品变形,甚至开裂。为此,尼龙制品加工后可放进 120℃热油中进行热处理,或在沸水、热乙酸钾水溶液中进行退火,使之结晶完全。

二、高分子的液晶态

液晶是晶态向液态转化的中间态,它既保持了晶态的有序性,同时又具有液态的连续性和流动性。这种中间状态称为液晶态。处于这种状态下的物质称液晶。

根据液晶形成条件的不同,通常将液晶分为热致性液晶和溶致性液晶两大类。前者是因受热熔融而成的各向异性熔体,后者则是溶于某种溶剂而成的各向异性溶液。

液晶现象并非高分子化合物所独有,许多低分子有机物质也表现出液晶态特性。低分子液晶的研究已有近百年的历史,但高分子液晶的研究较迟,直至 1950 年才开始,且研究得较多的还都集中在多肽类高分子。自美国杜邦公司利用液晶特殊性能进行纺丝制成超高强度纤维 Kevlar 以后,才引起人们对高分子液晶研究的重视。

(一) 高分子液晶态的形成条件

并不是所有高分子都能形成液晶的,只有满足下列条件才形成液晶:

1. 高分子链具有刚性或一定刚性,在溶液中呈棒状或近乎棒状的构象;
2. 分子链上必须有苯环和氢键等结构;
3. 对高分子胆甾型液晶,除上述两点外,还需含有不对称碳原子。

(二) 高分子液晶的结构特征

高分子液晶一般都属于溶致性液晶体系。

根据液晶分子聚集排列方式的不同,高分子液晶可分为近晶型、向列型和胆甾型三种不同结构,如图 5 - 4 所示。

1. 近晶型结构。近晶型液晶的规整性与晶相最为接近。这类液晶中棒状分子平行排列成层状结构,分子轴垂直于层面,棒状分子只能在层内活动,而不能越出本层。聚丙烯酸胆甾酯类中,由于引入了液晶化合物侧链,形成梳形结构,易分层排列,表现为近晶型结构液晶。

2. 向列型结构。棒状分子平行排列,但长短不齐,不分层次,其重心排列无序,在外力作用下发生流动时,棒状分子易沿流动方向取向。聚对苯二甲酰对苯二

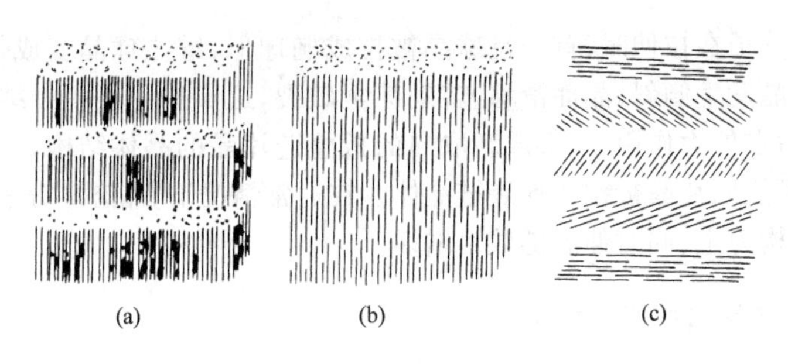

图 5－4　三类液晶结构示意图

(a) 近晶型；(b) 向列型；(c) 胆甾型

胺和聚对苯甲酰胺是刚性较大的线形高分子，其浓硫酸溶液或二甲基乙酰胺氯化锂溶液在常温下处于向列型结构液晶态。

3．胆甾型结构。这类液晶中有许多是胆甾醇的衍生物，习惯上把这类液晶称为胆甾型液晶。棒状分子分层平行排列为向列型，各层分子长轴依次规则地扭转一定角度。排列方向旋转 360°为一周期，方向完全相同的两层间距离称螺距，它随溶液浓度增加而减少，随温度升高而增大。

高分子液晶特殊的物理性质，不仅在理论上有研究价值，而且也有重要的实用意义。如高分子胆甾型液晶能随温度变化而改变颜色，可用于测量微小温度变化及无损探伤。液晶对光、热、力、电磁、辐射及气氛的微小扰动的敏感性，使之具有广阔的应用前景。目前，最令人感兴趣的是它独特的流动性：高浓度低黏度和在低剪切应力下具有高取向度，因而有可能利用普通纺丝设备，纺出超高强度的纤维。美国杜邦公司利用液晶纺丝制成的 Kevlar 49 纤维，其抗张强度已达 3.5×10^{9} $N\cdot m^{-2}$，相当于钢丝的 6～7 倍，其制品已用作宇航结构材料。

三、高分子的取向态

(一) 高分子的取向现象

在外力作用下，分子链沿外力方向平行排列，这就称为取向。高分子的取向现象包括分子链和链段的取向，也包括结晶高分子晶片、晶带沿外力方向的择优排列。

未取向的高分子材料是各向同性的，取向后材料呈各向异性，取向可分为单轴取向和双轴取向。

(二) 高分子的取向机理

非晶态高分子取向按取向单元大小可分为整链取向和链段取向。前者是指整个分子链沿外力方向取向，其链段不一定取向，而后者则表明分子链的链段取向，整个分子的排列是无规的。

结晶高分子在拉伸时，首先是球晶被拉成椭球形，继之球晶变成带状结构，原有球晶的片晶发生倾斜，晶面滑移、转动甚至破裂，这实质上是一种结晶熔化的相变过程，然后在外力作用下，形成新取向的折叠链片晶的晶体结构，此种结构称微丝结构，也可能原片晶被拉成伸展链晶体。在通常情况下，晶态高分子拉伸取向以形成微丝结构为主，同时伸展链数目增多。

(三) 研究取向的实际意义

取向对提高材料强度，改善制品性能，指导加工成型具有实际意义。合成纤维生产中广泛采用热伸工艺，目的是使分子链取向，以期大幅度提高纤维强度。如涤纶经拉伸后，其强度可提高 5 倍。但实际应用时，不仅要求纤维强度高，而且要有弹性，这样制成的衣服既耐穿又舒适。因此在纤维热拉伸后还要经短时间的热处理，在保持分子链取向的同时，解除链段的取向，以求强度和弹性的统一。经热处理后，部分链段已呈卷曲状，使用时就不易收缩变形，制成衣服也不会走样。

纤维材料只要求一维强度，经单轴拉伸即可，但薄膜材料只经单轴拉伸就会出现各向异性，在垂直于取向方向上容易撕裂，保存时会产生不均匀收缩，用这种薄膜制作胶片、磁带就会造成影像变形、录音失真，因此，生产薄膜广泛采用双轴拉伸和吹塑工艺来实现。如战斗机的透明机舱罩是用有机玻璃制成的，用热空气把平板压成穹形的过程中使材料发生双轴取向，使制品耐冲击，不发生整体碎裂。

塑料制件外形复杂，虽无法进行拉伸，但仍会遇到取向问题。成型时必须将物料压入模具腔内，快速冷却时，由于制品各部分厚薄不匀，导致冷却速度不同，往往会使制品因内应力而产生裂缝。如高分子链段取向速度较快，就可沿应力方向取向，阻止裂缝扩展，使制品不致开裂。

四、高分子的非晶态

除晶态高分子外还有大量非晶态高分子，即使晶态高分子中也存在非晶区，所以非晶态结构的研究也是至关紧要的。但由于对非晶结构的研究比对晶态的研究困难得多，因而人们的认识还比较粗浅。

1972 年 Yeh 提出了“折叠链缨状胶束粒子模型”，简称两相球粒模型。该模型认为，非晶态高分子中存在一定程度的有序，主要包括两个部分：一是由高分子链折叠而成的颗粒，折叠的规整程度当然远不及晶态，颗粒大小为 30～100Å，一根高分子链可同时穿过几个颗粒；另一是完全无序的过渡区，其大小为 10～50Å。该模型可解释非晶态高分子密度比完全无规的同系物高，以及高分子结晶相当快的实验事实。

1949 年 Flory 运用推理的方法提出了无规线团模型。该模型认为，在非晶态高分子本体中，分子链的构象与在溶液中的完全一样，呈无规线团状，线团分子之间无规缠结。无规线团模型也同样得到许多实验事实的支持,尤其是近年来中子小角散射实验证明,非晶态高分子本体中分子的形态与溶液中的相同,是无规线团。

由上可见,两模型争论焦点在于结构是否有序。虽然至今尚无定论,但对无规线团这一基本物理图像的认识正在争论中逐步得到澄清。

五、高分子的织态结构

(一) 织态结构的形成

在聚合物内掺杂有添加剂或其他杂质,或者将性质不同的两种聚合物混合起来成为多组分复合材料,就存在不同聚合物之间或聚合物与其他成分之间如何堆砌排列的问题,即所谓的织态结构。织态结构也属于高分子聚集态结构,即三级结构范畴。这里,我们着重介绍高分子混合物的聚集态结构。

近年来,通过简单的工艺过程,将两种或两种以上均聚物、共聚物或不同分子量、不同分子量分布的同种高分子相混合,以改善材料的某些性能,这就称为高分子的共混。共混高分子与合金有所类似,故又称高分子合金。

共混聚合物各组分的混合情况、形态及其精细结构可通过电子显微镜观察。根据共混组分比例以及聚集态结构的不同,混合物的形态结构各不相同。例如无规共混物的结构如图 5-5 所示。实际共混物结构可能会出现图中结构间的过渡形态或几种结构形态共存。

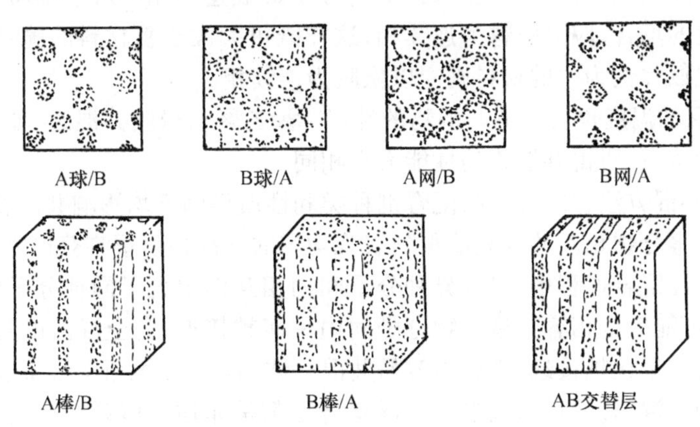

图 5-5　高分子-高分子非均相混合物的几种典型的分散体系模型

(二) 共混对材料的影响

1. 共混可改变材料的结晶度,从而影响材料作为药物载体的释药性能。

2. 共混可改变原有单组分材料的亲疏水性，以及材料的溶胀度。

3. 改善高分子材料的物理力学性能和电性能。如天然橡胶与聚苯乙烯塑料共混可改善聚苯乙烯的脆性，而不降低使用温度上限。丁腈橡胶与聚氯乙烯共混可改善后者的耐油、耐磨、耐热、耐老化和耐冲击性能。涤纶与锦纶共混，所得纤维强度比锦纶的高，其吸湿性又比涤纶的好，弥补了两者之不足。

4. 耐老化，延长制品使用寿命。氯丁橡胶与天然橡胶共混可提高天然橡胶耐臭氧性；聚乙烯可用以改善聚碳酸酯的应力开裂性。

5. 改善材料加工性能。在环氧树脂或酚醛树脂中混入聚己内酯可改善其脱模性；聚己内酯也可改善聚乙烯、聚丙烯的染色性能。

6. 废物利用，降低成本，防止污染。每年有相当数量的高分子材料因老化而失去使用价值，大量丢弃将成为公害，污染环境。利用共混可化废为利，降低成本，同时也防止了污染，可谓一举两得。

共混高分子的广泛应用推动了对其结构的研究。共混高分子中各组分的混溶情况、形态及其精细结构均可通过电子显微镜来进行观察。

（三）为获得性能良好的共混物，必须注意的几个问题

1. 多相共混体系中分散相一般在 $10^{-1}\sim10^{-2}\mu m$ 范围。但每一特定体系均有一最适宜的范围。如聚氯乙烯-ABS-丁苯共混物中分散相拟 $0.8\sim1.0\mu m$ 时韧性最好。

2. 共混物中体积含量超过 70%的高分子形成连续相。对于不希望过多地牺牲材料强度的场合，应以塑料为连续相，这样既可大大改善材料的脆性，又保持足够强度。但以弹性为主的材料则应以橡胶为连续相。

3. 共混的温度也会影响共混物的性能。聚乙烯与橡胶共混时，如温度低于或高于聚乙烯熔点，所得共混物的性能大不相同。

此外，共混方法、加工条件、配合剂种类和性质等因素均影响共混物的性能。

大多数聚合物相互共混只能得到表观均匀的共混物而很难获得完全均匀的单相共混物。在混合过程中，只有异种分子间的相互作用大于同种分子间的相互作用，二者才可能完全相容。聚合物分子间内聚能越接近，完全混溶的可能性越大；而聚合物的用量比越接近，则越不容易共混。结晶聚合物共混需要克服晶格能，更难形成单相共混物。所以，大多数共混聚合物都是非均相体系。这些非均相体系在贮存、使用条件下不发生分相是因为高分子的黏性、相界面分子链段的相互扩散以及共混过程中共聚物或交联键的生成等因素的综合作用。

第三节　高分子溶液

高分子溶液在医药生产实践和科学研究中是屡见不鲜的。如，包衣材料在喷

涂前先配成各种纤维素的溶液，溶剂蒸发后，形成一层高分子材料薄膜包在丸心外层，这就是所谓包衣；又如，传统辅料所用的助悬剂、黏合剂、填充剂、凝胶剂、膜剂与涂膜剂等，都是先配成高分子溶液，然后去除溶剂，得到相应的制剂。由此可见，高分子溶液的应用范围极广。

其次，利用高分子溶液分离、精制高分子样品是一种有效手段，而高分子分子量及其分布的测定也必须在溶液中进行。

再次，高分子溶液性质的研究对掌握其结构与性能的关系，指导高分子材料的生产，发展高分子的基本理论都有很重要的意义。

因此，在高分子性能的研究中，有关溶液性质的研究占了很大的比重。迄今，对稀溶液的研究已较深入，取得了不少定量或半定量的结果，而对浓溶液的认识还比较肤浅，尚有待于进一步努力。

一、高分子稀溶液

在溶剂中，由于非晶态高分子分子堆积较松散，而且高分子链长度远比溶剂分子大，故溶剂分子向高分子渗透快，而高分子向溶剂扩散慢，结果使高分子体积胀大，这一过程称为溶胀。渗入的溶剂使高分子链溶剂化，从而削弱了高分子链间作用力，最终导致高分子均匀分散在溶剂中形成溶液。对交联高分子，由于交联点的束缚，高分子只能溶胀而不能溶解。

非极性晶态高分子由于分子链排列紧密，链间作用力很强，溶剂分子难以渗入，在常温下很难溶解，只有升温至接近高分子熔点，使晶态转变为非晶态，才能逐渐溶解。如高密度聚乙烯只能在 135℃下溶于十氢萘中。极性晶态高分子则不然，只要溶剂选择得当，可以在常温下溶解。如尼龙可溶于甲苯酚、40%硫酸以及甲酸等溶剂中，涤纶可溶于间甲酚。原因在于其非晶部分在溶剂中发生溶剂化作用而放热，放出的热量足以使结晶部分熔化，进而使高分子溶解。

在塑料、橡胶、纤维、涂料、医药胶黏剂工业生产中常会遇到如何选择溶剂的问题。在测定高分子分子量及其分布和研究其溶液性质时也经常要选择合适的溶剂。实践证明，溶剂选择因使用要求而异：用于油漆的溶剂必须易于挥发，否则油漆不易干燥；用作增塑剂则应选择高沸点溶剂，以减少增塑剂的挥发；用于黏度法测分子量的溶剂应以在室温下溶解为好；用于医药的溶剂要考虑其毒性问题。此外还应考虑溶剂的来源、价格等。

二、溶解过程热力学

高分子在溶剂中的溶解是溶质的分子和溶剂的分子互相混合的过程，其混合自由能 ΔF_m(kJ/mol)：

$$\Delta F_m = \Delta H_m - T\Delta S_m \tag{5-1}$$

式中，ΔS_m——混合熵，J/K·mol；

ΔH_m——混合热函，kJ/mol；

T——绝对温度，K。

这种过程自发进行的条件是 $\Delta F_m < 0$。极性聚合物在极性溶剂中的溶解，由于放热及溶解时分子的排列趋于混乱，故使体系 $\Delta F_m < 0$；大多数药用高分子的溶解过程是吸热的($\Delta H_m > 0$)，因此只有在 $|\Delta H_m| < T|\Delta S_m|$ 时能满足式(5-1)，即升高温度或减小 ΔH_m，才能使体系自发溶解。

根据经典的 Hildebrand 溶度公式：

$$\Delta H_m = V_{12}(\delta_1 - \delta_2)^2 \Phi_1 \Phi_2 \tag{5-2}$$

式中，V_{12}——溶液的总体积(假定混合过程没有体积变化)，ml；

δ——溶度参数(solubility parameter)，cal/cm^{3*}；

Φ——体积分数：

$$\Phi_1 = \frac{N_1 V_1}{(N_1 V_1 + N_2 V_2)} \quad \Phi_2 = \frac{N_2 V_2}{(N_1 V_1 + N_2 V_2)}$$

式中，N——摩尔分数；

V——摩尔体积，cm^3；

下标1和2分别表示溶剂和溶质。

从式(5-2)可知，ΔH_m 总是正的，溶质和溶剂的溶度参数愈接近，ΔH_m 愈小也愈满足自发溶解的条件，一般 δ_1 与 δ_2 的差不宜超过±1.5。一些高分子和溶剂的溶度参数，可在有关高分子物理书籍中查到。

第四节　高分子的力学状态及其转变

一、高分子热运动的特点

高分子热运动比小分子热运动复杂而多样化，其特点表现在下列几方面：

1. 热运动单元具有多重性。这种运动单元可能是侧基、支链、链节、链段和整个分子等等。

2. 高分子热运动是一个松弛过程。在一定外力和温度条件下，高分子从一种平衡状态，通过分子的热运动达到与外界条件相适应的新的平衡态，这个过程通常是缓慢完成的，也称松弛过程。松弛时间(τ)是用来描述松弛过程快慢的物理量，每种高分子的松弛时间不一，短的可能只有几秒钟，长的可达几天，甚至几年。

3. 高分子热运动与温度有关。温度有两种作用，其一是运动单元活化；其二是温度升高使体积膨胀，加大了分子之间的空间，有利于运动单元自由迅速运动。温度升高，松弛时间缩短，温度降低，松弛时间延长，二者之间关系为：

$$\tau = \tau_0 e^{\Delta E/RT} \tag{5-3}$$

式中，τ——松弛时间，s；

τ_0——常数；

R——气体常数，8.314J/K·mol；

T——绝对温度，K；

ΔE——松弛过程所需的活化能，J/mol；

e——常数，2.783。

二、高分子的力学状态

（一）三种力学状态

任何物质总处于一定的物理状态。当物质从一种相态转变为另一种相态时，其热力学函数就发生突变，这种转变仅与热力学函数有关，与过程无关，称为热力学状态。

在不同受力条件下，非晶态高分子所处状态不同。物质因外力作用速度不同而表现不同力学性能的叫做力学状态。显然，这种状态的转变并不是相变。温度改变也能实现力学状态的转变，然而决不能因此把力学状态与热力学状态混为一谈。不过，通过改变温度来研究力学状态的转变倒是一个方便而有用的途径。

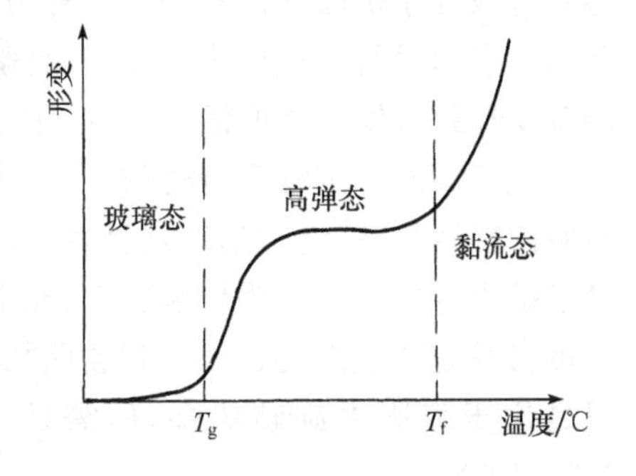

图 5－6　线型聚合物的温度-形变曲线

如在等速升温下，对线形非晶态高分子施加一恒定的力，就可得到形变随温度变化的曲线，通常称之为温度-形变曲线或热机械曲线。如图 5－6 所示。

温度较低时，形变很小，形变与受力的大小成正比，当外力除去，形变立即恢复。这种力学性质称虎克型弹性，又称普弹性。这种状态与低分子玻璃相似，称为玻璃态。

温度升高，形变可达 100%～1000%，外力除去后，可逐渐回复原状，这种受力能产生很大的形变，外力消除后能回复原状的性能叫高弹性，这种力学状态称为高弹态（或橡胶态）。玻璃态向高弹态转变的温度叫玻璃化转变温度，通常以 T_g 表示。

温度升到足够高时，高分子变成黏性液体，形变不可逆，这种状态为黏流态。高弹态与黏流态之间的转变温度为黏流温度，以 T_f 表示（也称黏流温度）。

对网状高分子，由于分子链为化学键所交联，所以不出现黏流态，如橡皮。非晶态高分子的力学状态与分子量有关，高弹态与黏流态之间的过渡区随分子量 M

增大而变宽。

（二）力学状态的分子运动机理

线形非晶态高分子之所以出现不同力学状态是与其微观的分子运动紧密相关的。高分子的柔性长链结构使其分子运动远比低分子化合物复杂多样。除整个分子链可移动、转动、振动外，其链段还可通过单键内旋转相对于其他链段而运动。此外，链节、支链、侧基也可作转动、振动、移动，从而出现了运动单元的多重性。

不同运动单元进行热运动所需的活化能和自由空间各不相同，因此其热运动的温度范围也高低不一。

还应指出的是，在一定外力温度条件下，高分子从一种平衡状态通过分子热运动到达新的平衡状态必须克服很大的内摩擦力，这一过程常常不是瞬间完成的，而是个松弛过程。

在玻璃态，由于温度较低，分子运动的能量不足以克服内旋转势垒，整个分子链和链段处于被冻结的状态。受外力时，只有主链中键长和键角发生微小改变，因此其宏观力学行为表现为形变小，且瞬时完成，除去外力时形变可逆。键长和键角的改变导致成键原子间距增大，必须克服原子间的强烈收缩，因此弹性模量高。

温度高到一定程度，虽然整个分子链还不可能移动，但分子热运动能量已足以克服内旋转势垒，链段运动被激发。受外力时，链段通过内旋转实现构象转变，使分子链由卷曲状态变为伸展状态，在宏观上表现出高弹形变。除去外力后，分子链又可自发地通过内旋转回复到卷曲状态，形变回复，这就是高弹态，由于所施外力只是用于克服内旋转势垒，所需外力比玻璃态时小得多，故弹性模量减小，仅 $10^5 \sim 10^7\ N \cdot cm^{-2}$。

温度继续升高，分子热运动能量也增多，不仅链段能运动，而且整个分子链运动也被激发，在外力作用下可发生相对位移。在实验观察的时间内可看到高分子的黏性流动，当外力除去时形变不可逆，这就是黏流态。

如上所述，高分子的两种运动单元导致三种力学状态的产生。

（三）结晶高分子的力学状态及转变

结晶高分子中通常都存在着非晶区，它在不同温度下也会产生上述三种力学状态。但随着结晶程度的不同，其宏观表现也有差别。轻度结晶高分子中，微晶类似于交联点，当温度升高时，非晶部分从玻璃态变为高弹态，但晶区的链段并不运动，使材料处于既韧又硬，类似于皮革的状态，称为皮革态。增塑的聚氯乙烯在室温下就处于这种状态。当结晶程度较高时，就难以觉察高分子的玻璃化转变。结晶高分子熔融后，是否进入黏流态取决于分子量大小，如分子量相当大，晶区熔融后出现高弹态，这对加工成型不利。通常，在保证足够力学强度的前提下可适当降低结晶高分子的分子量。

三、玻璃化转变

（一）玻璃化转变温度

玻璃从熔融状态冷却时，黏度迅速增大，最后凝固成坚硬的透明体，它保持着液体的无序结构，成为过冷液体，这就是玻璃化现象。非晶态高分子熔体迅速冷却，也有类似现象。玻璃化转变时，高分子的许多性能发生急剧变化，如比容、比热、热焓、膨胀系数、黏度、折光指数、介电系数、力学损耗、核磁共振吸收等。如以这些性能对温度作图，可看到曲线斜率发生不连续的突变或曲线出现极值，这转变的温度就是玻璃化转变温度。

对于玻璃化转变的解释已有多种理论，这里着重介绍自由体积理论。

自由体积理论认为，高分子的体积实际上由两部分组成，一部分是高分子链本身所占体积，另一部分则是分散在整个物质之中的“空隙”，又称为自由体积。自由体积的存在为分子链的构象转变、链段位移提供了活动空间。高分子冷却时，链段热运动减少，所需的活动空间相应减小，自由体积也逐渐减小；至 T_g 时，自由体积达到最低的临界值，高分子进入玻璃态。此时链段运动被冻结，自由体积保持恒定值，因而高分子的玻璃态是等自由体积状态。Williams、Landel 和 Ferry 根据自由体积理论推出，当高分子发生玻璃化转变时，体系的自由体积分数（即自由体积占总体积的百分数）为 0.025 。实验证明，大多数非晶态高分子在玻璃化转变时自由体积分数 $f_g=0.025\pm0.003$，从而表明自由体积理论很好地反映了客观规律。

当体系处于高弹态时，分子热运动能量较高，此时既有链节、侧基的振动与转动，同时还有链段的热运动、体系中自由体积较大。随着温度下降，自由体积也因链节等振动、转动的减弱和链段热运动的减小而减小，比容下降；由于这种下降系两种运动单元的贡献，故下降快，斜率大。温度降至 T_g 时，链段运动被冻结，自由体积也相应减小到临界值。温度继续下降，比容的减小仅仅由于链节等振动、转动幅度下降所致，这种减小幅度有限，故直线斜率减小，比容-温度曲线出现转折。

高分子在低于 T_g 时具有玻璃固体的特征，而高于 T_g 时则具有高弹固体的性质。因此用作塑料的高分子，T_g 是其最高使用温度，而用作橡胶的高分子，T_g 是其最低使用温度。此外，对高分子玻璃化转变的研究还能获得有关高分子链结构及运动的知识，有助于进一步了解结构与性能的关系。

（二）影响玻璃化转变温度的因素

T_g 是高分子链段冻结开始运动的转变温度，不难想象，T_g 与分子链的结构有关。

1．结构因素。凡能减小分子链柔性的因素，如增加主链刚性或引入极性基团、交联、结晶、取向，都会使 T_g 升高；而增加高分子链柔性的因素，如在主链中引入—Si—O—键或加入增塑剂等会使 T_g 降低。

2．几何立构因素。主链上带有庞大侧基时，由于空间位阻，内旋转势垒增加，T_g 增高。但如侧基是柔性链，侧基越大，柔性越大，侧基起了增塑作用，T_g 下降。

如季碳原子上对称双取代，此时空间位阻虽也增大，但由于对称性因素占主导地位，实际上 T_g 下降。

3．分子量因素。当分子量较低时，T_g 随分子量增加而增大。但分子量足够高时，T_g 与分子量 M 无关。

4．交联因素。分子间的交联阻碍了分子链段的运动，使 T_g 升高，交联点密度越大，相邻交联点间的平均链长越小，T_g 也越高。

5．共聚因素。无规共聚物的 T_g 通常介于两种或几种均聚物的 T_g 之间，因此可通过调节共聚单体的配比来连续改变共聚物的 T_g。

当单体性质相近时，共聚物的 T_g 与组成的重量分数成线性关系。如两单体性质相差很大，或能产生氢键，则出现例外情况。如丙烯腈-甲基丙烯酸甲酯共聚物，在丙烯腈含量为65%处，T_g-组成曲线出现一极小值，此时 T_g 为80℃；而聚偏氯乙烯-丙烯酸甲酯则在丙烯酸甲酯含量为50%处，曲线出现一极大值。

6．加入增塑剂影响。凡用以增加高分子材料可塑性的物质为增塑剂。增塑剂的加入使高分子的 T_g 下降。产生增塑作用的原因，一般认为有二：一是增塑剂与高分子的极性基团相互吸引，起了“屏蔽作用”，使链间作用力减弱，有利于链段运动；二是增塑剂分子分散在高分子链间，增加了高分子链间的自由体积。

四、高分子的黏性流动

材料变成制品总要经过加工成型。如塑料要加工成一定形状的制品，纤维必须先纺成丝，才能织成各种织物。绝大多数高分子都是利用黏流态下的流动行为来进行加工成型的，了解掌握黏性流动的规律，对于正确有效地进行高分子加工成型是很有好处的。

（一）高分子黏性流动的特点

1．高分子链的流动通过分段位移实现。分子要流动必须具有一定能量以克服周围分子的相互作用，这能量称为流动活化能 ΔE。分子量越大，ΔE 越高；研究表明，每增加一个—CH_2—时，ΔE 约增加 $2.09\times10^3\,J\cdot mol^{-1}$。由此推论，高分子的流动犹如蚯蚓的爬行一样，是通过分段位移而实现的。

2．高分子流动为非 Newton 流动。低分子液体流动时服从 Newton 流体公式：

$$\sigma = \eta \cdot d\gamma/dt \quad (5-4)$$

式中,η为常数,称为黏度;γ为剪切速率。

凡 η值不随σ和 γ 改变的流体称为 Newton 流体,高分子稀溶液就属此类。但高分子浓溶液和熔体的黏度随 σ 或 γ 改变,则为非 Newton 流体。这是因为高分子流动时各液层间有一定的速度梯度,长链分子同时穿过几个流速不同的液层,其各部分会受不同的力,结果长链分子沿流动方向取向,黏度下降。

3. 高分子流动时伴有高弹形变。高分子流动时,既有高分子链的相对位移,又有分子链沿流动方向的伸展取向。前者是不可逆的,后者是可逆的高弹形变,只要流动停止,形变可慢慢回复,加工时应作必要考虑。设计塑料制品时各部分厚薄相差不宜过分悬殊,以免因冷却速度不同,形变回复不一,导致产生内应力,引起制品变形甚至破裂。

(二) 影响流动温度的因素

流动温度 T_f 是高弹态与黏流态转变温度,其数值高低将直接影响加工过程。影响 T_f 值的因素有:

1. 分子结构:凡能提高分子链柔性的因素均使 T_f 下降,因分子链越柔顺,其链流动单元越短,所需空穴小,流动活化能低,因而 T_f 低。

2. 分子量 M:分子链的移动虽然是通过分段位移实现的,但必须依靠各链段的协同动作。分子链越长,各链段热运动相对位移的阻力也增大,故 M 越大,T_f 也越高,对加工不利。通常,在满足制品的基本性能要求的前提下适当降低分子量。

3. 外力大小和作用时间:增大外力可降低 T_f。延长外力作用时间也有利于 T_f 的降低。

(三) 高分子熔体的流动性

T_f 是高分子链开始流动的温度,只是加工成型的下限温度。在工艺上为了使高分子有足够的流动性,保证物料充满模腔,同时为了加快弹性形变的回复,通常选择的成型温度都高于 T_f。但温度过高,流动性太大,易造成溢料,制品收缩率过大,甚至造成树脂分解,因此成型温度应在 T_f 和分解温度 T_d 之间。

成型方法不同,制品复杂程度不同,对高分子熔体的流动性要求也各异。研究高分子流动性对正确选择成型工艺条件是很重要的。

衡量高分子流动性的指标有好几种,常用的有熔融指数和表观黏度两种。

熔融指数是在一定温度和规定负荷下,于 10min 内从一定直径和长度的标准毛细管中挤出的高分子熔体的重量克数。熔融指数越大,流动性越好,在工厂中已广泛用作热塑性塑料流动性能的指标。

黏度是液体分子内摩擦的量度。黏度大表示流动阻力大,流动性差。此黏度系指高分子的 T_f 以上处于黏流态时的本体黏度(即熔融黏度)。

第五节　生物高分子材料的力学性能

在药品包装材料中,用到大量药用高分子材料。由于材料与药品直接接触,因此,该材料不能用一般工业材料,必须是无毒的药用高分子材料。虽然,它的生物相容性不像进入人体的那些药用生物材料那样苛刻,但对于材料稳定性要求严格。如,是否有小分子物质渗出等。此外,对具力学性能有一定要求,以保证药品不受污染,保证包装材料在有效期内没有理化与力学性能变化。

一、应力与应变

当材料受到外力作用时,它的几何形状和尺寸大小将发生变化,这种变化称为应变。如果外力为张力 F,在 F 作用下原有长度 l_0 为材料,产生伸长的形变为 dl,则张力应变 ε 定义为单位长度上的伸长,称伸长率 ε。

$$\varepsilon = dl/l_0 \tag{5-5}$$

材料在外力作用下,发生宏观上形变,其内部分子间以及分子内各原子间相对位置和距离就要发生变化。由此,产生了原子间及分子间一种附加内力,以抵抗外力造成的影响。这种单位面积上附加的内力称为应力 σ,对于理想弹性体来说,在弹性极限内,应变正比于应力,服从虎克定律:

$$E = \sigma/\varepsilon \tag{5-6}$$

E 为弹性模量或杨氏模量,单位为 dyn/cm^2 ($=10^{-1}$ Pa)。E 代表材料的刚性量度,E 越大则越不易变形。

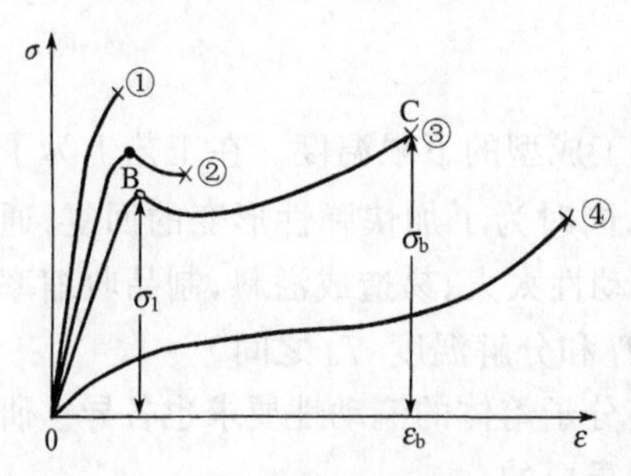

图 5-7　玻璃态高聚物在不同温度下的应力-应变曲线

使单位面积材料断裂所需的最大张力为抗张强度(又称抗拉强度、断裂强度、极限强度),单位以 kg/cm^2 表示。聚合物经受极限拉伸,发生断裂之前的过程中,应力与应变的关系曲线又称拉伸曲线(见图 5-7)。

当温度很低时($T \ll T_g$),应力随应变成正比地增加,最后应变不到 10%就发生断裂(如曲线①所示);当温度稍稍升高些,但仍在 T_g 以下,应力-应变曲线上出现了一个转折点 B,称为屈服点。应力在 B 点达到一个极大值,称为屈服应力。过了 B 点应力反而降低,试样应变增大。但由于温度仍然较低,继续拉伸,试样便发生断裂,总的应变也没有超过 20%(如曲线②所示);

如果温度再升高到 T_g 以下几十度的范围内时，拉伸的应力-应变曲线如曲线③所示，屈服点之后，试样在不增加外力或者外力增加不大的情况下能发生很大的应变（甚至可能有百分之几百）。在后一阶段，曲线又出现较明显地上升，直到最后断裂。断裂点 C 的应力称为断裂应力；对应的应变称为断裂伸长率。温度升至 T_g 以上，试样进入高弹态，在不大的应力下，便可以发展高弹形变，曲线不再出现屈服点，而呈现一段较长的平台，即在不明显增加应力时，应变有很大的发展，直到试样断裂前，曲线才又出现急剧地上升，如曲线④所示。

由图 5－7 可以看到，玻璃态高聚物拉伸时，曲线的起始阶段是一段直线，应力与应变正比，试样表现出虎克弹性体的行为。在这段范围内停止拉伸，移去外力，试样将立刻完全回复原状，从这段直线的斜率可以计算出试样的杨氏模量。这段线性区对应的应变一般只有百分之几，从微观的角度看，这种高模量、小变形的弹性行为是由高分子的键长键角变化引起的。在材料出现屈服之前发生的断裂称为脆性断裂（如曲线①），这种情况下，材料断裂前只发生很小的变形。而在材料屈服之后的断裂，则称为韧性断裂（如曲线②③）。材料在屈服后出现了较大的应变，如果在试样断裂前停止拉伸，除去外力，试样的大形变已无法完全回复，但是如果让试样的温度升到 T_g 附近，则可发现，形变又回复了。这本质上是一种高弹形变。因此，屈服点以后材料大形变的分子机理是，材料在外力作用下，本来被冻结的高分子链段的一种强迫性运动，此时因高聚物处于玻璃态，除去外力不能自发恢复。当温度升到 T_g 以上，链段运动解冻，因而形变可以恢复。如果分子链伸展后继续拉伸，则分子链产生取向排列，材料强度提高。

二、生物材料的黏弹性

黏弹性（viscoelasticity）是高分子材料的重要特性之一，理想弹性体受到外力作用后，瞬时达到平衡，形变与时间无关；而理想黏性体受到外力作用后，形变随时间呈线性发展，而高分子材料的形变性质是与时间有关的，这种关系介于理想弹性体和理想黏性体之间（见图 5－8）。

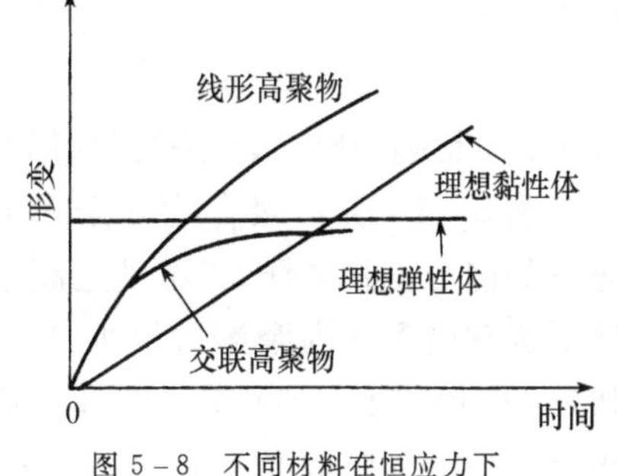

图 5－8　不同材料在恒应力下形变与时间的关系

高聚物的力学性质随时间的变化统称为力学松弛。根据高分子材料受到外部作用的情况不同，可观察到不同类型的松弛现象，最基本的有蠕变、应力松弛、滞后和力学损耗。

(一) 蠕变

蠕变是高分子材料在固定应力作用下产生的形变随时间延长而增加的现象，一切聚合物在形变时都有蠕变现象。

蠕变是一种复杂的分子运动行为，聚合物的结构、环境温度及作用力大小等都影响蠕变的程度，分子链的柔性对蠕变性影响很大，最简单的蠕变可用下面简单的关系式描述：

$$\varepsilon = \varepsilon_{\infty}(1 - e^{-t/\tau}) \tag{5-7}$$

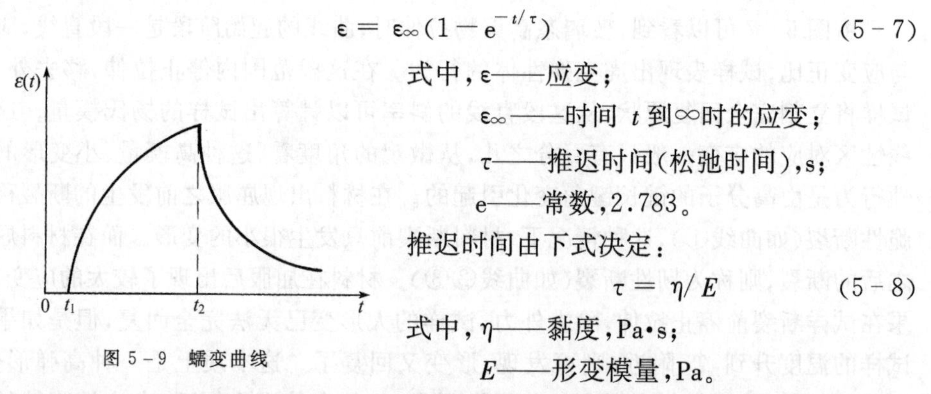

图 5－9　蠕变曲线

式中，ε——应变；

ε_{∞}——时间 t 到∞时的应变；

τ——推迟时间（松弛时间），s；

e——常数，2.783。

推迟时间由下式决定：

$$\tau = \eta / E \tag{5-8}$$

式中，η——黏度，Pa•s；

E——形变模量，Pa。

蠕变过程（包括外加力及去外力时）随时间 t 的发展变化见图 5－9。

(二) 应力松弛

所谓应力松弛（stress relaxation），就是在恒定温度和形变保持不变的情况下，高聚物内部的应力随时间增加逐渐衰减的现象。例如拉伸一块未交联的橡胶到一定长度，并保持长度不变，随着时间的增长，这块橡胶的回弹力会逐渐减小，这是因为里面的应力在慢慢地减小，甚至可以减小到零（图 5－10）。此时，应力与时间也成指数关系。

$$\sigma = \sigma_0 e^{-t/\tau} \tag{5-9}$$

式中，σ_0 是起始应力，τ 是松弛时间。

图 5－10 表示聚合物处于不同力学状态下的应力松弛曲线，当温度远超过 T_g 时，链段运动受到的内摩擦力很小，应力松弛很快，τ 很小。反之，当 $T \ll T_g$ 时，应力松弛很慢，τ 很大，如常温下的塑料。只有在 T_g 附近几十度范围大，应力松弛现象才比较明显。

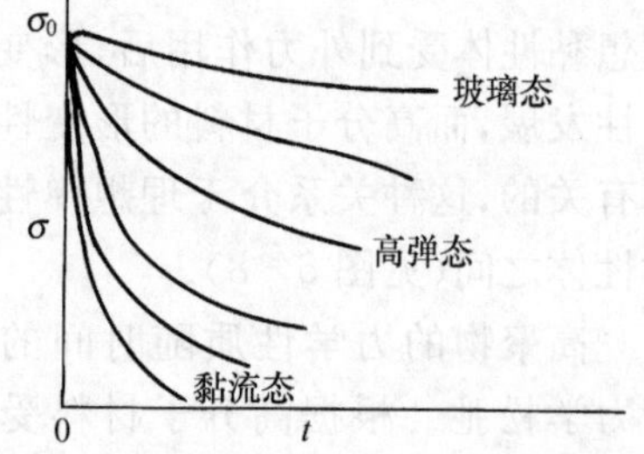

图 5－10　不同温度下的应力松弛曲线

（三）滞后现象与力学损耗

当材料在交变应力作用下，形变落后于应力变化的现象称为滞后现象。它的发生是由于链段运动时受内摩擦力的作用，链段的运动跟不上外力的变化。所以形变落后于应力，有一个相位差 δ。形变随时间变化 $\varepsilon(t)$可用下式表示：

$$\varepsilon(t) = \varepsilon_0 \sin(\omega t - \delta) \tag{5-10}$$

式中，ε_0 为形变最大值；ω 为外力变化的角频率；δ 越大说明链段运动困难。

当应力的变化和形变的变化相一致时，没有滞后现象，每次形变所做的功等于恢复原状时取得的功，没有功的消耗。如果形变的变化落后于应力的变化，发生滞后现象，则每一循环变化中就要消耗功，称为力学损耗，有时也称为内耗。

内耗的大小用 $\tan\delta$ 表示，所以 δ 又称为力学损耗角。内耗大小与温度有关。在 T_g 以下，材料受外力形变很小，形变主要由键长与键角变化而引起，速度快几乎完全跟得上应力变化，δ 很小，内耗也小；当温度升高至高弹态时，由于链段运动摩擦阻力大，高弹形变显著落后于应力变化，δ 较大，内耗大；当温度继续升高，形变大，链段运动比较自由，δ 变小，内耗也小，因此，在玻璃化能变区，出现一个内耗极大值。向黏流态过渡时，由于分子间互相滑移，因此内耗也急剧增加，如图 5－11 所示。

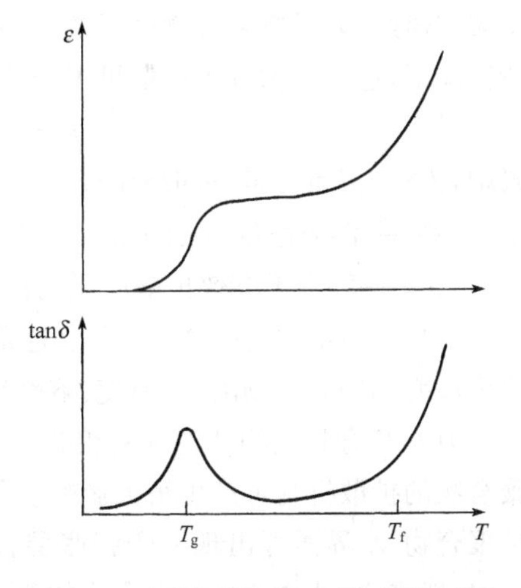

图 5－11　高聚物的形变和内耗与温度的关系

频率与内耗的关系如图 5－12 所示。频率很低时，高分子的链段运动完全跟得上外力的变化，内耗很小，高聚物表现出橡胶的高弹性；在频率很高时，链段运动完全跟不上外力的变化，内耗也很小，高聚物显示刚性，表现出玻璃态的力学性质；只有中间区域，链段运动跟不上外力的变化，内耗在一定的频率范围将出现一个极大值，这个区域中材料的黏弹性表现得很明显。

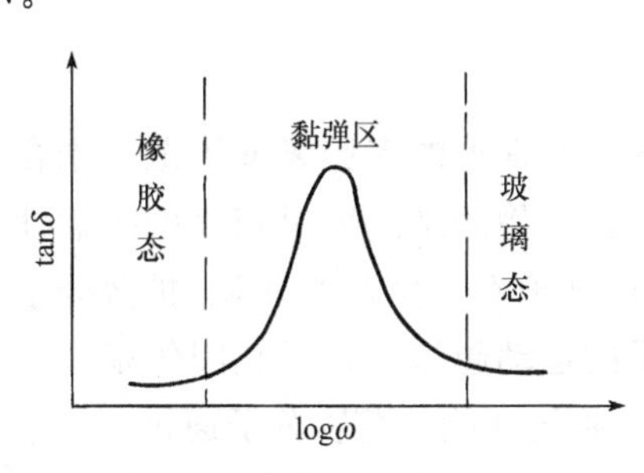

图 5－12　高聚物的内耗与频率的关系

前面讨论的蠕变和应力松弛，是静态力学松弛过程，而在交变的应力、应变作用下发生的滞后现象和力学损耗，则是动态力学松弛，因此有时也称后一类力学松弛为高聚物的动态力学性质或动态黏弹性。

第六节　药用高分子材料的传质过程与药物分子的扩散

在药物制剂中，药物通过高分子材料的扩散概括起来说有两种：一类是贮存装置，另一类是骨架装置。药物一般是溶解或分散在装置中。药物由装置的扩散过程有以下几个步骤：①药物溶出并进入周围的聚合物或孔隙；②由于存在浓度梯度，药物分子扩散通过聚合物屏障；③药物由聚合物降解吸附；④药物扩散进入体液或介质。

上述扩散过程中，药物分子通过聚合物屏障是至关重要的一步，在一般无孔的聚合物中，药物分子的渗透与扩散主要发生在无定型区域，而在结晶区域，药物分子较难通过，如果把聚合物分子链运动视为不随时间而变化，即无松弛特性，在一般情况下，这种药物分子扩散可视为符合 Fick 定律：

$$J = -D \cdot \mathrm{d}C/\mathrm{d}x \tag{5-11}$$

式中，J——溶质通量，$mol/cm^2 \cdot s$；

C——溶质浓度，mol/cm^3；

X——垂直于有效扩散面积的位移，cm；

D——溶质扩散系数，cm^2/s(这是可人为控制的参数，改变聚合物的结构，D 值可改变；另外，药物浓度、温度、溶剂性质、药物化学性质都能影响 D 值)。

D 与聚合物结构特性紧密相关。实际上，聚合物存在的松弛特性对溶质通过聚合物的扩散机制可产生很大影响。如当溶剂(水)穿透一种原本是玻璃态的亲水性聚合物-水界面可出现一个膨胀层，此时大分子链的松弛可影响药物的扩散释放，一般来说，药物从这些聚合物的释放是不符合 Fick 定律的。

一、药物通过高分子材料薄膜的扩散

在药剂学的实际应用中，药物通过薄膜的扩散常见的有胶囊壁扩散或聚合物包衣层的扩散。药物与聚合物之间的亲和力、聚合物的结晶度对药物的扩散性影响甚为显著。固体聚合物的晶区是大多数药物分子不可穿透的屏障，扩散分子必须绕过它。晶区分子所占的百分比越大，分子的运动越慢。在无孔固体聚合物的扩散中，自然是更为困难的过程，需要移动聚合物链才能使药物分子通过。对于无孔隙的固体聚合物薄膜来说，由于聚合物两侧的浓度差很大，在很长的释放时间内，其差值几乎是常数，如果 J 和 D 为常数，当膜厚度为 h 时，可得下式：

$$J = \Delta C \cdot DK/h \tag{5-12}$$

式中，ΔC——薄膜两侧的溶质浓度差，mg/cm^3

K——溶质分配系数，定义为：

$$K=\frac{\text{溶质在聚合物薄膜中的浓度}}{\text{溶质在溶出介质中的浓度}}$$

DK/h——溶质渗透系数(P),cm/s(实际上常用它来评价药物通过聚合物的渗透性能)。

由上式可知,D、K 值越大,则 P 值越大,故选择聚合物时,应注意药物与聚合物在热力学上的相容性,否则药物是很难通过聚合物薄膜扩散的。上式的意义很明显,药物通过聚合物薄膜的释放,应呈零级,或接近零级。

二、药物通过高分子材料骨架(matrix)的扩散

对于分散于疏水性骨架中的药物扩散,根据质量平衡原理,Higuchi 作了一些数学处理,得到如下公式:

$$M=(2C_sDWt)^{1/2} \tag{5-13}$$

式中,W——单位体积聚合物骨架中总药量,mg/cm^3;

M——单位面积扩散出的药物量,mg/cm^2;

C_s——药物在聚合物骨架中的饱和溶解度,mg/cm^3;

设在一般情况下,$W \gg C_s$,上式说明药物由聚合物骨架释放量与 $t^{1/2}$ 呈线性关系。

药物通过无孔聚合物的扩散过程是在大分子链的间隙进行,任何导致扩散屏障增加的形态的改变,都会引起有效扩散面积的相应减少,以及大分子流动性的下降。对药物扩散系数的控制可以通过控制交联度、支化度、结晶度、大分子晶粒大小及添加助剂来实现。

第七节　药用生物材料的特殊性能

药用生物材料,一般地说,它本身不具有直接治疗作用,而是作为药物的载体。它的宗旨:一是提高药效,如靶向作用、控缓释作用、黏附作用、以及通过使用不同载体材料改变剂型,改变给药途径与方式,提高生物利用度等等;二是降低药物的毒性作用,如用某些材料包囊的控缓释制剂,可使药物在体内的血药浓度控制在治疗窗口之内,即在允许的最低毒性浓度与有效治疗药物浓度之间。靶向制剂使得药物浓度在治疗的靶器官以外区域的药物浓度尽可能地低,这些药物一般说来毒性较大,如治疗癌症的药物等;三是提高病人依从性,如针剂给病人带来痛苦与不方便的给药方式,改为口服可方便病人,由于新功能生物材料不断出现与新制剂技术兴起,使得一药多种剂型局面形成,如经皮给药、黏膜给药等等。给药次数大大降低,给患者带来方便。

药用生物材料不同于一般的高分子材料,也与一般的医用生物材料有一定的区别,它的主要特殊性能有以下几个方面:

一、生物相容性

生物相容性是药用生物材料最重要的，也是最起码的要求，它是决定药品是否安全的重要一环。凡未经国家药品监督管理局审批生产的一切生物材料都不能作为药物辅料进行生产、出售。药用生物材料的生物相容性已在第二章中详细叙述。在这里，主要阐述有关新辅料申报时与生物相容性的相关项目，除了对新辅料的名称（商品名、化学名）、规格、确证其化学结构与组分的试验数据、相关图谱、该材料合成路线、反应条件、提纯方法、原材料规格标准、材料理化性能指标、纯度等外，还必须有以下生物学评价标准：

(1) 细胞毒性试验资料；

(2) 动物急性毒性试验资料；

(3) 动物长期毒性试验资料；

(4) 致突、致畸（生殖毒性）、致癌试验资料；

(5) 材料的稳定性试验资料；

(6) 如果是生物可降解材料，需有动物体内、外降解试验资料、降解周期、降解最终产物及降解机理（包括中间降解产物）试验或文献资料；

(7) 刺激试验；

(8) 热源试验；

(9) 如果与皮肤接触的材料，还需皮肤致敏试验；

(10) 如果与血液接触的材料，需做溶血与血液相容性试验；

(11) 如果作植入制剂的材料，需做动物植入试验。

生物相容性试验是生物材料最费时、最费钱、最难以达到要求，也是最重要的实验项目。这是它与其他材料根本区别之所在，也是生物材料价格昂贵的根本原因。

二、稳定性

(一) 稳定性的一般含义

如果生物材料是作为药品的包装材料，或是作为新型的给药装置的组件，我们要求该材料越稳定越好，即该材料在外界环境、光、热、水、空气以及其他药品存在下，在规定的有效期内本身不发生降解（水解、氧化）、成分渗出或与其他相接触的药品发生反应。但是，百分之百不变化的材料是不存在的，因此我们必须对材料的稳定有效时间、材料稳定的环境做出明确的说明与规定。

即使对生物可降解材料而言，虽然我们要求它在体内按一定时间降解，但还必须对它在体外环境（光、热、氧、水）储存期稳定性做相关的规定，否则就无法保证制剂的质量。比如，对控缓释制剂，如果该制剂所用的载体在架子期(shelf time)内就发生显著降解，那么当药品进入人体后，药物的释放速率就不是原来缓释药品设定的指标，可能造成药物的快速释放，以致造成严重的毒性反应，后果是相当严重的，特别对脂质体包封的药物，脂质体在储存期稳定性问题，至今还未很好地解决。

（二）材料稳定性试验方法

稳定试验的目的是考察材料在温度、湿度、光线的影响下随时间变化的规律，为材料的生产、贮存、运输条件、制剂的生产条件提供科学依据，同时为建立药品有效期提供参考依据。

稳定性试验包括：① 影响因素试验；② 加速试验(accelerated testing)；③ 长期试验(long-term testing)。

1．影响因素试验

(1) 高温试验

样品在60℃下放置10天，于第5、10天取样，准确称量试验前后材料重量变化，也可以比较10天前后材料化学结构图谱的变化。

(2)高湿度试验

在25℃分别于相对湿度(75±5)%及(90±5)%条件下放置10天，于第5、10天取样，考察样品的吸湿潮解性与溶胀性，用溶胀性与吸湿性大小，可用式(5-14)表达：

$$溶胀度 = \frac{吸湿后样品重 - 吸湿前样品重}{吸湿前样品重} \times 100\% \tag{5-14}$$

有的材料具有临界相对湿度，当湿度超过某一数值时，材料极易吸湿。

恒湿条件，可在密闭容器，如干燥器内放置饱和盐溶液根据不同相对湿度要求，可以选择NaCl饱和溶液(相对湿度75%±1%，15.5～60℃)、KNO_3饱和溶液(相对湿度92.5%，25℃)等。

(3)强光或紫外光照射试验

样品于照度为(4500±500)lx条件下，或紫外灯照下放置10天，于第5、10天取样，观察其外观、颜色变化、也可比较前后材料化学结构图谱的变化。

2．加速试验

加速试验是在超常条件下进行，目的是通过加速材料的化学与物理变化，预测材料的稳定性，为申报临床与生产提供必要的资料。对于申报生产试验品要求3批，在温度(40±2)℃，相对湿度(75±5)%条件下，放置6个月；对于申报临床试验样品则(30±2)℃，相对湿度(60±5)%下，加速试验。

3．长期试验

长期试验是在接近实际贮存条件下进行，其目的是为材料使用有效期提供依据，通常在温度(25±2)℃，相对湿度(60±10)%条件下，放置2年以上观察其外观分子量及分布，渗出物，浸提物变化，对包装材料还要求力学性能变化检测。

三、体内外降解性能

药用生物材料根据使用需要，可分为非降解型与降解型两大类。对于前者则要求越稳定越好，如，与药物直接接触的包装材料，长期植入体内释药装置等（详见第三章）；而后者则需根据实际需要、对材料降解的类型、降解起始时间、完全降解完的时间或降解的临界点（对那些可降解材料而言），如，PCL 材料临界降解分子量为 5000，从这点以后，材料开始失重，降解产物包括中间产物与最终产物，都必须有明确资料说明（详见第六章）。

四、控缓释性能

药用生物材料重要的一方面是作为控缓释药物剂型的载体或包囊材料，它主要应具有以下几种性能或其中之一：

（一）材料对药物分子具有渗透性

即药物分子可以通过材料而扩散出去，扩散速率的快慢，除了与膜厚度、药物的浓度、介质有关外，主要与材料本身性质有关，特别是材料分子排列的规整性，即结晶度有关。一般地说，材料结晶度越高，晶格越小，高分子链刚性越强，药物渗透性越差（对同一药物而言）；对于无定型态、密度低、链柔顺的高分子材料，药物分子越易通过，这里所说的药物分子，一般指化学合成的药物。

（二）内部具有微孔，微通道材料或具有微相分离的共混材料

对于生物制品药物（指多肽、蛋白类、疫苗药物），分子量较大，药物分子则需通过材料内部孔隙，微通道或微相分离材料中两相间隙进行分子的渗透。这种材料多加以致孔剂，或相容性较差的两种共混或共聚高分子材料组成。也可以利用某些制备技术，如乳化-溶剂挥发法制备微球，或溶剂挥发法制备膜材料技术，造成材料中肉眼见不到的微孔与通道。

（三）利用可降解材料的溶蚀性

包括表面溶蚀与整体降解，形成微孔洞与通道（详见第六章）。

五、靶向性

一般说来，材料本身不具有靶向性，但材料经过特殊修饰或加工后，它有可能具有某种靶向性。靶向性从作用的靶位而言，分类为三级：一级作用于至靶器官与组织；二级作用于特定细胞；三级作用于特定分子（分子水平）。靶向性从方法上分

类，分为被动靶向（passive targeting）即自然靶向、主动靶向（active targeting）与物理化学靶向性（physical and chemical targeting）。

（一）被动靶向

当材料加工成一定粒径的微粒，静脉注射时由于人体单核-巨噬细胞系统（mononuclear phagocyte system，MPS）摄取以及机体不同器官、组织渗透性差别，导致微粒在人体不同组织与器官分布的差异性，如，大于 7μm 微粒通常被肺的最小毛细血管床所截留，被单核白细胞摄取进入肺组织或肺泡，而粒径 200～400nm 的微粒易集中于肝后迅速被肝清除，小于 10nm 的微粒则缓慢积集于骨髓；而粒径小于 50nm 左右的微粒能穿透胰、肠、胃的毛细管内皮。

被动靶向除了与微粒大小有关外，还与微粒表面性质，如亲疏水性、负荷性、表面形态结构有关，这与人体免疫系统的反应直接相关。当微粒进入人体后，首先白细胞受刺激而分裂与繁殖，然后血浆中的调理素（opsonin，包括 IgG、补体 C_{3b} 或纤维结合素 fibronectin）吸附在微粒表面，最后巨噬细胞加以识别与吞噬，微粒的表面性质决定了吸附调理素的成分与吸附程度，如亲水表面的微粒不易受调理；微粒表面带负电荷比带正电荷和中性表面更易被调理，而被巨噬细胞所吞噬，如果 Zeta 电位（负电荷）越高，这种倾向越强烈。另外，微粒表面分子链的柔顺性对靶向性也有很大影响，当表面分子链具有足够长度与柔性时，此时微粒表面空间结构不断发生变化，从而使免疫系统难以对其产生有效的识别，减少了调理素对微粒表面的吸附，从而使巨噬细胞对其吞噬大大降低，如英国 Nottingham 大学 S.S.Davis 教授实验室最早开始这方面的工作，他们在疏水性聚苯乙烯（polystyrene）微粒表面镀上一层两亲嵌段的共聚物，如 poloxamer 或 poloxamine，可明显地减少肝单核巨噬细胞捕捉，对骨髓的倾向性也明显减少，这都是归功于外层亲水聚合物链段聚乙二醇（PEG）的作用。又如聚丙烯酰胺类作为表面修饰材料也基于同一原理。

另外，像脂质体（liposome）与乳剂的靶向性与淋巴定向性以及对其改性也都基于上述原理。近年来，两亲嵌段聚合物胶束（two block amphiphilic copolymer micellar）自组装系统（self-assemble system）作为药物载体的报道正日益增加（详见第九章）。

（二）主动靶向

将生物材料或微粒表面加以一定修饰，使其不被 MPS 系统识别，或因连接有特定的配体与靶细胞受体结合，或连接单克隆抗体成为免疫微粒，而能避免巨噬细胞的捕捉。改变微粒在体内的天然分布而达到特定的靶位，也可将药物修饰成前体药物（呈药理惰性物），只有当前体药物到达特定靶区后，方被激活（或与载体分离）发挥药性。

这种前体药物(prodrug)或称靶向性聚合物药物(targetable polymeric drugs)通常由以下三个部分组成(见图 5-13):

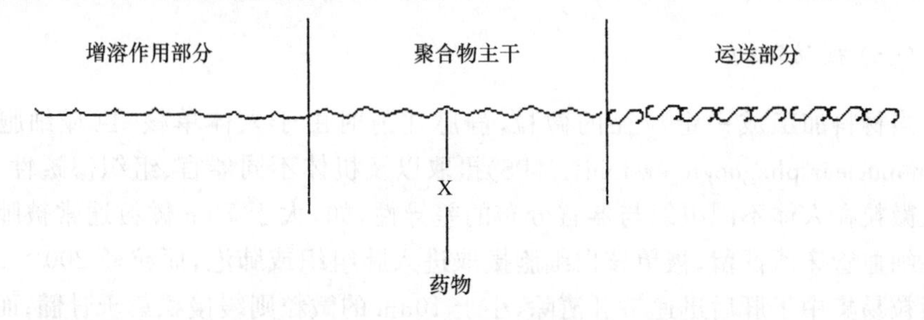

图 5-13　前体药物的功能结构图

1. 增溶作用部分(solubilizer)主要由无毒的水溶或脂溶共单体(comonomer)单位或嵌段组成;

2. 聚合物主干(polymer backbone)是由生物可降解或稳定的链段组成,它通过悬臂(spacer group)X 与活性药物的相连。到达靶位后悬臂基团脱落;

3. 转运部分(transport system)具有两个功能:一是起靶向引导作用与靶位受体作用;二是减低载体的自然靶向作用,改变大分子在人体天然分布作用。

主动靶向的微粒粒径必须小于 4μm ,即不被毛细管所截留,更不能在毛细管中出现任何栓塞现象,通常微粒都在纳米级。

(三) 物理化学靶向

某些生物材料本身或经过特殊修饰后,对周围环境的物理条件(如:光、电磁、热)或化学条件(pH 值、体内各种酶)有足够的反应,产生一定的靶向性,一种用磁性材料与药物制成的磁导向制剂,如:磁性微球、磁性纳米囊等,这类制剂首先将超细磁流体包埋在一定高分子材料,如明胶、氰基丙烯酸酯材料中做成微粒注入循环系统,外加磁场引导,使之改变微粒在体内分布,药物集中某一部位或器官释药。

另外一种用对温度敏感的载体制成热敏感制剂,在热疗机局部作用下,使热敏制剂在靶位释药,用做这一类制剂载体多为水凝胶(hydrogel),如聚丙烯酰胺类衍生物材料等表现出热缩冷胀特征,当外部加以一定热作用,包药的微球(囊)收缩,把囊中的药物“挤”出制剂,达到释药目的。

热敏脂质体也是一种热靶向制剂,它是将不同比例类脂质的二棕榈酸磷脂(DPPC)和二硬脂酸磷脂(DSPC)混合,制得不同相变温度的脂质体。在相变温度时,可使脂质体的类脂质双分子层从胶态过度到晶态,增加脂质体膜的通透性,使包封的药物释放速率增大;而偏离相变温度时,则释放减慢,如将^{3}H-甲氨蝶呤热敏脂质体注入荷 Lewis 肺癌小鼠的尾静脉,然后用微波加热肿瘤部位至 42℃,4h

后在循环系统中的放射活性是对照组的 4 倍。

还有用 pH 敏感的类脂(如,DPPC、十七烷酸磷脂),为类脂膜作成的 pH 敏感脂质体,以及用丙烯酸树脂类 Endragit L,Eudragit RS,Eudragit S 材料做成的 pH 敏感的口服胶囊,控制药物在不同消化道位置释药等。

此外,还有口服结肠定位给药系统基于制剂的载体为偶氮聚合物或多糖类生物材料,在结肠偶氮还原酶或糖苷酶作用下,降解达到结肠释药目的(详见第六章)。

利用介入手段的栓塞靶向制剂,也属物理靶向的范畴。这类制剂,是通过插入动脉的导管,在 X 光仪器引导下,将栓塞物输到靶组织或靶器官。栓塞的目的是阻断对靶区的血供和营养,使靶区的肿瘤细胞缺血坏死。如栓塞制剂含有抗肿瘤药物,则具有栓塞和靶向性化疗的双重作用,如米托蒽醌乙基纤维素微球,顺铂壳聚糖栓塞微球,阿霉素白蛋白微球与碘油及 50%泛影葡胺注射液制成的阿霉素白蛋白碘油复乳等,在肝栓塞、脑栓塞、肺栓塞、肾栓塞方面已得到临床应用。栓塞的另外一种作用,是使用于创伤或手术大出血,特别在脑部微血管破裂与肺部手术大出血中起到很好作用。这一类靶向技术的关键,除栓塞制剂与材料本身外,更重要的是介入手术定位的准确性。

六、黏附性(adhesion)

在黏膜给药系统(包括口腔黏膜、鼻黏膜、眼黏膜、子宫、阴道黏膜)、经皮给药系统、胃肠给药定位释放系统,都离不开一种具有生物黏附性的高分子材料。这类材料包括曾在外科手术与牙科中用到多年的氰基丙烯酸酯类(cyanoacrylates)以及聚氨酯、环氧树脂(epoxy resins)、丙烯酸类、卡波姆(Carbomer)、Polycarbophil、聚甲基丙烯酸羟乙酯(PHEMA)、聚维酮(PVP)等,此外还有两大类天然黏附性生物材料,如聚多糖类、果胶(pectin)、阿拉伯胶、刺梧桐胶、琼脂(agar)、纤维素衍生物、羟丙纤维素(HPC)、羧甲纤维素钠(CMC-Na)、羟丙甲纤维素(HPMC)、海藻酸钠、透明质酸、硫酸软膏素、肝素、聚天门冬氨酸、聚谷氨酸、硫酸右旋糖酐以及壳聚糖等,还有蛋白类的明胶(gelatin)。这类材料的结构特点,都含有大量的羟基、羧基或氨基,多数类似水凝胶(详见第九章)。

七、智能性(intelligent)

近十几年来,生物活性高分子材料(bioactive polymers)层出不穷,主要包括智能性材料(intelligent materials)、仿生材料(biomimetic materials)、灵巧性材料(smart materials),当然靶向性材料与控缓释材料也应包括其中。

这一类材料也可以说具有某种特殊功能材料,当外界环境改变时(如磁场、超声、温度、电流、pH、离子强度、化学物质、酶等),这一类材料就产生某种“响应”,即它的结构与性质发生变化,从而使药物的释放速率改变。表5-1列出某些智能材料释药机制。

表5-1 某些智能材料释药机理

刺激源	生物材料	机理	例子
pH	含有弱酸或弱碱基团的凝胶聚电解质复合物	碱性或酸性基团解离	甲基丙烯酸甲酯(MMA)与 *N*,*N*-二甲氨乙基的甲基丙烯酸酯(DMA)共聚物为基质的咖啡因凝胶片
热	热敏水凝胶(丙烯酰胺的 *N*-取代衍生物)	聚合物可逆性膨胀与收缩	①Poly(IPAAm-co-BMA)胰岛素调节膜 ②Poly(HEMA-co-St)或 Poly(HEMA-co-VP)的β-阿拉伯糖-呋喃腺嘌呤透皮给药系统
磁	分散有磁性粒子的聚合物	磁粒在骨架里移动,造成暂时孔道	①乙烯醋酸乙烯共聚物(EVAc)牛锌胰岛素植入片 ②胰岛素体外磁性海藻酸盐微球
超声波	①可生物降解材料与脂肪酸共聚物 ②乙烯-乙烯醇共聚物(EVAI)	超声波的孔穴作用使聚合物降解	①10%对氨基马尿酸(PAH)的聚酐共聚物(20%聚羧苯氧基丙酐+80%癸二酸)植入剂 ②胰岛素-EVAI贮存型系统
电	聚电解质凝胶	电场与电解质化学组成变化控制水凝胶膨胀与转运性质	①利用聚烯丙胺/肝素复合物释放肝素 ②胰岛素-聚氧乙烯(PEOx)/PMAA骨架植入型释药系统
化学物质	含有酶的pH敏感水凝胶	酶与底物作用使pH变化引起的凝胶溶蚀或溶胀	葡萄糖氧化酶自调节胰岛素释药系统
酶	含有酶可作用的特殊功能基团水凝胶	功能基团在酶作用下发生化学变化,聚合物降解释药	结肠定位释药系统,如偶氮聚合物或直链淀粉载体(amylose)

上述活性材料的归类主要是根据材料的功能、用途及结构来分类,没有非常严格的界限,有的同一种材料可规属几种不同分类范畴,如热敏材料聚 *N*-异丙基丙烯酰胺(*N*-IPAAm),它是一种热响应智能材料,但用于靶向制剂时,它具有靶向功能的材料。

在这里必须特别加以说明的是,由于这一大类材料是在近十几年研究发展起来的,它比传统常用"辅料"与几种美国 FDA 已经批准的可降解材料相比,在结构上要复杂,在制备上要困难得多。因此,材料成本费用也很高,技术的成熟程度也不如前者,许多还处于实验室研制阶段或临床试验阶段,但已代表药用生物材料发展的方向与未来。

临床用药的需要促进了生物活性材料的研究、开发与发展。例如,时辰生物学(chronobiology)与时辰药理学(chrono pharmacology)的研究表明,某些疾病的发作是随生理节奏的变化而呈现周期性变化。因此,给药模式必须与生理节律同步的脉冲式或自调式释药系统，这些活性材料就是为满足新剂型需要而设计出来的。

第八节　药用生物材料常用表征技术

药用生物材料表征技术，按其特征性能来分，可分为五大部分：一是分子量与分子量分布测定；二是材料的组成结构分析；三是聚集态结构分析与形态学观察；四是材料性能的测定，包括热性能、力学性能、电性能等；五是生物学评价。这5个方面表征技术，虽然不是对每一种材料都是必须的，但一、二、五3个方面则是必须测定的，由于测试手段日新月异的变化，新型号仪器层出不穷，加上本书篇幅有限，因此，我们只能对最基本的测试手段作一简要介绍，便于读者在工作需要时查阅，详细原理、操作请参见专门方面的书籍，现将5个方面表征技术简介如下：

一、分子量与分子量分布测定

分子量与分子量分布是生物高分子材料必不可少的重要指标，通常说的“分子量”是“平均分子量”的简称。谈到分子量时特别需注明的是“数均分子量（M_n）、重均分子量（M_w）、还是黏均分子量（M_η）（定义见第四章）”。在实验室，通常可用沸点升高和冰点下降法、渗透压方法（包括气相渗透VPO方法）、端基分析法、光散射法[包括小角激光光散射（low angle laser light scatting，LALLS）法]。实验室中，更常用的是黏度法，测高分子材料的特性黏度（极限黏度）$[\eta]$，该法简单，不需昂贵仪器，它的定义：

$$[\eta]=\lim_{C\to 0}\frac{\eta_{sp}}{C}=\lim_{C\to 0}\frac{\ln \eta_r}{C}$$

其中，η_r 为相对黏度，$\eta_r=\eta/\eta_0$，η_0 为纯溶剂黏度；

$$\eta_{sp}\text{为增比黏度，}\eta_{sp}=\frac{\eta-\eta_0}{\eta_0}=\eta_r-1$$

$[\eta]$与黏均分子量$\overline{M}_\eta$ 有如下关系：

$$[\eta]=K\overline{M}_\eta^\alpha$$

式中，K，α 是与分子量无关常数，可查有关高分子物理化学手册得到。

目前，最简便、快速的方法是凝胶色谱法（gel permeation chromatography，GPC），它是应用体积排除分离机理，将不同大小分子进行分级。它不仅可测分子量，而且可得到分子量分布。近年来，凝胶色谱载体和仪器有了长足发展，出现了高效凝胶色谱仪（high performance gel permeation chromatography，HPGPC）。

二、组成与结构分析

(一) 红外与拉曼光谱

红外光谱是研究波长 0.7～1000μm 的红外光与物质的相互作用，拉曼光谱是研究波长几百纳米(nm)的可见光与物质的相互作用，它们称为分子振动光谱，是表征高聚物化学结构和物理性质的重要手段，它们可提供以下一些方面定性或定量信息。

1．化学：结构单元、支化类型、支化度、端基、添加剂、杂质。

2．立构：顺-反异构、立构规整度。

3．物态：晶质、介晶态、非晶态、晶胞内链的数目、分子间作用力。

4．构象：高分子链的物理构象、平面锯齿形或螺旋形。

5．取向：高分子链和侧基在各向异性材料中排列方式与规整度。

高分子中每种基因都有其特征振动光谱(伸缩振动和弯曲振动)与转动光谱，有它的固有特征频率，所以可用红外吸收光谱鉴别。当分子在振动过程中极化率发生变化时，产生拉曼谱线；如果分子在振动过程中偶极矩发生变化而极化率没有变化时，只有红外谱线而无拉曼谱线。

(二) 核磁共振波谱法(nuclear magnetic resonance spectroscopy，NMR)

该法原理是将分子中具有磁矩的核放入磁场后，用适宜频率的电磁波照射，分子中原子核会吸收能量，发生原子核能级的跃迁，同时产生核磁共振信号，得到核磁共振谱。目前经常研究的是^{1}H和^{13}C的共振吸收谱。

核磁共振谱提供的参数主要有化学位移、质子裂分峰数、偶合常数以及各组峰的积分高度等，利用这些参数可鉴别质子的类型，高聚物结构与构象，还可用于定量分析。

(三) 裂解气相色谱法与质谱法

将高分子材料在无氧的情况下进行加热分解，然后对低分子产物进行分析，从而推测高分子材料结构。它可以对高分子材料作定性鉴别，鉴别共聚物与共混物；对共聚物或共混物的组分进行定量分析，测定链段结构和序列分布，测定交联度等。它与红外核磁方法相比，有如下优点：

1．快速灵敏，实验花时少，样品用量少(几个 μg～mg)；

2．样品不需处理，直接可进样分析；

3．仪器设备简单，价廉。

裂解色谱常与质谱、计算机连用提高其分析效能。

三、聚集态结构研究与形态学观察

（一）光学显微镜(light microscope)

根据光学原理不同，发展成各种不同功能、不同用途的显微镜类型，主要有以下几种：

1. 普通光学显微镜

以日光为光源，最大分辨率为 0.2μm，最大放大倍数为 1000～1500 倍，分辨率是指人眼在 25cm 的明视距离处能分辨被检物体细小结构最小间隔的能力，人眼分辨率为 100μ，分辨率 R 由下式计算：

$$R=\frac{0.61\lambda}{\eta\cdot\sin\theta} \tag{5-15}$$

式中，λ 为照明光源波长，η 为介质折射率，sin θ 为透镜视锥顶角正弦值。由式可见，要提高分辨率，减少光源 λ 值与增大物镜与标本间介质折射率 η。空气、水、香柏油的折射率分别为 1，1.33，1.55。

2. 偏光显微镜(polarizing microscope)

偏光显微镜与普通显微镜原理相似，但在聚光器前放置一个偏光器，使入射光变为偏振光。任何固体聚合物聚集态都有非晶体(无定型)及晶体，它们均可处于取向态及非取向态，一条天然光线在各向同性介质的分界面上折射时，只有一条折射光线，而在各向异性的介质中即分裂成两条光线，称双折射，所以可用具有偏振片的光学显微镜进行观察。

在正交偏光镜下(指检偏镜可以旋转 0～180°可控制两个偏振光互相垂直(正交)，固体材料的聚集态不同，呈现一些不同的图象，借以判断其结构。

(1) 无定形态材料薄片，无双折射现象，光线被两个正交的偏振片所阻拦，视野是暗的，如 PMMA；

(2) 聚合物单晶，可呈现不同程度的明或暗图形，边界棱角清晰，当工作台旋转一周时，会出现四明四暗；

(3) 聚合物为球晶时，出现特有的黑十字消光图象(见图 5-14)，球晶按其沿半径排列的微晶排列方式不同，可分为两种：放射性球晶与螺旋状球晶；

(4) 由微晶组成的晶粒或晶块，看不见十字图象，无规整的边界与棱角，旋转工作台一周时，内部各点可能发生明暗变化，但不会有四明四暗现象。

(5) 当聚合物中分子链发生链取向时，会出现光干涉现象，正交偏光镜下出现彩色条纹；

(6) 在有杂质、气泡、填料等聚合物，其界面上往往出现诱导结晶或存在内应力现象，在偏光片正交情况可观察到 D 或 E 点所说的现象。

总之，偏光镜是观察材料结晶与非晶态最直接和简单的手段，也可用于观察制

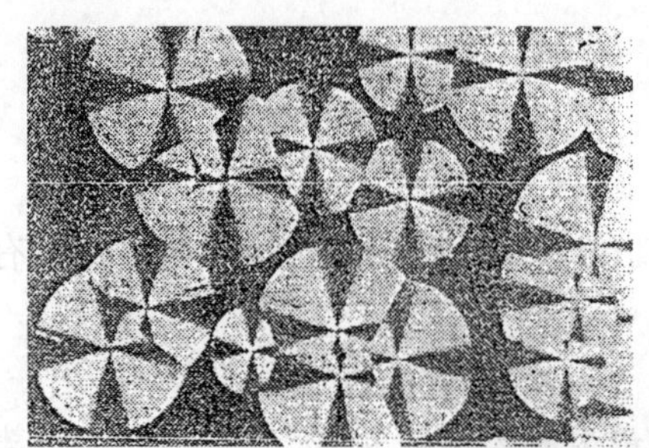

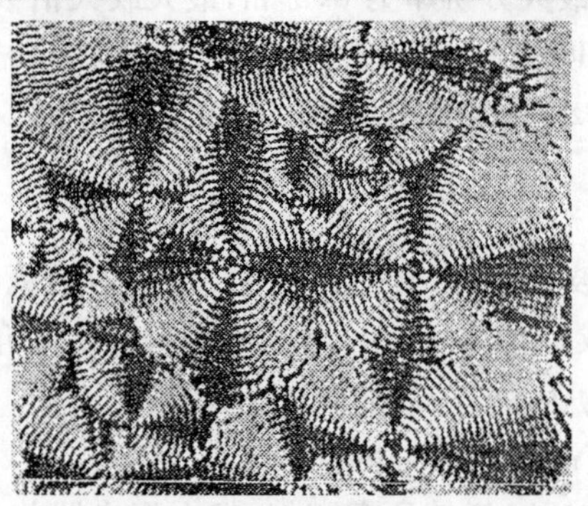

图 5-14　聚合物不同类型球晶结构偏光镜照片

剂(药物加入载体材料)的聚集态。

3. 金相显微镜

主要用于观察不透明材料表面形态,如材料均匀性,含有粒子(填料、杂质)大小、分布、裂纹等。

4. 相差显微镜(phase contrast microscope)

是利用改变直射光或衍射光的相位,并且利用光的衍射与干涉现象,把相差变为振幅差(明暗差),主要用于观察活细胞或未染色标本。

5. 共焦激光扫描显微镜(confocal laser scanning microscope)

共焦指物镜和聚光镜相互共焦点,保证了只有从标本焦面发出光线,聚焦成像,焦面以外的漫射光不参加成像,大大提高了分辨力,图像异常清晰,用于观察标本的三维结构。

(二) 电子显微镜

电子显微镜以电子束代替光源,用电磁透镜代替光学显微镜中聚光、物镜和目镜,分辨率比光学显微镜大 1000 倍,可提高到 0.2nm。

1. 透射电子显微镜(transmission electron microscope, TEM)

观察的样品需制成很薄的切片,因为透射电镜的电子只能穿过小于 0.1μm 薄切片,它可用来观察材料或细胞内部细微结构;另外,也用于观察纳米粒子的形状与大小。当用于观察粒子平均粒径时，需附加计算软件系统，随机抽取 600 个以上粒子进行统计平均。

2. 扫描电子显微镜(scanning electron microscope, SEM)

利用二次电子信号成像，观察样品表面形态，并有强烈的立体感，其分辨率只有 6～10nm。优点是样品勿须制备成超薄切片，需预先真空镀膜或镀碳。

(三) 扫描探针显微镜(scanning probe microscope, SPM)

SPM 包括扫描隧道电子显微镜(scanning tunneling microscope, STM)与原子力镜(atomic force microscopy, AFM)两种。

这两种显微镜分辨率很高，可在原子量级上显示物质的表面结构。它是利用一种极细的电子探针在样品很近距离表面扫描，形成的隧道电子记录下来，经计算机处理，得到样品表面图象，可用于观察高聚物材料表面高分子链中原子排列，以及蛋白、DNA、生物膜表面分析，是研究原子结构与纳米材料的手段之一，缺点是仪器价格昂贵。

(四) X 射线衍射法(X-ray diffraction)

当一束单色 X 射线入射到晶体时，由于晶体是由原子有规则排列晶胞所组成，当这些有规则排列的原子间距离与入射的 X 射线波长具有相同数量级时，由不同原子散射的 X 射线相互干涉迭加，可在某些特殊方向上产生强的 X 射线衍射，衍射方向与晶胞的形态及大小有关，衍射强度则与原子在晶胞中排列有关。

X 衍射可分为粉末衍射(照相)法与单晶转动法两种，前者是用于一般的多晶聚合物材料测定，可定性确认材料的化学组成，可测定材料的结晶度，也可用于非晶材料拉伸后取向度的测定。单晶转动法可用于测定晶体结构中晶胞参数等。

X 衍射法还可用于判断固定药物在载体中分散状态。如联苯三酯药物(DDB)的三种固体分散体(DDB-PVP, DDB-PEG 6000, DDB-尿素)的 X 衍射图谱与原料药，载体衍射图谱比较，可发现 DDB 在 PEG 6000 载体中部分以分子形式，部分以微晶状态分散，而在 PVP 中则以无定形共沉淀物形式分散，在尿素中则以微晶形式存在，与尿素形成固体分散体是一种简单低共熔混合物。

四、材料性能的测定

(一) 材料的热性能分析(thermal analysis)

热分析是用仪器来检出材料在加热或冷却过程中的热效应的一种物理化学分析技术，它可以测定聚合物的玻璃化温度 T_g，黏流温度 T_f，熔点 T_m，结晶温度 T_c，并由峰面积求算熔融热 ΔH_f，从而可求出样品结晶度 f_c。主要测试方法有两种：

1．差示热分析法(differential thermal analysis，DTA)

该方法是在程序控温条件下测量样品与参比物之间温度差随温度(或时间)的变化，当样品受热或冷却过程中，物质发生结晶熔化、蒸发、升华、化学吸附、脱结晶水、二次相变(如 T_g)、氧化还原、晶态转变、分解等，即可能发生放热或吸热反应，如图 5－15 的 DTA 曲线。

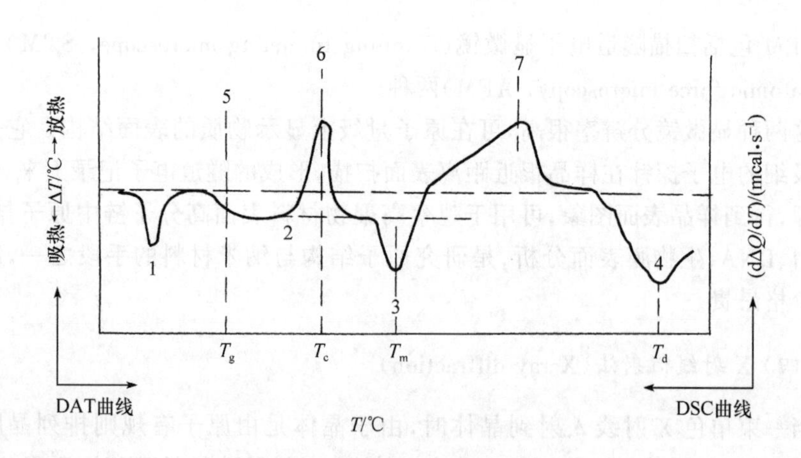

图 5－15 DTA 和 DSC 曲线示意图

1．固-固一级转变；2．偏移的基线；3．熔融转变；4．降解或气化；5．二级或玻璃化转变；6．结晶；7．固化、氧化、化学反应或交联

该图横坐标为温度，纵坐标为温度差 ΔT。图中，1 为固-固一级转变；2 为吸收热量、基线偏移；3 为熔融热；4 为降解式气化；5 为 T_g；6 为 T_c；7 为氧化还原或交联热效应。

2．差示扫描量热法(dfferential scaning calorimetry，DSC)

DSC 是在 DTA 基础上发展起来的，所不同的是在试样和参比物下面分别增加一个补偿加热丝和一个功率补偿放大器，DSC 热谱图纵坐标为热量变化率 $\mathrm{d}H/\mathrm{d}t$。

热分析也可以用来检测药物在载体中分散状态。

3．热重法(thermogravimetry TG)

在程序控温下，测定物质的重量随温度或时间而变化的函数关系，纵坐标为重量，横坐标为温度或时间，TG 适用各种材料、药品、食品的热稳定性、生物分解、脱水、脱羧、组分分析、分解温度、分解动力学、氧化稳定性、与红外(FTIR)、质谱(QMS)联用，对分解逸出再分析等。

（二）材料力学性能测试

1. 拉伸强度与断裂伸长率测定

将材料加工成特定形状的样品，在拉力试验机上，等速施力情况下，获得应力-应变曲线，了解材料受力后变形，屈服直至断裂全貌，可以测得材料的弹性（杨氏）模量，屈服强度 σ_y 和屈服伸长 ε_y，及断裂伸长率 ε_t，从而判断材料的弹性、塑性、韧性与强度。

2. 材料的动态力学性能测定

高分子材料一个重要特征存在力学松弛现象，即力学性质随时间的变化，如蠕变、应力松弛、滞后和力学损耗等。这些都和高分子主链、侧基和链端以及主链与主链之间作用力有关。当温度处于 0 K 时，分子不发生运动；随着温度上升，不同结构单元开始热振动，并不断加剧；当振动的动能接近或超过结构单元内旋转位垒的热能值时，该结构单元就开始运动，如转动、移动等，这就引起高分子宏观物理性的变化而导致转变或松弛，一般把 T_m 和 T_g 称为高聚物的主转变，而将低于此转变温度下出现其他松弛称次级松弛。用动态黏弹仪（包括动态扭摆仪）测定时，得到的内耗峰（tan δ）随温度的变化谱图，每个峰依温度由高到低顺序编为 α、β、γ、δ…等（图 5－16）。

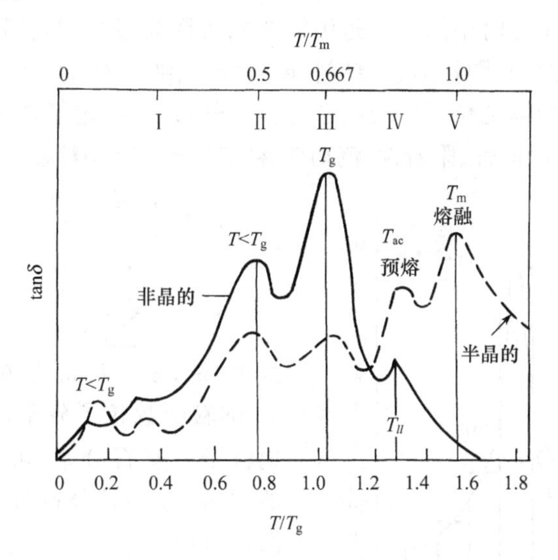

图 5－16 非晶及半晶高聚物的内耗峰示意图

动态热机械分析仪（dynamic mechanical analysis, DMA），不仅能测试材料的黏弹性、模量、软化点、蠕变、阻尼特性、固化程度、黏度，还能得到材料内部的结构细节，如 T_g、高分子形态、重结晶等信息。

关于材料力学性能方面测定，主要用于药物包装材料力学性能测定上，对于药物载体，一般不要求这方面数据。

五、生物学评价

药用生物材料评价重要内容是生物学评价，这是它与其他材料区别的根本所在，主要评价内容指标有以下几个方面：

1. 细胞毒性试验
2. 急性毒性试验
3. 慢性毒性试验
4. 热源试验
5. 致敏试验
6. 三致试验(致癌、致畸、致突)

其他评价内容根据制剂情况而定(详见第二章)。

六、其他与制剂相关的表征技术

药剂学与材料学中经常遇到所谓“粒子”问题，研究这些粒子的集合体性质称为粉体学(micronetitics)或称粉末工艺学，如制片时粉碎后的药物细粉，填充胶囊剂用的药物粉末，压片时用的一些药用辅料如稀释剂、黏合剂、崩解剂、润滑剂等。还有一些制剂，如散剂、颗粒剂、微粒剂、微囊(球)、纳米囊(球)等，粉体学中最重要的，也是最起码的指标是粒子平均粒径与粒径分布，它决定了粒子的许多性质，如比表面积、溶解度、吸附性、附着性、流动性、稳定性等。平均粒径(D)的计算如下：

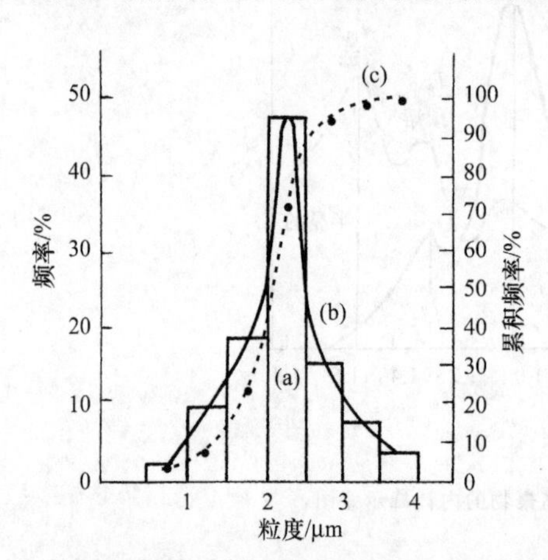

图 5-17 粒度分布图

(a)粒度分布方块图；(b)粒度分布曲线图；(c)粒子累计分布曲线图

$$D=\frac{n_1 d_1+n_2 d_2+\cdots+n_n d_n}{n_1+n_2+\cdots+n_n}=\frac{\sum(nd)}{\sum n} \quad (5-16)$$

式中，$n_1, n_2, \cdots, n_n$ 是粒径为 $d_1, d_2, \cdots, d_n$ 的粒子数粒子分布，指某一粒径范围内粒子占有百分率，可用① 方块图；② 曲线图；③ 累计分布图三种形式表示(如图5-17)。

粒子分布一般呈正态分布，也有非正态分布，粒径分布另一种表示法即：跨距(Span)表示，跨距越小，分布越窄：$\text{Span}=(D_{90}-D_{10})/D_{50}$。式中，$D_{10}$，$D_{50}$，$D_{90}$ 分别表示有 10%，50%，90%的粒子粒径小于该值的粒径，当 Span<0.3 时，可认为已是单分散的粒子。

还有粒子的表面电荷，即 Zeta 电位也是粒子表面的一个重要性质，同种电荷 Zeta 值越大，表明粒子越不易聚集，分散越好。

（一）粒径及其分布测试方法

1. 筛分法

用筛孔的孔径表示粒子粒径方法：将筛由粗到细上下排列，将粉体置于最上层，振动一定时间，称量各个筛号粉体重量，求得各筛号上粉体重量百分比，用相邻两筛孔径的平均值表示粉体粒径大小。一般用于 45μm 以上粒子，缺点是误差大。

表 5-2 标准筛目与孔径对照表

筛目	20	24	30	36	40	60	80	100	120	150	180	360
孔径/μm	0.90	0.80	0.60	0.47	0.48	0.28	0.18	0.154	0.12	0.10	0.09	0.04

2. 显微镜法

可用光镜或电镜观察并拍照粒子，并在视野中随机选择 600 个以上粒子，用计算机软件处理统计平均。该法受人为因素较大。为纠正这一缺点，目前市场上出现颗粒图象处理仪（particle image processor）即将显微镜与计算机连成一体的仪器，可分析样品平均粒径、粒径分布、比表面积、长短径比统计等。

3. 电感应法

库尔特计数计（Coulter counter）是利用粒子随电解质通过细孔时，粒子体积大小产生电阻值的不同，使细孔两侧的电压差发生变化的原理设计的。微小电压变化经放大后进入分析仪，并由相联计算机处理输出结果。它要求样品粒子须均匀地悬浮分散在电解质溶液中。库尔特计数仪多数只能测试微米级粒子，纳米级粒误差较大。

4. 光感应法

激光粒度分析仪（laser particle sizer, LPS）是基于光散射规律，即光线遇大颗粒时散射角小，遇到小颗粒时散射角大，而设计的样品的悬浮液中微小颗粒做随机运动即布朗运动，颗粒越小，布朗运动越剧烈，扩散系数就越大，Stokes-Einstein 方程给出颗粒大小与扩散系数的关系。当激光束照射到颗粒上时，一部分被颗粒散射，散射光强做随机脉动。数字相关器接收散射光即通过光子相关光谱（PCS），得到粒子迁移速率，并计算出相关函数，最后分析出颗粒的粒度分布。

目前，国际上生产激光粒度分析仪的厂家主要有：英国的马尔文仪器有限公司（Malvern Instrument Co., UK）生产的 Mastersizer、Zetasizer、Autosizer、Ultrasizer 中有 1000 型、1000HS 型、2000、3000、3000HS 等不同型号，测试不同粒径范围。

Zetasizer 主要用于测试纳米级粒子,不适合于微米级粒子,有的型号还可测 Zeta 电位;另外一家是美国的布鲁克海文仪器公司(Brookhaven Intruments Co. USA),PCS 纳米粒度分析仪器都有自己敏感的粒径测试范围,在选择仪器时,特别要加以注意。做到既灵敏度高、又重现性、稳定性好,有些只适用于微米级范围,有些只适用于纳米级范围,有些适用于亚微米级(几百纳米至几个微米)范畴。

(二) 现代制剂的药物分析

现代制剂中多以新型生物材料为载体,如微球(囊)、纳米球(囊)、脂质体等。在测试制剂中的药物载药量时,多发生不同程度干扰,因此需要用各种不同手段加以排除。除了萃取、柱、膜分离手段外,在测试仪器上主要用到的分析方法有:紫外光谱法、荧光分析法、高效液相色谱法与薄层色谱法。

1. UV 光谱法

测定制剂中药物含量,首先考虑的是用一种最简单、灵敏、专属性强的分析手段与方法,由于大多数药物是芳香族的或含有双键,在紫外区都有明显的吸收,因此首先考虑的是紫外分光光度计,且它又是一种较普遍使用的分析仪器。

在使用 UV 光谱法测定前,首先应考虑用什么溶剂作为药物的萃取剂。第一,萃取剂应对药物有很好的溶解性能,而对载体不应或很少溶解;第二,萃取剂在分析中尽可能不造成对分析的干扰;其次在选择紫外吸收波长上,要遵照以下三个原则:

① 萃取的药物溶液应在整个紫外区 190～390nm 波长范围进行扫描,虽然药典上对某些药物测定的方法、波长做了说明,但由于载体不同,可能会产生一些干扰,应重新摸索,找到最大吸收峰;

② 吸收波长选择应是即保证足够灵敏度,又保证具有重现性(稳定性),因此,合适波长的选择不一定都在峰顶上;

③ 尽可能避开载体或溶剂峰的干扰。

2. 荧光分析法

荧光分析法与紫外光谱法相似,但方法灵敏度比紫外光谱法高,凡具有共轭体系的化合物,在紫外光照射下大多能发生荧光都可以采用荧光法测定。

3. 高效液相色谱法(high performance liquid chromatography, HPLC)

HPLC 是目前药物定量分析(包括血药分析)最常用的分析方法之一,它的优点是适用范围广,对 ng 水平以上的绝大多数有机物都能达到分离、检出的目的,分离柱型号、高效液相色谱仪的结构见示意图 5-18。它一般分为四个部分:高压输液系统、进样系统、分离系统和检测系统。对于一种药物试样来说,重要的是选择色谱柱的规格型号,固定相与流动相,这是决定分离效果的关键,另外对使用高压泵压力大小、柱温、流量、所用检测器、进样体积等都应加以注明。

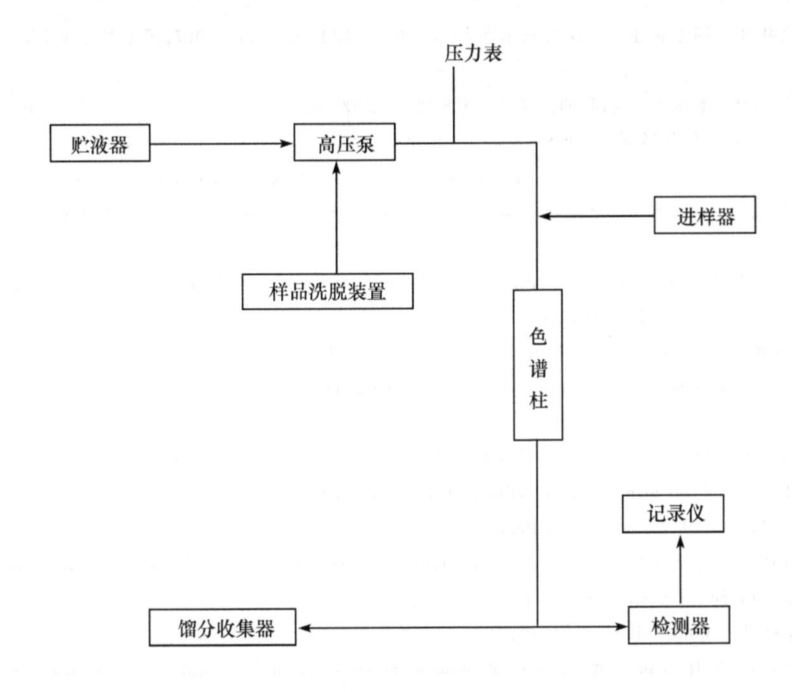

图 5－18　高效液相色谱法结构示意图

4．薄层色谱法（TLC）

TLC 为色谱法中应用最广的方法之一，具有操作简便、仪器简单、分离速度高、分离能力强、灵敏度高、显色方便等优点。最显著的特点是可以在一块薄层板上容纳多个样品，而每个样品给出的斑点数量大小、位置及色泽等多个信息，因而被广泛用于各国药典中特别是天然药物及制剂的分析鉴定，《中国药典》1985 年版一部收载 TLC 法，共 72 种，占品种总数的 10.6％。10 年后《中国药典》1995 年版一部，应用 TLC 法达 419 种，项目为 564 个，占收载品种总数的 45.4％。

除了上述 4 种常用分析方法外，还有气相色谱（GC）、质谱气质联用、原子吸收光谱等，从《中国药典》中分析方法统计出来看，UV 分光光度法，高效液相色谱法和薄层色谱法分别居第一、第二、第三位，色谱法（包括气相色谱）还有上升趋势。

参 考 文 献

[1] 林尚安，陆耘，梁兆熙．高分子化学．北京：科学出版社，1983
[2] 潘祖仁．高分子化学．北京：化学工业出版社，1986
[3] 何曼君等．高分子物理．上海：复旦大学出版社，1983，29～262
[4] Martin A，et al．Physical Pharmacy，3ed．Philadelphia：Lea and Febiger，1983，592～636
[5] Heller J．Fundamentals of Polymer Science in Robinson．jr，et al．Controlled drug
[6] Florence A T，et al．Physichemical Principles of Pharmacy，2ed．1988，281～333
[7] 郑俊民．药用高分子材料学．北京：中国医药科技出版社，1996

[8]《中华人民共和国国家标准——医疗器械生物学评价》GB/T 16886.1—1997,国家技术监督局颁布,1997
[9] 罗天惠等．药剂辅料大全．成都:四川科学技术出版社,1993
[10] 大森英三．功能性丙烯酸树脂．北京:化学工业出版社,1993
[11] Banker G S, et al. Modern Pharmaceutics. 3rd ed. New York: Marcel DeKcer Inc, 1995,611～680
[12] 张强,魏树礼等．口服胰岛素毫微球的体外释药及对糖尿病大鼠的降血糖作用．药学学报,1998, 33(2):152
[13] Lee M J, et al. Inverse targeting of drugs to reticulo endothelial system-rich organs by lipid microemulsion with poloxamer 338, Int J Pharma, 1995, 113:175
[14] 王剑红,陆彬等．肺靶向米托蒽醌明胶微球的研究．药学学报,1995, 30(7):549
[15] Torchilin V P. Polymer-coated long-circulating microparticulate pharmaceuticals. J Microcapsul, 1998, 15(1):1
[16] 张志荣等．肝动脉栓塞米托蒽醌乙基纤维素微球的研究.药学学报. 1996, 31(8):626
[17] Kost J. Pulsed and self-regulated drug delivery. CRC press, Inc., 1990
[18] Edlman E R, et al. J. Biomed Mater Res, 1995, 14:67
[19] Saslawski O, Weingarten C, Benoit J P, et al. Magnetically responsive microspheres for the pulsed delivery of insulin. Life Sci., 1988;42(16):1521～8
[20] David C, et al. J Control Rel, 1991, 17:175
[21] Kwon I C, Bae Y H, Kim S W. Electrically erodible polymer gel for controlled release of drugs. Nature. 1991,354(6351):291～3
[22] Kost J, et al. Aavan. Drug Deliv. Rev, 1991, 6:31
[23] Siegel R A. Drug delivery. A lesson from secretory granules. Nature. 1998,394 (6692):427～428

（陈建海）

专论篇

第六章　药用生物可降解材料

凡是在体内能被化学降解或酶解成小分子的天然或合成的材料统称为生物可降解材料(biodegradable materials),该类材料大多数为可降解的聚合物。这些聚合物在机体生理环境中被化学降解或酶解为能被机体吸收代谢的小分子物质,与机体有良好的生物相容性,其降解的中间产物或最终代谢产物必须是安全无毒的。此类材料已被广泛用于现代制剂的缓释与靶向给药系统。

在历史上,生物可降解控制释放装置是药剂学中给药系统应用的最主要形式之一。早些时候,主要用于缓释口服片剂制作上。制剂学家在片剂表面镀上一层可缓慢溶解的高分子材料,以阻止片剂中的药物过快释出。但近年来,随着人们对生物降解材料优点进一步了解,以及高分子材料专家在制备各种不同降解性能与不同降解周期的材料的技术提高,该类材料更多地被用于注射制剂与埋植制剂。目前文献报道,较多的是用生物可降解高分子材料做成血管内给药的控、缓释微球、微囊,或作为中、长期给药皮下埋植剂型。这种材料的优点在于,它一方面可使药物达到近似一级或零级释放,另一方面当药物在体内释放结束后,该材料在体内代谢吸收或排出体外,无需考虑重新手术取出等问题。这对于第三世界国家,尤其是在病人依从性有严重问题的区域,对保证能接受全过程治疗,具有非常现实的意义。

避孕、传染性疾病、戒毒等正成为第三世界国家面临的问题,用埋植的中、长期给药剂型,将为解决上述问题提供合适的途径。如,西欧比利时等国研制的治疗疟疾的磷酸伯氨喹-聚羟基乙酸-乳酸共聚物缓释微球的静脉给药系统(有效期约一年)就是一例。另外还有,美国的 North 公司的皮下植入避孕系统。目前世界卫生组织(WHO)与美国国家儿童与人类发展总署(CHHD)都非常支持这项工作,美国的国家药物滥用监察署也非常关心与支持皮下植入戒毒给药系统。此外,在兽医用药上,这种生物降解微球的注射给药系统对治疗、预防禽、兽疾病提供了很大的方便。

最初,研究者认为,可利用这种生物可降解材料做成整体装置(monolithic devices),该装置内部分散着药物(图 6－1),然后通过表面溶蚀降解,使药物逐步释放,但后来实验证实,实际降解并非如此。问题在于:第一,材料降解并非恒速;第二,不仅表面降解,其内部材料也可能同时降解;第三,在表面材料降解前,药物的扩散释放也是明显的,因此,利用材料降解达到控制释放是一个复杂过程,多种因素在起作用。

材料降解与药物从制剂中释出的机制主要由下面三个方面决定的：

1．降解材料的类型、化学结构；

2．水解或酶解反应动力学，降解的类型是优先表面降解（非均一降解 heterogeneous degradation），还是整体均一降解（homogeneous degradation），或者二者兼之；

3．剂型设计：药物是包埋整体系统，或是包囊的储库系统，或是药物键接于聚合物。

第一节　表面降解与本体降解

聚合物降解有两种基本形式：一种是表面降解（surface degradation），即降解只发生在材料表面，又称为非均匀降解（heterogeneous degradation）；另一种降解是聚合物外部与内部以相同速率发生降解，称均一降解（homogeneous degradation）或本体降解（bulk degradation），这两种降解机理是极端例子。实际情况，一般是两种降解机制兼而有之，只是某种机制占优势而已。聚合物降解可以以恒定速率进行或自身催化加速进行。这两种降解机制相互关系以及其他动力学因素直接影响制剂释药动力学。

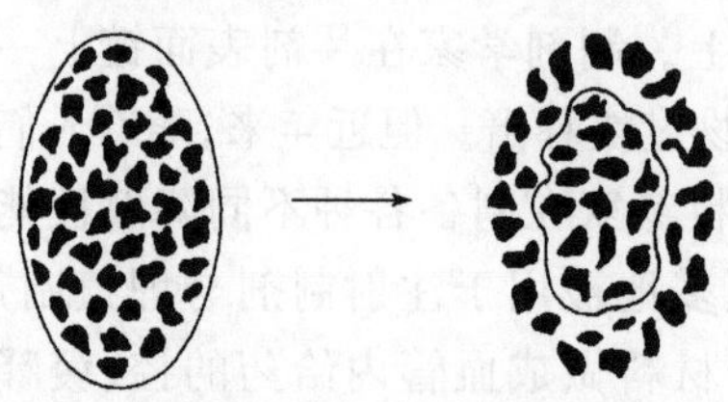

图 6－1　聚合物基质表面降解引起药物释放的早期概念

对于可降解聚合物系统可以分为两个区域：一是内部区域，假设为以一种恒定速率 r_b 发生均一降解；二是表面区域也以恒定速率 r_s 发生降解（新暴露的聚合物表面反应剂浓度不变），表面被腐蚀距离 x 随着时间 t 的变化而变化，可绘成图6－2。当表面降解速率占优势情况下（$r_s=10\,r_b$），几乎大部分的降解发生在表面，降解速率 dx/dt 基本恒定；当本体降解占优势时（$r_s=0.1\,r_b$），表面腐蚀不明显，而聚合物内部可降解键受到反应剂同样速率的攻击，但并未断裂，直到所有可降解键都达到断裂临界程度，聚合物整体全部在一瞬间降解。当 r_s/r_b 介于10～0.1间时，降解速率 dx/dt 先慢，后逐步变快。

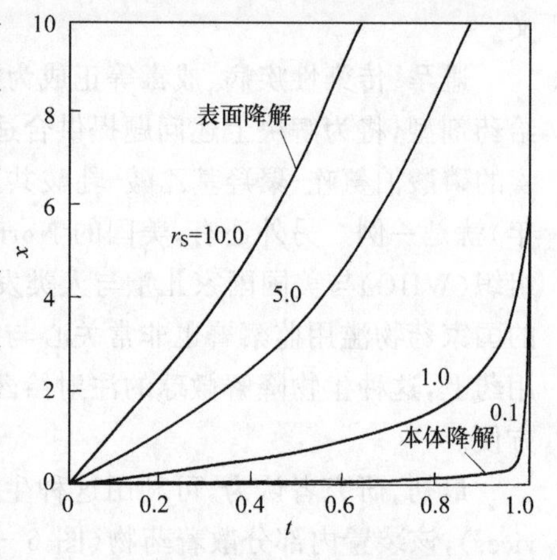

图 6－2　不同表面反应速率常数下表面被腐蚀距离与时间的关系曲线（本体反应速率常数固定为 1.0）

如果表面降解以完全非均一降解机理进行的话，降解特征是：首先是降解速率不随时间变化，即，圆盘型的样品在材料降解以恒定速率释出时，其表面积基本保持不变；第二，薄的样品其比表面积大，降解要比厚的样品快；第三个特点，聚合物降解一段时间后，其本体材料分子量和水解程度不变。马来酸酐半酯共聚物是纯粹非均一降解的典型例子（见图 6－3），随着马来酸基团电离，该聚合物溶解产生水溶性聚多酸，电离只局限在聚合物表面，降解速率不随时间而变化，降解速率正比于样品暴露的表面积。

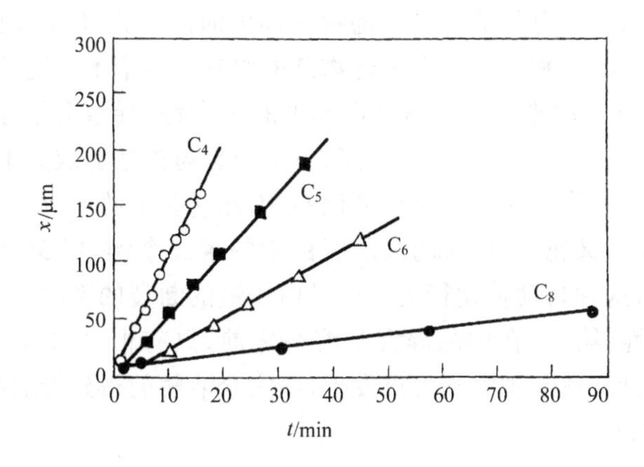

图 6－3 一系列不同长度的聚（乙烯基甲基醚/马来酸酐）半酯表面腐蚀特征（每条直线上标明酯基长度）

对于聚合物纯均一本体降解，则存在另外完全不同的特点：第一，样品的分子量随着降解过程而稳步地减小，然而降解并不伴有重量的损失直到某一临界分子量到达为止，从这一临界分子量以后，聚合物溶解加快。这一类型降解机制与样品的比表面积无关，因为聚合物基质的降解是同时的，不管是在表面与内部任何地方。不管样品厚薄如何，降解速率都完全一样。

均一本体降解是最普通聚合物的降解机理，通常这里有一个诱导期。在诱导期内，聚合物基质降解是逐渐的，几乎没有失重。当聚合物分子量达到某一临界值时，失重相对加快。对聚酯类聚合物而言，这一点开始，聚合物失去了它的力学强度，如 D，L-PLA 一类线性聚酯的降解（图6－4）。由该图

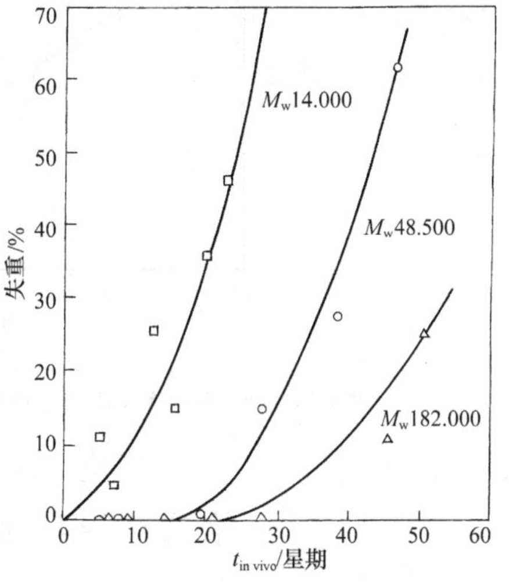

图 6－4 不同初始分子量样品的聚 D，L－乳酸膜动物体内 in vivo 失重状况

可以看出，溶蚀开始前的诱导时间强烈依赖着样品的初始分子量。这种依赖性关系，似乎很难从理论上预先推断，因为这一类聚合物在主链上包含有几百个不稳定的链，只要有 1%这一类键断裂，分子量就可能减少到原有的 50%。如果键断裂的速率是一个常数，那么，降解时间与聚合物初始分子量无关。

然而，由于那些聚酯键断裂速率是非恒定的，所以就决定聚酯的降解与聚合物分子量有依赖关系，这很可能是均一反应的普通特征，水解速率随着时间呈指数递增，开始时寥寥无几，键的断裂速率比最后几个键的断裂速率慢很多。

图 6-5 是 PCL 平均分子量 M_w 随植入体内时间 t 而递减的曲线，聚合物开始分子量 $M_w=50\,000$，相当于每个聚合物链平均有 400 个不稳定的键。在体内约 100 周后，由于降解了原来 400 个不稳定键中的 9 个键，导致分子量减少到 5000，从这一点开始，样品失去了它的许多性能，由于碎裂与扩散造成失重。图6-5中必须注意到两点：第一，降解速率是自动催化的，因此它花了约 60 周时间去断裂链中的第一个酯键，然后又花 10 周时间去断裂链中的第二个键，用少于一个星期时间去水解第九个键，这种自动催化行为或许是由于链的断裂的亲水特征，以此增加整个聚合物的亲水性；第二，在样品碎裂与溶解之前，只有很少部分键降解，即只有 3%水解的键断裂后，就能观察到失重发生，在完全溶解前得到最后的样品，仍含有原有 90%完好的键。

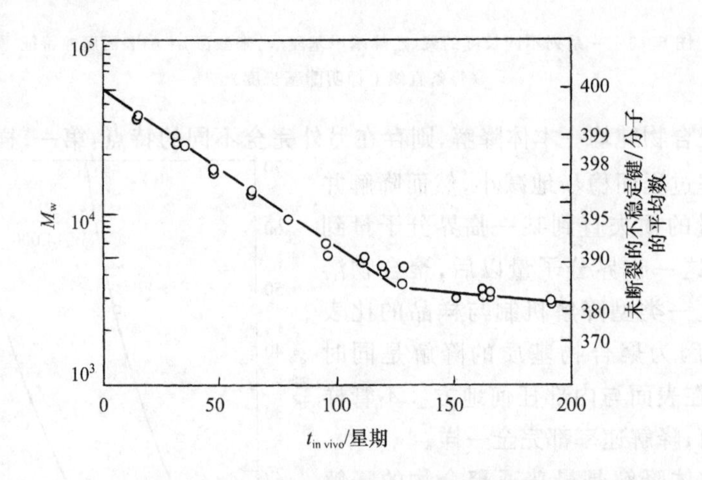

图 6-5 PCL 体内降解时，分子量与未断裂的不稳定键平均数与降解时间的关系

第二节 聚合物降解类型与化学结构

聚合物降解可分为体外环境下降解与体内环境下降解。影响体外降解因素很多，如：热、紫外线、辐射、大气、微生物、水、电等等。从原理上说，所有聚合物都会

老化、降解，只是时间长短不同而已，因此，体外降解聚合物不仅包括生物降解材料，也包括部分工业用聚合物。但对于体内材料降解，主要影响因素是水与酶（包括 pH 值影响）。依据聚合物中不稳定键的所处位置不同，可将其降解分为以下 5 种类型（图 6－6）。

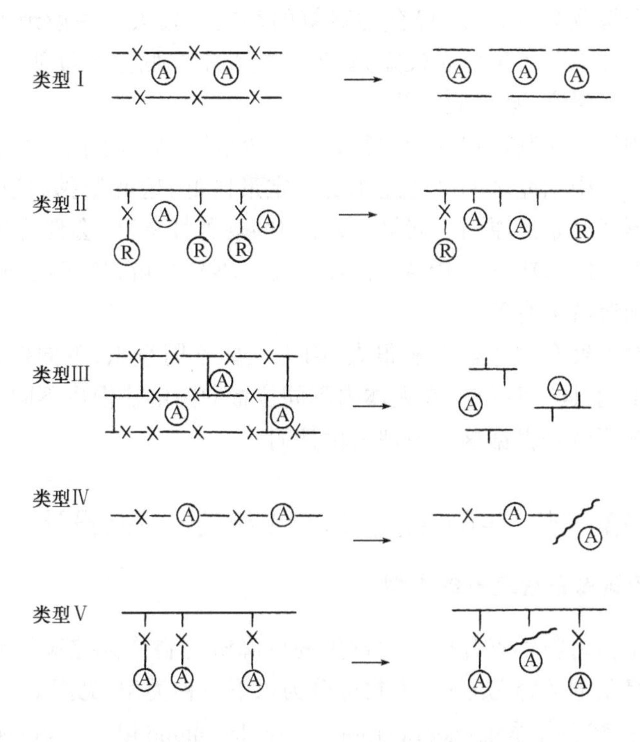

图 6－6 生物可降解聚合物的药物传递几种途径

A 为活性剂；X 为可水解的键；R 为疏水基团

图中 X 表示可被降解的不稳定键，如酯键等；R 是疏水基团；A 代表活性剂。类型Ⅰ，不稳定键是主链骨架的一部分，键断裂时产生小分子——可溶性聚合物片断，此时，包埋的活性剂 A 得到释放；类型Ⅱ，不稳定键为支链并连有疏水基团 R，键断裂释出疏水基团，导致聚合物溶解与活性剂释放；类型Ⅲ，聚合物存在交联网络，不稳定键断裂，释放出活性剂 A 与可溶性聚合物碎片，它的大小取决于交联网络中可水解键的密度；最后两种类型，活性剂可直接连于聚合物的主链或支链，这两种类型又叫聚剂（polyagent）。

基于已知类似低分子水解速率，在自然条件下以下几种键的水解速率顺序是：

—O—CO—O	>	—CO—O—	>	—N(—)—CO—O	>	—O—CHO—O—	>	—CO—N(—)—
聚碳酸酯		聚酯		聚氨酯		聚原酸酯		聚酰胺

必须指出的是，这种顺序排列仅仅是大致的，只具有理论指导意义，因为聚合

物的形态和取代基团的存在都将影响它们的水解速率。

聚合物水解首先与聚合物结构有关，如杂链聚合物，即主链上除碳原子外，还有 O、N、P 等其他原子，要比碳链聚合物水解速率快；另外，支链疏水基团较大、疏水性强的聚合物，吸收水性能差，也不易在主链发生水解。

聚合物分子量及其分布，对聚合物降解的影响也较大。一般地说，分子量越大，降解速率低；如果分子量分布较宽，降解首先发生在低分子量部分。有人将这一原因归咎于分子量高、吸水能力差。

聚合物结构形态对其稳定性影响很大。一般地说，结晶度高的聚合物，水解较慢。在同一聚合物中结晶区的降解速率比无定形区低，这就是我们通常见到的降解首先从无定形区开始的原因。同样，聚合物的规整性提高，会使降解速度降低，如，在其他相同条件下，D 与 L-PLA 比 D，L-PLA 不易降解，这可能与水在聚合物中的扩散速度和溶解度有关。

体液因素对于聚合物降解影响很大，因为人体不同组织、不同器官的 pH 值、酶及其他成分不同，同一种材料在人体内不同位置的降解快慢也不同。肠溶片、结肠定位给药系统等就是根据这一原理来设计的。

第三节　生物降解控缓释系统的原理及设计

一、生物降解控缓释系统装置的类型

最近几年生物材料学家合成了大量生物可降解材料作为控缓释制剂的载体，根据这些控缓释制剂的释药原理，大致可分为以下 4 种类型(见图 6－7)。

1．降解型控释整体系统(degradation-controlled monolithic systems)

该系统材料的降解属非均一降解机理，系统中包埋的药物基本上不迁移，直至周围的聚合物基质完全降解为止，药物由外往里逐步释放。

2．扩散型控释整体系统(diffusion-controlled monolithic systems)

该系统材料由本体降解的聚合物组成，药物在聚合物降解前或降解过程中，通过基质的孔隙或通道往外扩散，释放药物。

3．扩散型控释贮库系统(diffusion-controlled reservoir systems)

该系统装置是本体降解聚合物膜材料包裹药物，药物以扩散形式释放，胶囊只有当药物扩散完成后才降解。

4．溶蚀聚剂系统(erodible polyagent systems)

该系统中，药物通过不稳定化学键共价连于生物可降解的材料基质上，随着不稳定键的断裂，药物不断释放，同时基质也降解。

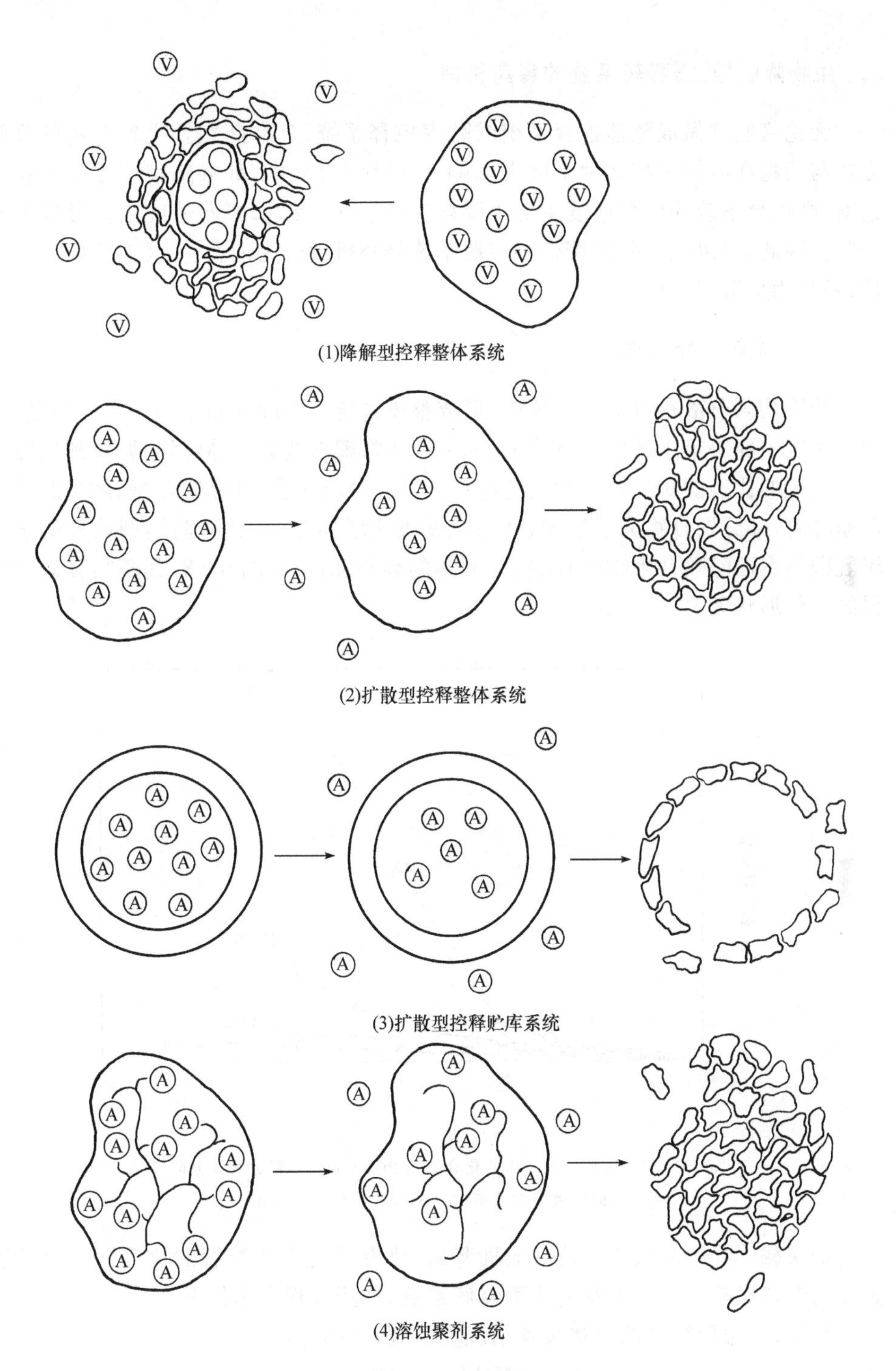

图 6－7　生物可降解装置设计基本类型

二、生物降解控、缓释药系统的释药机理

无论将制剂做成整体控释系统或贮库控释系统，其释药主要受聚合物的降解方式与药物在载体中扩散两个因素影响。在降解过程中，如果降解速度大于扩散速度，则控释系统的释药速度主要由降解速度决定；反之，释药速度由扩散速度来决定。因此，可以把可降解聚合物控释系统释药机理分为两类：一类为降解控释机理；一类为扩散控释机理。

（一）降解控释机理

药物均匀分散在可降解载体中，形成整体系统。当降解速度高于扩散速度时，释药速度主要决定于载体降解速度，如果载体降解形式为本体降解，则降解速度与控释装置的比表面积无关。此时药物释放延缓释药速度，开始阶段慢，随着载体的迅速降解，部分聚合物分子溶解，释药速度很快增加，这一类释药类型典型例子是聚乳酸与聚乙醇酸共聚物（PGLA）为载体的释药装置，如图 6－8，其药物释放与装置的几何形状无关。

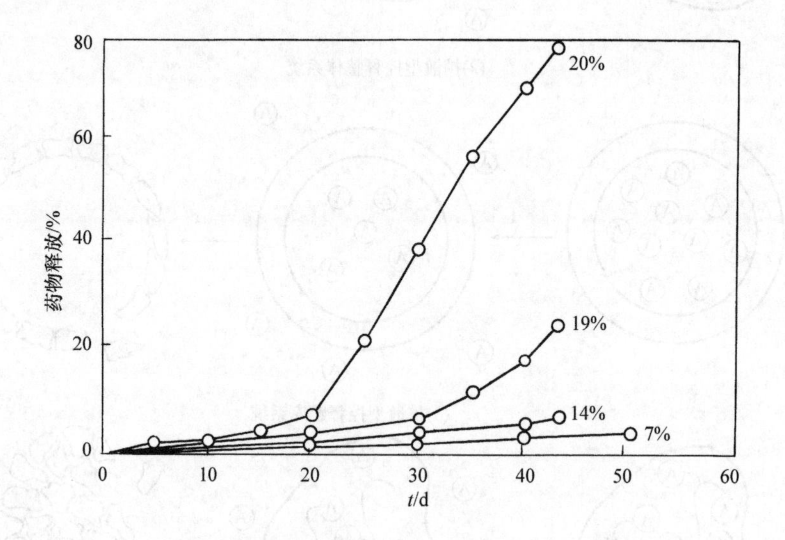

图 6－8　含 10%（wt%）甾族化合物的 PGLA 膜体外释放黄体酮曲线

［线上标明数字为共聚物中聚乙醇酸的含量（mol%）］

如果载体降解方式为不均一表面降解，则释药速率受装置的比表面大小及装置几何形状影响。不同形状的表面降解系统，释药方程表示如下：

首先，考虑最简单的片状装置情况，其释药速率为：

$$\mathrm{d}M_t/\mathrm{d}t = BC_0 A \qquad (6-1)$$

其中，M_t 为 t 时刻的释药量；t 为释药时间；B 为装置表面降解速率（dx/dt）；C_0 为单位面积药量；A 为表面积。积分得：

释药量：
$$M_t = ABC_0 t \tag{6-2}$$

$$M_\infty = ABC_0 t_\infty \tag{6-3}$$

累积释药百分数：
$$M_t/M_\infty = t/t_\infty \tag{6-4}$$

M 与 t 分别为释药总量与载体完全溶蚀时间；对于半径为 r_0，长度为 h 的圆柱形释药装置，释药速率为：

$$dM_t/dt = BC_0 \cdot 2\pi h(r_0 - B_t) \tag{6-5}$$

积分得：

$$M_t = 2\pi hBC_0 t(r_0 - B_t/2) \tag{6-6}$$

$$M_\infty = \pi r_0^2 C_0 h \tag{6-7}$$

因为 $r_0 = Bt_\infty$，所以，

$$M_t/M_\infty = 2t/t_\infty - (t/t_\infty)^2 \tag{6-8}$$

对于半径为 r 的球形释药装置

$$M_t/M_\infty = 1 - [1 - (t/t_\infty)]^3 \tag{6-9}$$

如果用累积释药百分数 M_t/M_∞ 对释放时间百分数 t/t_∞ 作图，得到图6-9中曲线。

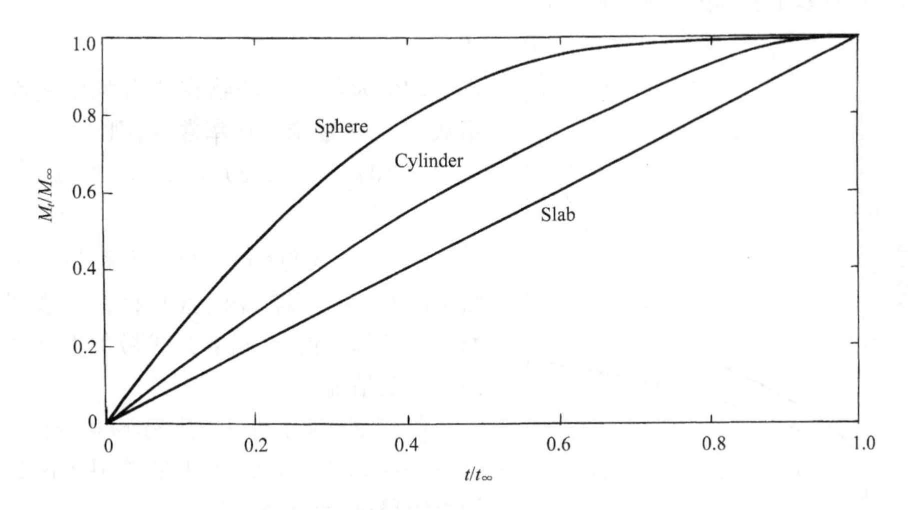

图 6-9　含均匀分数药物，且服从表面降解的各种形状装置释药曲线

(二) 扩散控释系统释药机理

1. 整体控释系统是指药物溶解或分散于载体基质中的一类制剂，在释药时

系统基本上保持完整性，假定载体降解速率远小于扩散速度，释药方式主要以扩散形式进行，则对于非溶蚀载体而言，该系统释药速率可用 Higuchi 方程表示，即：

$$M_t = A[DtC_{s,m}(2C_0 - C_{s,m})]^{1/2} \tag{6-10}$$

式中，A 为释放面积；D 为扩散系数；$C_{s,m}$是药物在载体中的溶解度；C_0 是药物在装置中总浓度。

当 $C_0 \gg C_{s,m}$时：

$$M_t = A(2DtC_{s,m}C_0)^{1/2} \tag{6-11}$$

释放速率表示为：

$$\mathrm{d}M_t/\mathrm{d}t = A/2(2C_0DC_{s,m}/t)^{-1/2} \tag{6-12}$$

这就是有名的 Higuchi 方程，药物释放速率与时间 $t^{-1/2}$ 呈正比。但必须注意的是，该表达式只适合于简单整体分散系统，即，装置的固体药物颗粒分散于载体中，其载药量(V/V)小于 5%，装置中无相互沟通的孔道，药物经载体中聚合物分子链中空间扩散，而不是孔道扩散。

如果载体是可降解的聚合物，则药物在本体降解聚合物中扩散系数 D 及 $C_{s,m}$ 并非常数，故须加以修正。

令 P 为聚合物对药物的渗透系数：$P = DC_{s,m}$，若降解类似多数水解反应那样，以一级动力学速率进行时，则

$$P = P_0\exp(kt)$$

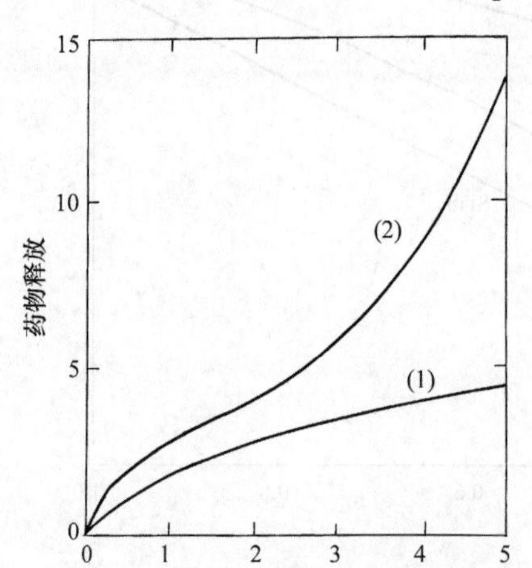

图 6-10　片状聚合物装置理论释药曲线

(1)单一扩散；(2)腐蚀与扩散同时存在

式中，P_0 为降解前药物在聚合物中的渗透系数；k 为一级降解速率常数，则

$$\mathrm{d}M_t/\mathrm{d}t = A/2[2P_0\exp(kt)C_0/t]^{1/2} \tag{6-13}$$

(6-12)式与(6-13)式方程积分形式绘于图 6-10，前者是装置只存在扩散释放而无溶蚀释药情况，后者是扩散加上载体溶蚀的释药情况。

典型的例子是抗癌药物阿糖胞苷(Cytosine arabinoside)从乳酸-羟基乙酸共聚物中的释放(见图 6-11)，释放曲线在溶蚀与扩散机理之间有一个特征转折点。

2. 扩散型控释贮库系统(又称膜控型释药系统)，药物被包裹于惰性或降解聚合物膜材中。释药速率取决于载体的膜性质、厚度、面积及装置形状，而此时作为膜

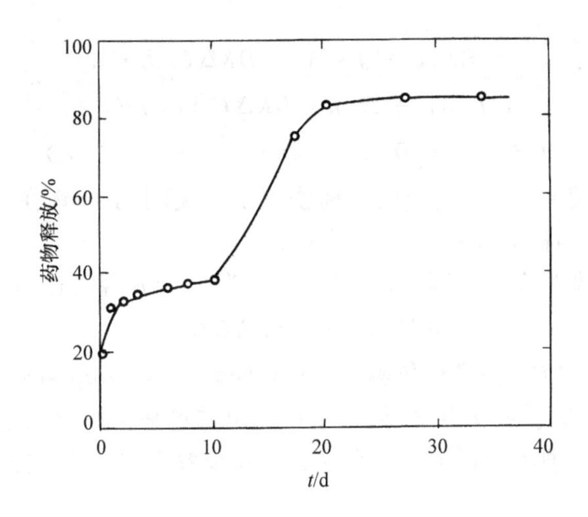

图 6－11　50/50(mol/mol)PLGA 共聚物中含 12.7%阿糖胞苷 2mm 小丸释药速率曲线(介质条件 37℃,0.15mol/L NaCl)

材的降解聚合物一般为均一降解类型，而且载体是在贮库内药物基本释放完成后，才全部降解，因此，系统的释药动力学与膜材的降解动力学没有太大的关系。

聚合物膜按药物渗透扩散途径可分为三类：

第一类膜材是大孔膜,即孔径 0.05～0.1μm,绝大多数药物分子包括一些生物大分子药物均能通过,其扩散方程为

$$J = D' K' \varepsilon \Delta C / \tau L \quad (6-14)$$

式中,J 为渗透速率；D' 为药物在释放介质中扩散系数；K' 是药物在膜孔内外释放介质的分配系数；ΔC 是膜两侧的浓度梯度；L 为膜厚度；ε，τ 分别是孔隙率和曲率。

第二类具有微孔膜的膜材,孔径范围在 0.01～0.05μm,生物大分子药物分子直径接近于该值,因此,药物扩散还应受到孔隙结构几何性质及药物在孔壁分配影响,设其影响因子为 $v(<1)$,则渗透速率为：

$$J = vD' K' \varepsilon \Delta C / \tau L \quad (6-15)$$

第三类无孔膜的膜材,其“孔道”仅仅是聚合物大分子链间的自由空间,此时,

$$J = DK \Delta C / L \quad (6-16)$$

式中,D 为药物在膜材中扩散系数；K 是药物在膜材中饱和浓度与在释放介质中溶解度比值。

另外,根据 Fick 扩散定律药物控释还受膜形状影响。当贮库系统包裹的药物处于过饱和状态时,释放达稳态时,释药面积影响最大。对于无孔膜的扩散,则释

药速率分别为：

平面膜片形：　$\mathrm{d}M_t/\mathrm{d}t = J \cdot A = DK\Delta C/L \cdot A$　(6－17)

圆柱形：　$\mathrm{d}M_t/\mathrm{d}t = 2\pi\ h \cdot DK\Delta C/\ln(r_o/r_i)$　(6－18)

球形：　$\mathrm{d}M_t/\mathrm{d}t = DK\Delta C \cdot 4\pi \cdot r_o \cdot r_i/(r_o - r_i)$　(6－19)

上式中，ΔC 为浓度差，当释放介质中药物浓度 C 远小于药物在膜材中溶解度 C_s 时，$\Delta C \approx C_s$；h 为圆柱体高；r_o，r_i 分别为外、内径。

当球形系统膜厚度增大到一定程度，可认为 $r_o \gg r_i$ 释药速率趋于恒定，即

$$\mathrm{d}M_t/\mathrm{d}t = 4\pi DK\Delta C_0 r_i \qquad (6-20)$$

Pitt 等人曾用 PCL 为膜材包裹避孕药物炔诺孕酮(Norgestrel)，取得很好的控释效果(见图 6－12)。我国 973 项目“生物医用材料基本科学问题研究”首席科学家顾忠伟教授及中国医学科学院宋存先教授在长效避孕埋植剂方面作出了可喜成绩。

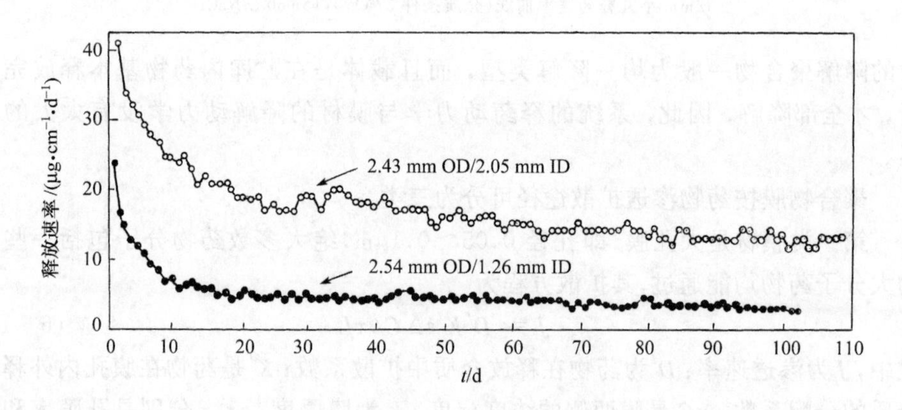

图 6－12　炔诺孕酮从 PCL 胶囊中每天释放速率曲线

三、生物降解控缓释系统药物释放影响因素

药物从生物降解控缓释系统中释放受许多因素影响，情况很复杂。主要的影响有剂型，载体种类与性质、药/载比、药物于介质中溶解度、药物与载体材料的相容性等，上述的许多因素，涉及到药剂学问题，这里只讨论与载体性质有关的几个因素：

(一) 聚合物分子量的影响

通常情况下，聚合物分子量升高，释药速率下降，但这并不一定存在线性关系，有时在某一分子量范围内没有太大影响，这可能与载体的降解程度有关。如磺胺

嘧啶/聚乳酸系统中，药物释放速率随分子量增加而下降，当分子量从 150 000 增至 210 000 时，释药速率从 0.8%降至 0.4%，然而再增加聚乳酸分子量，则影响逐渐减小；当分子量到 450 000 时，则释药速率恒定。

(二) 不同种类载体对同种药物释放速率影响

同种药物在不同种类载体中释放速率不同，尽管其剂型与其他条件相同。这可能与聚合物结构与性质，如 T_g、T_m、结晶度、与药物的相容性、药物与载体的相互作用等有关。如药物与载体，形成固态溶液、玻璃态溶液、简单低共熔混合物、共沉淀物等则使得药物释放速率不同。

另外，不同的可降解聚合物，降解过程中，基质孔隙大小与类型也各不相同，对于一般无孔隙聚合物，其链间的空间大小与结构也不同，因此，目前很难找出某种可用公式预测不同载体对不同药物的释放速率，主要以实验方法，来探索药物在各种载体中释放速率，理论只能做为一般性的指导。

(三) 药/载比对释放速率的影响

对于骨架分散系统，药物与聚合物比例是影响药物释放的又一因素，陈建海等在从事地西泮(DZP)-聚羟基丁酸酯(PHB)微球释放性能研究中，发现随着药/载比增加，释药速率也增加，当药/载比从 1/10 增至 10/10 时，30 天的药物累积释放量从 37%增至 86%，如图 6-13，其他文献也大量报道这一规律。

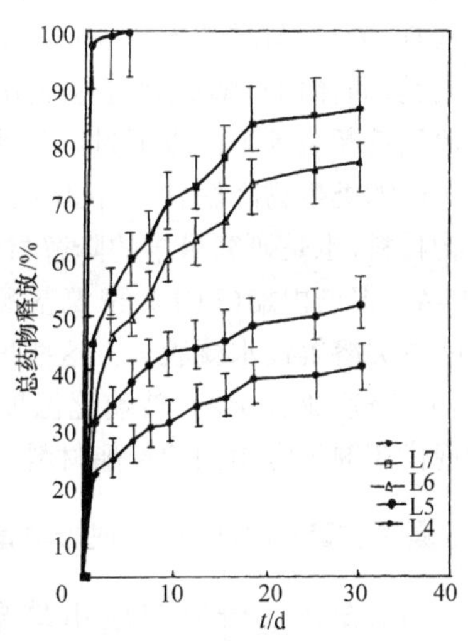

图 6-13　不同药/载比对释药速率的影响曲线

样品 L_4,L_5,L_6,L_7 的药载比分别为：1∶10;3∶10;5∶10;10∶10

(四)聚合物交联度的影响

对于以不稳定交联键水解为基础的生物降解型水凝胶控释系统而言，交联度对体系释药性能影响很大。一般说来，交联度高时释药慢，交联度低时释药快，因为高交联度使水凝胶吸水膨胀慢，基质降解也慢，故释药也减慢。如牛血清白蛋白(BSA)从用 *N*-乙烯基吡咯酮交联的富马酸聚酯水凝胶中释放时，呈现明显的交联度依赖性(见图 6-14)。

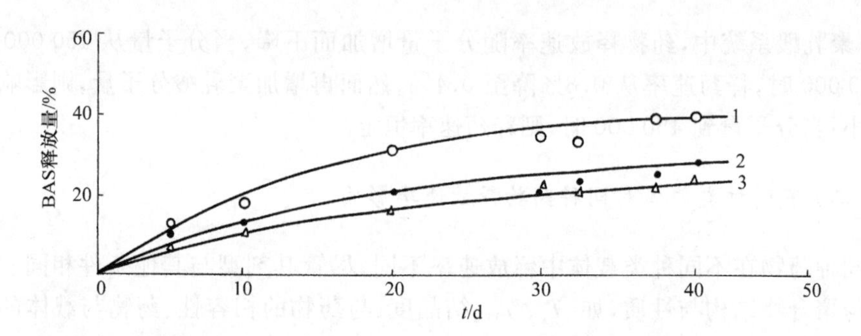

图 6－14　小牛血清白蛋白从与不等重 N－乙烯基吡咯酮交联的富马酸聚酯微粒中的释放曲线
（pH 7.4,37℃）N－乙烯基吡咯酮含量为：120％；240％；360％

第四节　聚酯类生物降解材料特性及其在药剂领域中的应用

按材料来源来分，生物可降解材料可分为两类：天然可降解高分子材料，如蛋白类、多糖类；人工合成降解材料，如聚酯类、聚氨基酸类材料等。这些材料的特点是在高聚物链中都含有可被水或酶分子作用的不稳定的键（labile bonds），如酯键（—CO—O—）与酰胺键（—CO—NH—），遇水易被水解；酚类、烯醇类、芳胺类、吡唑酮类，遇体内过氧化物易被氧化降解；偶氮键（—N ═N—），遇到偶氮还原酶发生偶氮键断裂等等。以下讨论几种常见生物降解聚酯材料。

聚酯类生物降解材料（polyesters），是一类在控释药物剂型中使用最多的一类生物材料，也是研究最早的降解材料种类，主要有聚丙交酯（PLA）、聚羟基乙酸酯（PGA）、聚己内酯（PCL）、聚氨基酸、聚氰基丙烯酸酯、聚酸酐与它们的共聚物，以及酰胺类溶解性水凝胶等。这些聚合物的一些物理参数对它们的性能影响很大，如：分子量（M_n，M_w）、玻璃化温度（T_g）、熔点（T_m）、结晶度等。下面详细介绍几种现代药剂学常用到的聚酯材料。

一、聚丙交酯（polylactide）或聚乳酸（polylactic acid，PLA）

PLA是目前研究与应用最多的材料，它是疏水材料，不溶于水，易溶于 CH_2Cl_2、$CHCl_3$ 等有机溶剂。早在 1977 年即开始用作控释药物的载体与医用手术缝线，1997 年才被美国 FDA 批准用作药用辅料，用于制备注射用微球、微囊混悬剂。

乳酸化学结构有不对称的碳原子，存在旋光异构。因此，具有 D－聚乳酸，L－聚乳酸和 D，L－聚乳酸。前两种属高结晶度聚合物，结晶度在 37％左右，T_m 约 180℃，T_g 约 67℃；而 D，L－聚乳酸为无定形态聚合物，T_g 约为 57℃。无定形态的 D，L－聚乳酸，成膜性较好。低分子量的 PLA 主要用于材料改性时的添加剂，高分子量的 PLA 一般分子量为几十万到几百万，主要用作人体支撑材料，中等分子量(一般 1 万～10 万)，较适合作为药物的载体。

PLA 合成是利用单体丙交酯，在引发剂存在下开环聚合而成，主要引发剂有四苯化锡、二乙基锡、辛酸锡等亲核物质，在 130～170℃，真空条件下聚合。

$$n\ \left(\text{H}_3\text{C}, \text{O}, \text{O}, \text{O}, \text{O}, \text{CH}_3\right) + H_2O \xrightarrow{\text{引发剂}} H\left[O-\overset{CH_3}{\overset{|}{CH}}-\overset{O}{\overset{\|}{C}}\right]_{2n}OH$$

聚乳酸降解较快。降解速率与分子量大小、结晶度高低有关。分子量高、结晶度高的降解慢。降解从无定形区开始，降解形成的短链段可重排成结晶。随着降解过程，结晶度增高，约 3 周后结晶区域开始降解，强度减弱，60 天左右，50%酯键断裂，但无失重现象出现。

聚乳酸水解最终产物为 CO_2 与水，中间产物乳酸也是人体正常代谢产物之一，故生物相容性好。但也有文献报道，高分子量的 L-聚乳酸埋入人体后，最初几周有轻微的炎症刺激现象，随后完全消失，可能是降解过程的酸度增加原因所致。PLA 是医药界研究最充分、应用最广泛的合成生物材料，广泛用于制作微球、毫微球、微囊、毫微囊，棒状埋植剂。作为经静脉与肌肉注射用的混悬剂、皮下植入、介入栓塞治疗等方面报道很多，有些已进入临床应用。

二、聚己内酯 poly(ε-caprolactone，ε-PCL)

PCL 的化学结构式为$\left[O-(CH_2)_5-CO\right]_n$，它的结晶度较高(46%～68%)，$T_m$=63℃，$T_g$=－65℃，玻璃化温度低，疏水性强，易溶于 CH_2Cl_2、$CHCl_3$ 等有机溶剂，不溶于水。陈建海等首次在国内用 WAXD 方法测定 PCL 晶胞结构，为正交晶系的晶体结构(见图 6-15)。其晶胞参数为：a=0.7472nm，b=0.4995nm，c=

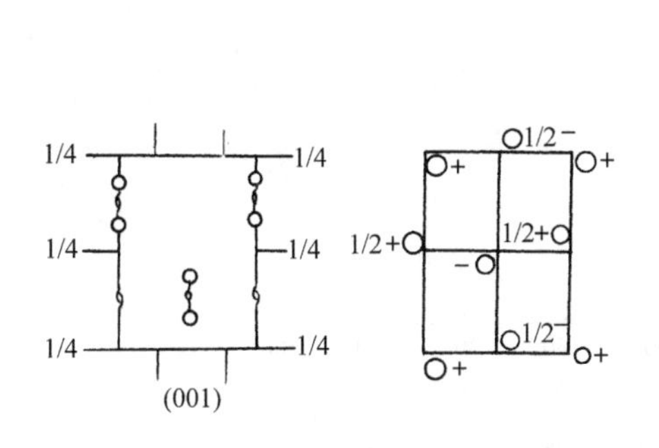

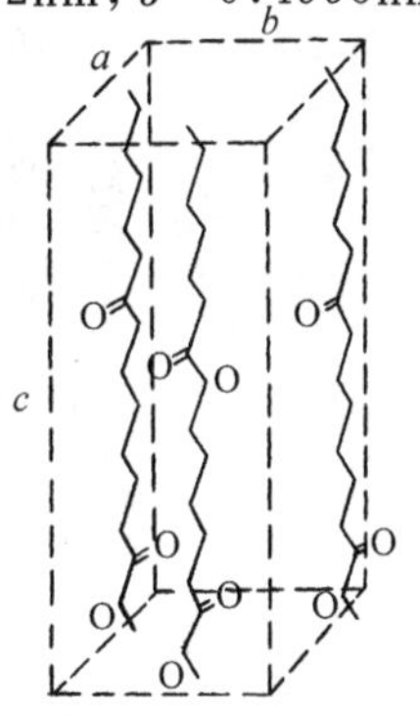

图 6-15　PCL 的晶胞结构及其空间群 P222(D_2^4)

1.7050nm，V=0.6363nm^3；晶体密度为：D_c=1.20g/cm^3，属P222(D_2^4)空间群。

PCL材料的优点是，对药物分子，如甾体激素类药物分子有较适宜的渗透速度，在控缓释制剂中应用较多。

PCL的合成由单体己内酯开环聚合而成，常用引发剂为辛酸亚锡。20世纪80年代著名的有机催化剂专家Teyssie P. 教授等人，用双金属氧桥烷氧化物引发剂开环聚合，产率高。陈建海等用钛酸丁酯引发剂在国内首次合成PCL，其反应式为：

$$n\,(\text{己内酯}) \xrightarrow[H^+]{\text{引发剂}} H\!\left[O-CH_2-\overset{O}{\overset{\|}{C}}\right]_n OH$$

PCL的降解速度比PLA慢，一般为1～10年，随着分子量大小而改变。Pitt等人发现PCL降解机理是简单均一反应（homogenous reaction），反应自动催化正比于聚合物中的游离羧基浓度。陈建海等人在进行PCL体内外降解实验中也观察到PCL材料体外降解时，材料的特性黏度$[\eta]$与时间t呈幂次方关系，$[\eta]=[\eta]_0\exp(-kt)$；但在动物体内降解速度远快于体外速度，证明有第二种降解机制存在，即生物降解或生物溶蚀（bioerosion）。其降解速率与材料起始分子量无关，并随着降解时间的推移，结晶度从原有的46%，增至68%（图6-16），直至分子量降至临界数均分子量$(M_n)_{cr}$约为5000左右；在此之前，无失重现象发现，图6-17中样品L_4（初始$M_n=1.3\times10^4$）兔子体内降解转折点用箭号↓所示。

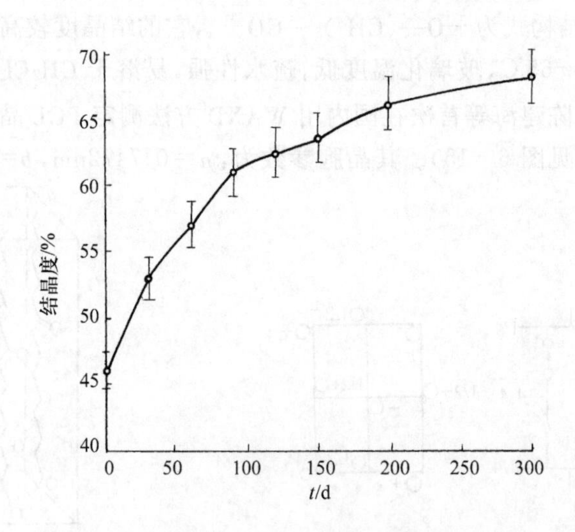

图6-16　在兔子体内PCL降解时，结晶度变化曲线

PCL 材料在药剂上应用主要作为黄体酮、睾丸素、炔诺酮等甾体药物储库系统长效缓释剂的载体，如美国北卡三角研究院用 PCL 胶囊，制成 Capronor 埋植剂，其中装载乙基油酸酯作为分散介质用于增加药物的释放速度。临床证明植入一根可安全避孕一年多。国家计生委科研所顾忠伟等研制的"生物降解型左旋 18 甲长效避孕埋植剂"与中国医学科学院天津医学工程研究所宋存先等人，用 PCL 为基材加入 Pluronic-F68 为致孔剂，作为女性抗生育药物左炔诺孕酮(LNG)的长效皮下植入胶囊，体外和动物体内药物释放具有零级释放动力学，每根 3cm 长的埋植剂，体内每天释放 21μg LNG，一次植入 2 根，临床可避孕 2 年；陈建海等用自己合成的 PCL 为基材，包埋硝苯吡啶(Nifidipine)，体外释试放验证明有较好的释放性能。

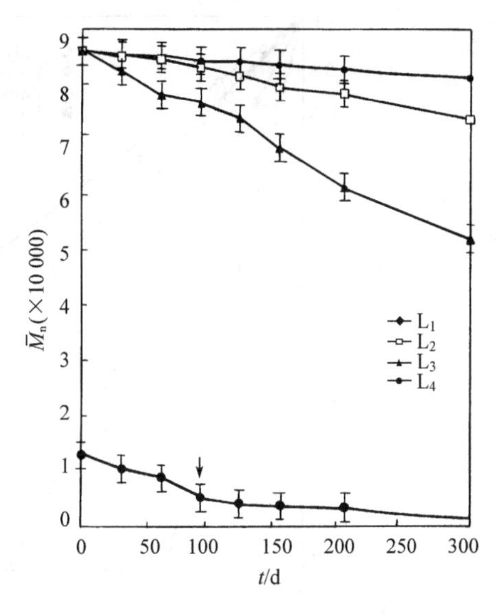

图 6－17　PCL 膜在不同温度下与兔子体内降解时分子量的变化曲线

L_1,L_2 分别代表样品在 25℃与 50℃in vitro 中降解；L_3 与 L_4 代表不同分子量样品在兔子体内降解

PCL 材料除了具有较好释药性能外，它还具有较好的材料相容性，它与其他生物材料共混相容性好，不发生相分离，因此常作为共混材料添加剂。为了得到合适降解周期的载体材料，药剂学上常常用两种不同降解周期的材料，选取不同的分子链段比例，用共聚或共混的办法，得到具有合适降解速度的共聚物或共混物，改变载体释药性能。如：中科院化学所王身国教授等制作的 PCL-PEG 共聚物为载体的 5－氟尿嘧啶缓释微球，Schindler 等人用 PCL 与 D，L-PLA 共聚得到无定形态聚乳酸-聚己内酯无规共聚物，降解周期缩短，释药速度加快。PCL 与其他内酯共聚物如癸内酯，戊内酯等，可降低其结晶度，加快降解速率，图 6－18 显示聚己内酯(PCL)，己内酯与癸内酯共聚物[poly(ε-caprolactone-co-ε-decalactone) P(DL-CL)]，己内酯与戊内酯共聚物[poly(ε-caprolactone-co-δ-valerolactone)P(CL-VL)]，聚乳酸(PLA)，己内酯与乳酸共聚物[poly(ε-caprolactone-co-Lactic acid)P(CL-LA)]，五种聚合物在动物体内降解速率，其中聚乳酸最快，聚己内酯最慢。陈建海等用 PCL 材料与 D-PLA，L-PLA 及 D，L-PLA 三种材料共混，发现 PCL 与前两种材料不发生酯交换，共混材料发生相分离，而与 D，L-PCL 材料能发生酯交换，两种材料相容好。

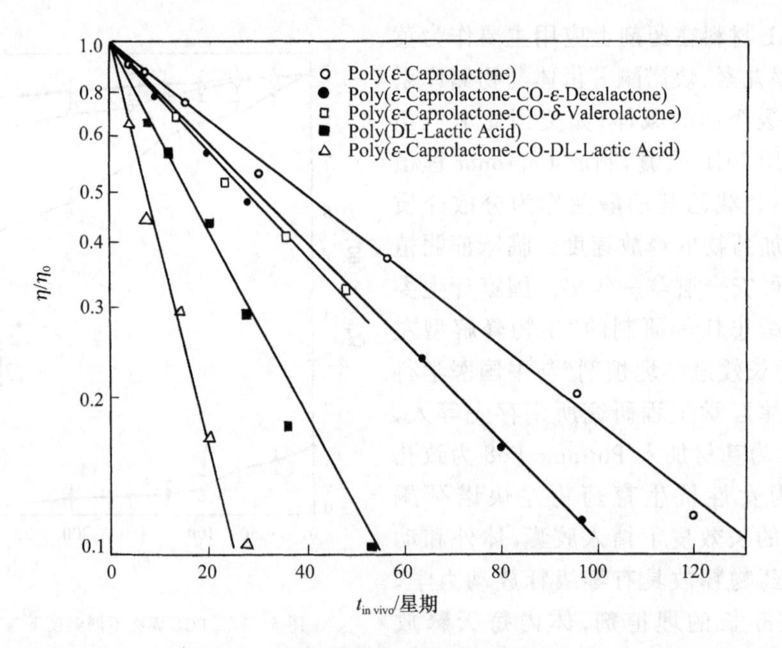

图 6-18　不同脂肪族聚酯在体内生物降解相对速率

三、聚羟基乙酸（polyglycolide，PGA）及它与聚乳酸的共聚物（poly lactic-co-glycolic acid，PLGA）

PGA 是所有聚酯材料中单位链段碳原子最少的一种材料。因此，它的结晶度很高，熔点也高，$T_m=230℃$，$T_g=36℃$，不溶于一般溶剂，很难制得复合物，加工成型难；PGA 降解速度快，90 天内可完全吸收，因此，它可作为手术缝线与控释材料。

PGA 的合成方法是将羟基乙酸酯在三氯化锑或胺类存在下，150℃加热聚合而成，改变条件可控制分子量。由于 PGA 难于加工，通常它是与其他材料共聚后加以使用的。如，在 D,L-PLA 链段中加入 50%摩尔比的 PGA，降解速度增大，完全降解周期从原来的 12 个月缩短到近 1 个月，但再增加 PGA 嵌段，结晶度又增高，降解速率又减慢。图 6-19 表示随共聚物中 GA 链段增长，共聚物 PLGA 结晶度逐步下降，当 GA 嵌段摩尔数在 24%～68%之间时达最低值，随后 PLGA 结晶度又线性增加。下图纵坐标表示 PLGA 在体内降解 50%时的时间（月数）。由图看出 PLGA 体内降解时间与其结晶度直接相关。

聚乳酸与聚羟基乙酸共聚物 PLGA 为载体的缓释微球研究了 20 余年，从 20 世纪 80 年代注重用小分子药物，如抗癌药、抗生素、抗疟药、抗炎药和麻醉拮抗剂、缓释制剂开始，到 90 年代转向蛋白质和多肽类等生物分子，近几年又出现不少疫

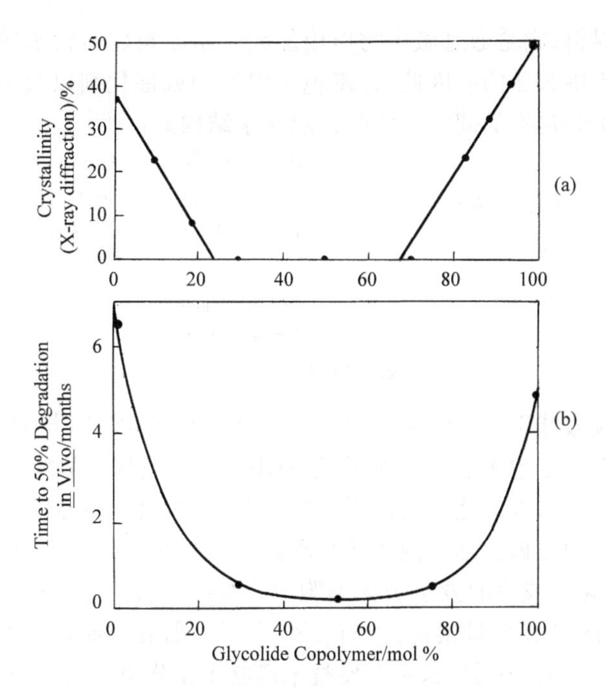

图 6-19　PLGA 共聚物中不同 GA 含量对共聚物结晶度与降解速率的影响

苗微球的报道。疫苗常需要在数月内连续注射数次，该种疫苗微球可达到减少注射次数的效果。如，PLGA 为载体制成的黄体生成素释放激素（luteinizing hormone releasing hormone，LHRH）微球，其药物释放曲线呈三相结构；最初阶段呈“突释效应”，为微球表面吸附药物所致；第二阶段为“平台阶段”，几乎不释药，这由于基质材料未开始降解，内部大分子药物无法释放出来；第三阶段药物重新释放，此时基质材料降解形成的通道，已达到 LHRH 大分子释放的程度。

Cheland 等用不同制备方法得到重组人生长激素（RHGH）PLGA 微球，得到体内外各有连续释放和三相释放模式，及 HIV 病毒疫苗 PLGA 微球，呈脉冲式三相释放特征。Chang 等用复乳溶剂挥发法制得破伤风毒素（TT）PLGA 微球，TT 包封率超过 90％，载药量为 0.48％～0.9％。1997 年 FDA 已批准商品名为Retin-A，Microspheres 的微 A 酸微球（皮肤科用药）；另外，亮丙瑞林（Leuprorelin）PLGA 微囊注射剂也已上市销售，因此，PLGA 是一种非常有发展前景的蛋白、多肽类药物的载体。

四、聚羟基丁酸酯（polyhydroxybutyrate，PHB）及它与羟基戊酸酯的共聚物（polyhydroxybutyrate-hydroxyvalerate，PHBV）

聚羟基烷酸酯（polyhydroxyalkanoates，PHAs）是一类天然生物合成的作为能量储存的聚酯材料，它是通过微生物作用从天然粗原料（如：污水等）中得来，而不是人工在实验室中合成的。因此，它避免了引发剂或催化剂以及单体等残留于医用生物材料中引起毒性的问题。它的一般化学结构式：

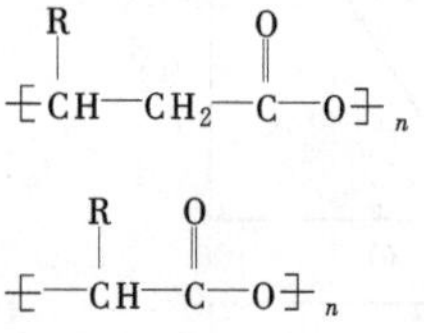

$$-\!\!\left[\mathrm{CH(R)-CH_2-C(=O)-O}\right]\!\!-_n$$

R＝methyl；3-hydroxybutyrate

R＝ethyl；3-hydroxyvalerate

R＝pentyl；3-hydroxyoctanoate

$$-\!\!\left[\mathrm{CH(R)-C(=O)-O}\right]\!\!-_n$$

R＝H glycolate

R＝methyl lactate

聚羟基烷酸酯不同化学结构

由聚羟基烷酸酯不同化学结构可看出生物合成的PHAs与聚乳酸、聚乙醇酸的结构区别是在主链中多了一个亚甲基—CH_2—。聚羟基丁酸酯PHB是PHAs中最重要一种，近年来，人们逐步认识到它的优点，已引起医药界广泛兴趣。PHB在微生物中主要作用是做为细胞内能量与碳储存的产物，它存在于细菌细胞膜中，制备方法用机械、化学或酶的方法破碎细胞膜，然后用氯仿等有机溶剂萃取。一般情况下细菌膜中PHB含量很低，只有1%～30%，但若控制好发酵条件就可使产率高达干细胞重量的80%。这一开发技术已在ICI公司开始生产，我国深圳也已引入该项新技术。

近年来也有不少学者探索用单体3-羟基丁酸缩聚方法人工制备，但很难得到高分子量的PHB，原因是单体的迅速水解。且这种合成的PHB性质与细菌合成的有所不同，特别是立体规整性（stereoregularity）与光活性（optical activity）较差。

从药剂学的角度出发，载体材料的结晶度直接影响到材料降解机理与降解速率，材料与药物的相容性，药物包封率与分布，药物释放及其动力学。因此，载体材料的形态、结晶度及晶体结构是药剂学工作者备受关注的问题，X衍射表明，PHB晶胞为正交晶系（orthohomic），晶胞参数 $a=0.576$nm，$b=1.320$nm，$c=0.596$nm，属 $P2_12_12_1$ 空间群，晶体密度为 $1.262g/cm^3$，一般结晶度为60%～90%，随着羟基戊酸酯HV链段的引入，结晶度逐渐下降，共聚物的结晶速率比均聚物低，晶体形态、球晶（spherulites）尺寸与大小，受淬火时间长短影响明显。

PHB为典型结晶态，熔点 $T_m=160\sim180$℃，决定于分子量的大小，当引入30%（mol/mol）链段的HV时，PHBV共聚物呈热塑性较好的半晶体，熔点 T_m 低至80℃左右，PHB与PHBV的玻璃化温度 T_g 大约在－5～20℃之间，不决定于它们的链段组成，而决定于它们的热历史，这说明该聚合物在生理温度下呈橡胶态。用氯仿溶剂浇铸的PHB膜较硬且脆，用羟基磷灰石（hydroxyapate）与其他填料可显著改变PHB膜力学性能，而共聚物PHBV则延长性（ductile）较好。因此PHBV作为人体植入装置比较好，但它的储存年限与老化将影响它的力学性能，特别当链段中HV含量较高时，敏感性更高。

PHB在熔点附近热不稳定，190℃下加热1h，分子量降低到原有一半，主要裂解产物为丁烯酸(crotonic acid)，300℃时有明显数量的齐聚物(oligomers)与少量异丁烯酸出现，二次裂解可产生少量CO_2、丙烯、甲醛、乙烯酮(ketone)、3-丁内酯(3-butyrolactone)。因此，加工时间窗口窄，用传统的增塑剂与稳定剂也无济于事，但共聚物PHBV热稳定性很好，且具有压电性能(piezoelectricity)。

许多微生物的细胞外酶可降解PHB，如解聚酶(depolymererase)可将PHB转变为二聚体与单聚体，该种解聚作用最佳pH值在7～8.5之间，加入胰酶(trypsin)可减少解聚酶的活性，对其他种类PHAs微生物降解报道不多。

PHB在体外水解为羟基丁酸[D-(-)-3-hydroxybutyric acid]，是脂肪酸在人体内正常代谢的中间产物之一，它与乙酰乙酸、丙酮三者合称为酮体(ketone bodies)。PHB体外降解比PLGA慢得多，在37℃，pH=7.4的半衰期为152周；PHBV 50周后开始失重，降解动力学接近于零级，水很难进入聚合物材料内部(少于0.01%)。它是以表面腐蚀机理为主，50周后当PHB膜失重15%左右，高效液相色谱HPLC测其分子量仍未改变，12% mol HV嵌段的PHBV在加速降解条件下(0.1N NaOH，75℃)，失重87%时，其本体聚合物分子量没有改变。而PLGA在失重时，伴随着分子量的急剧降低，如果将HV嵌段增加到20% mol，降解速率加快。另外，加工制造形式对水解速率也有明显影响，如下面列出稳定性顺序：冷压→溶剂浇铸成膜→熔融热压→压注挤压。可能与加工中结晶度与多孔性有关。

Kennedy等人用高分子量(21与225 kDa)PHB片剂皮下植入鼠颈部，6个月内没有发现本体降解与失重。Gogolewski等人用PLA与之对照，6个月后PHB与PHBV失重低于1.6%，而PLA失重50%，整体降解。

近来许多报道用天然或人工合成生物材料与PHB或PHBV共混，可加快PHAs的降解速率，如多糖类、直链淀粉、葡聚糖(dextran)、糊精(dextrin)、海藻酸钠(Sodium alginate)，还有聚酯类PCL、聚酸酐、聚原酸酯；另外，还有聚乙烯醇PVA等。加入低分子量的添加剂改善PHB或PHBV性能，在药剂学上一般认为不可取，主要原因是小分子析出的问题。因此，用相容性较好的材料与PHAs共混作为药物载体是一种改善PHAs材料性能的较好方法。陈建海等人用D，L-PLA与PHBV共混制得微球，改善了PHBV的缓释性能。

PHB与PHBV的生物相容性很好。有些动物试验皮下植入时，有短期的急性炎症报道，这是由于植入或注入时的创伤所致，随后很快消失，但从未有过慢性炎症报道。

PHB与PHBV作为药物载体具有很大应用潜力。PHB作为药物羟乙基茶碱(7-hydroxyethyltheophylline HET)片剂载体(M_w=260kD)，当载药含量为60%～80%时24h释药100%，而在低载药量5%～30%时，释药可延至50天，且冲压在196.2～981N/片范围时，不影响7-HET的释出速率，雌鼠皮下植入该片时，体内释放速率比体外慢。由于 PHBV 具有很好的可压性能，用直接压片法制作口服制剂成为可能，这样制作缓释片剂时可简化工艺。另外报道，用该材料做片剂载体时，药物释出与基质孔隙率关系很大，常在基质中引入微晶纤维素和直链淀粉增加基质孔隙率以加强药物释放。最近又有熔融压挤法制备孕甾酮（progesterone）小丸的报道。

另外有几组关于作为缓释剂型报道：Brophy 等人用 PHB 载体做成磺胺甲基异畲唑（sulphamethizole）微粒，发现 PHB 分子量越大，释药速率越快（M_w＝140～1000kD），微粒越小（101.5～159.0μ），释药越快，用 PHBV（17％与 30％molHV）为载体制备的微粒比 PHB 微粒释药速率慢，释药曲线呈二相特征并伴有突释效应。

抗癌药物的 PHAs 的微球研究报道日益增多，如洛莫司汀（Lomustine CCNU）PHB 微球粒径在 1～12μm，静注 7 天后主要累积在肺、肝、脾，虽然微球表面无孔隙，但在 24h 内释药 100％，释药速率比 PLA 微球快得多（90h 才释放药 70％）。Juni 等人研究抗癌药物（aclarubicin）PHB 微球，平均粒径为 170μm。载药量 13％，aclarubicin 盐酸盐在沙林（Saline）溶液中，5 天只释药总量 10％，如果在 PHB 基质中加入十或十二碳原子的脂肪酸酯，可加快药物释放。这些添加剂并未改变 PHB 的结晶态，而是在基质中形成通道，加速药物的扩散。Akhtar 等人发现PHBV 基质的结晶速率对药物的包封率影响很大，而这种结晶速率依赖于温度的高低，图 6－20 表明 PHB 及共聚物熔融过程样品球晶生长速率，每一种含 HV 不同摩尔比例的共聚物都有着自己最佳的结晶温度，其中均聚物的结晶速度比任何一种组成的共聚物都快。

Koosha 等人用高压乳化技术制备 PHB 纳米球，平均粒径（170～210nm），最高载药量 46％。释放药物泼尼松（prednisolone）在 2 天内达 100％，这种快速释放原因可能是简单扩散与水溶液通道并存所致（图 6－21）。

另有报道，用 PHB 为基质作为多肽类给药在畜牧业中应用，Mcleod 等人在动物皮下埋入 PHB 剂型缓慢释放 LHRH，刺激 LH 的分泌。

陈建海等以地西泮（Diazepam，DZP）为模药，PHB（M_w＝630kD）为载体制成平均粒径为 30～40μ 微球，最大载药量为 19％，最高包封率为 67％，体外释放试验呈三相特征，突释效应随载药量增大而增大。理论分析，突释效应是由于微球表面吸附药物所致。第二相释放曲线可能是药物通过内部孔隙释放形成的，第三相释放很慢，估计是药物嵌埋于材料基质造成的。当载药量较高时（约 16％～19％），30 天总释药量为 76％与 86％，当载药量较低时，总释药量低于 50％，可见在低载药量时，大部分药物是嵌埋于基质中，如果用 PHBV 为载体，平均载药量与包封率得到明显提高，释放曲线三相特征得到明显改善。当 PHBV 与 D，L-PLA 共混材料作为载体时，微球表面结构形态从多孔皱缩拓扑结构逐步变为少孔，较平整的表面

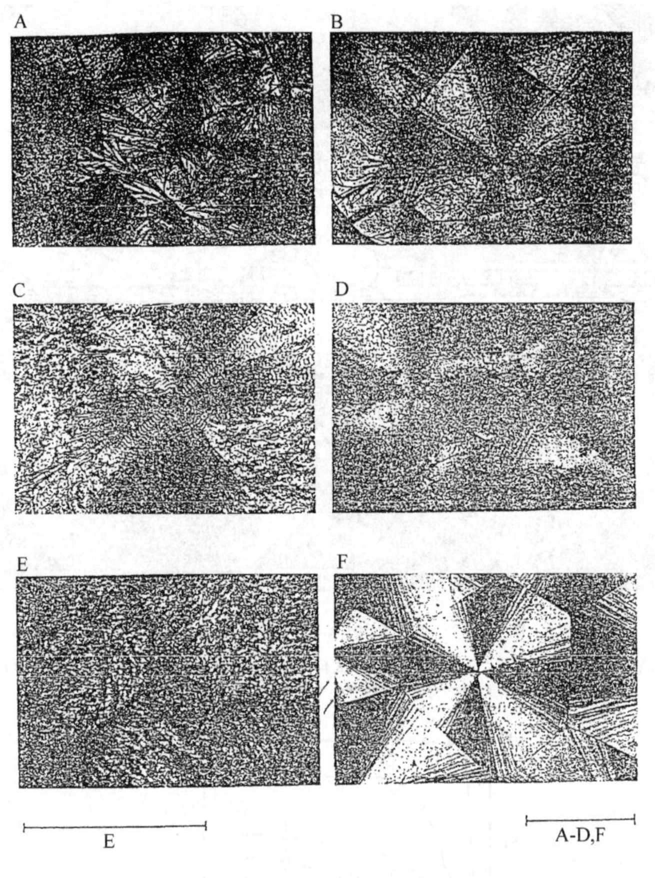

图 6－20　聚合物与 4%(w/w)甲基红共混后,熔融加工膜形态:
A,B:PHBV,7% molHV;C,D,E:PHBV,12% molHV;F:PHB

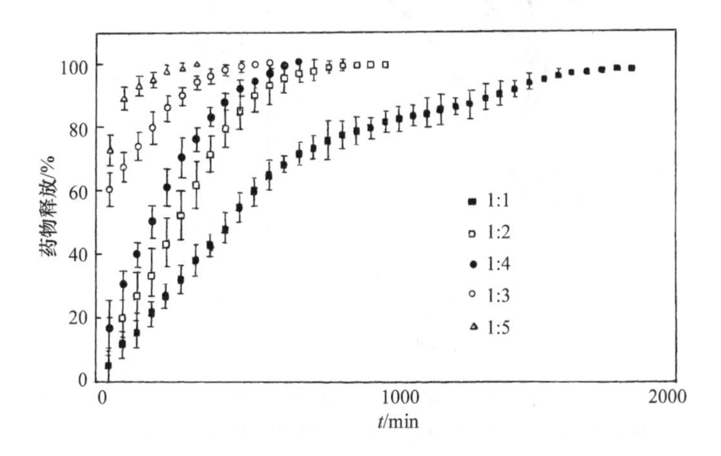

图 6－21　PHB 微粒不同药载比时体外释放泼尼松曲线

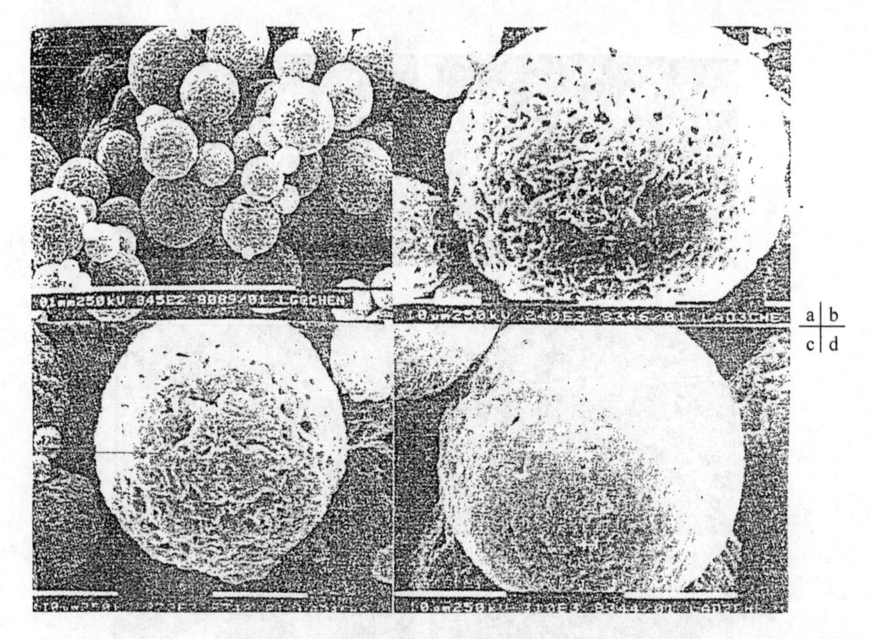

图 6-22　PHBV/PLA 微球表面形态 SEM 照片

a L-PLA/PHBV(30/70)；b，c，d 分别为试样 D,L-PLA/PHBV(10/90),(30/70),(50/50)

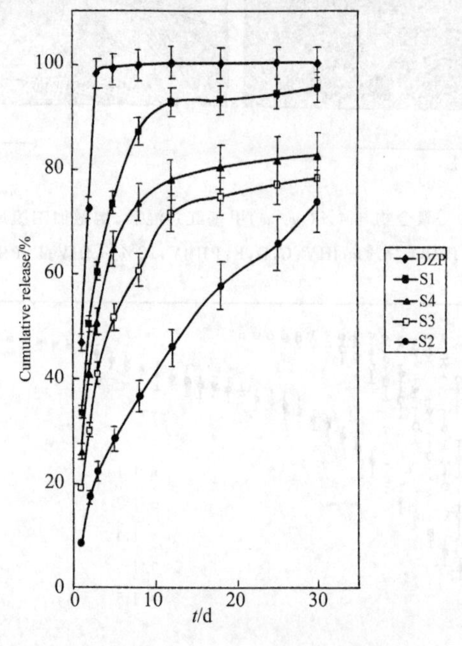

图 6-23　PHBV/PLA 微球累积释放曲线

S1 为样品 L-PLA/PHBV(30/70)；S2，S3，S4 为样品 D,L-PLA/PHBV，比值分别为 10/90,30/70,50/50(*W*/ *W*)

结构(图 6－22);当 PHBV∶D,L-PLA＝50∶50 时,释放曲线趋向线性关系,30 天累积释药达 90％。如果 D,L-PLA 含量低于 50％或用 L-PLA 共混材料作为载体,得到仍是具有三相释药特征曲线(图 6－23);若用 PCL 与 PHBV 共混,则发现两者材料不相容性,制得微球呈有规则的大孔洞(图 6－24),只能适合于大分子多肽、蛋白类药物释放。陈建海等还用双乳化溶剂蒸发法,制得 DZP-PHBV/明胶微球,即在 PHBV 微球外层再包裹明胶层,释放曲线得到明显改善,但 30 天总释药量下降到 50％。

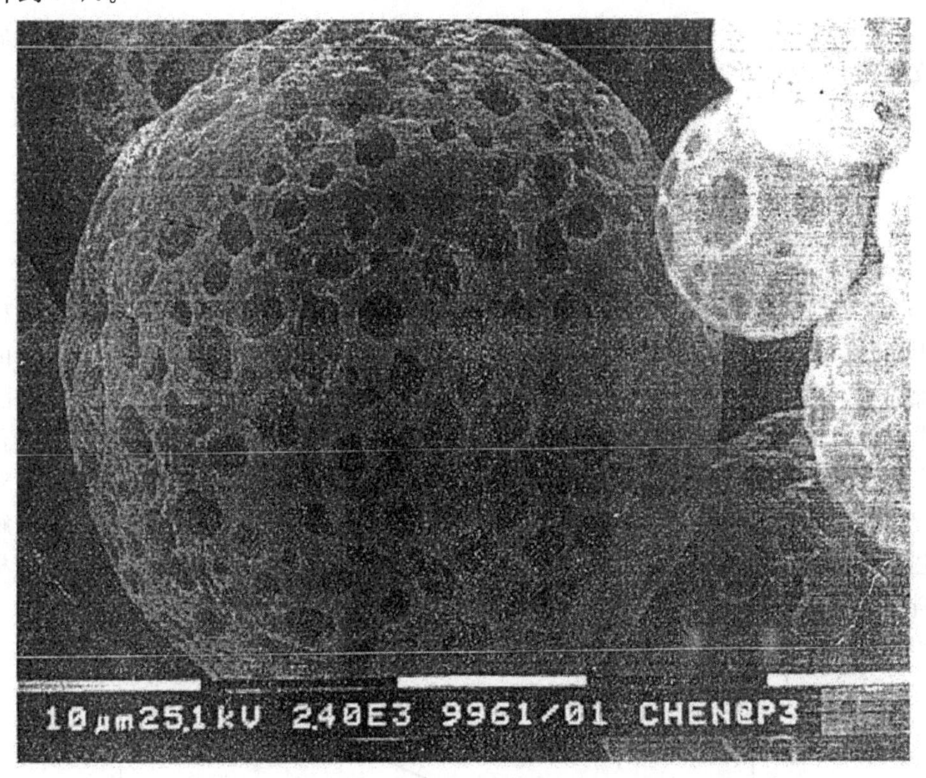

图 6－24　PCL/PHBV(30/70)微球电镜照片

许多研究表明,由于 PHBV 聚合物与药物难以混合或难以保证药物在制剂中有足够高的浓度,导致无法利用该聚合物的表面溶蚀特点;另外,PHB 相对于 PLGA 而言,在体内降解速度慢,使我们选择该材料作为载体有一定困难。但 PHBV 对于那些载药量不需要很高而药效又很强的药物,作为长周期释放的载体,却是非常有希望的,特别是用共混办法可增加载体的无定形态,使包封效率提高,载体降解加快,有可能导致新一代的制剂出现。

第五节 几种聚酸类生物降解材料及其在药剂学中的应用

这一类材料主要包括聚氰基丙烯酸酯、聚氨基酸、聚酸酐、聚原酸酯类等。下面简要叙述它们特性及在现代药剂中应用。

一、聚氰基丙烯酸酯[poly(alkyl α-cyanoacrylates),PACA]

PACA,曾广泛作为生物降解型组织黏合剂,在室温下将其单体施用于组织或皮肤表面,遇水迅速聚合:

$$n\ CH_2{=}C(CN)(COOR) \xrightarrow{B(OH^-)} {+}CH_2{-}C(CN)(COOR){+}_n$$

$$R = CH_3,\ C_2H_5,\ C_3H_7,\ C_4H_9$$

但聚合物形成后,在水的存在下又缓慢水解,导致链的剪切与醛类化合物的析出,醛类化合物从聚合物表面脱落下来,加速表面腐蚀,这种降解导致一定程度的毒性与刺激问题。典型的几种 PACA 的降解曲线可从图 6-25 看出,随着烷基酯碳链的增长,降解速度明显降低,毒性减少。PACA 水解受碱与酶催化,受碱催化水解生成 α-氰基丙烯酸酯与甲醛,酶的催化水解产物为聚(α-氰基丙烯酸)和对应一元醇。水解速度随 pH 降低而减缓,在同系列烷基酯中,烷基碳链越长,水解越慢;另外,它的水解是发生在链端,水解又是属表面腐蚀型,因此,水解速度与材料比表面积有关。

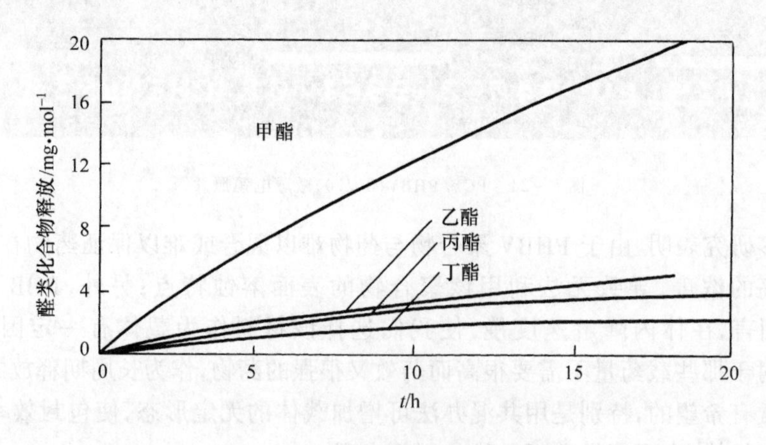

图 6-25 α-聚氰基丙烯酸酯的降解

实验已证实,聚氰基丙烯酸丁酯组织学的毒性明显比聚氰基丙烯酸甲酯低。

经[14]C-PACA 试验证明，降解产物为水溶性的聚氰基丙烯酸，它不贮存于组织内，而从尿中排泄。

目前药剂学中报道较多的是用聚氰基丙烯酸丁酯（PBCA）或异丁酯（PiBCA）为载体的微球（囊）或毫微球（囊）。PBCA 制备通常用乳化聚合法（O/W），聚合时用低浓度（1%～2% V/V）单体及酸性水溶液（pH＝2～3），用非离子型表面活性剂如 Pluronic F68 等为乳化剂。在搅拌情况下，用 γ 辐照或外加引发剂，或利用水中 OH^- 为引发剂，可制得毫微粒径 20nm～2μ 左右，粒径大小主要受乳化剂的影响。有报道，吐温 20 可使 PBCA 微球粒径控制在 20nm 左右，分子量只有 1700～2000，聚合度 11 左右；如用低分子量的葡聚糖为乳化剂，微球粒径约 100～770μm，分子量范围为 1350～2700 左右；用 Poloxamer（聚氧乙烯，聚氧丙烯共聚物类）为乳化剂，粒径与分子量更大（5750～453 000），改用 β－环糊精，粒径可达 2μm，PBCA 毫微囊形成机制（如图 6－26）。

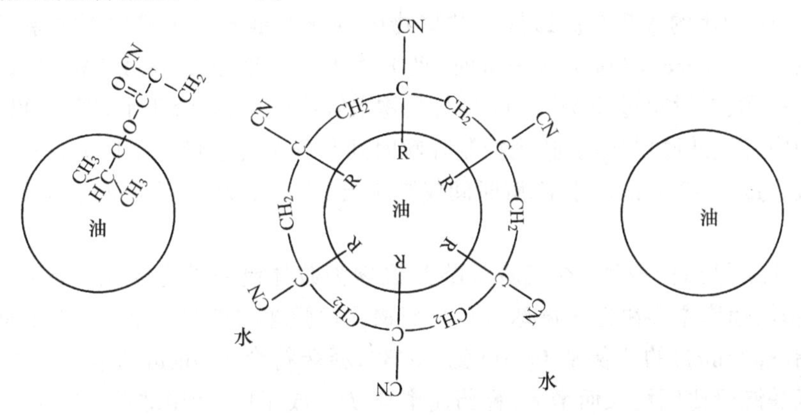

图 6－26　聚氰基丙烯酸酯毫微囊形成机制示意图

单体首先分散于含有乳化剂的水相中的胶团或乳滴中，遇引发剂发生聚合，单体快速扩散使聚合物链进一步增长，胶团及乳滴作为提供单体的仓库，而乳化剂对相分离后的聚合物微粒起防止聚集的稳定作用。由图可见 PACA 类聚合物易用来包埋疏水性的药物。我国四川大学张志荣、陆彬等在这方面做了较多工作。

二、几种常见的聚酸类降解材料

（一）聚氨基酸类材料的典型例子

Sidman 等人合成了聚谷氨酸及其衍生物，其中以谷氨酸－谷氨酸乙酯共聚物（glutamic acid-ethyl glutamate copolymers，PGAc）研究较多，它是合成的多肽类聚合物，其结构如下：

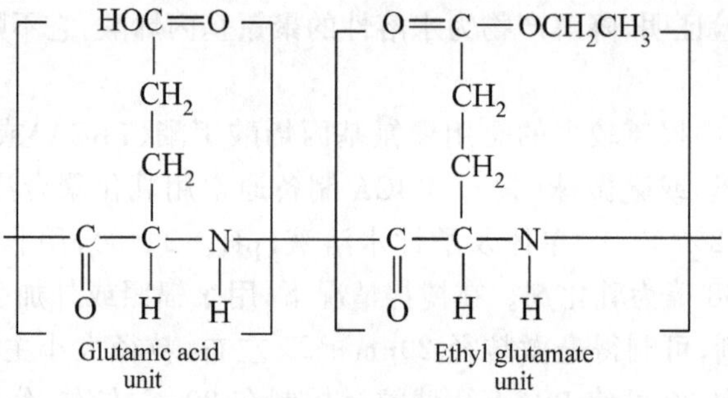

$$\left[\begin{array}{c} HOC{=}O \\ | \\ CH_2 \\ | \\ CH_2 \\ | \\ —\underset{\underset{O}{\|}}{C}—\underset{\underset{H}{|}}{C}—\underset{\underset{H}{|}}{N}— \end{array}\right]\left[\begin{array}{c} O{=}C—OCH_2CH_3 \\ | \\ CH_2 \\ | \\ CH_2 \\ | \\ —\underset{\underset{O}{\|}}{C}—\underset{\underset{H}{|}}{C}—\underset{\underset{H}{|}}{N}— \end{array}\right]$$

Glutamic acid unit　　Ethyl glutamate unit

此类聚合物的降解机制，一般认为是谷氨酸酯链均一水解，转变为谷氨酸含量更高的共聚物。该聚合物亲水性与吸水性更强，直至共聚物中谷氨酸链段含量超过 50% mol，此时共聚物可溶于水，在机体组织中进一步代谢，因此，它属于第二类型的侧链降解。药物在主链断裂前即已析出。

PGAc 中水的含量与渗透性与共聚物中谷氨酸链段长短成比例关系，当谷氨酸链段从 10% mol 增到 50% mol 时，吸水量从 12%增至 80%；PGAc 吸水后呈凝胶态，谷氨酸链段超过 50% mol 时，共聚物水解成碎片，并溶于水，因此，可以调节共聚物中谷氨酸链段比例，达到控制降解时间与释药的快慢。据报道，当共聚物中谷氨酸含量占 40% mol 时，降解时间仅数十天，当含量为 20% mol 时，降解时间可长达数年。

潘仕荣等用白氨酸-谷氨酸苄酯共聚物为载体制备的左炔诺孕酮（LNG）微球，其释药速率主要决定于微球粒径与药物通过微球的扩散系数。当白氨酸/谷氨酸苄酯（mol/mol）的比例从 0/100 到 70/30，释药符合 Higuchi 方程，扩散系数 D 随白氨酸链段比例增长而增大，释药速率与 $D^{1/2}$ 成正比，随微球粒径减小而增大。

（二）聚氨酯又名聚氨基甲酸酯（polyurethane，PU）

PU 其结构式为 $\left[O—R—O—CO—NH—R'—NH—CO \right]_n$，特征功能团为 NH—CO—O—，R 与 R′是低分子量的端基含羟基的聚醚或聚酯齐聚物。医学上所用的 PU 是由一种聚醚型聚氨基甲酸酯，它是由聚醚 $\left[HO \left(CH_2 \right)_m O \right]_n$ 与二异氰酸酯 $(NCO)_2$ 缩聚而成，反应式为：

$$HO—R—OH + OCN—R'—NCO \longrightarrow \left[O—R—O—CO—NH—R'—NH—CO \right]_n$$

该聚合物含有软段与硬段两部分。软段由聚醚与氨基甲酸酯结合而成，硬段由氨基甲酸与脲结合而成，两者各自成独立区域，呈微相分离结构，一般称此种相分离聚氨酯为 SPU。SPU 具有很好的血液相容性，当控制聚合物含水率 20%以下时，力学性能良好，医学上用作血管壁与人工心脏材料；当控制的软硬段不同比例时，可得到亲水性与亲脂性药物满意的渗透率，现有人用它做为十八甲炔诺酮与前列腺控释系统的载体。一般市场上聚氨酯标明聚醚型或聚酯型，而聚醚型 PU 更容易被水解，大部分用于控制释药系统上。

（三）聚原酸酯(polyortho esters)

聚原酸酯是利用二烯酮酸（diketene acetals）与二元醇缩聚而得：

$$CH_2{=}\underset{|}{\overset{OR}{\overset{|}{C}}}{-}OR'O{-}\overset{OR}{\overset{|}{C}}{=}CH_2 + HO{-}R''{-}OH \longrightarrow \left[O{-}\underset{CH_3}{\underset{|}{\overset{OR}{\overset{|}{C}}}}{-}O{-}R'{-}O{-}\underset{CH_3}{\underset{|}{\overset{OR}{\overset{|}{C}}}}{-}O{-}R'' \right]_n$$

该聚合物特点是水解受酸催化，而在碱性中较稳定。可利用这一性质，制成只需聚合物表面腐蚀降解，而尽量维持内部不降解的装置。如将聚合物与药物及微粉化的碳酸钠（10％ *W*/ *W*）均匀混合，加热软化成型后，使聚合物内部较稳定 ，表面不断降解，药物不断释出；另一方面，碳酸钠在聚合物内部产生渗透压，吸收水分使盐溶解，形成药物扩散孔道，补偿了因表面积减少释药速率下降部分，使整个装置得到零级释放效果。

（四）聚酸酐(polyanhydride)与聚多酸(polyacids)

1．聚酸酐概况

聚酸酐的研究工作早在20世纪80年代，以美国麻省理工学院教授Langer等人率先开始研究。他利用聚酸酐的不稳定性开发了可生物降解高分子材料，并成功地用于药物控制释放领域，从此开创了聚酸酐研究和应用的新纪元。现在许多不同性能的聚酸酐用作药物控制释放的开发研究。业已报道，有的已经获得美国食品与药物管理局(FDA)批准临床使用。

聚酸酐是单体通过酸酐键相连的聚合物，酸酐键不稳定，遇水水解为羧酸：

$$\left[CO{-}R_1{-}CO\right]_x O \left[CO{-}R_2{-}CO{-}O\right]_y \xrightarrow{H_2O}$$

$$\left[CO{-}R_1{-}CO{-}O\right]_x H + H\left[O{-}CO{-}R_2{-}CO{-}O\right]_y$$

其中，R_1、R_2可以是芳香族、脂肪族、杂环，如癸二酸(sebacic acid，SA)，1，3－双(对羧基苯氧基)丙烷[1，3－bis(p-carboxyphenoxy) propane，CPP]，富马酸(Fumaric acid ，FA)，对苯二甲酸(terephthalic acid)等单体，缩聚而得，它们的结构：

$\left[CO{-}(CH_2)_m{-}COO\right]_n$　　$m=4$，(PAA)；　$m=8$，(PSA)

$\left[CO{-}CH{=}CH{-}COO\right]_n$　　PFA

$\left[CO{-}(CH_2)_n{-}O{-}C_6H_4{-}COO\right]_m$　　$n=4$，聚对羧基苯氧基戊酸酐(PCPV)

2．聚酸酐的降解

聚酸酐的降解速率可以通过调节主链上的化学结构与组成加以改变。一般说来，疏水性越强，降解速率越慢。对于均聚物而言，脂肪族聚酸酐几天就能完全降解，而疏水性较强的芳香聚酸酐则需数年方可完全降解。对于共聚物而言，引入不同含量的脂肪二酸和芳香二酸链段可改变共聚物的疏、亲水性、结晶度，从而达到实现对降解速率的控制和药物释放速率的控制。共聚物的降解速率通常介于相应的均聚物之间，且取决于各组分含量。根据目前查到的文献，改变聚酸酐降解速率方法，归纳起来有以下 3 种：

(1) 选用不同的脂肪二酸单体即脂肪酸二聚体 FAD，与其他脂肪酸或芳香酸单体进行共聚。

Domb 等人用蓖麻油酸为原料，同马来酸酐反应制备相应的脂肪二酸单体，再与癸二酸(SA)单体共聚，得到一种低熔点、疏水、柔顺、生物相容性好的生物可降解的共聚酸酐材料，材料在 4～6 周内完全降解。Domb 等认为，由天然脂肪酸制备的平均分子量在 10000 左右聚酸酐，是一类生物相容性好、易于降解为天然脂肪酸的聚合物，这些疏水性的脂肪酸本身是人体体液成分之一；另一个优点，它可以通过控制脂肪酸的疏水性来调节降解及释药速率，如利用单官能团的脂肪酸作为终止剂，合成了两端为脂肪酸片断的聚癸二酸酐 PSA：

$$CH_3-(CH_2)_x-\overset{O}{\overset{\|}{C}}+O-\overset{O}{\overset{\|}{C}}-(CH_2)_8-\overset{O}{\overset{\|}{C}}\frac{}{}]_nO-\overset{O}{\overset{\|}{C}}-(CH_2)_x-CH_3 \quad n=25\sim50$$

不用脂肪酸封端的 PSA 在小鼠体内 2 周即完全降解，而经 30% 硬脂酸封端后疏水性提高了，小鼠体内十周才能完全降解。

此外，聚合物的结晶度也是影响降解速率的一个重要因素。结晶区分子链排列紧密，水不易渗透，因此，降解多是先从无定型态区开始，最后逐步向结晶区扩展。Langer 等用 X 放射线、DSC 和 ^1H-NMR 等测试手段，对 SA 和 CPP 的均聚物及其不同组分比的共聚物进行分析研究，发现 SA 或 CPP 含量高的共聚物结晶度高，而等摩尔比的共聚物则为无定型共聚物，PSA 或 SA 含量高的共聚物其降解速率均低于等摩尔的 P(CPP-SA)。

线性脂肪聚酸酐缺点：易结晶、脆、不能完全表面降解，如果引入芳香二酸共聚，可克服相应均聚物的不足，但会导致共聚物的非线性降解。为此，Langer 等人合成了脂肪-芳香二酸单体，然后进行均聚，得到一类新型聚酸酐：

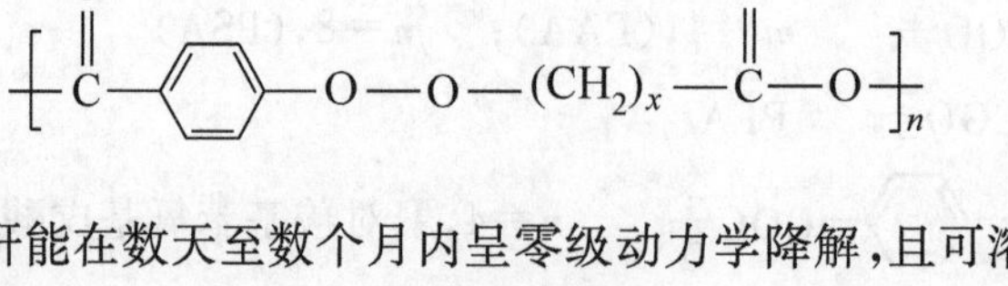

$$\left[\overset{O}{\overset{\|}{C}}-C_6H_4-O-O-(CH_2)_x-\overset{O}{\overset{\|}{C}}-O\right]_n \quad x=1, 4.7$$

这类酸酐能在数天至数个月内呈零级动力学降解，且可溶于普通有机溶剂，熔点低，易加工。

(2) 在聚酸酐主链上引入其他可降解链段

Domb 等用丁二酸酐将天然氨基酸转化为二酸再聚合为聚酰胺酸酐：

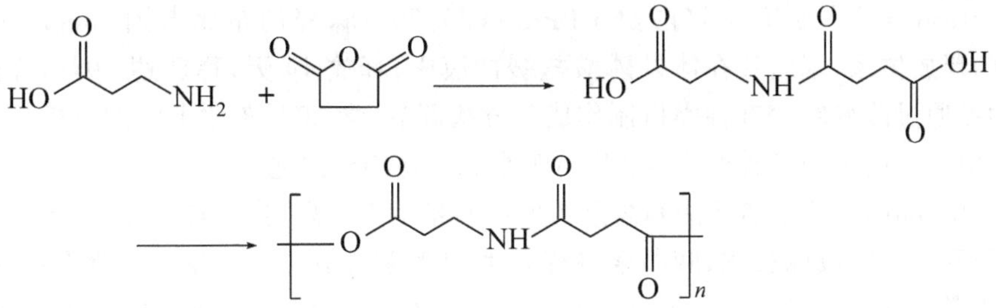

其降解产物为无毒的天然氨基酸,由于酰胺键的引入使得聚合物机械与物理性能大为改善。尤为重要的是,许多氨基酸是具有生物活性的药物,因此用这种方法可以释放出具有药效的氨基酸。

卓仁禧等分别用丁二酸酐和脂肪族二元醇,对羟基乙氧基苯甲酸和二酰氯反应,得到含酯键的二羧酸,经熔融缩聚得到聚酯酸酐。因酯键部分水解比酸酐键慢,故降低了聚酸酐的降解速率,从而实现了理想的表面溶蚀,有效地控制药物按零级动力学释放。

朱康杰等将端基羧酸化的 PEG 与癸二酸(SA)缩合共聚,在聚酸酐主链中引入亲水的 PEG 链段,所得共聚酸酐的加工性能良好,具有低的玻璃化转变温度和结晶度,降解速率得以提高,可调节共聚物的组分,使聚合物在几天至数周完全降解,材料内部的 pH 值低,可用于多肽和蛋白类药物的脉冲释放体系。

(3) 用两种生物相容、无毒的可降解分子材料共混

选用不同结构的生物可降解材料进行共混,并调整共混体系组分的比例,达到对材料降解速率的调控。Domb 等把聚酸酐与聚酯类可降解材料进行共混,并对材料间的相容性与释药行为进行了探讨,其结果是:

① 聚酸酐间可以按照任何比例互混(完全相容);

② 分子量低于 2000 的聚酯可与脂肪、芳香聚酸酐形成均匀的共混物,共混物具有原组分的熔点,而高分子量 PLGA、PCL 与聚酸酐完全不相容;

③ PLGA、聚羟基丁酸(PHB)、聚原酸酯和 PCL 聚酯间可以按任何比例互混,但聚原酸酯与 PLGA 完全不相容;

④ PHB、聚原酸酯与聚酸酐部分相容;

⑤ 共混改变了组分的降解和释药行为。

3. 聚酸酐在现代药剂学中的应用

由于聚酸酐具有优异的表面溶蚀性和生物相容性,近年来,许多工作者用不同种类的酸为单体,聚合成含不同碳链结构且软硬段不同的聚酸酐。它们应用在暂时性骨骼固定,药物控制释放,组织工程等方面取得可喜成果。如 Langer 等人开发脂肪酸二聚体酸酐(PFAD)具有良好释药与机械性能,作为庆大霉素植入体治疗骨髓炎。

Masters 等人研究了聚酸酐 CPP-SA(20:80)/麻醉剂布比卡因(Bupivacaine-HCL)释放体系,基质片在体外磷酸盐缓冲液中,释放 14 天,释药达 90%,释药动力学可通过改变麻醉剂种类机制作成型方法调节,含 20%布比卡因的热熔成型基质片植入大白鼠坐骨神经旁,4d 后可观察到可逆神经阻塞。

Mathiowite 等用热熔法和溶剂挥发法制备了聚酸酐-胰岛素微球,白鼠试验表明,经两种加工成球过程,胰岛素保持活性,使病鼠能在 3~4d 维持正常血糖水平;Domb 等人用载有 2%~20%甲氨喋呤(MTX)的 P(FAD-SA)聚酸酐基质片,用于头部与颈部肿瘤治疗。

另外,在外科脑手术切除肿瘤后,用载有卡莫司汀(Carmustine,BCNU)的 P(CPP-SA)聚酸酐植入颅内,缓慢释放 28 天,以杀死残留癌细胞。该研究已于世界 60 余家医院临床治疗脑肿瘤患者。

Laurencint 等研究了聚酸酐对骨髓炎的治疗。骨髓炎是十分难治的骨科疾病,目前主要采用大剂量的抗生素,或手术切除等。由于药物很难在感染部位到达所需的浓度,治疗效果不佳。也有用含有抗生素的 PMMA 骨水泥植入体系,在感染部位直接释药,但需二次手术取出,而生物可降解的聚酸酐克服了这一缺点。庆大霉素/聚酸酐治疗骨髓炎,动物实验效果良好,目前已进入临床实验。

Laurencint 等还用聚酸酐为载体,将软骨生成蛋白、生骨蛋白或 TGF-B、EGF、FEF 等水溶性蛋白引入体内,用于治疗骨创伤,促进伤口愈合。从牛骨中提取的水溶性软骨生成蛋白和生骨蛋白与 $4mol\cdot L^{-1}$ 盐酸胍一起,以 60%含量与 PCPP 压片,植入小鼠体内能够诱导软骨与骨的生成。

Taxoi 是一种新的抗肿瘤药物,临床试验证明它对卵巢癌、乳房癌和肺癌疗效显著;但用于脑肿瘤时,由于不能通过血脑屏障,限制了它的应用。

Watter 等用 P(CPP-SA)(20:80)基质片包含 20%~40% Taxoil,植入白鼠颅内试验。结果表明,接种有神经胶质瘤的大白鼠植入基质片后,存活期比对照组延长了近 2 倍。

此外,另一类为聚合物酸酐,其结构如下:

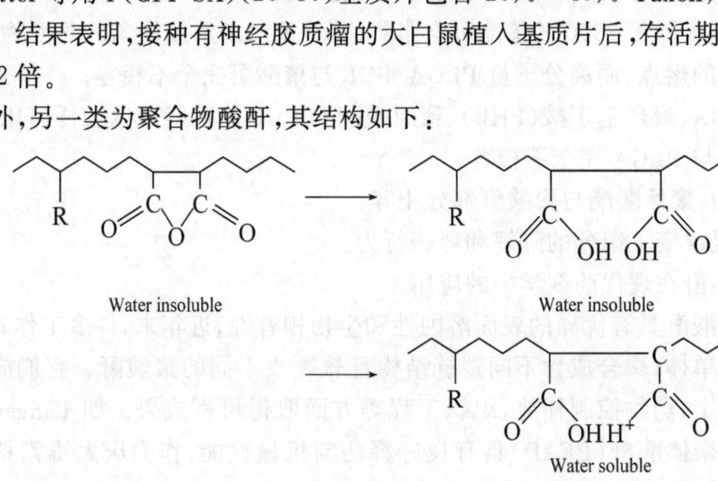

R C O C O O → R C O OH C OH O

Water insoluble　　Water insoluble

→ R C O OH H^+ C O C

Water soluble

聚合物酸酐遇水后变为聚多酸，再电离出氢离子，此时，H^+ 又可催化加速上述聚酸酐键断裂。该降解机理为表面腐蚀降解，降解速率受周围介质中水的含量控制，酸酐溶解是以幂次方速率进行。

在酸溶液中羧基被质子化，聚合物为不溶于水。在碱性溶液中，羧基离子化，变为水可溶性聚合物。链段上的 R 基团结构决定了聚合物的疏水性，如果 R 是疏水性很强基团，需要更多的羧基电离，此时需要更高的 pH 溶液才能使该聚合物溶解；反之，只需少数羧基电离，低的 pH 溶液就可使聚合物溶解。这一类聚合物溶解的另一个特征是溶解产物为高分子聚合物，它很难从本体聚合物中扩散出去。因此，聚酸酐与聚多酸是表面腐蚀型聚合物。

这类聚合物研究较多的是马来酸酐甲基乙烯酯共聚物（malaic anhydride methyl vinyl esters copolymers）。酸酐可通过与醇反应开环变成各种亲水性能不同的半酯，如：

$$\left[-CH_2-CH(O-CH_3)-CH(C(=O))-CH(C(=O))-\right]_n \ (\text{两个 C=O 经 O 相连成环}) \xrightarrow{ROH} \left[-CH_2-CH(O-CH_3)-CH(C(=O)OH)-CH(C(=O)OR)-\right]_n$$

R=—CH_3，—C_2H_5，—C_3H_7 等，随着酯基中 R 的碳链增长，表面腐蚀程度减弱（图 6－3）。

聚合物吸水性能与 pH 关系（图 6－27）。在 pH 值较低时羧基全部质子化。随着 pH 增加，羧基部分电离，吸水增加，当 pH 升至某一数值时，曲线出现转折点，此时，羧基全部电离，并开始聚合物的溶解。如果 R 基团的碳链越长，该转折点 pH

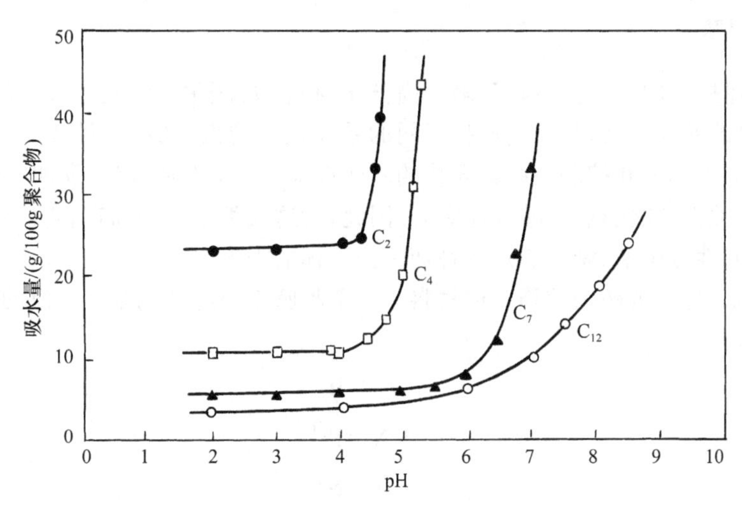

图 6－27　聚合物吸水性能与 pH 关系

值越高。现代药剂学利用聚合物溶解对 pH 的依赖性这一特点，设计了胃不溶片，即在 pH 为 1～2 时不溶，在小肠中 pH＝5～7 时可溶解。典型的例子是肠溶片阿斯匹林制剂就是用该材料进行镀层的，其血药浓度峰值明显推迟(图 6－28)。

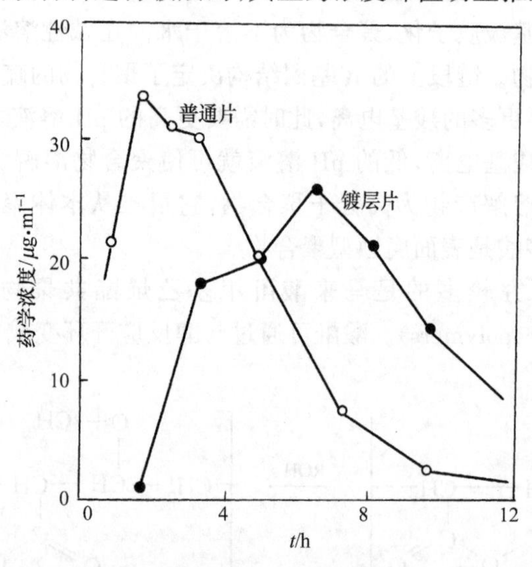

图 6－28　肠溶性阿斯匹林片与普通片药学浓度曲线

这种聚多酸不仅可做镀层材料，也可以作为药物分散的整体基质。由于它具表面腐蚀特征，导致释放药物速率的恒定。但需提醒注意的是，聚多酸电离反应即降解是可逆的，离解下来的质子可重新结合到羧基上而使表面腐蚀变慢，因此腐蚀速率不仅决定于溶液中 pH 值，也决定于溶液搅拌速度。

三、聚膦腈

上述提到的一大批生物降解型高分子材料，如，聚酯、聚氨基酸、聚酸酐、聚原酸酯、聚碳酸酯等，都是通过选择不同的单体进行均聚，或以两种或两种以上单体进行共聚来调节和控制最终聚合物的降解性能(如水解或酶解)及加工性能(如溶解性、熔蚀性、软化点、机械性能等)。因此，就这几类聚合物而言，它们的性能可控性或可调性范围窄，难以满足各种药物控缓释的需求。

近来，另一类药物控释载体材料——聚膦腈正引起药剂学界广泛的兴趣，其结构式为：

$$\left[N = \underset{R'}{\overset{R}{\underset{|}{\overset{|}{P}}}} \right]_n$$

聚膦腈是一族由交替的氮磷原子以交替的单键、双键构成主链的高分子。通过侧链衍生化，引入具有不同性能的有机基团 R 与 R′，使其材料的理化性能、降解性能变化范围更广，可根据需要做成各种药物释放系统的载体。从这一点上说，它比前面几类生物可降解材料更为优越。

另外，聚膦腈的生物相容性好，据 Allcock H.R.等报道，其生物相容性优于硅橡胶。聚膦腈的生物降解产物为氨、磷酸及侧基。

自 20 世纪 70 年代美国的 Allcock 小组首先将生物可降解型聚膦腈引入药物控释领域。随后，日本、韩国、意大利也相继做了许多工作；我国浙江大学朱康杰教授等在这方面也开展了一些工作。

(一) 聚膦腈分类

按照聚膦腈的亲、疏水性，我们可将其分为疏水性线型聚膦腈与膦腈水凝胶两大类。

(1) 疏水性线型聚膦腈

考虑到聚膦腈降解后产物对人体的作用，侧基多采用氨基酸类基因，如甘氨酸、丙氨酸、苯丙氨酸、缬氨酸的甲酯、乙酯、叔丁酯、苄酯等。侧基的选择是根据以下几个原则：①聚合物的水解产物氨基酸酯、氨基酸和醇对人体无害；②氨基酸酯化后只剩一个亲核基团，取代反应过程中不会使聚合物交联；③氨基酸酯的酯键水解，能促进整个聚合物(主链)的水解；④可以通过氨基酸酯的结构变化来调节聚合物的聚集态和亲疏水性，从而调节聚合物的降解性，如取代基体积最小的甘氨酸甲酯聚膦腈，T_g 低(=－24℃)，在生理条件下水解速度最快，浸泡 1500h 分子量降至原来的 22%；而取代基体积较大的苯丙氨酸甲酯聚膦腈，T_g 为 98℃，水解速度要比它慢一半。

20 世纪 90 年代初，Allcock 小组合成了侧基为 2-羟基丙酸酯钠盐及羟基乙酸酯钠盐取代的聚膦腈。该聚合物完全是非晶形的弹性体，而聚 2-羟基丙酸(PLA)和聚羟基乙酸(PGA)及两者共聚物(PLGA)是半晶型的医用高分子材料。虽然它们已得到美国 FDA 认可，但水解速度慢，容易在体内滞留；而羟基乙酸乙酯钠盐聚膦腈，在 37℃、pH=7.4 的 PBS 中 500h 分子量即可降至原来的 20%，比聚酯类材料降解速度要快得多。

(2) 聚膦腈水凝胶

根据制备方法的不同，聚膦腈水凝胶大致分为以下 3 类：

① 离子交联水凝胶。Allcock 和 Langer 曾用 Ca^{2+} 离子交联制备了对羟基苯甲酸聚膦腈水凝胶。这种方法的优点是制备简单，特别对多肽、蛋白类药物包埋不会导致生物大分子在包埋过程中活性的丧失。制备时只需在对羟基苯甲酸聚膦腈钠盐的水溶液中滴加 $CaCl_2$ 水溶液，即可形成钙离子交联的水凝胶微球。而水凝胶的交联度，决定于钙离子的浓度，是控制释药速度的重要因素。

② 辐射交联水凝胶。聚膦腈的无机主链在γ射线、X射线、UV光照射下都很稳定。如果在侧基引入辐射敏感基团，就能用辐射方法交联，交联密度可由辐射强度调节，如侧基由$—OCH_2CH_2OCH_2CH_2OCH_3$取代的聚膦腈MEEP，侧基含有C—H或C—C键，辐射引发碳自由基进一步交联，形成水凝胶。该聚合物在水中具有最低临界温度LCST，当温度低于LCST时，MEEP侧基的氧和主链的氮可与水形成氢键，聚合物溶于水，凝胶吸水膨胀；当温度高于LCST时，氢键破裂，聚合物从水中沉淀出来，凝胶收缩。这个过程可随温度的交替变化，可重复交替出现。

③ 化学物质交联。侧基为甘油的聚膦腈$\left[R=CH(OH)CH(OH)CH(OH) \right]$水溶液与交联剂己二酰氯或己二异氰酸酯作用形成水凝胶。若将药物与聚膦腈水液混合，通过交联即可直接形成药物水凝胶。

(二) 聚膦腈的基本合成方法

聚膦腈合成方法，概括起来，有两条基本途径：一条是从五氯化磷与氯化铵反应，纯化后得环状的氯代膦腈三聚体，环侧链经其他基团修饰后热开环聚合得到聚膦腈；另一条途径是由环状的氯代膦腈三聚体，先合成长链的聚合物，再进行侧链修饰(见图6-29)。

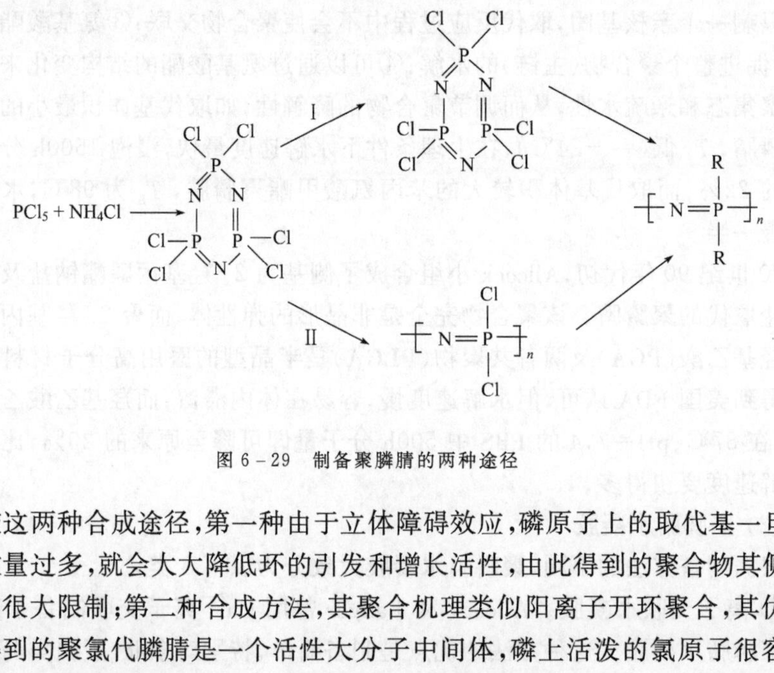

$PCl_5 + NH_4Cl \longrightarrow$ (环状氯代膦腈三聚体) $\xrightarrow{\text{I}}$ (侧基修饰的环状三聚体) $\longrightarrow \left[N=PR_2 \right]_n$

(环状氯代膦腈三聚体) $\xrightarrow{\text{II}} \left[N=PCl_2 \right]_n \longrightarrow \left[N=PR_2 \right]_n$

图6-29 制备聚膦腈的两种途径

比较这两种合成途径，第一种由于立体障碍效应，磷原子上的取代基一旦体积过大或数量过多，就会大大降低环的引发和增长活性，由此得到的聚合物其侧基取代率受到很大限制；第二种合成方法，其聚合机理类似阳离子开环聚合，其优点是开环后得到的聚氯代膦腈是一个活性大分子中间体，磷上活泼的氯原子很容易通过亲核取代反应被烷氧基、伯胺、仲胺所取代，得到侧链含一种取代基的聚膦腈衍生物，如表6-1。如果要得到混合取代基的聚膦腈，则可以用两种不同亲核试剂同时竞争取代，或两种不同亲核试剂以一定先后顺序取代。

表 6-1 单取代基聚膦腈的性质

聚膦腈	T_g/℃	T_m/℃	形态(25℃)	溶剂
$[NP(OMe)_2]_n$	−76		弹性体	甲醇
$[NP(OCH_2CF_3)_2]_n$	−66	242	热塑体	丙酮,THF
$[NP(OPh)_2]_n$	−8	390	热塑体	苯
$[NP(OC_6H_4F-P)_2]_n$	−14		热塑体	THF
$[NP(OC_6H_4Me-P)_2]_n$	−0.36	340	热塑体	THF,$CHCl_3$
$\{NP[OCH_2CH(OH)CH_2(OH)]_2\}_n$	−19.2		弹性体	水
$[NP(OCH_2COOC_2H_5)_2]_n$	0		弹性体	THF
$[NP(NHMe)_2]_n$	14	140	热塑体	苯
$[NP(NEt_2)Cl]_n$			弹性体	苯
$[NP(NHPh)_2]_n$	91～105		玻璃体	苯
$[NP(NHCH_2COOC_2H_5)_2]_n$	−40		弹性体	苯,THF
$\{NP[NHCH(C_6H_5)COOC_2H_5]_2\}_n$	68	158	玻璃体	苯,THF

(三)聚膦腈在控缓释制剂中的应用

疏水性线型聚膦腈一般可做为储蓄式、均混式或聚合物前药 3 种控缓释制剂的载体,如,Allcock 小组以 ethacrynic acid 和 Biebrich Sarlet 为模药,分别以甘氨酸乙酯、丙氨酸乙酯、丙氨酸苄酯聚代聚膦腈为载体,体外释药曲线表现出初期以扩散控制机制为主,后期以载体降解释药机理为主的释药曲线特征,即释药初期 3 种载体释药速率无明显差异,而后期表现为取代基体积小的,T_g 低的聚膦腈释药速率快的特征。

对于混合取代的聚膦腈,可通过选择不同种类的取代基与不同比例的取代基,以调节聚合物的降解性能与加工性能。荷兰 Goedemoed 小组制备的 Melphalan——聚膦腈(50%甘氨酸乙酯,50%谷氨酸乙酯)埋植剂与微球,控制 Melphalan 持续释放,治疗肿瘤;韩国的 Moon 和 Park 用相同的材料,制备了类似的 Haloxone 持续释放植入剂,用于戒毒;意大利的 Caliceti P.制备了抗癌药秋水克辛碱——聚膦腈(80%苯丙氨酸乙酯,20%咪唑)药膜,研究了聚合物降解与释药的关系。近年来还报道了胰岛素聚膦腈体系,有效地控制血糖浓度;Allcock 也报道了大分子模型药物菊糖从聚膦腈微球中缓释情况。

聚膦腈水凝胶比较适合于均混型释放体系,它的优点是:①药物与聚合物直接混合后,凝胶化成形,条件温和;②该系统释药速度可由水凝胶的交联密度加以调节；③如果水凝胶具有最低临界溶液温度（LCST），则系统受温度控制，具有温度敏感型智能化释药倾向，如果聚膦腈侧基具有 pH 依赖性的降解特征，则该系统具有 pH 敏感的智能化释药倾向。如我国浙江大学朱康杰小组用聚甘氨酸乙酯-co-甘氨氧肟酸苯甲酯膦腈（PGBP）为载药层，该载药层具有强烈的 pH 敏感降解性，隔离层用疏水的聚酸酐[聚癸二酸 PSA 和聚（偏苯酰亚胺-甘氨酸-co-癸二酸酐-b-聚乙二醇）三元共聚物]PSTP 为隔离层组成的层状程序式脉冲释药系统（PPDDS），以考马斯亮蓝、荧光葡聚糖和肌红蛋白为模药，表现出很好的脉冲释药性能。

Allcock 和 Alexander 等在 20 世纪 90 年代初期受海藻酸钠-Ca^{2+} 交联水凝胶启发，在聚膦腈氮磷交替的主链上接入对羟基苯甲酸基团，所生成的聚合物可在 $CaCl_2$ 溶液中发生凝胶化成囊。朱康杰等合成了侧基含对氨基苯甲酸基团的聚膦腈（PABP）用 Ca^{2+} 离子交联，并在其中添加适量（2.5%～5%）明胶，制备水凝胶微囊，使肌红蛋白模药包封率高达 95%左右，且释药受微囊溶蚀控制，表现出 pH 响应性，pH 7.4 和 8.0 时 2～3 天内释药完毕。

还有一种是聚膦腈高分子前体药物，简称前药。20 世纪 70 年代中期 Allcock 小组成功地制备了第一个聚膦腈前药：顺铂——聚膦腈衍生物，他选用水溶性甲氨基（—$NHCH_3$）聚膦腈为载体，药理研究表明，具有明显的抗癌效果。目前这一类前药连接方法有两种：一种是用药物中含有亲核官能团，直接与聚膦腈的活性氯原子反应形成前药，如含有羟基的甾体药物；另一种是将药物通过一个短臂间接与聚膦腈相连，但由于前体药物在载药量、释药速率等方面存在许多问题，它的研究不如聚膦腈单独作为载体来得成熟。

第六节 溶蚀型水凝胶

水凝胶分为溶胀型凝胶与溶蚀型凝胶（Erodible hydrogels）两种，前者为交联、水溶胀而不降解的聚合物（下一章讨论）；后者在溶胀过程中水凝胶主链或交联链发生降解形成水溶性分子，当主链断裂时生成小分子水溶性物质（ⅢB 型），交联键断裂时，生成水溶性高分子物质（ⅢA 型）。它们都属于本章第二节中提到的第三类型降解（图 6-30）。

这一类水凝胶不适合于做低分子量水溶性药物的载体，因为释药太快；它只适用于不溶性药物，如甾族化合物或高分子量药物如胰岛素、酶与疫苗等。

由 *N*-乙烯基吡咯酮（*N*-vinylpyrrolidone）或丙烯酰胺（acrylamide）与 *N*,*N′*-亚甲基对丙烯酸酰胺（*N*, *N′*-methylene bis-acrylamide）共聚形成的水溶胶，属于ⅢA型。它缓慢水解亚甲基，产生甲醛与大分子：

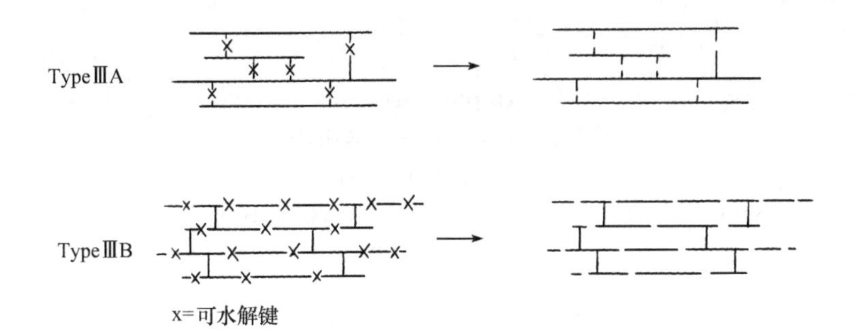

图 6 - 30　水凝胶降解类型示意图

$$
\begin{array}{c}
-(CH_2-\underset{|}{CH})_n-CH_2-CH-(CH_2\underset{|}{CH})_n- \\
R \qquad\quad C{=}O \qquad\quad R \\
NH \\
CH_2 \\
NH \\
C{=}O \\
-(CH_2-\underset{|}{CH})_n-CH_2-CH-(CH_2\underset{|}{CH})_n- \\
R \qquad\qquad\qquad\qquad R
\end{array}
\longrightarrow
\begin{array}{c}
-(CH_2-\underset{|}{CH})_n-CH_2-CH-(CH_2-\underset{|}{CH})_n- \\
R \qquad\quad C{=}O \qquad\quad R \\
NH_2 \\
\\
O \\
\| \\
H-C-H \\
\\
NH_2 \\
C{=}O \\
-(CH_2-\underset{|}{CH})_n-CH_2-CH-(CH_2-\underset{|}{CH})_n- \\
R \qquad\qquad\qquad\qquad R
\end{array}
$$

R= (N-连接的吡咯烷酮环) for *N*-vinylpyrrolidone　　$= -\overset{\overset{O}{\|}}{C}-NH$ for Acrylamide

这一类聚合物降解与交联剂用量紧密相关。当交联剂用量超过 1%～2%时就形成溶胀型水凝胶。用量为 0.3%～0.6%时，完全溶蚀时间为 2～10 天左右。对于ⅢA 型降解水凝胶，主链长短对释药有很大影响，典型的例子是用这种材料做成胰岛素埋植剂，给糖尿病大鼠皮下植入后，用 25%单体丙烯酰胺交联而成聚合物，几天内全部释完胰岛素，而用 40%浓度单位形成聚合物有效降血糖可达 20 天，尽管它们用的交联剂浓度(2%)与胰岛素量完全一样(10mg)(见图 6 - 31)。

Heller 等人制备了主干可水解的ⅢB 溶蚀型水凝胶，预聚物用含乙烯基的聚酯，它由不饱和二酸如富马酸（fumaric acid）与二元醇如低分子量聚乙二醇酯化，然后用乙烯基吡咯烷酮(vinylprrolidone，VP)交联不饱和预聚物。交联过程如下：

$$\left[\overset{\displaystyle O}{\overset{\|}{C}}-CH{=}CH-\overset{\displaystyle O}{\overset{\|}{C}}-O(CH_2CH_2O)_x\right]_n \xrightarrow{VP} \left[\overset{\displaystyle O}{\overset{\|}{C}}-\underset{\displaystyle (VP)_n}{\overset{\displaystyle (VP)_n}{\overset{|}{CH}}}-\underset{\displaystyle (VP)_n}{\underset{|}{CH}}-\overset{\displaystyle O}{\overset{\|}{C}}-O(CH_2CH_2O)_x\right]_n$$

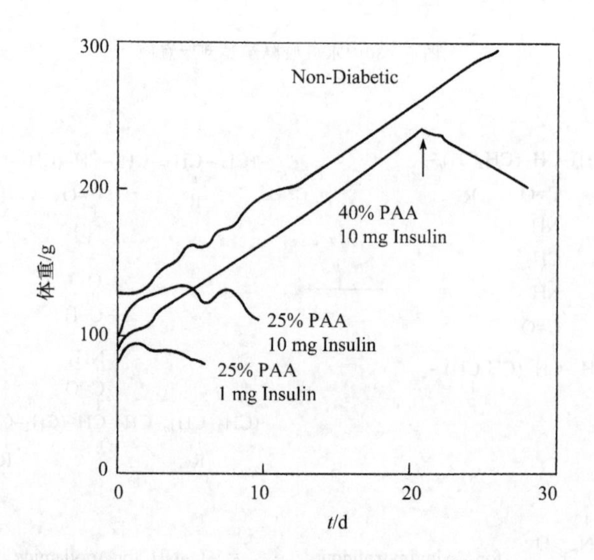

图 6-31　胰岛素植入棒中，不同 PAA 交联剂浓度对糖尿病鼠生长的影响

水解时链断裂在酯键地方，生成聚氧乙烯与连位的羧基功能团的乙烯吡咯烷酮；降解速率可以通过两种途径调节：一种是改变交联密度；另一种是改变临近羧基的吸电子基团位置，如使用二羧基酸 HOOC—R—COOH 调节，其中 R 为 —CH_2OCH_2—时，称二羟乙酸(diglycolic acid)；R 为—CO—时为酮丙二酸(ketomalonic acid)；R 为—CH_2CH_2CO—时为戊二酸(ketoglutaric acid)；R 为—CH ═CH—时为富马酸(Fumaric acid)。图 6-32 是用不同链段 R 基团构成的水凝胶用 60% VP 交联后做成的牛血清蛋白微球的释放曲线。由图可见，含酮基丙二酸链段水凝胶释药最快。

另一类是偶氮芳香族水凝胶(azo aromatic hydrogels)。以聚丙烯酸-丙烯酰胺共聚物为主链，以偶氮苯衍生物为交联剂，聚合成水凝胶类化合物(见图6-33(a))。主链对 pH 值具有敏感性，随着 pH 值增加而逐步溶胀。当该凝胶从胃经十二指肠到达结肠(pH=7.4)时，发生最大溶胀，结肠中偶氮还原酶渗入，N ═N键被还原断裂，从而达到药物的释放。该化合物降解程度很大程度上与凝胶溶胀性有关，降解

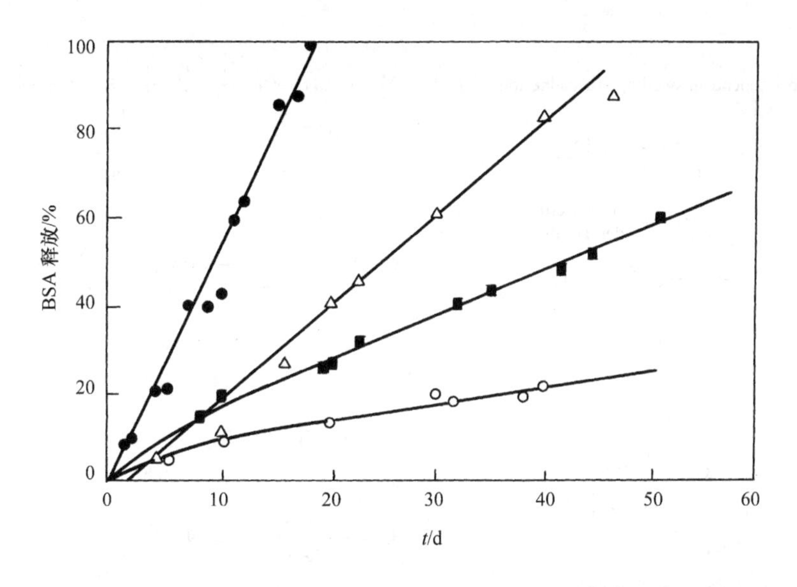

图 6－32 在 pH7.4 和 37℃下牛血清白蛋白微球释放曲线
（微球由 60％ *N*－乙烯基吡咯酮交联的不饱和聚酯制备的）
●酮丙二酸/富马酸(4∶1)；△戊二酸/富马酸(1∶1)；■二羟乙酸/富马酸(1∶1)，○富马酸

程度与交联程度呈反比。这一类化合物按合成方法分为 3 种：① 在偶氮交联剂存在下进行共聚；② 分步聚合，第一步先合成线性聚合物先驱体（precursors），第二步用偶氮交联剂交联；③ 用甲基丙烯酸羟乙酯（HEMA）与偶氮苯衍生物共聚，得到支链端基上偶氮N═N基团的接枝聚合物(图 6－33(b))。这 3 种方法合成的载体区别是：第一种方法类似整体降解过程（bulk-degradation）；而第二种与第三种方法主要以表面腐蚀为主（surface erosion process）。而第一、二种方法，交联密度太高时不易彻底降解。Shanta 等用第三种聚合方法包埋的抗癌药物 5－氟脲嘧啶（5－fluorouracil)在人的粪便介质（fecal medium）中零级释放 4h，释放药物达总量 80％。主要缺点是降解物质为小分子苯胺（aniline），对人体有毒性作用。这类载体的缺点是载药量低，这是由于制作时药物靠浸泡吸入凝胶内，或在聚合前将药物加入单体中然后再聚合的缘故。这一类聚合物主要用作结肠定位释药系统（colon site-specific drug delivery system，CSS-DDS）的载体，但从制剂学角度考虑，它不是首选的载体。

Safferan 和他的同事用交联剂 4，4′-二乙烯基偶氮苯（4，4′- divinylazobenzene，DVB）存在下共聚 HEMA 与苯乙烯，得到共聚物，主要作为 CSS-DDS 系统的包衣材料（见图 6－34）。用该种材料包裹胰岛素（insulin）或加压素（vasopressin），大鼠服后 5h 出现低血糖或抗利尿现象，这段时间正好与药物从胃到结肠转运时间一致。另外，非常明显的例子是，不同种类狗服用镀有偶氮聚合物的胰岛素胶囊后，

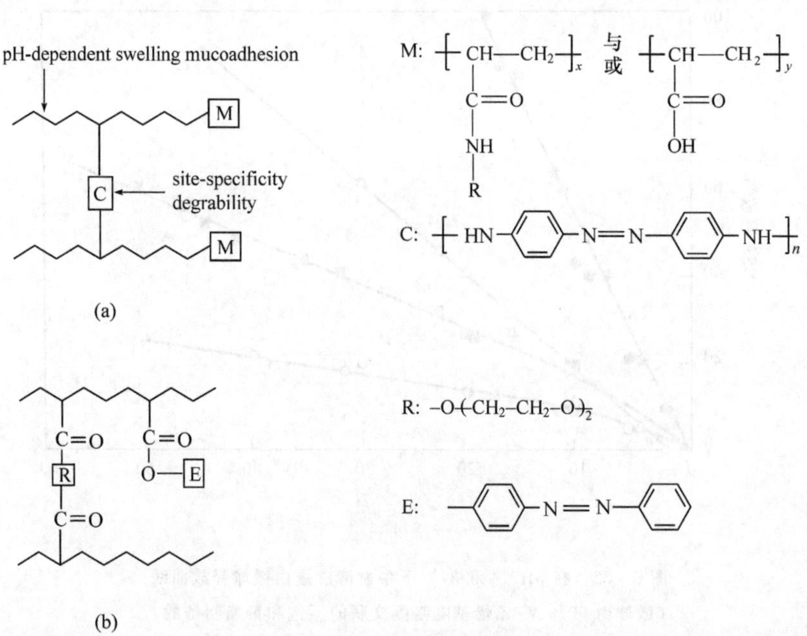

图 6-33　偶氮水凝胶

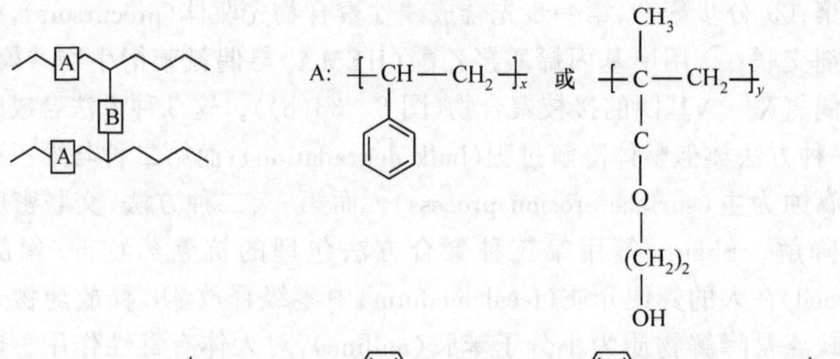

图 6-34　包衣用的偶氮聚合物

血中葡萄糖水平明显低于不用偶氮聚合物镀的胰岛素胶囊对照组。

这类化合物在结肠中降解,主要不是取决于交联基团的强度,而在于材料本身的亲疏水性。聚合物亲疏水性成分的比例,在选择系统时非常重要。疏水成分大,可耐受上胃肠道的介质环境。在主链中加入聚甲基丙烯酸则水溶性很差,且溶胀性取决于 pH 值。这类可溶性聚合物缺点是,在用双功能偶氮芳香基团化合物交联成膜时,反应完全程度难以控制,缺乏重现性,使二乙烯基偶氮单体残留于其中。

为解决上述问题 Van den Mooter G 等提出合成聚醚聚酯偶氮线型聚合物[poly(ether ester)azopolymer](见图 6－35),48h 在盲肠内容物中降解后,链中偶氮基团浓度平均少于 60％,以该材料镀布洛芬(inbupofen)胶囊,在小鼠回盲部内容物中释放率明显高于对照品。

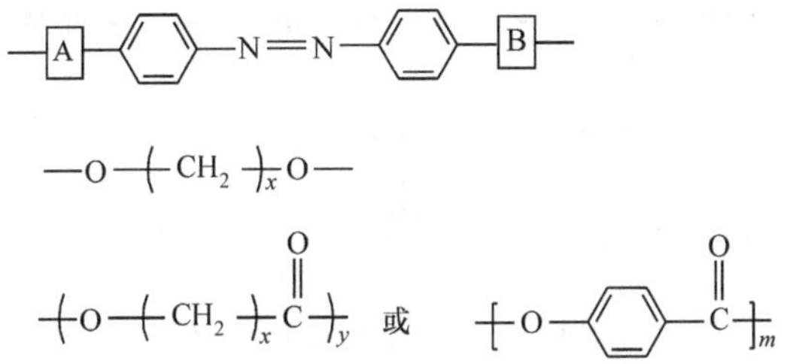

$$-\boxed{A}-C_6H_4-N=N-C_6H_4-\boxed{B}-$$

$$A:\quad -O-(CH_2)_x-O-$$

$$B:\quad -[O-(CH_2)_x-\overset{O}{\overset{\|}{C}}]_y-\quad 或\quad -[O-C_6H_4-\overset{O}{\overset{\|}{C}}]_m-$$

图 6－35　聚醚、聚酯偶氮线型聚合物

Kimura 等人提出用芳香偶氮(A)、亲水性聚氧乙烯(polyoxyethylene)(B)与疏水性聚氨酯 PU (C)三嵌段组成聚合物(图 6－36)作为镀膜,这一类聚合物特点可选择不同长度链段 A、B 或 C,控制降解性能与亲疏水性能。

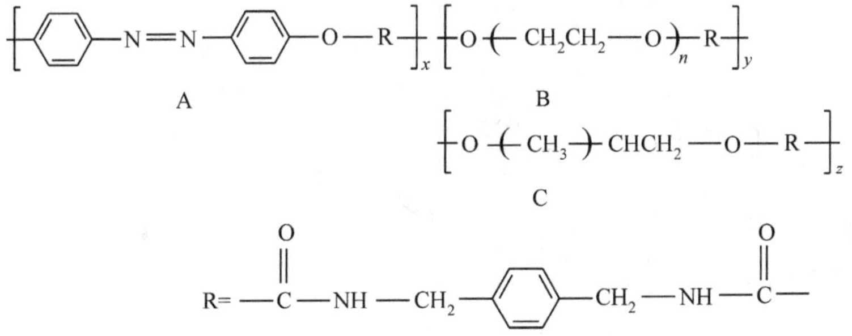

$$\underset{A}{-[C_6H_4-N=N-C_6H_4-O-R]_x-}\quad \underset{B}{-[O-(CH_2CH_2-O)_n-R]_y-}$$

$$\underset{C}{-[O-(CH_3)-CHCH_2-O-R]_z-}$$

$$R= -\overset{O}{\overset{\|}{C}}-NH-CH_2-C_6H_4-CH_2-NH-\overset{O}{\overset{\|}{C}}-$$

图 6－36　含偶氮的聚氨基甲酸乙酯

第七节　可降解的聚剂

聚剂(polyagents)是指活性剂(active agent)(在药剂学中指的是药物)以化学键形式联结在可降解材料上,有时这种聚剂以它的聚合物形式呈现生物活性。但一般说来,大部分情况下,在聚合物降解释放出活性剂时才产生生物活性;后者情况药剂学上又称为前体药物(prodrug),这一系统释放活性剂形式是复杂的。但限定速率的关键步骤通常是活性剂连接在聚合物上的不稳定键,而活性剂从聚合物基质扩散到外部溶液的扩散速率相比之下是快的。每一种聚剂系统对于每一种活性剂都必须精心设计键接方式。这种聚剂系统的好处在于可得到相对高的活性剂载量，聚合物降解后活性剂浓度可达10%～100%。

这种聚剂的结构类型分类可用图6-37表示。

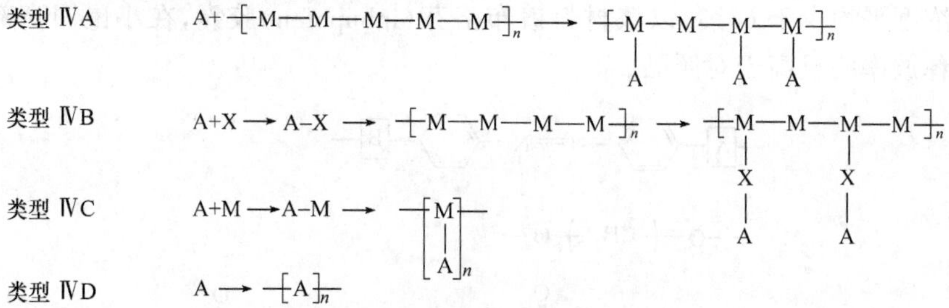

类型ⅣA　A+ $\left[M—M—M—M—M \right]_n$ ⟶ $\left[M—M—M—M \right]_n$（M上连接A）

类型ⅣB　A+X ⟶ A–X ⟶ $\left[M—M—M—M \right]_n$ ⟶ $\left[M—M—M—M \right]_n$（M上连接X—A）

类型ⅣC　A+M ⟶ A–M ⟶ $\left[M(A) \right]_n$

类型ⅣD　A ⟶ $\left[A \right]_n$

图6-37　聚剂的结构类型分类

A代表活性剂；M为可聚合的单体；X为不稳定键接基团

第一种方法例子是类型ⅣA，活性剂A包含有稳定活性基团如，—COOH，—OH或—NH_2，直接键接到适当的聚合物主链上，典型的例子是杀虫剂2,4-二氯酚乙酸（2,4-dichlorophenoxy acetic acid，缩写为2,4-D），它是通过酯键与聚合物主干的羟基相联。

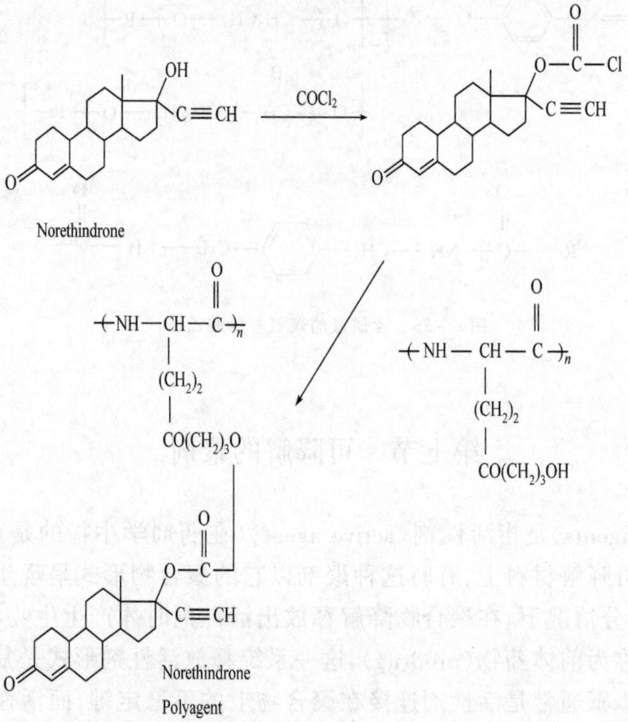

图6-38　按炔诺酮聚剂类型ⅣB合成的路线

第二种方法，如果活性剂没有适当的反应基团，可采取图 6－37 的类型ⅣB，活性剂 A 首先衍生，即与带有不稳定的 X 基团相连，然后再与聚合物载体反应，像甾族类聚剂就是用这种方法制备的，例如，炔诺酮（norethindrone）药物先制备成甲酰氯衍生物再与聚－ N－（3－羟丙基）－L 谷酰胺（poly-N-L-glufamine）形成聚剂（图 6－38），在体内释放曲线见图 6－39。

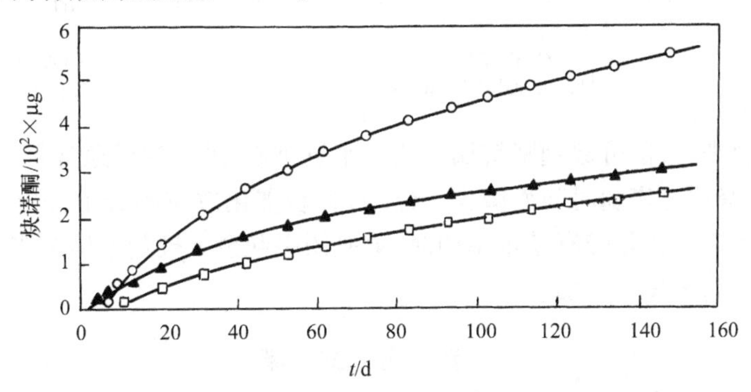

图 6－39　在类型ⅣB 的聚剂系统中，炔诺酮的体外释放曲线

第三种方法，通过加入含乙烯基的基团，将活性剂转变为聚合物的衍生物，成为均聚物或共聚物，这种方法就是图 6－37 中所示的类型ⅣC，它已广泛用于医药中，也已用于杀虫剂、除草剂中。这种方法的主要问题是聚剂降解速率较慢，例如，聚（2，4－D）衍生物几个月后只释放总量的百分之几，然而，如果选择合适的共聚物与聚合的单体可得到理想释放速率，如，2－acrylogloxyethyl，2.4－dichlorophenoxy acetate 与三甲基胺-甲基丙烯酰胺（trimethylamine methacrylamide）（65∶35）共聚物，释放 2，4－D 除莠剂 300 余天的曲线见图 6－40。

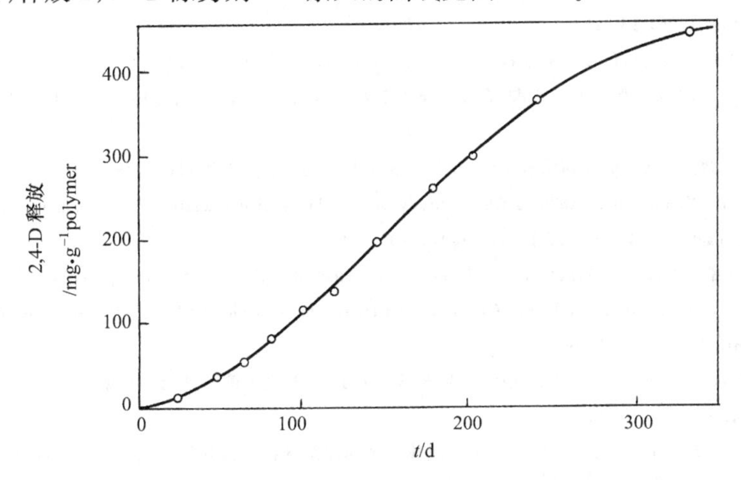

图 6－40　在类型Ⅳ. 聚剂系统中 N－甲基胺-甲基丙烯酰胺共聚物的水解

最后一种方法即图 6-37 中类型 D。活性剂本身直接聚合为合适的均聚物或共聚物。这种活性剂必须具有双功能团，如除莠剂 picloram，结构如下：

Backbone ~COOH + H_2N—CH(CH$_3$)COOCH$_2$CH(NHCOCHCl$_2$)CH(OH)—C_6H_4—NO_2 → Backbone ~CONHCH(CH$_3$)COOCH$_2$CH(NHCOCHCl$_2$)CH(OH)—C_6H_4—NO_2

Ester of Alanine and Chloramphenicol　　Amide/Ester Polyagent

一般说来，大部分聚剂降解属于均一水解机制，虽然我们通常希望随着可降解键的减少，释放速率随时间而减少。然而，自动催化效应起着十分重要作用，特别是当水解反应产物是带有亲水基团时，该基团引起余下聚剂本体溶胀，这就引起释放速率随时间增长而增加。

参 考 文 献

[1] Baker R. Controlled release of biologically active agents, a wileyinterscience publication. New York: John Wiley & Sons, 1986

[2] Pitt C G, Chasalaw F L and Schinder A. Aliphatic polyester. 1. The degradation of Poly(ε-caprolactone) in vivo. J Appl. Polym Sci, 1981, 26: 3779

[3] 宋存先，杨菁，孙洪范等．左炔诺孕酮长效缓释埋植剂．结构特征的研究和体内外药物释放的长期观察．中国生物医学工程学报，1999，18(1)：22

[4] 陈建海，宜为民，姜彩玉等．钛酸丁酯催化 ε-己内酯聚合的研究．高分子学报，1993，3：356

[5] 陈建海．D，L-聚丙交酯，L-聚丙交酯与聚己内酯的酯交换．功能高分子学报，1990，3(4)：279

[6] 陈建海，姜彩玉．硝苯吡啶微球的制作与表征．高分子材料科学与工程，1992，8(6)：113

[7] Pouton C W, Akhtar S. Biosynthetic polyhydroxyalkanoates and their potential in drug delivery. Advanced Drug Del. Rev, 1996, 18: 133

[8] Koosha F, Davis S S. Polyhydroxybutyrate as a drug carrier, 1989, 6(2): 117

[9] 朱颐申，胡一桥，查晶．聚乳酸及乳酸/羟基乙酸共聚物微球研究进展．中国药科大学学报，1999，30(1)：73

[10] 陈建海．生物材料 PCL 的晶体结构．高分子材料科学与生物工程，1995，11(1)：79

[11] Jianhai Chen, Yimin Chen, Zhiliang Chen. Study on two kinds of degradation mechanism for biomaterials poly(ε-caprolactone). J Med Coll PLA, 1999, 14(3): 176

[12] Embleton J K and Tighe B J. Polymer for biodegradable medical devices. J Microencapsulation, 1993, 10: 341

[13] Bissery M C, et al. Fate and effect of CCNU-loaded microspheres made of PLA or PHB in mice. Proc. Int. Symp, Contr Rel. Bioact. Mater. 12: 69

[14] 陈建海，Washinton W C，陈志良．地西泮-聚羟基丁酸酯-羟基戊酸酯共聚物缓释微球制备与性质．中国药学杂志，2000，35(4)：244

[15] 陈建海，陈志良，侯连兵．以 PHBV/PLA 为载体的地西泮缓释微球体外释放度的研究．中国药科大学学报，2000，2：12

[16] 陈建海，陈昆，Shgufta．地西泮-新型可降解聚酯材料缓释微球的研制．药学学报，2000，35(8)：613

[17] 陈建海.生物降解聚酯材料 L-PLA 与 ε-PCL 共混行为的研究.国防科技大学学报,1991,13(4):83

[18] Brode G L. Lactone polymerization and polymer properties. J Macromol Sci-Chem, 1972, A 6 (6):1109

[19] Kricheldorf H R and Kreiser I. Polylactones. 13.Transesterifications of poly(L-lactide) with poly(glycolide),poly(β-propiolactone) and poly(ε-caprolactone).J.Macromol Sci-Chem 1987, A 24(11):1345

[20] Koleske J V. Blends containing poly(ε-caprolactone) and related polymers.in Polymer Blends. London: Academic Press, 1978.369

[21] Menei, P, Daniel V, Montero-Menei, C, et al . Biodegradation and brain tissue reaction to poly(D,L-Lactide-co-glycolide) microspheres. Biomaterials, 1993,14(6):470

[22] Hsieh S T. Controlled Release Systems. Fabrication Technology. Boca Raton, Florida: CRC Press Inc,1988

[23] Chen J H, Davis S S. Structural morphology & release performance of particles based on poly(hydroxybutyrate-hydroxyvalerate)and gelatin biomaterials. J Molecular Sci, 1999,15(4):188

[24] Michel C, Aprahamian M Defontaine L, et al. The effect of site of administration in the gastrointestinal tract on the absorption of insulin from nanocapsules in diabetic rats. J Pharm Pharmacol. 1991, 43(1): 1

[25] 张强,廖工铁. 庆大霉素聚氰基丙烯酸丁酯毫微球冻干注射剂的制备及其特性.中国医药工业杂志,1995,26(7):302

[26] Anden Mooter G, Maris B, Samyn C, et al. Use of azo polymers for colon-specific drug delivery. J Pharm Sci, 1997,86(2):1321

[27] Ashford M, et al. Studies on pectin formulations for colonic drug delivery. J Contr Rel, 1994,30:225

[28] Kalala W, et al. Colonic drug-targeting: in vitro release of ibuprofen from capsules coated with poly(ether-ester) azopolymers. Int J Pharm, 1996,139:187

[29] Kakoulides E P, Smart J D, Tsibouklis J. Azocrosslinked poly(acrylic acid) for colonic delivery and adhesion specificity. J Contr Rel, 1998, 52(3): 291

[30] Rosen H B, Chang J, Wnek G E,et al. Biomaterials, 1993,4:131

[31] Gao J M, Niklason L, Zhao X M, et al. Surface modification of polyanhydride microspheres. J Pharm Sci, 1998, 87(2): 246

[32] Domb A J and Longer R. J Polym Sci, Part A: Polymer Chemistry, 1987,25:3373

[33] Leong K W, Kost J, Mathiowitz E, et al. Biomaterials, 1986,7:364

[34] Eyal Ron Edith Mathiowitz, George Mathiowitz, Abram Domb. Macromolecules, 1991,24:2278

[35] Abraham J Domb and Raphael Nudelman. J Polym Sci, Part A:Polymer Chemistry, 1995,33:717

[36] Doron Teomin and Abraham J Domb. J Polym Sci, Part A: Polymer Chemistry, 1999,37:3337

[37] Achim Gopferich and Lobert Ranger. J Polym Sci, Part A: Polymer Chemistry. 1993,31:2445

[38] Edith Mathiowitz, Eyal Ron, Geoge Mathiowitz, et al. Macromolecules, 1990,23:3212

[39] Abraham J Domb, Carlos F, Gallardo ,et al. Macromolecules, 1989, 22:3200

[40] Abraham Domb. Biomaterials, 1990,11:686

[41] 胡远华,卓仁禧. 高等学校化学学报,1997,11(18):1888

[42] 傅杰,卓仁禧,范昌烈. 高等学校化学学报,1998,5(19):813

[43] Jiang H L, Zhu K J. Polymer lnternational, 1999,48:47

[44] Jiang H L, Zhu K J. Inter. J of Pharmaceutics, 2000,194:51

[45] Allcock H R. Macromolecular and materials design using polyphosphazenes. Polym Prepr, 1993,34(1):261

[46] Allcock H R. Water soluble polyphosphazenes and their hydrogels. Polym Mater Sci, Eng, 1993,69:98～99

[47] Allcock H R.Functional Polyphosphazene. Polym Mater Sci Eng,1997,76:49～50

[48] Caliceti P, et al. Polyphosphazene microspheres for insulin release. Proc Int Symp Controlled Bioact Mater, 1997,24:509～510

[49] Ibim S M, Ambrosio A A, et al. Controlled macromolecule release from poly(phosphazene) matrices. J Contr Rel, 1996,40:31～39

[50] L Y Qiu and Zhu K J. Novel biodegradable Polyphosphazenes containing glycine ethyl ester and benzyl ester of amino acethydroxamic acid as cosubstitunts: Synthesis, characterization and degradation properties. J Appl Polym Sci, 2000,77:2987

[51] Qiu L Y and Zhu K J. Novel blends of poly[bis(glycine ethyl ester) phosphazene] and polyesters or polyanthdrides compatibility and degradation characteristics in vitro. Polymer Inter, 2000,49: 1283～1288

[52] Zhu K J, Lin Xiang Zhou and Yang Shilin. Preparation, characterization and properties of polylactide-poly (ethylene glycol) copolymers: A potential Drug carrier. J Appl Polym Sci, 1990,39:1～9

[53] Xiangwei Li, Jing Xiao, Xianmo Deng, et al. Preparation of biodegeadable polymer microspheres encapsulating protein with micron sizes. J Appl Polym Sci, 1997,66:583～590

(陈建海)

第七章　药用水凝胶材料

水凝胶(hydrophilic gel; hydrogel)是亲水化合物遇水后发生水化作用形成的凝胶。以水凝胶为基质的缓释控释剂型,如胃滞留控释系统、凝胶骨架片、脉冲式与自调式释药系统、生物黏附片等,得到了深入的研究。很多药物均可作为水凝胶给药系统的模型药物,水凝胶在现代药学中可作为许多制剂的载体,具有广泛的应用前景。

第一节　水凝胶的基本结构与特性

水凝胶是一些高聚物(这里只讨论有机高聚物)吸收大量水分形成的溶胀交联状态的半固体物,其交联的方式有离子键、共价键及次价力,如范德华力和氢键等。

一、水凝胶的结构

(一) 线性高分子的水凝胶

一般线型的高分子材料在有限量的溶剂或不良溶剂中只发生有限溶胀,即材料吸收的溶剂量不再增加而达到平衡,形成包含有溶剂分子的两相状态,即高分子凝胶。此时,分子链处于较伸展状态,但分子间的相互作用仍很强。这种物理交联在一定的条件下,还比较牢固,有类似网状交联高分子的特征,溶剂分子被固定在网格中不能自由流动,有一定强度、弹性或可塑性等。这种物理交联主要依赖于分子间的范德华引力,当外界条件如温度、溶剂量等发生变化时,链间空间增大,链段作用力变小,以致于物理交联破坏,凝胶分子完全分散到溶剂中,形成溶液或溶胶;如果外界条件产生逆转,它们又可能回到凝胶状态。如:明胶在水中加热溶解,冷却后又回复到凝胶状态;聚乙烯在液体石腊中加热溶解,冷却后即形成疏水凝胶;相反,Polozamer 407 冷藏时易溶于水,温度上升至 40℃时,变为凝胶。

有些高分子材料在接触溶剂时,材料外层首先迅速溶胀与溶解,并形成高黏度的凝胶层,阻滞溶剂分子进一步扩散入材料的内部,造成材料内部不溶胀,如,聚乙烯醇与羧甲基纤维素钠等水溶性高分子材料必须先用冷水分散与润湿,然后才能加热溶解。

线性高分子材料的凝胶具有能变性、弹性和黏性,但强度一般较低,它们可因加热或加入电解质等而发生脱水收缩形成干胶。药剂学中常控制一定脱水速度制作胶囊与膜片,如明胶空胶囊与聚乙烯醇 PVA 膜剂等。

（二）网络水凝胶

如果线性高分子用某种交联剂交联，如 PVA 凝胶中加入硼砂，水凝胶单体通过加入交联剂或辐照技术发生交联。这种交联一般通过共价键或离子键交联，形成比较稳定的水凝胶网络结构，这种凝胶称为不溶性水凝胶。这种水凝胶吸收水分有个极限量，且只溶胀而不溶解(不包含溶蚀型水凝胶在内)。

当聚合物材料与水介质接触时，进入水凝胶结构中的水分子处于三种不同物理状态，这三种物理状态分别是：

1. 结合水：水分子以氢键形式牢固地与聚合物中大量亲水极性基团结合；
2. 界面水：水分子以范德华力等微弱相互作用力绕聚合物非极性基团排列；
3. 游离水：水分子仅仅分布在聚合物链间网络中，自由扩散不受聚合物的影响，这部分水分子对材料溶胀体积起主要作用。

实验证明了水凝胶中三种类型水分子的存在，这三种状态的水在水凝胶处于冷冻状态时表现各自不同的物理性质，如，不同的凝固点与熔点等。

不同状态的水引起聚合物溶胀体积变化也不同，结合水几乎不引起材料体积的变化，也观察不到水的结冰与导电性的变化，只有游离状态的水才对溶胀体积有明显作用。

一般来说，聚合物交联度越高，其吸水性能越低。但这只适合于聚合物吸收游离状态水的情况，对于聚合物吸水量处于结合水量范围内，只要交联键未改变大分子链极性，则吸水量与交联度几乎无关，如聚羟乙基甲基丙烯酸酯(P-HEMA)在吸水量低于 7%时与交联度无关。

水凝胶中结合水的数量主要取决于大分子链中极性基团的数量，所以，改变聚合物中极性基团数量与种类将大大改变水凝胶的吸水性。如果聚合物中含有可电离的基团，如—NH_2—COOH等，则水凝胶的吸水量还与水性介质中 pH 等因素直接相关，这可能与介质促进或抑制基团解离结果有关。

不溶性水凝胶虽然不溶解，但可溶胀，其溶胀性和材料与介质相容性有紧密相关。如选择介质的溶解度参数与材料的溶解度相近时，往往得到最大的溶胀，如聚甲基丙烯酰胺用水-丙酮混合溶剂为介质时的溶胀量约是单独以水为介质溶胀量的 350 倍，就是一个典型例子。

二、药用水凝胶的特性

（一）亲水性

水凝胶中亲水基—OH、—COOH、—CONH—、—$CONH_2$ 等的存在，使水凝胶在生理温度、体内 pH 及离子强度下可吸水膨胀 10%～98%。这一性质可有效促进疏水性药物的溶解，并确保水凝胶其他特殊性质的发挥。

（二）生物相容性

在现代药用高分子材料中，水凝胶材料应用广泛，其重要原因之一是它具有良好的生物相容性。

水凝胶具有良好的生物相容性的原因是，聚合物网络中吸收了大量的水分子，并较大程度上伸展了被交联的大分子链，使整个材料具备了一种流体的性质，这与机体中组织很相似，柔软、润滑的表面提供了与组织表面亲和的环境。

另一个原因是制备凝胶过程中残留的单体、引发剂及副产物等杂质在纯化凝胶过程中易被清除，因为凝胶具有多孔，大孔网络，水或其他溶剂易于通过，杂质不易被包埋其中。而这些杂质又是导致生物相容性差的主要原因。

（三）多效能

它有优良的理化性能和生物学特性，可控制药物释放，并具有生物降解性、生物黏附作用。有些水凝胶材料还具有 pH 敏感性、温度敏感性等性能。

（四）多用途

因为水凝胶优良的理化性质，所以不仅可被制成传统剂型，如：片剂、胶囊剂、软膏；还可被广泛用于多种新型给药系统，如胃漂浮给药制剂、生物黏附制剂、脉冲给药制剂、药物自调给药体系等。并且，水凝胶给药体系可通过多种方式和途径给药，如通过口腔黏膜、消化道、直肠、阴道给药，还可以通过鼻腔、眼部、皮肤给药，所以使用灵活、方便。

（五）水凝胶制剂的高效性能

水凝胶制剂具有良好的缓释、控释效果，可有效延长药物在体内的吸收，提高生物利用度。而且，部分水凝胶制剂可以根据生命节律调节药物释放，以最大限度地发挥药物效能及降低副作用。

第二节　水凝胶给药系统的种类

一、水凝胶材料分类

（一）按水凝胶骨架形成结构来分

可分为线性高分子水凝胶与交联网络型高分子水凝胶。前者具有溶胀-溶解特征，并具有可逆性；后者只有有限度的溶胀，而不溶解。

（二）按水凝胶中分子链的降解性来分

可分为溶蚀型与不溶型水凝胶。前者交联键或分子链是由不稳定键形成，在特殊介质环境中可降解成“碎片”，具有不可逆性，这在第六章中已叙述，后者由稳定的交联键形成，不可降解。

（三）按水凝胶材料来源

可分为：

1．天然材料，如：天然胶、果胶、阿拉伯胶、魔芋胶（Kon-Jacbel）、藻酸盐、琼脂、瓜耳树胶、西黄蓍胶、明胶等。

2．改性材料，如淀粉及其衍生物、纤维素衍生物：甲基纤维素（MC）、羟乙基纤维素（HEC）、羟丙甲纤维素（HPMC）、羟丙纤维素（HPC）、羧甲基纤维素（CMC）、羧甲基纤维素钠（CMC-Na）、非纤维素多糖类、壳多糖、脱乙酰壳聚糖、半乳糖、甘露聚糖。

3．合成材料：乙烯类：聚乙烯醇（PVA）、聚乙烯吡咯烷酮（PVP）、丙烯酸及其酯类、聚甲基丙烯酸羟乙酯（P-HEMA）、Polycarbophil、卡波姆（Carbomer）、丙烯酸树脂、聚丙烯酰胺类（PAAm）；其他类型：聚乙二醇（PEG）。

（四）按材料在药剂学中作用来分

1．控释片中骨架材料
2．膜控片及控释小丸的包衣材料
3．胃滞留控释制剂中基材
4．生物黏附材料（膜剂）
5．埋植剂
6．其他

二、药用水凝胶在给药系统中释药机理

水凝胶材料可被应用于多种给药系统中，制成不同的剂型。由于剂型和给药方式的不同，药物在体内的释药方式也不同。根据药物在体内不同的释药方式，把水凝胶给药系统分为以下三类[2]：

（一）遵循 Fick 扩散定律

根据药物在所设计的释药系统中与给药或释药部位生理环境中的溶解度、分配系数、扩散常数及扩散屏障等参数设计，使水凝胶给药系统用于机体后按接近恒速释药。一般将药物均匀分散在高分子骨架材料中，利用扩散方式转运的药物，释

药前期为恒速,中后期由于药物负荷量减少,药物扩散空间增大,释药速率不呈恒速,系统中释出的药量是时间平方根的函数。下面以水凝胶骨架片为例进行讨论。

水凝胶骨架片遇水性介质(消化液),片剂表面药物很快溶解,然后片剂与水性介质交界处的胶体由于水合作用而呈凝胶状,在片剂周围形成一道稠厚的凝胶屏障,内部药物缓慢扩散至表面层而溶于介质中。当骨架中固体药尚未完全溶于骨架内介质中时,药物释放量可用修改的 Higuchi 方程表示:

$$Q = D_e/\gamma[(2C/V - \varepsilon C_s)t]^{1/2} \tag{7-1}$$

式中, Q 为时间 t 时的单位面积的药物释放量(g/cm^2); D_e 为药物扩散系数(cm^2/s); γ 为基质中微细孔道的扭曲系数; V 为水合骨架的有效容积。

若骨架中药物能完全溶解于水化凝胶层,则药物的释放量可用下面简化式表示:

$$Q = 2C_0/V(D_e t/\gamma\pi)^{1/2} \tag{7-2}$$

式中, C_0 为骨架中药物溶液的浓度。

陆锦芳等[3]制备了布洛芬-羟丙甲纤维素凝胶骨架片,并考察了 HPMC 的性质对骨架片释放度的影响。结果表明,该布洛芬骨架片的体外释放符合 Higuchi 方程。

杨文展等[4]研制了吡喹酮凝胶剂。通过均匀设计,确定了 1%吡喹酮凝胶剂中各溶剂所占的最佳比例:40%(W/W)丙二醇,45%(W/W)乙醇,5%(W/W)水。以卡波姆 940 为基质的 1%吡喹酮凝胶剂的体外经皮渗透实验结果表明,单位面积药物累积渗透量与时间有良好的线性关系,体外经皮渗透为零级过程。体外释药实验结果表明,药物释放符合 Higuchi 方程。

但实际上水凝胶骨架片的释药过程是骨架溶蚀和药物扩散的综合效应的过程。骨架片遇消化液首先表面润湿形成凝胶层,表面药物向消化液中扩散;凝胶层继续水化,骨架溶胀,凝胶层增厚延缓药物释放;片剂骨架同时溶蚀,水分向片芯渗透至骨架完全溶蚀,药物全部释放。水凝胶骨架片由于水溶性不同,药物释放机制也不同。对于水溶性药物主要以药物扩散为主;对难溶性药物则以骨架溶蚀为主。但它的释药特性均符合上述动力学过程,表现为先快后慢的现象。这是由于凝胶层逐渐增厚而使释药速率逐渐减慢所致,这对于临床使用该药物有一定益处。口服后表面药物的大量溶出,可使血药浓度迅速达到治疗浓度,而后的缓慢释放用于维持治疗浓度。为了探明凝胶骨架制剂的释药机制,20 世纪 80 年代 Peppas 在大量实验基础上总结了著名的 Peppas 方程[5]:

$$M_t/M_\infty = Kt^n \tag{7-3}$$

方程中 M_t/M_∞ 为药物在某一刻的累积释放百分率(以%表示); t 为释放时间; K 为常数,该常数随不同药物或不同处方以及不同释放条件而变化,其大小是表征释放速率大小的重要参数；n 为释放参数，该参数是 Peppas 方程中表征释放机制的特征参数，与制剂骨架的形状有关。比如，对于圆柱形制剂，Peppas 方程认为当 $0.45<n<0.89$ 时，药物释放机制为非 Fick 扩散（即药物扩散和骨架溶蚀协同作用）；当 $n<0.45$ 时，为 Fick 扩散；当 $n>0.89$ 时，为骨架溶蚀机制。

董志超等[5]以水溶性药物卡托普利和硫酸沙丁胺醇为模型药物，以 HPMC 为骨架基质制备了凝胶骨架片。该研究先对药物从骨架中释放的数据用 Higuchi 理论进行模拟，再用 Peppas 方程对药物释放机制进行讨论。结果通过对 Peppas 方程中 n 值的讨论，证实了水溶性药物从凝胶骨架中释放的机制为非 Fick 扩散。只有含量在 30%以上的 HPMC 构成的凝胶骨架才能阻滞水溶性药物的释放。随着骨架中 HPMC 含量的增加，药物释放逐渐减慢。骨架中 HPMC 含量的不同将使药物释放后期偏离 Higuchi 线形方程，但不会影响水溶性药物的释放机制。

（二）由给药系统在体内产生的理化能量为动力控制药物释放速率

其中，调节药物释放速率的物理能有磁场能、电场能、超声能等。高建青等[6]研究了双氯芬酸钠经皮离子导入凝胶。离子导入（iontophoresis）是利用电场促进药物离子通过皮肤转运的一种物理促透手段，可提高药物局部浓度，增强疗效。应用均匀设计法筛选得到透皮速率为 $116.8\pm21.9\mu g\cdot h^{-1}\cdot cm^{-2}$ 的双氯芬酸钠经皮离子导入处方，该凝胶外观及保湿性能较好。体外释药实验结果表明，凝胶呈零级释放。被动扩散时，凝胶释药速率为 $1190\pm230\mu g\cdot h^{-1}\cdot cm^{-2}$，2h 内释药约 31.3%。与药物凝胶经皮渗透速率相比，说明双氯芬酸钠经皮渗透的限速屏障主要为皮肤角质层而不是药物从凝胶中的释放。

Ito 等[7]报道了一种新型的磁性给药系统。将 HPC、CP-934 与药物及超细铁粉混合制成颗粒，在兔不麻醉的情况下通过胃插管灌入磁性颗粒，用外磁场定位 2min，2h 后几乎所有颗粒都定位于指定区域。

Zhang 等[8]研究了水凝胶促进大分子药物的渗透吸收。体外经皮渗透实验表明，用甲基纤维素凝胶超声耦合剂，同时使用频率为 20kHz、强度为 $0.2mW\cdot cm^{-2}$ 的超声波和 1Hz、0.1mA 的交流电对药物渗透进行触发，药物渗透系数为 $1.0\times10^{-2}\ cm\cdot L^{-1}$，比不用凝胶高 2 个数量级。

Lee[9]为了适应胃肠道 pH 值的改变会调节药物释放速率的特点，研制了一种能恒速释药的具有复合结构的阴离子凝胶小球。该小球由甲基丙烯酸甲酯（MMA）与甲基丙烯酸（MAA）的混合物以二甲基丙烯酸乙烯醇酯作交联剂聚合而成。呈光滑、透明、玻璃样的丙烯酸树脂（PMMA/MAA）小球经 $0.5mol\cdot L^{-1}$ NaOH 及 HCl 前后处理，使外层转为酸型（厚度为小球径的 20%），核心仍为钠盐。以盐酸氧烯洛尔（Oxprenolol）为模型药物，体外释药实验表明，在 pH 1.5 的介质中，凝胶小球释药 2h，释药速率低，然后在 pH 7.4 的缓冲液中释药则产生持续恒速释放。

在载药实验中，将小球浸于0.5%的药物溶液可得到大于20%的载药量，提示药物与凝胶间形成了络合物。该凝胶小球的表面为暂时性的释放层，释药时逐渐解离，以此补偿核心药物的减少，使释药保持恒速，从而避免具有不变控速膜释药体系通常所有的释药拖尾现象。

（三）利用人体生理物质作为触发剂的脉冲释药系统

利用人体生理物质（如酶或半抗原等）作为相应反馈效应的触发剂（triggering agent），引起凝胶给药系统周围体液环境（如pH）的改变，从而脉冲释放药物。其释药机制主要是聚合物的溶蚀、溶胀过程。

1．尿素-尿素酶调节系统　Heller等[10]将氢化可的松分散于聚乙烯醚-马来酸酐半酯共聚物中，包裹经过稳定化处理的脲酶。当尿素从外界扩散进入水凝胶，受脲酶作用代谢生成氨，使局部体液pH上升，促使容易在弱碱性环境中降解的骨架材料溶蚀，加快释药速率。体外实验表明，氢化可的松从此类*n*-已基半酯的圆形薄片的释放主要取决于外界尿素的存在与浓度。尽管该体系无治疗价值，但它是最早发表的化学控释自调式释药系统，证明了这一设想的可行性。

2．葡萄糖氧化酶调节系统　对于糖尿病的治疗，如果能随时需要随时补充则要比周期性地注射胰岛素好，因此由葡萄糖和葡萄糖氧化酶反应调节的胰岛素溶蚀性聚合物系统引起极大的关注。此种给药系统系葡萄糖和葡萄糖氧化酶反应产生葡萄糖酸，使pH下降，因此需要能随pH降低而增加溶蚀速率的聚合物。可用于此目的的可能聚合物为聚原酸酯，其主链上含有pH敏感的键。可先将药物与该聚合物的前体物质终端为乙烯酮缩乙二醇的前体聚合物混合，此混合物可在低至40℃时交联，然后再与三元醇交联制得交联的聚原酸酯。将胰岛素应用于该系统的研究结果表明，此种系统确有可能使胰岛素释放随外界pH很小的变化而变化。

3．抗体和半抗原作用控制的触发式释药　此类给药系统置于皮下或体内合适的部位，当周围组织中出现特殊的分子时它能进入系统，触发药物从系统中控速释放[11]。由于此系统要识别特异的触发分子，所以要有高度的选择性，而利用半抗原-抗体的相互作用可满足此要求。这种系统可用于戒鸦片成瘾患者的康复。鸦片成瘾患者经过治疗后，病人埋植含吗啡拮抗剂纳曲酮的系统，它可被吗啡触发，只要病人不用海洛因，此系统保持原状，纳曲酮不释放。但病人如用海洛因后，它在体内迅速代谢出吗啡，即可触发该系统释放出纳曲酮，置换受体中的吗啡，消除海洛因引起的欣快感等症状。

该系统由三个隔室组成：一是pH敏感的可溶性聚合物；二是由酶可降解酸性水凝胶包围的聚合物或是淀粉酶可降解的水凝胶；三是能可逆性失活的酶。三个部分协同作用以完成纳曲酮的触发式给药。

三、几种重要的药用水凝胶材料

水凝胶材料遇水或消化液发生膨胀，形成凝胶屏障而具控制药物溶出的性质。选择不同性能的材料及其与药物用量间的比例等可调节制剂的释药速率。材料的品种较多，下面列举常用的一些水凝胶材料。

（一）海藻酸钠（又称藻朊酸钠，sodium alginate 或 Kelcosol$(C_6H_7O_6Na)_n$）

它是从海藻得到的多聚物。将海带等褐藻类海藻切碎，洗涤，用碳酸钠或氢氧化钠中和，再将其压榨脱去甲醇，干燥后粉碎制得。本品为白色或淡黄色的粉末，几乎无臭，无味，有吸湿性，不溶于乙醇、乙醚或酸（pH＜3），溶于水成黏稠状液体，1%水溶液 pH 值为 6～8。

应用实例：硝酸异山梨醇、氯丙嗪和苯妥英钠等药物可用此骨架材料制成缓释片。将海藻酸钠与磷酸氢钙混合作为骨架材料再与药物混匀后，经制片工艺而得。所制备的长效片服后遇消化液时生成海藻酸钙凝胶，在胃液中不溶，在肠液中药物缓缓溶解扩散释出。如硝酸异山梨醇长效片（20mg/片），对控制心绞痛有较好的疗效，且副作用较小。

海藻酸钙（calcium alginate）是由亲水性胶态多聚糖海藻酸和氢氧化钙或碳酸钙反应制得，其凝胶小球溶胀受 pH 值的影响，可防止酸敏感性药物在胃中被降解，小球粒径约 1mm，可防止药物局部速释。另外，海藻酸钙小球制备不需有机溶剂，模型药物选择广泛，并且对皮肤和黏膜无刺激性，较安全。

（二）羟丙纤维素（HPC）

由碱性纤维素与环氧丙烷在高温高压下反应制得。本品为灰白色，无臭，无味的粉末，130℃软化，水溶液的 pH 值为 5～8.5，10%溶液的黏度不低于 0.145Pa·s，溶于温度低于 40℃的水中，而不溶于 50℃以上的水中，可溶于多种极性有机溶剂。本品也具有良好的成膜性质，将含本品 7%，含 NaOH 8%的黏胶液在 20% $(NH_4)_2SO_4$ 液中再生，可制得透明度好、厚薄均匀的有一定强度的低取代羟丙基纤维素（L-HPC）薄膜，可做药物载体与卡波普（Carbopol CP）配伍制成制剂接触薄膜，即吸收体液膨润粘着在黏膜上。利用此性质可制成生物黏附片，重要的是确定 HPC 与 CP 的配伍比例。如增加 HPC 的浓度，可加快药物释放，而且容易成型。如增加 CP 的浓度，则可提高水分的吸收量，进而增强黏膜的附着力。体外试验表明，HPC 和 CP 等量配比或 CP 量稍多时，效果良好。

（三）羧甲基纤维素钠（SCMC）

SCMC 是纤维素分子的羟基被羧甲基部分取代后的产物。本品为白色纤维状或颗粒状粉末，无臭，无味，极易溶于水，水溶液具黏性；不溶于乙醇、乙醚、丙酮等有机溶剂；1%水溶液 pH6.5～8.5。当 pH>10 或<5 时，本品胶液黏度显著下降。在 pH 7 左右时保护胶体性最差。构成纤维素的葡萄糖有 3 个醚化基，因此产品有不同的醚化度。醚化度 0.8 以上则耐酸性和耐盐性好。聚合度 200～500，M_r90000～700000。本品分为低黏度、中黏度、高黏度和特高黏度四个级别。对热较稳定，但在 20℃以下，黏度迅速上升，45℃则变化缓慢，80℃以上较长时间加热可使胶体变性而使黏度显著下降。SCMC 的高聚聚合物——交联羧甲基纤维素钠(CCNa)具有良好的流动性和吸水溶胀性。

（四）羟丙甲纤维素(hydroxypropyl methylcellulose，HPMC)

HPMC 是由适宜等级的甲基纤维素用氢氧化钠处理后在高温高压下与氧化丙烯反应，使甲基和羟丙基通过酯键连接于纤维素的无水葡萄糖环上。本品为白色至乳白色，无臭，无味，纤维状或颗粒状流动性粉末，在水中溶解形成澄明或乳白色具有黏性的胶体溶液。加热和冷却可在凝胶和溶液两种状态中互相转化。不溶于乙醇、氯仿和乙醚，可溶于甲醇和氯甲烷的混合溶剂中。有部分型号的产品可溶于 70%乙醇、丙酮、氯甲烷和异丙醇的混合溶剂以及其他有机溶剂。水溶液耐热，1%水溶液 pH 4～8。溶液在 pH 3.0～11.0 之间稳定。

目前国外市场药用规格的 HPMC 产品有下列品种可供应用参考(见表 7-1)。骨架材料常用 K 型，E 型常用于薄膜衣。应用实例，如萘普生骨架缓释片，取 HPMC(M_r 为 80000～130000)4%～9%，萘普生或其盐 81%～96%和润滑剂 0.1%～2%，制成含萘普生 500～1000mg 的缓释片，服用一次可维持体内有效治疗血药浓度达 24h 以上。由于缓释片内仅含有 4%～9%的 HPMC，片剂体积不大，病人完全可以接受，每日服用 1 片此种缓释片与日服 2 片普通萘普生片呈生物等效性。

表 7-1　药用规格的羟丙基甲基纤维素目录

产　品　名	用途，黏度/10^{-9}Pa·s
METHOCEL E4 CR PREMIUM	特级(控释用)粉状羟丙甲纤维素，4000
METHOCEL E10M CR PREMIUM	特级(控释用)粉状羟丙甲纤维素，10000
METHOCEL K100-LV PREMIUM	优级粉状羟丙甲纤维素，100
METHOCEL K100-LV CR PREMIUM	特级(控释用)粉状羟丙甲纤维素，100
METHOCEL K4M PREMIUM	优级粉状羟丙甲纤维素，4000
METHOCEL K4M CR PREMIUM	特级(控释用)粉状羟丙甲纤维素，4000
METHOCEL K15M PREMIUM	优级粉状羟丙甲纤维素，15000
METHOCEL K15M CR PREMIUM	特级(控释用)粉状羟丙甲纤维素，15000
METHOCEL K100M PREMIUM	优级粉状羟丙甲纤维素，100000
METHOCEL K100M CR PREMIUM	特级(控释用)粉状羟丙甲纤维素，100000

注：以上产品为美国药典及欧洲药典规格。

(五) 脱乙酰壳多糖(又称聚氨基葡糖、甲壳胺、商品名 Chitosan, Flonac N)

本品是由甲壳类动物(虾、蟹、乌贼等)的壳提取壳多糖依次用盐酸、氢氧化钠和过氧化氢处理脱乙酰化而得的 M_r 约 120000 的大分子物质:聚(2-氨基-2-去氧-D-葡萄糖),系一种阳离子聚合物,其商品含有 80%~85%的脱乙酰化合物,呈淡米色至微红色粉粒状(粒度<3mm),表观密度 0.15±0.005g/ml,含水量为10%,碱中可溶物或灰分 5.0%,黏度(在 1%乙醇溶液中的 1%浓度)2×10^{-6}~3×10^{-6}Pa·s 或(在 0.5%乙酸液中的 0.5%浓度)2×10^{-7}~5×10^{-7}Pa·s。

应用实例:阿司匹林缓释片:阿司匹林 40g,以 0.65%~11.8%的脱乙酰壳多糖溶液 9.8~42.1g 为黏合剂,制粒,压片。研究结果表明,增加或降低片剂中脱乙酰壳多糖的用量,改变试验用溶液的 pH 值,片剂释药速率均不变。

此外,难溶性的药物还有吲哚美辛和盐酸罂粟碱等以及水溶性的药物盐酸普奈洛尔等均可以用脱乙酰壳多糖为骨架材料制成缓释片。但含有脱乙酰壳多糖和乳糖为辅料的普奈洛尔骨架型缓释片经体外溶出表明,脱乙酰壳多糖的用量越大,药物溶出则越慢。研究还指出,这主要取决于骨架材料形成凝胶的程度,即与胃肠道内脱乙酰壳多糖能凝结成凝胶的性质有关。这些研究的结论与上述阿司匹林缓释片的研究结论似乎不一致,尚需进一步研究其原因。

(六) 聚乙烯醇(polyvinyl alcohol, PVA)

通式:$H \{ OCH_2CH_2 \}_n OH$,是由醋酸乙烯聚合得聚醋酸乙烯,再经醇解而得。$n=500\sim5000$,高黏度 M_r 为 200000,中黏度的为 130000,低黏度的为30000。本品为白色至米色无臭颗粒状粉末,具有很强的亲水性。200℃软化并分解,易溶于水,水温越高溶解越快,4%水溶液 pH 为 5~8,不溶于石油醚类溶剂。

应用实例:如氯苯那敏缓释片:氯苯那敏 1g,PVA 39g 和适量硬脂酸镁充分混匀后压片。体外实验表明,PVA 用作骨架材料,制剂含药量虽不同,但释药完全的时间均在 7~10h 之间,而普通片仅几分钟,且释药较平稳,可避免普通片释药太快所引起的过高的血药峰值,从而减少不良反应。

(七) 卡波姆(Carbopol)

又名 Carbomer, acrylic acid polymer, carboxyrinyl polymer, carboxy-poly-methylene carboxyrinyl polymer,是由丙烯酸与丙烯基蔗糖交联形成的高分子聚合物,简称 CP,实验式:$\{ C_3H_4O_2 \}_x \{ C_2H_5\cdot Sucrose \}_y$。本品为白色疏松、微有特臭、吸湿性强的粉末,堆密度为 1.4g/cm^3,真密度为 5g/cm^3,可用氢氧化钠、碳酸氢钠等碱性物质中和,并成澄清的黏稠凝胶,pH 6~12 时最为黏稠,具有增黏效果好,品质均一,比天然树脂纯度高,耐老化,黏性稳定,受温度影响小,不受微生物影响等特性。本品除有很好的黏性外,还具有良好的乳化性、助悬性和成膜性。作为膜剂时常与 HPC 配合应用。

CP 根据聚合度的不同,有多种型号,即 CP-910、CP-934、CP-934p、CP-940、CP-941、CP-1342。本品国产品分低黏度、中黏度和高黏度 3 种,分别相当于 CP-941、CP-934、CP-940 等国外产品,其中 CP-934 是当今公认为可作内服用的药品级树脂。

Guo[1]研究表明,在众多黏附材料中以卡波普(CP-934)的生物黏附性最强。本品对人体安全无刺激性、过敏性或变态反应;当 pH 值和浓度合适时,对眼、鼻黏膜等均无刺激性。

(八) 聚丙烯酰胺类

聚丙烯酰胺(polyacrylamide,PAAm)及其 *N*-取代衍生物水凝胶的制备,是以丙烯酰胺单体及适量交联剂在水溶液中经游离基聚合而成,常用交联剂有 *N*,*N*-亚甲基双丙烯酰胺,形成水凝胶透明度好,含水量>95%。

聚丙烯酰胺水凝胶研究最多的是 *N*-取代衍生物,特别是 *N*-异丙基丙烯酰胺(NIPAAm),它具有热敏性质,在 34℃左右具有可逆性的体积转变,即温度升高凝胶收缩,其网状结构中的溶剂即被挤出;如果药物是水溶性的,则可以利用温度波动引起热敏水凝胶可逆膨胀与收缩,控制药物的吸收与释放。维生素 B_{12}溶液(1mg/ml 的枸橼酸磷酸盐缓冲液,pH=7.4)在聚异丙基丙烯酰胺(IPAAm)凝胶中释放就是一个典型例子。

IPAAm 还可以与其他聚合物单体共聚,作成膜热敏型控释系统,该系统利用膜膨胀控制药物分子的透过性,其机理分为两种:Ⅰ型与Ⅱ型 。

Ⅰ型特点是退胀时(deswelling)药物透过性低,膨胀时透过性大;Ⅱ型的特性是,收缩时透过性大,膨胀时透过性小。这是由于物理化学结合力改变了膜的孔隙率大小,即当圆形膜外周大小固定时,收缩引起径向张力,孔增大,如 IPAAm 和甲基丙烯酸丁酯(BMA)的无规共聚物,体现出开关式调节,在 20℃与 30℃间膨胀与收缩动力学。

Ⅱ型是通过调节膜孔膨胀与收缩达到控制药物的通透率,如 PMAA 或 PAA 与聚氧乙烯(PEO)通过氢键结合形成聚合物络合物调节膜孔。

第三节　水凝胶在控缓释及器官靶向制剂中的应用

水凝胶制剂在现代药物制剂领域受到了普遍的重视,其优良的理化及生物性质被广泛应用于控缓及靶向制剂。下面即对此做简要介绍。

一、水凝胶在骨架型制剂成型技术中的应用

骨架型制剂是指药物和一种或多种惰性固体骨架材料通过压制或融合技术制成的片状、小粒或其他形式的制剂。骨架型制剂主要用于控释制剂的释药速率,一般起控释、缓释作用。水凝胶骨架制剂是骨架型制剂中的一种,应用该技术可制备水凝胶骨架片、胃内漂浮滞留片、生物黏附片等剂型。

(一) 水凝胶骨架片

骨架片是药物与一种或多种骨架材料以及其他辅料通过制片工艺而成的片状固体制剂。使用不同的骨架材料或采用不同的工艺制成的骨架片,可以不同的释药机制延长作用时间,减少用药次数,降低副作用和提高制剂的生物利用度。骨架片多数可用常规的生产设备和工艺制备,机械化程度高、产量大、成本低、质量稳定。根据药物的理化性质、动力学和药效学参数及人消化道生理变化因素,可选择和调节适宜的骨架材料和制备工艺,比较容易达到所需质控指标并有较好的重现性。水凝胶骨架片就是常用的一种骨架片。

1. 水凝胶骨架材料

是指遇水或消化液骨架膨胀,形成凝胶屏障而具控制药物溶出的物质,简言为亲水性聚合物。选择不同性能的材料及其与药物用量间的比例等可调节制剂的释药速率。在第一节中所介绍的水凝胶材料都可用于制备水凝胶骨架片。

2. 水凝胶骨架片的体外释药特性

可用 Higuchi 方程描述,但实际上水凝胶骨架片的释药过程是骨架溶蚀和药物扩散的综合效应。可应用 Peppas 方程来判断某一亲水凝胶骨架片的体外溶出机制主要是溶蚀还是扩散作用。

(二) 胃内滞留片

胃内滞留片是指一类能滞留于胃液中,延长药物释放时间,改善药物吸收,有利于提高生物利用度的片剂。目前多数口服控释或缓释片剂在其吸收部位的滞留时间仅有 2~3h;而制成胃内滞留片后可在胃内滞留时间达 5~6h[12],并具有骨架释药的特性,从而进一步提高了某些药物的生物利用度,可视为一种特殊的骨架片。

1. 胃内滞留片的组成、释药原理及特性

胃内滞留片系由药物、一种或多种亲水性胶体及其他辅助材料组成制得的口服片剂。属于流体动力学平衡系统(hydrodynamically balanced systems,HBS)的一种制剂,又称胃漂浮片,实际上是一种不崩解的亲水性骨架片,与胃液接触时亲水胶体便开始产生水化作用,在片剂的表面形成一层水不透性胶体屏障膜。这一胶

体界面层控制了制剂内的药物与溶剂的扩散速率，并滞留于胃内，直至所有的负荷剂量药物释放完为止。药物的释放速率可因亲水性高分子种类和浓度不同而异。因此，理想的胃内滞留片需具有如下特性：①片剂接触胃液后于体温下能在表面水化形成凝胶屏障膜，并膨胀保持原有片剂形状；②片剂的组成利于片剂在胃内滞留；③主药的性质、用量、赋形剂的选择都能符合胃内滞留片要求的体内外释药特性，能缓慢溶解、扩散，能维持胃内较长释药时间，一般能达 5～6h。

2．胃内滞留片的药物特性

根据上述胃内滞留片的特性，口服后能较长时间滞留于胃内(5～6h)逐渐溶解释放药物。因此，胃内滞留片的药物需具相应的特性：

① 药物的效能高，剂量范围小，在片剂中的比例一般为全片的 5%～50%，不影响整个片剂在胃内滞留时间；

② 药物在酸性条件下稳定，且易于在酸性下溶解吸收的药物，如美托洛尔等，特别是从胃部吸收的许多酸性药物，如诺氟沙星等；

③ 胃酸分泌抑制剂，即某些药物通过与胃壁细胞膜上的受体结合而抑制与胃酸分泌有关的腺苷酸环化酶的活性的药物，如雷尼替丁等；

④ 胃部治疗药物，如某些药物通过抑制胃黏膜上的幽门弯曲菌(campylobacterpylori，简称 CP)而发挥治疗胃肠炎作用，如呋喃唑酮等；

⑤ 在小肠上部特定部位最佳吸收的药物，如 Vit B_2 等；

⑥ 其他半衰期短的一般缓释口服制剂还不能满足缓释时间要求的药物。

3．骨架材料的常用种类和选择

胃内滞留片的骨架材料为前述亲水凝胶材料的一部分。这种特殊的亲水胶体或其混合物组成的片剂，遇胃液时能形成一胶体屏障膜并滞留于胃内，以能控制片内药物的溶解、扩散的速率。一般高黏度的亲水胶体的水合速率慢于低黏度的亲水胶体，且前者的密度小，膨胀体积松大，有利于片剂滞留于胃内。同时，在选择时还应注意尽量采用能适应全粉末直接压片工艺的材料。否则用湿法制粒压片不利于片剂在胃内水化而滞留。

目前研究常用的亲水胶体有羟丙甲基纤维素(HPMC)、羟丙纤维素(HPC)、羟乙基纤维素(HEC)、甲基纤维素(MC)和羧甲基纤维素钠(SCMC)等。其中国内外制备胃内滞留片剂的研究报道，大都采用 HPMC。为了改善释放速率和滞留能力，除采用其他辅料进行调节外，在亲水胶体的选用上也有不少研究报道，如选用乙基纤维素或羧甲基纤维素钠等，还有选用非纤维素衍生物的其他高分子材料，如 PVP 与 PVA 的联合应用。

(三) 生物黏附片

生物黏附(bioadhesion)是指两种物质中至少一种具有生物属性，在外力影响下，通过表面张力作用使此两种物质界面较持久地紧密接触而黏在一起的状态。利用生物黏附膜吸收以达到治疗的目的，此种呈片状的制剂即称为生物黏附片（详见第八章生物黏附材料）。

二、脉冲式释药技术

传统的控释制剂是在恒速给药系统（以体内药物浓度和疗效之间的关系与时间基本无关的概念为指导）的基础上发展的。然而，恒速给药方法对临床某些疾病治疗还是不能满足实际需要。如糖尿病患者用胰岛素，心率不齐患者用抗心率失常药，用胃酸抑制剂控制胃溃疡，用硝酸酯治疗心绞痛，以及选择性β阻断剂，计划生育，免疫调节剂，癌症化疗等。

近年来，时辰药理学（chronopharmacology）的研究表明，某些疾病的发作也显示出生理节奏的变化，因此，给药模式可通过与生理节奏同步的脉冲式或自调式释药技术进一步完善。水凝胶制剂在脉冲给药和自调式给药系统中有重要应用。

（一）热敏水凝胶控制释药

1．热敏水凝胶的膨胀性质

热敏水凝胶能随外界温度的变化发生可逆性的膨胀和退膨（swelling and deswelling），即膨胀和收缩。这类凝胶应用于控释给药系统的关键在于膨胀的程度、转变点温度和转变的速率。膨胀的程度直接影响胶体体积改变和药物的扩散，因此它直接影响溶质的释放速率。转变温度即为使凝胶体积改变的温度，这种温度触发的体积变化可以是逐渐型的或急剧快速型的。研究最多的这一类凝胶是丙烯酰胺的 *N*-取代衍生物，特别是 *N*-异丙基丙烯酰胺（NIPAAm 或 IPAAm）。NIPAAm在近 34℃时产生可逆性的体积转变，当温度升高时凝胶收缩，其网状结构中的溶剂即被挤出。

2．热敏水凝胶的药物释放

(1) 挤压作用

由温度波动可引起热敏水凝胶可逆的膨胀和收缩，从而控制水的吸收和释放，这种水凝胶是一种很好的材料。如果包含在水凝胶内的药物能随水的释放同时释放，则可通过温度控制药物的释放，这种现象是由于水凝胶的机械挤压作用所致。Hoffman 等用不同的单体、溶剂和交联剂的浓度合成了聚 IPAAm 水凝胶，可观察到 30～40℃之间水凝胶急剧退胀。将聚 IPAAm 圆形膜（直径 1.5cm，20℃）浸于 50℃水中 4min，退胀后放入维生素 B_{12} 溶液中（1mg/ml 的枸橼酸磷酸盐缓冲液，pH7.4）40℃过夜，此时凝胶膨胀吸收药物，取出膜用冷缓冲液淋洗，然后置于 50℃缓冲液中。由于物理收缩和挤压作用，维生素 B_{12} 释放，4min 后取出，测定维生素 B_{12} 释放量，结果表明所有凝胶都吸收和释放维生素 B_{12}。此为利用热敏水凝胶机械挤压作用释放药物的一个例子。

(2) 热敏水凝胶的脉冲式药物释放

热敏水凝胶可随温度改变显示出可逆的膨胀变化。从退胀状态到膨胀状态通常比相反过程快,退胀过程的变化是开始快速收缩,以后慢慢收缩,此可解释为凝胶与刺激因素接触时,其最外层立刻收缩,从而限制了大量水从凝胶内部进一步流出。凝胶表面对温度改变的这种快速反应即瞬时表面收缩可用作药物释放的开关,将吲哚美辛的 80%乙醇的饱和溶液载入到异丙基丙烯酰胺-甲基丙烯酸丁酯(5%mol)共聚物 P(IPPAm-co-BMA)圆片中(干片直径为 1.2cm,厚 0.12cm),干后含量为(21.4%±0.3%)(g/g)。实验发现,20℃时药物释放;30℃时药物几乎不释放。由于聚 (IPAAm-co-BMA)可逆性膨胀性质,脉冲式的释放可通过 20～30℃之间的温度变化调节[15]。

(二) 电和化学控释水凝胶

采用温度变化以使聚合物水凝胶发生可逆变化从而控制药物的释放;采用电场和电解质化学组成也能控制水凝胶和转运的性质。当某些聚电解质膜的解离状态改变时,可使凝胶膨胀和微结构改变,从而使水合溶质的转运大大改变。Kost 等认为,结合有酶的膜电荷诱导膨胀能改变溶质的渗透性,用 pH 控制聚甲基丙烯酸(PMAA)膜的解离状态可改变胰岛素透过膜的流量。使膜的水合程度发生可逆变化,可增加中性溶质的透过率。部分水解的聚丙烯酰胺凝胶也能产生类似的可逆膨胀变化。

应用电场通过直接改变膜的微结构而改变膜的渗透性。如 Burgmeyer 和 Marray 用电压控制的电化学反应改变聚吡咯氧化还原膜的离子渗透;Bhaskar 等通过应用跨膜电场使液晶膜对小分子有机溶质的渗透率改变 50%～60%。

Kwon 等应用小电流使固体聚合物的络合物分解成两个水溶性聚合物调节胰岛素的释放[16]。他们将聚氧乙烯(PEOx)与 PMAA 或聚丙烯酸(PAA)通过分子间氢键络合,先将两者分别溶于水,然后以 1∶1 的单体比混合,立刻生成络合物,pH 小于 5 时即呈粉末状沉淀(pH 大于 5.4 时,此络合物即溶解),过滤,然后于丙酮/水(65/35 V/V)中浸 1h,得胶黏状溶胀粒子,再置于两块聚氟乙烯中压成圆形骨架(厚 2mm,直径 15mm),真空干燥 3 天。研究发现,该聚合物通电后,面向阴极的聚合物骨架表面开始溶解(由于络合物氢键断裂,形成两个水溶性聚合物),骨架重量以零级动力学减少。如应用开关式电流,则电流通时,骨架重量减轻;电流停时,骨架重量不变,表明此聚合物系统的表面溶蚀可以通过连续性或开关式电流刺激控制。以胰岛素为模型药物,将 10mg 正规胰岛素锌混悬于 10ml 混合的聚合物溶液(pH5.5),用 0.1mol/L HCl 将混悬液 pH 降至 5 以下,即形成聚合物络合物沉淀,将此含有胰岛素的聚合物络合物压制成圆片,胰岛素含量为 0.5%±0.2%。

通电前，将此圆片浸在生理盐水中3天，此3天平衡期中释放的胰岛素低于4%。用5mA的电流进行释药研究；应用开关式电流时，观察到电流通时胰岛素释放，电流停时胰岛素的释放几乎测不出。虽然真正实用还需很长时间的工作，但此研究可用来开发植入型的释药系统，或应用于离子电渗或连接生物传感器的贮库型给药系统，此法可用于多肽类。他们还采用(2-丙烯酰胺-2-甲基丙磺酸-co-*N*-甲基丙烯酸丁酯[P(AMPS/BMA)]制成电流敏感性释放系统[17]。

三、眼部给药新剂型

过去，眼部给药剂型常采用滴眼剂和眼膏。滴眼剂价格低，易配方和制造，因此，进行了许多研究。

国外学者研究了标记的聚己基丙烯酸烷酯(PHCA)纳米粒眼部给药后的组织分布。研究表明，由于纳米粒可与角膜表面活性黏附，从而延缓了被清除的速度，可在眼部停留较长的时间。研究证实了聚氰基丙烯酸丁酯(PBCA)纳米粒主要集中在眼部的内眼角基眼外区而不是角膜表面。研究发现，PBCA经角膜吸收后能引起细胞膜的破损，而使用聚(ε-己内酯)(ε-PCL)为载体的纳米囊却无此特点，且ε-PCL在角管中聚集，从而延长了药物作用的时间[18]。基于以上理论，Pilor等制备了载环孢素A的PCL的纳米囊，并对包封率、体外释放及影响因素、体内的组织分布等做了较系统的研究。结果表明，不仅环孢素的包封率很高(50%)，而更重要的是PCL纳米囊大大促进了环孢素的穿透，使药物生物利用度显著提高，为研制新的眼部给药系统开辟了新的途径[19]。

玻璃酸作为眼用制剂的媒介已得到广泛地应用。自从Meyer和Palemer于1934年首次从牛眼玻璃体分离得到玻璃酸及其盐(hyaluronan，简称HA)，经过半个世纪的研究现对其结构、理化性质已有了明确的认识[20～22]。目前，HA及其衍生物在临床上已得到广泛应用，是治疗干眼症的首选药物。

眼表面覆盖着一层透明液体薄膜即泪膜，具有湿润角膜上皮营养眼表面上皮细胞，预防感染以及保护和促进角膜损伤愈合等功能。结膜病变、泪腺、副泪腺等腺体萎缩，如Sjogren综合症，均可导致泪膜破裂时间(简称BUT)明显缩短，失去其生理功能，发生干眼症。以往对干眼症的治疗多采用频繁滴注生理盐水、人工泪液等对症治疗，但效果均不理想。

1982年Polck等最先将0.1%HA溶液用于治疗15例干眼症患者。患者使用后，疼痛立刻消失，且只要角膜上留有HA溶液眼就没有疼痛感。眼部红肿也得到明显的改善，视力有了明显提高，点眼频率也逐渐减少。Tabatabay等用0.1%HA溶液治疗干眼症患者2次试验均获得成功。尤其是1985年，对3例严重而又久治不愈的患者进行的试验更引人注目，短期治疗即获得明显疗效。患者自觉症状完全消失，组织学检查也表明改善显著。

HA 溶液治疗干眼症既有效又安全。Stuart 等用 0.1%HA 治疗 14 例患者中，有 6 位患者使用时间长达一年未见不良反应，用药长达 2 年的患者也耐受良好。

研究表明，HA 溶液延长 BUT 而具有稳定泪膜的作用。Mengher 等发现，0.1%HA 溶液与生理盐水相比，BUT 可至少延长 40min 以上。Hamana 等研究了 HA 的量效关系，结果表明，当 HA 浓度达到 0.1%以上时，效果才显著。

玻璃酸还可作为氯霉素、阿昔洛韦、硝酸毛果芸香碱等滴眼液的媒介，取得良好的临床疗效。高浓度的 HA 与激素或抗生素制成凝胶，球内注射治疗眼内炎，弥补了全身用药局部浓度低、疗效差的不足，且减少了用药次数及由此造成的不便和痛苦[23]。

眼部给药生物利用度低的一个原因是由于药物在眼部停留时间短，吸收较为困难，人们采用多种方法以提高眼部黏膜给药效果。其中以亲水性高分子材料为基质制成的生物黏附性微球不失为一种较好的方法。这类制剂能有效延长药物与眼部的接触时间，控制药物释放速率。Durrani 等对黏附微球从兔眼角膜处的清除作了研究。将乳化法制得的卡波姆 907 微球作体外黏附试验，发现已水化的微球在眼前部区域停留时间长于未水化的微球，并且水化的微球在 pH＝5 时，对黏膜层的黏附性比 7.4 时更大，清除也慢。另外，这种剂型约 25%的给药剂量滞留于眼表面，显示这是一种较好的眼用药物释放体系[24]。喷雾干燥法制得的吡罗昔康果胶微球体外试验表明，微球中药物扩散比固体微粒剂快，而在兔角膜处滞留时间显著长于溶液剂(2.5 对 0.5h)。兔体内试验也证明，微球生物利用度比市售滴眼剂有大幅提高[25]。阿昔洛韦为一种抗病毒药物，其眼膏剂生物利用度很低，并且每隔 4h 就要给药 1 次，将阿昔洛韦与脱乙酰壳多糖用乳化法制成微球，所得微球的 90%其直径$\leqslant 25\mu m$。物理化学方法检验结果表明，生物黏附性微球延长了药物释放时间，提高了阿昔洛韦生物利用度[26]。

另外，国内有人研究了环丙沙星滴眼液中添加几丁糖和透明质酸钠的影响。研究表明环丙沙星的含量在加速试验中无明显变化，表面张力接近，黏度增加，两种增黏剂加入后，对兔眼均无刺激性，表明几丁糖和透明质酸钠的加入不影响环丙沙星滴眼液的稳定性，并提高了药物黏度，可用作环丙沙星滴眼液中的增黏剂，有利于药物在眼内附着时间的延长[27]。

亲水凝胶也是眼部给药新剂型之一。应用于眼部的亲水凝胶有两种类型，即预先已形成的亲水凝胶和在位形成的水凝胶；后者的优点是给药剂量准确，重现性好。

理想的眼用材料为 gellan 树胶，它在水溶液中形成阴离子多糖，离子强度增加后，从溶液变为凝胶。泪液中单价或二价阳离子量增加后，凝胶形成则成比例的增多。因此，泪液的回流引起黏浓液的稀释，增加泪液体积和阳离子浓度，使给药系统的黏度增加。

Poloxamer 407 是一种多聚物，具热敏感性，一般常用浓度在 20%～30%范围内，当温度从室温(25℃)提高到 34℃时，溶液变成凝胶。

眼用邻苯二甲酸醋酸纤维素乳胶(cellulose acetate phthalate，CAP)是一种低黏度水溶性分散体，当与结膜囊接触时，由于 pH 值升高，迅速凝聚和胶凝。

近年来，Carbopol 广泛应用于眼部缓释水凝胶，如毛果芸香碱药 Pilopine HS^R 褐霉酸等。

四、在脂质体中的应用

脂质体制剂自问世以来，由于它的靶向性、降低药物不良反应等，在皮肤局部给药中脂质体具有许多优点：可较好地包裹亲水性或亲油性药物，降低药物对皮肤的刺激性；对难溶药物有增溶性，能增加药物在皮肤的滞留量和滞留时间；具有药物全身吸收的限速屏障作用，减少药物的全身吸收，从而降低药物的不良反应[28]。

具有一定黏度和触变性是非常必要的，但脂质体缺乏这些性质，需加入一些凝胶剂或增稠剂，而这些附加剂往往影响脂质体的理化性质和释药性，从而影响疗效。

Foldvari 等考察了附加剂如甲基纤维素、卡波普、硬酸镁铝、γ-亚麻酸对丁卡因脂质体药物释放的影响。除甲基纤维素外，其他附加剂都减慢了药物的释放，但 Yerushali 等把具有高黏性的透明质酸与磷脂经共价键结合，制成具有高度黏性的透明质酸调节的皮肤生长因子脂质体，增加了生长因子的释放，而胶质与磷脂共价键结合制成的长春花碱脂质体释放速率减低，因此选择适宜的附加剂是非常重要的[29]。

Mezei 等研制了一种用于局部给药的选择性给药系统-脂质体凝胶。他们先将药物曲安奈德(triamcinolone acetonide)制成脂质体，然后再通过研磨作用将其掺入到等体积的水解胶体凝胶中制成成品。将脂质体凝胶作为洗剂局部涂于兔皮表面，结果表明，其透皮吸收有明显增加[30]。脂质体凝胶制剂是一种有效的皮肤用药释放系统。

有文献报道，相同浓度的匹罗昔康脂质体凝胶的抗炎效果是普通凝胶制剂的 2 倍[31]；氯法齐明脂质体凝胶剂可显著减少外伤的愈合时间(与普通凝胶剂相比)[32]。国外已申请专利的脂质体外用制剂有 10 余种。Mezei 用豚鼠背部皮肤作体内实验证明：用药 3d 后，硝酸益康唑脂质体凝胶剂表皮药物浓度是市售软膏的 7.6 倍，真皮药物浓度前者是后者的 1.6 倍，血液为 0.27 倍。可乐定脂质体凝胶剂表皮药物浓度为其对照液的 4 倍，真皮药物浓度前者是后者的 4.5 倍，血中的 5 倍(n=5)[33]。

El-ridy 等用针刺方法比较了 32%盐酸利多卡因脂质体凝胶剂和其凝胶剂的起效时滞和作用时间：脂质体分别为(15.5±4.64)，(136.6±24.33)min；凝胶剂分别为(9.0±1.10),(35.00±2.83)min[34]。由此可见,脂质体制剂明显延长了药物作用时间,虽然起效稍慢,但在临床治疗期间内能起效。

固体脂质纳米粒(solid lipid nanoparticles,SLN)是近年来正在发展的一种新型毫微粒类给药系统,以固态的天然或合成的类脂如卵磷脂、三酰甘油等。将药物包裹于类脂核中制成粒径为 50~100nm 的固体浇漓给药体系,可用于静脉给药,口服给药,局部或眼部给药等[35]。为了考察 SLN 在皮肤给药和化妆品上应用的可能性,Jenning 等将维生素 A -山缪酸甘油酸 SLN 分别制成水凝胶和 O/W 软膏,以 Franz 扩散池研究了 SLN 对药物穿透皮肤能力的影响,认为制成 SLN 后可提高药物在皮肤表面浓度和药物通过皮肤的吸收,在给药后 12~18h 内,这些制剂对药物有控释作用,24h 后释药速率增加,通过调整配方,可以调控释药速率,与普通制剂比较,制成 SLN 后,可在皮肤表面形成一层膜产生闭合作用,提高药物的穿透率[36,37]。

五、在结肠靶向给药系统中应用

近年来,又有一种新型靶向给药体系——结肠靶向给药系统已受到越来越多的关注,在短短几年中,即形成了多种给药类型,并开发出了多种靶向性材料。这种给药体系是以通过口服达到结肠定位释放的目的。现代研究证明,药物在小肠中的转运时间与处方形式无显著关系,除非采用特殊的药物传递手段,大部分药物在小肠中的转运时间大约为 5h。药物口服后经胃和小肠到结肠释放其主要意义有:(1)治疗结肠局部疾病而避免药物引起的全身性副作用,如结肠炎、结肠癌、结肠性寄生虫病等;(2)利用结肠对药物择时吸收治疗如晨僵、哮喘等时辰性疾病;(3)利用结肠吸收避免胃肠道对多肽蛋白类药物的破坏而提高疗效[38]。

其主要类型有:① 把药物运送到结肠部位的保护性包衣;② 具有延时作用的缓释制剂;③ 使用生物降解材料,在结肠部被结肠特有的微生物酶分解,从而释放出药物;④ 结肠靶向黏附释药系统。

在这 4 种类型中,包衣法和缓释制剂法由于受消化道的 pH 值及转运时间受食物、性别、疾病等个体因素影响较大。因此前两种类型给药后的定位性较差。而在结肠靶向黏附释药系统中,所采用的载体多数是非特异性载体,特异性载体的应用还存在一些局限性。目前最被看好的是采用生物降解材料为载体制备的结肠靶向给药系统。这是由于结肠细菌能产生许多独特的酶系,许多高分子材料在结肠被这些酶所降解,而这些高分子材料作为药物载体在胃、小肠由于缺乏相应酶而不能被降解,这就保证药物在胃和小肠不释放。这一类的材料有以下几种:

1. 偶氮聚合物类

偶氮聚合物只有在结肠细菌偶氮还原酶的作用下才能分解,因此是结肠靶向给药系统的适宜材料。

Van den Mooter 等合成偶氮类聚合物对模型物酮洛芬进行包衣，在人工结肠液中 19 h 可释放 98.7%的药物，而对照液仅释放 26.2%，显示出偶氮类聚合物的结肠定位性。但是偶氮类聚合物降解后的小分子化合物是否有致癌性还有争议；其次，偶氮类聚合物在结肠内降解较慢，一般 6 h 以上，所以药物能否全部释放值得研究[39]。

Ghandehari 等针对偶氮类聚合物降解较慢的情况，通过 AA（丙烯酸）、DMAA（*N*，*N*-二甲基替丙烯酰胺）、BuAA（*N*-叔丁基丙烯酰胺）和 MAGGONp（*N*-异丁烯酰甘氨酰硝基苯酯）的自由沉淀共聚反应，合成了含有反应性 p-硝基苯酯（ONp）基团的前体聚合物，称作 P-ONp（图 7-1）。由聚合物预聚体 P-ONp 和过量交联剂 *N*，*N*′-（ε-甲酰胺基）-4，4′二氨基偶氮苯（图 7-2）在 DMSO 中通过聚合物类似的反应合成了 P-NH_2（含有 NH_2 侧链的聚合物预聚体）。然后采用下面两种方法：

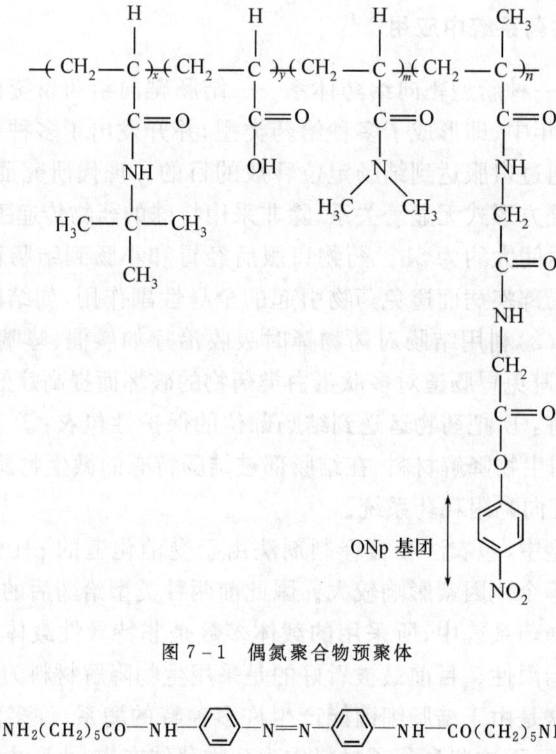

图 7-1　偶氮聚合物预聚体

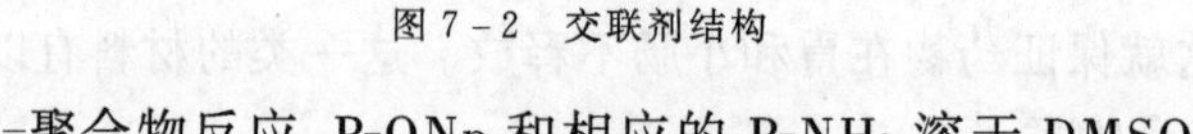

$NH_2(CH_2)_5CO—NH—C_6H_4—N=N—C_6H_4—NH—CO(CH_2)_5NH_2$

图 7-2　交联剂结构

（1）聚合物-聚合物反应：P-ONp 和相应的 P-NH_2 溶于 DMSO（二甲基亚砜）中，在室温下通过聚合物-聚合物反应合成凝胶（图 7-3）。

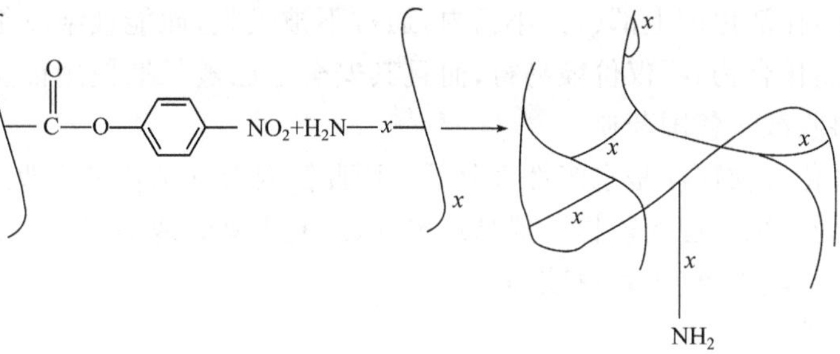
O
C
O
NO_2+H_2N—x—
x
x
x
x
x
x
NH_2
P-ONP
(1,2,3,4)
P-NH_2
(1.1,1.2,1.3,1.4)
HYDROGEL NETWORK
(1a,2a,3a,4a)

图 7－3　聚合物间的反应

(2) 聚合物预聚体的交联反应:通过将 P-ONp 和 N, N'-(ε-甲酰胺基)-4,4′二氨基偶氮苯溶于 DMSO 中,在室温下进行交联反应合成凝胶(图 7－4)。

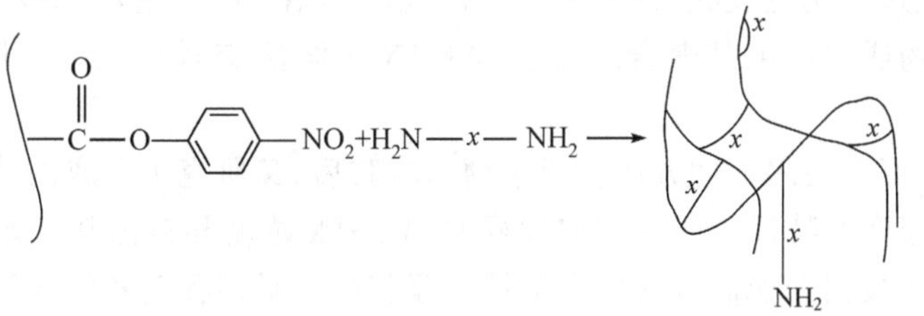
O
C
O
NO_2+H_2N—x—NH_2
x
x
x
x
x
NH_2
P-ONP
(1,2,3,4)
CROSSLINKING AGENT
HYDROGEL NETWORK
(1b,2b,3b,4b)

图 7－4　聚合物偶联反应

这些水凝胶含有可在强碱环境中可电离的酸性单体,含有可被结肠菌群产生的酶降解的偶氮芳香交联物。在胃中,凝胶达到溶胀平衡慢,因此在低 pH 环境中药物受到保护。随着水凝胶在胃肠道中的运动,随着 pH 的增加,溶胀平衡程度增加。在结肠中,凝胶达到这样一种平衡,能够使偶氮还原酶(结肠中的细菌产生)作用于交联物,然后骨架降解,释放出药物。通过研究凝胶的体外降解,并将水凝胶的降解速率和线性偶氮聚合物和低分子量的偶氮酶作用底物(甲基橙)的降解速率分别作了比较。降解速率的顺序是水凝胶＜线性偶氮聚合物＜低分子量的偶氮酶作用底物。研究表明,不管采用何种合成方法,低交联度的水凝胶要经历表面溶蚀过程。两种水凝胶系列中高交联度水凝胶的降解过程是由表及里的溶蚀过程。研究表明,聚合物-聚合物反应所得凝胶的降解速率稍快。提示通过改变交联度有可能改变凝胶的降解速率。他们的研究结果对于设计新型水凝胶作为口服结肠给药的载体很有意义[40]。

2. 天然多糖类聚合物

作为一类新开发的结肠靶向材料,正引起越来越多的关注。因其具有不可比拟的优越性:在消化道上部(胃、小肠内)通常不被吸收,而能被结肠细菌专一性降解;作为天然化合物,不仅价廉易得,而且其安全性已被长期使用证实并多已被作为药用辅料收载入各国药典。

但这类化合物往往是水溶性大分子。因此需要对其结构进行改造或形成衍生物,在不削弱其靶向性的前提下提高疏水性,以便更有效地保护药物。这类化合物主要有:葡聚糖、果胶、瓜耳豆胶等。

(1) 菊糖

菊糖是在多种植物(如大蒜、洋葱、洋蓟、菊苣)中发现的一种多糖,属于葡聚糖。存在于结肠中的细菌尤其是 Bifido 能够降解菊糖。在人与动物的肠道菌群中 Bifido 约占 25%。因此,菊糖可以用来作为结肠靶向给药的载体。

Vervoot 等曾经报道过菊糖水凝胶的形成。通过将菊糖与甲基丙烯酸缩水甘油酯在室温下进行反应,以 4-二甲胺基吡啶为催化剂,得到甲基丙烯酸菊糖(MA-IN),通过使用过硫酸铵(APS)和 N, N, N', N'-四甲基乙二胺(TMEDA)作为起始反应物通过自由基聚合反应使 MA-IN 水溶液交联形成三维网状结构,见图 7-5。

Vervoot 等人在用上述方法合成菊糖水凝胶后,又研究了合成的菊糖水凝胶形成过程中的流变学特征。研究了取代程度、MA-IN 浓度和自由基起始反应物浓度的影响。所得数据和他们以前研究菊糖水凝胶溶胀平衡程度和体外酶降解时所得结果有关联[41]。

菊糖形成的水凝胶非常易于降解,这种降解是由存在于鼠盲肠和人排泄物中的细菌水解作用所引起的。但这种降解太慢,使得水凝胶无法用作结肠靶向给药。

Maris 等在 Van den Mooter 等人和 Vervoot 等人的工作基础上对菊糖水凝胶进行了进一步的研究。他们将甲基丙烯酸菊糖(MA-IN)和芳香偶联剂 BMAAB(二(2-甲丙烯酰基)偶氮苯)(bis(methacryloylamino)azobenzene) 和 2-羟乙基甲基丙烯酸脂(HEMA)或甲基丙烯酸(MA)进行反应,合成了一种新型的偶氮菊糖水凝胶,希望通过偶氮聚合物系统和菊糖凝胶系统结合起来以期提高水凝胶对细菌降解的敏感性。由 MA-IN 和不同量的自由基引发剂 AIBN(偶氮二异丁腈),偶联剂 BMAAB,以及单体 2-羟乙基甲基丙烯酸酯(HEMA),甲基丙烯酸(MA)或甲基甲基丙烯酸酯(MMA),反应得到凝胶。

同时还以氢化可的松为模型药物,研究了含有 BMAAB 和 1% HEMA 的 MA-IN 凝胶的释放曲线,并与不含 BMAAB 凝胶的释放曲线相比较。30 分钟后,大约有 19%的氢化可的松从含有偶氮的凝胶中释放出来,4h 后达到 56%,8h 为 80%。不含偶氮的凝胶中药物在到达结肠前大部分药物已经释放出来。氢化可的松从 BMAAB-MA-MA-IN 凝胶中的释放要比从含有 HEMA 的凝胶中的释放速率稍高,凝胶中所含 MA 的浓度在 0.5%和 0.05% (W/W)之间的差异对速率影响

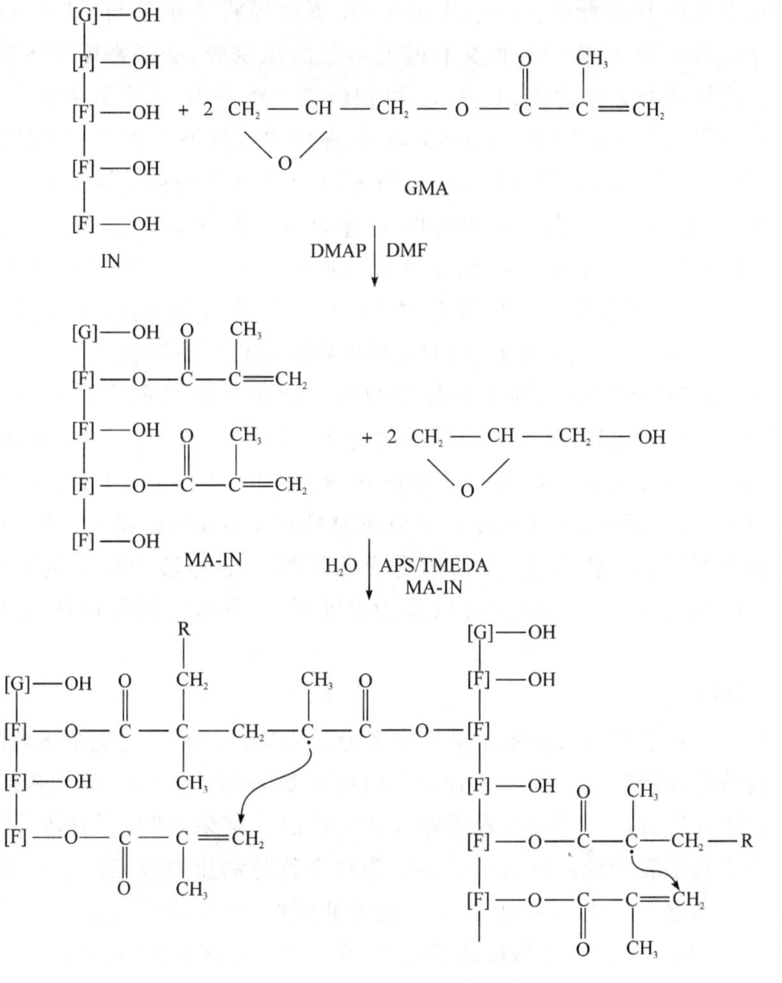

图 7－5

是很小的。

根据试验的结果,可通过调节凝胶中 HEMA 或 MA 的含量来调节药物的释放。结肠中酶系统对凝胶的降解,要求凝胶要充分地溶胀。而实验证明,由 MA-IN 和 BMAAB 所组成的凝胶在结肠中的降解并不显著,可能是由于缺少亲水性。因此,最重要的是在可降解和避免药物提前释放之间寻找达到某种平衡,以避免由于溶胀程度太大而引起药物的提前释放,同时又有足够的溶胀以利于凝胶的降解。所以,需要在聚合物主链骨架中加入适当的具有离子化作用的基团,如羧基基团等[42]。

(2) 瓜尔胶

瓜尔胶是另一种可被结肠菌群降解的多糖。但因其亲水性和膨胀性过大,致使药物在小肠即开始释放。Irit Gliko-Kabir 等曾经将瓜尔胶与 STMP(trisodium trimetaphosphate)反应得到一种交联的低溶胀的瓜尔胶,交联密度和 STMP 的浓度相关。这种新型聚合物在 pH=1.5 和 pH=7.4 溶液中,几乎不降解。

他们还研究了瓜尔胶与 STMP 交联后,在体内或体外是否可被结肠的酶所降解;研究鼠的饮食中的瓜尔胶对瓜尔胶与 STMP 交联产物在鼠结肠中的降解的影响;研究鼠饮食中的瓜尔胶对两种酶即 α-半乳糖苷酶和 β-甘露糖酶的活性的影响。研究结果表明,含有瓜尔胶的饮食可以使鼠结肠中 α-半乳糖苷酶的活性升高,但这种升高并不会影响交联聚合物的降解。因此可以推测,饮食虽可以诱导酶,使其可以降解天然的瓜尔胶,而对交联产物降解作用不明显。

另外,他们还研究将浸泡有氢化可的松药物的交联瓜尔胶的凝胶置于两种 PBS 溶液中进行了药物释放的研究:一种为 10ml pH 为 6.4 的 PBS 溶液,另一种为 10ml pH 为 6.4 的含有两种酶的 PBS 溶液:即 0.2 U/ml 的半乳甘露聚糖苷酶(Aspergillus niger)和 0.03 U/ml α-半乳糖苷酶(Escherichia coli)。发现在没有酶的缓冲液中可以保持载药量 80%,而在含有酶的 PBS 溶液中可发生明显药物释放。说明磷酸盐交联的瓜尔胶可以作为低水溶性药物结肠靶向给药系统的载体[43]。

(3) 果胶

果胶是存在于植物细胞壁中的一类大分子物质。经研究发现结肠内菌群可产生果胶酶特异性降解这一大分子物质。研究人员采用果胶作为片剂衣层,6 名受试者口服该片后,以 γ-闪烁技术跟踪其体内情况。结果表明,所有药片均在结肠崩解。为提高果胶的疏水性,Rubinstein 等将果胶与钙盐制成难溶性的果胶钙,将其与吲哚美辛混合压成的片剂在 pH 7 的缓冲液中 24 h 的释放量<10%,而当进入结肠内容物后 24 h 内药物释放接近 60%。进一步研究表明,果胶钙中 Ca^{2+} 的含量与其疏水性直接相关:当 Ca^{2+} 含量增加时,形成的产物疏水性更强;实验发现,各种可降解果胶的酶其活性的激发及维持均离不开 Ca^{2+}。因此,尽管材料的疏水性随 Ca^{2+} 含量增大而增强,却更易被酶降解。

(4)环糊精(cyclodextrins)

环糊精在结肠微生物发酵作用下被分解为寡糖,却不容易被水解,因此不会在胃和小肠中释放药物,可以用于制备结肠靶向给药系统。Uekama K 等用环糊精制备前体药物,阐明了其释放机理:环糊精在盲肠和结肠部被分解开环,接着酯键被水解,药物释放出来。在应用生物降解材料作为结肠给药的载体时存在的关键问题是如何提高高分子材料的疏水性和降低膨胀度。另外,如何使药物在细菌作用下尽快释放出来并促进机体吸收,仍是需要制剂工作者进一步研究的课题。

水凝胶给药材料用于靶向给药制剂还有待于进一步研究和开发。

参 考 文 献

[1] Guo J H. 用于颊给药聚合物贴膏生物黏附性研究, 国外医药-合成药制剂分册. 1994,15(5):315

[2] 周红义,杨今详. 新型凝胶给药系统研究进展. 中国药师, 1999,2(3):121

[3] 陆锦芳,戴叶军,周洁等. 羟丙甲纤维素性质对布洛芬-羟丙甲纤维素凝胶骨架片释放度的影响. 上海医科大学学报,1996,23(5):365

[4] 杨文展,郑俊民,郝劲松. 吡嗪酮凝胶剂的研制. 中国医药工业杂志,1998,29(4):161

[5] 董志超,蒋雪涛. 羟丙基甲基纤维素在凝胶骨架片中的含量与水溶性药物释放机制的关系. 药学学报, 1996,31(1):43

[6] 高建青,梁文权. 均匀设计筛选双氯芬酸钠经皮离子导入凝胶. 中国医药工业杂志,1998,29(5):208

[7] Tto R, Machida Y, Sannan T, et al. Magnetic granules: Novel system for specific drug delivery to esopayea mucous in oral administration. Int J Pharm, 1990, 61(2):109

[8] Zhang I, Shong K K, Bawards D A. Hydrogels with enhanced mass transfer transdermal drug. J Pharm Sci, 1996, 85(2):1312

[9] Lee P I. Constant rate drug release from novel anionic gel beads with transient composite structure. J Pharm Sci, 1993, 82(9):964

[10] Heller J, Tresoony P V. Controlled drug release by polymer dissolution. Ⅱ: Enzyme mediated delivery device. J Pharm Sci, 1979, 68(7):919

[11] Roskos K V , Tefft J A, Fritzinger B K, et al. Development of a morphine triggered haltrexone delivery system. J Contr Rel, 1992, 19:145

[12] 陆彬. 药物新剂型与新技术. 北京:人民卫生出版社,1999. 341

[13] Nagal T. Adhesive topical drug delivery system. J Contr Rel. 1985, 2:121

[14] 水井恒著,金一节译. 局部黏膜附着剂型. 国外医药-合成药制剂分册. 1986,7(6):353

[15] Bae Y H, Okano T, Hsu R, et al. Thermosensitive polymer as on-off switches for drug release. Macromol Chem Rapid Commun, 1987, 8(10):481

[16] Kwon I C, Bae Y H, Kim S W. Bioctrically eridible polymer gel for controlled release of drug. Nature, 1991, 354(6351):291

[17] Kwon I C, Bae Y H, Okano T, et al. Drug release from electric current sensitive polymers. J Contr Rel, 1991, 17:149

[18] 马利敏,张强,李玉珍. 载多肽和蛋白药物的纳米粒给药系统的研究进展. 中国药学杂志,2000,35(7):440

[19] Pilor C, Sanchez A. Polyester nanocapsules as new topical oculal delivery systems for eyelosporin A. Pharm Res, 1996, 13(2):311

[20] Laurent T C, Fraser J R B. Hyaluronan. FASBB,1992,6(7):2397

[21] 王凤山,凌沛学. 生化药物研究. 北京:人民卫生出版社,1997. 272

[22] Laurent T C ed. The Chemistry, biology and medical application of hyaluronan and its derivatives. London: Portland Press,1998.25

[23] 凌沛学,贺艳丽,刘爱华等. 玻璃酸及其衍生物的临床应用进展. 中国药学杂志,2001,36(4):220

[24] Durrani A M, Parr S J, Kellaway I W, et al. Procorneal clearance of mucoadhesive microspheres from the rabbit bye. J Pharm Pharmcol, 1995, 47(2).581

[25] Giunchedi P, Conre U, Chetoni P, et al. Pectin microspheres as ophthalmic carriers for pioxicam: evaluation in

vitro and in vivo in albino rabbits. Bur J Pharm Sci, 1999, 9(1):1

[26] Genta I, Conti B, Perugini P, et al. Bioadhsive microspheres for ophthalmic administration of acyclovir. J Pharm Pharmcol, 1997, 49(8):737

[27] 黄虹,唐琪文,何国珍等. 两种新型增黏剂在环丙沙星滴眼剂中的应用. 中国临床药学杂志,1999,8(6):360

[28] 郑俊民. 经皮给药新剂型. 北京:人民卫生出版社,1997. 173

[29] Yeurshalmi N, Margallt R. Bioadhesive collagen-modified liposome: Molecular and cellular level studies on the kinetics of drug release and binding to cell monolayers. Biochem Biophys Acta, 1994, 1189(1):13

[30] Mezei M, Gulasekharan V. Liposomes: a selective drug delivery system for the topical route of administration: gel dosage form. J Pharm Pharmcol, 1982, 34(5):473

[31] Canto G S, Dalmora S L, Oliveria A G. Piroxicam encapsulared in liposome: characterization and in vivo evaluation of topical anti-inflammatory effect. Drug Dve Ind Pharm, 1999, 25(12):1235

[32] Patel V B, Mistra A N, Marfatia Y S. A topical dosage form of liposome clofazimine: research and clinical implication. Pharmazine, 1999, 54(6):448

[33] Mezei. Administration of drugs with multiphase liposome delivery system. U.S. Patent, 212012, 1988-06-27

[34] EI-Ride M S, Khalll R M. Free versus liposome-encapsulated lignocaine hydrochloride topical application. Pharmazie, 1999, 54(9):682

[35] 王建新,张志荣. 固体脂质纳米粒的研究进展. 中国药学杂志,2001,36(2):73

[36] Jenning V, Gysler A, Schafer Korting M, et al. Vitamin A loaded solid lipid nanoparticles for topical use: Occlusive properties and drug targeting to the upper skin. Bur J Pharm Biopharm, 2000, 49(3):211

[37] Jenning V M, Schafer Korting M, Gohla S, et al. Vitamin A loaded solid lipid nanoparticles for topical use: drug release properties. J Contr Rel, 2000, 66(2~3):115

[38] 张正全,陆彬. 口服结肠定位给药系统新进展. 中国药学杂志,2000,35(4):221

[39] Van den Mooter G, Samyn C, Kinger R. The relation between swelline properties and enzymatic degradation of azo polymer designed for colon-specific drug delivery. Pharm Res, 1994, 11(12):1737

[40] Ghandehari H, Kopeckova P, Kopecek J. In vitro degradation of pH-sensitive hydrogels containing aromatic azo bonds. Biomaterial, 1997, 18(12):861

[41] Vervoort L, Vinciker I, Moldenaers P, et al. Insulin hydrogels as carriers for colonic drug targeting. Rheological characterization of the hydrogel formation and the hydrogel network. J of Pharm Sci. 1999, 88(2):209

[42] Maris B, Verheyden L, Reeth R V, et al. Sythesis and characterization of insulin-azo hydrogels designed for colon targeting. Int J of Pharm, 2001, 213(1~2):143

[43] Gliko-Kabir I, Yagen B, Baulom M, et al. Phosphated crosslinked guar for colon specific drug delivery. Ⅱ. In vitro and in vivo evaluation in the rat. J of Contr Rel, 2000, 63(1~2):129

(张立德)

第八章 药用生物黏附材料

生物黏附材料(bioadhesive materials),一般说来是一类水凝胶生物高分子材料。它能与机体组织表面发生相互作用,产生黏着能力,这些材料在许多年前就已经广泛使用于外科与牙科治疗中。像聚氰基丙烯酸酯(polycyanoacrylates)常被称为"超级胶黏剂",它是一种生物高分子材料,常用于修复骨、软骨组织,其他合成骨黏接剂有聚氨酯(polyurethanes)、环氧树脂(epoxyresins)、丙烯酸酯(acrylate)与聚苯乙烯(polystyrene)等,这些生物黏附材料的黏附机理是在靶组织与材料表面形成共价键,以提供永久或半永久的连接。

黏膜黏附材料(mucoadhesive materials)或称黏膜黏附高聚物(mucoadhesive polymers)是生物黏附材料中的一种。它能与生物黏液或黏膜表面或胃肠道的上皮细胞发生相互作用而产生的对生物黏膜短期的黏着能力,这种材料与黏膜间的作用通常是氢键或范德华力,因此,黏膜黏附被认为是一类特殊的生物黏附材料。正是这种材料奠定了生物黏附给药系统的基础。生物黏附给药系统(bioadhesive drug delivery systems, BDDS)就是利用材料的这种性能使给药系统在生物膜的特定部位滞留时间延长,并借助于材料与黏膜间黏附力,使药物以一定速度通过黏膜扩散进入体内循环系统,延长药物的作用时间。目前该类制剂主要应用于口腔、呼吸道、胃肠道、眼、鼻、阴道、子宫、直肠等部位,达到全身或局部的治疗作用。

BDDS具有许多优点:① 能提高药物的生物利用度,特别对那些吸收窗口窄的药物或在某段肠道不稳定的药物,胃肠黏附能延长给药系统在胃肠的滞留时间,提高药物生物利用度。如 Tiwari 等[1]将维生素 B_{12} 制成口腔颊部黏附给药系统。结果表明,黏附系统生物利用度较胶囊提高一倍;② 避免了药物的首过效应,如 BDDS 使药物在口腔黏膜、直肠黏膜、生殖道黏膜、鼻黏膜等部位吸收,避免药物在门肝系统灭活;③ 具有靶向功能,对于局部疾病的牙疾、胃肠溃疡、结肠疾病、生殖器官疾病,可大大增加局部药物浓度,避免口服药物在病灶部位难以达到有效药物浓度的弊端。

第一节 概　　述

生物黏附是指生物材料表面机体黏膜或黏膜表面物质在外力影响下能持久地紧密接触并黏接在一起的状态。它取决于生物黏附材料表面结构与机体黏膜表面的特殊结构与表面物质的组成。

一、黏膜与黏液的生理基础

机体的某些组织，如眼、耳、鼻、口腔、呼吸道、胃肠道及生殖道等黏膜表面由上皮细胞（包括腺上皮）组成。上皮细胞能分泌一种黏性液体，均匀地覆盖在黏膜表面，构成黏液层，其厚度约为 5～200μ，实际上本身也是一种水凝胶，它起着保护黏膜不受机械力损伤，防止化学物质或细菌与病毒的侵入作用。

黏液中起黏附作用的主要成分是糖蛋白，不同黏膜所分泌的糖蛋白的量及其相对分子量稍有不同。糖蛋白的寡聚糖侧链约为 63%，一般由乳糖、N-乙酰化半乳糖胺、N-乙酰化葡萄糖胺、唾液酸及果糖等组成，端基位置的唾液酸以及蛋白质部分的酸残基，在 pH>2.6 的环境中能充分离子化，这些分子中的离子及极性基团可能均成了发生黏附作用的物质基础。

二、生物黏附机理

据文献报道，黏附材料和黏膜表面糖蛋白的相互作用，其黏附作用机理有以下几种理论与假说：

（一）机械嵌合（mechanical interlocking）

当生物材料表面的黏合物与上皮细胞或糖蛋白紧密接触时，生物黏合物分子或分子链进入组织空隙而不能逆向脱出。这种生物嵌合无化学键作用，只有高度流体性的黏合物质发生此种情况，生物黏合物渗入黏液或组织后，部分发生流体性质变化，形成半永久性黏合，导致黏合物不能逆向脱出空隙，施加外力往往增加机械嵌合作用，使黏合性增加，这一理论能解释黏合剂、压敏胶等材料的黏合机理。

（二）吸附理论

系材料和黏膜表面物质通过氢键、范德华力、疏水键力、水化力、立体化学构象力相互作用形成了二级键（secondary bond）而产生黏附。

（三）扩散-缠结理论

该种理论认为，生物黏附包括两个过程：第一步是材料与黏膜接触后，在黏膜表面发生溶胀，然后，溶胀的材料分子链与黏液分子链之间相互渗透，相互缠结[2,3]，所谓的形成"物理键"。这种过程取决于黏膜表面的粗糙度、黏液的润湿能力、材料被润湿的能力、材料的溶胀性及分子链柔性与扩散性。这种理论解释了为什么绝大部分的生物黏附材料是水凝胶，只有水凝胶才符合上述所说溶胀、润湿等特点。

实例证明，将聚羧基乙烯季戊四醇酯（polycarbophil）水凝胶与肾黏膜黏附后再分离时发现，一些黏蛋白分子脱离黏膜表面，继续保持嵌入水凝胶的状态，这一例子是该理论的很好证明。

（四）双电层理论

双电层理论认为，在生物黏附材料与黏膜或黏液表面都具有离子基团，如黏液糖蛋白链基含有—COOH、—OH、—NH_2等，而我们所发现的许多生物黏附材料，如聚多糖类的果胶、琼脂、阿拉伯胶、纤维素衍生物、肝素、壳聚糖、丙烯酸类、明胶等大分子侧链端也都具有上述基团，当这些基团接近到静电引力的范围内时，产生了双电层的作用。

（五）润湿理论

材料溶液在黏膜表面扩散，润湿黏膜产生黏附，该理论可解释具有表面活性的材料在黏膜上的黏附。

此外，还有一些作用，如生物材料表面分子基团与黏膜或黏液分子间化学反应生成的共价键，这种作用较持久，且强烈，对于生物黏附给药系统而言，黏附时间一般只需数分钟到十几个小时。因此，这种作用不太适合黏附给药系统。

总之，生物黏附的机理是多方面的，对于不同材料与黏膜的黏附作用机制，可能是一种或几种机理同时起作用。目前，比较广泛被接受的是二级键（secondary bond）形成与扩散-缠结理论。

三、生物黏附材料分子的结构特点

近年来，许多材料工作者对生物黏附材料的分子结构特征做了详细调查研究，他们得出很相似的结论，认为具有生物黏附性能材料的分子结构一般具有以下几个方面的特征：

1．分子中含有黏膜或黏液能形成很强的氢键基团，如—OH、—COOH 等。

2．带有很强的阴离子电荷，电荷密度越高，黏附性越好。Polycarbophil 和 Carbomer 是阴离子聚合物材料，它对胃黏膜的黏附力大于对肠黏膜的黏附力，其原因是胃比肠的 pH 值低。

3．分子链具有足够的柔性（flexibility），能穿越黏液网络或组织裂缝（tissue crevices）。

4．适合于润湿黏液（mucus）或黏膜组织（mucosal tissue）表面。

5．高的分子量。随着分子量增加，由较长分子链引起的与黏蛋白缠结得到加强，因而黏附作用也加强，但分子量对黏附作用的影响存在一临界值，超过此值，黏附作用增强不明显，甚至产生下降趋势。此临界值一般为 10 万，视不同聚合物而异。

基于二级键形成(指氢键、范德华引力等)是黏膜黏附的主要根源的理论,带有羧基基团的那些生物材料毫无例外都具有黏膜黏附性(mucoadhesive)。对于材料中未解离的羧基基团能够与黏液或黏膜形成很强的氢键。对于离子化了的羧基与黏液或黏膜能够产生很强的静电作用。对于处在高分子主干链上的这些功能基团之间,由于羧基基团间相距较远,彼此间不能形成氢键(见图 8-1)。从海藻酸钠(sodium alginate)到梧桐胶(karya gum)到明胶,它们分子主链中羧基浓度逐步减少,因而它们的黏膜黏附强度也依次减少,这一例子很好地证明了上述理论。

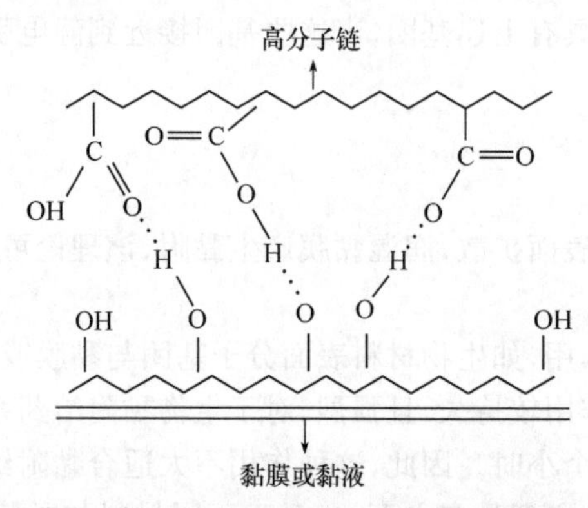

图 8-1 具有羧基基团的生物材料与黏液黏膜氢键示意图

基于次级键形成的基团,如,羟基、醚基、氧、胺基等对高分子材料黏膜黏附性贡献的研究不如羧基那么充分,如纤维素主链中有许多羟基与醚键,但这些基团对该材料的黏膜黏附性贡献不大。

黏附分子的另外一个重要特征是能够形成物理键(physical bonds),即与黏膜基质分子缠结在一起,聚氧乙烯(polyethylene oxide,PEO)就是一例证。PEO 是线性、柔性分子,几乎没有形成二级键的能力。高分子量的 PEO 分子的黏附强度不亚于那些具有能形成二级键能力的甲基纤维素(MC)与海藻酸钠,这可能是由于 PEO 主链上醚键使 PEO 主链变得非常柔顺,其链段的活动性(mobility)增强,且能迅速穿越黏膜基质网络的深部所致。这种缠结还与分子链长度(即分子量)相关,分子链越长,这种缠结越牢靠。

聚合物黏合剂与黏液或黏膜组织间作用也是一种表面张力现象,因此黏合剂与黏液或黏膜间接触角越小,相互作用可能性越大。

总之,理想的黏膜黏附材料应具有上述 5 个方面因素,且相互间应相互匹配与平衡,聚合物应具有高的分子量并通过缠结与范德华力达到最大的黏附。聚合物链段应具有高度的柔性与活动性,使之能加速并深深地贯穿于基质。聚合物中重复单元应有一定数量的羧基和能形成二级键的基团,这样才能保证通过尽可能多的作用模式达到一定的黏附强度。

第二节　药用生物黏附材料的分类与性质

一、生物黏附材料分类

药用生物黏附材料可按其结构(含功能团)分类或按其来源分类,若按其所含功能团分类,可分为:

(一)聚多糖类

1. 植物胶类:果胶(pectin);刺梧桐胶(stercalia);西黄芪胶;阿拉伯胶;桃胶;松胶。

2. 海洋生物与藻类:海藻酸及其盐类(alginate)(Na^+、K^+、NH_4^+、Ca^{2+});琼脂(agar);黄原胶(xanthan gum);甲壳素(chitin);壳聚糖(chitosan);葡聚糖(dextran)。

3. 纤维素及其衍生物:甲基纤维素(MC);乙基纤维素(EC);乙基甲基纤维素(EMC);羟乙纤维素(HEC);羟丙甲纤维素(HPMC);羟丙纤维素(HPC);羧甲基纤维素(CMC);钙盐与钠盐;醋酸纤维素;糊精类(dextrin);淀粉。

4. 动物组织:硫酸软骨素(chondroitin sulfate);肝素;透明质酸(hyaluronic acid);植物凝集素(lectin);明胶(gelatin)。

(二)丙烯酸类

丙烯酸及其酯类(AA);丙烯酸树脂;聚丙烯酸(PAA)及Na盐;甲基丙烯酸及其酯类(甲酯、乙酯、丁酯);聚甲基丙烯酸羟乙酯(PHEMA);卡波姆(Carbomer);polycarbophil;聚丙烯酰胺(PAAm)。

(三)乙烯类

聚维酮(PVP);聚醋酸乙烯酯(PVAc);聚乙烯醇(PVA);聚乙烯醇缩丁醛(PVB);聚异丁烯;聚丁二烯;硅橡胶(silicone rubber);聚苯乙烯-马来酸酐;泊洛沙姆(poloxamer, pluronic);硅橡胶。

(四)蛋白氨基酸类

明胶;植物凝集素;纤维蛋白朊;胶原蛋白朊。

(五)其他

聚乙二醇(polyethylene glycol,PEG);聚氧乙烯(polyethylene oxide,PEO);甘油单酸酯(glycerin monofatty acid ester);聚谷氨酸;聚天门冬氨酸;硫酸右旋糖酐。

如果按其来源分,可分为:

1. 天然生物黏附材料

如,植物胶类,来自动物组织中明胶,硫酸软骨素,蛋白朊,肝素,透明质酸,甲壳素,来自海洋生物的海藻酸类,细菌培养出来黄原胶等。

2. 半合成黏附材料纤维素衍生物,甲壳胺衍生物等。

3. 合成的生物黏附材料:丙烯酸类,甲基丙烯酸及其酯类,乙烯类高分子材料,PEG 等。

以下列举几种材料生物黏附性,按黏附性由大到小顺序排列:

CMC、Carbomer、西黄芪胶、MC、海藻酸钠、刺梧桐胶、HPMC、明胶、果胶、PVP、阿拉伯胶、PEG、HPC。

有的则按作用的体内特殊部位来分的,如结肠定位黏附系统的载体:甲基丙烯酸类偶氮聚合物、直链淀粉(amytose)等;肠溶片材料:聚丙烯酸树脂、Eudragit 等。

二、生物黏附材料性质

生物黏附材料种类繁多,除上述举的一些例子外,还可以通过化学修饰或重新合成得到新品种黏附材料。本节简单叙述几种重要的生物黏附材料的性质与用途。下述材料或者是目前生物黏附给药系统中常用材料,或者是具有诱人前景的、在实验室已初见端倪的新型黏附材料。

(一) 化学合成的生物黏附材料

合成黏附材料优点是,可以根据需要进行分子的设计与裁剪,可以是降解的,也可以是不降解的,都有特定药用质量标准。

1. 丙烯酸类高分子

(1) 卡波姆(Carbomer),简称 Cb

Canbomer 商品又名 Carbopol 卡波普,它是丙烯酸与烷基蔗糖交联聚合而成,按其聚合度和单体的比例差异,可分为多个型号(见表 8-1)。

表 8-1 Carbomer 几种型号分子量与分子式

型 号	分 子 式	分子量($\times 10^6$)	黏度/Pa·S
Cb-910	$\text{-}[C_3H_4O_2]_x\text{-}[C_3H_5$—季戊四醇$]_y\text{-}$	1	(低)/3~7
Cb-934	$\text{-}[C_3H_4O_2]_x\text{-}[C_3H_5$—蔗糖$]_y\text{-}$	3	(中)/30~39
Cb-940	$\text{-}[C_3H_2O_2]_x\text{-}[C_3H_5$—季戊四醇$]_y\text{-}$	4	(高)/40~60
Cb-943P	$\text{-}[C_3H_4O]_x\text{-}[C_3H_5$—蔗糖/季戊四醇$]_y\text{-}$	4	(中)/29.4~39.4
Cb-1342	$\text{-}[C_3H_4O_2\text{—}CH{=}C(CH_3)CH_3O]_x\text{-}[C_3H_5$—季戊四醇$]_y\text{-}$	3	9.5~26.5
Cb-941	$\text{-}[C_2H_4O_2]_x\text{-}[C_3H_5$—季戊四醇$]_y\text{-}$	1	(低)/4~11

本品国产分低、中、高黏度 3 种，分别相当于 CP-941、CP-934、CP-940。

Carbomer 是一种吸湿性很强的粉末，在水中分散，分散液呈酸性，当加入适量碱性溶液中和后，则迅速溶胀成高黏度半透明凝胶或溶解成黏稠状溶液，用 Carbomer 为黏附材料可控制碱性药物的溶出速率。Carbomer 的生物黏附能力主要来自分子中的羟基、羧基及表面活性作用。

Yoshikawa 等[4]用 Carbomer 及其他黏附材料分别混合环孢菌素脂质体。结果显示：以 Carbomer 941 混合的脂质体在小鼠肝脾的分布量提高 2 倍，体内清除率从对照脂质体的(58.9±6.4) $ml \cdot h^{-1} \cdot kg^{-1}$降到(38.6±7.8)$ml \cdot h^{-1} \cdot kg^{-1}$，一次给药，小鼠成活时间从对照的环孢菌素溶液的(7.6±0.5)天，对照脂质体的(14.2±4.4)天，提高到(18.8±2.9)天。

Carbomer 与其他材料配伍能产生很强的生物黏附。Dash[5]等以烟碱为模药，以 Carbomer 与甘油单油酸酯为黏附材料制成栓剂治疗溃疡性结肠炎，体外实验表明，Caco-2 细胞能黏附于栓剂表面，但高浓度的 Carbomer 可阻止药物进入 Caco-2 细胞。卡波姆黏附力很强，有时会损伤黏膜表面，所以卡波姆宜和其他材料混合使用，调节其黏附强度。

卡波姆除了做为黏附材料外，在药剂中还有其他广泛用途，如它的低浓度溶液可用于液体药剂的增黏、增稠、助悬作用。其凝胶是优良的软膏基质，也可做缓释制剂的阻滞剂等。

与卡波姆相似的黏附材料，如聚丙烯酸及交联的聚丙烯酸钠，具有类似性质，不同的是前者可为碱性溶液中和而形成凝胶，后者则直接吸水溶胀为凝胶，不溶于水。

(2) 丙烯酸树脂类(acrylic acid resin)

这是一类由丙烯酸(AA)或甲基丙烯酸(MAA)与其相应的不同酯类共聚得到的产物，其通式结构为：

$$\cdots\underset{\underset{O=C-R_3}{|}}{\overset{\overset{R_1}{|}}{C}}-CH_2-\underset{\underset{COOR_4}{|}}{\overset{\overset{R_2}{|}}{C}}-CH_2\cdots$$

随着结构式中 R_1、R_2、R_3、R_4 基团的不同，共聚物的性质也不同，现将不同型号树脂结构归纳于表 8-2。表 8-2 中的共聚物都可溶解，但溶解的 pH 值不同，Eudragit Ⅰ、Ⅱ、Ⅲ、Ⅳ溶解的 pH 值分别为>5.5，>7.0，1.2～5，这些树脂溶解后，可与其他生物黏附材料配伍，作为黏附给药系统的载体，也可以作为片剂、丸剂、颗粒剂、包衣材料或黏合剂，也可用作胶囊剂与膜剂的材料，但由于肠溶性树脂中甲基丙烯酸上 α-甲基阻碍分子链运动，呈现较强的刚性与脆性，通常须加入较大比例的增塑剂，如 PEG、醋酸甘油酯等。

另外两种甲基丙烯酸酯共聚物(polymethacrylates)如，高渗透型丙烯酸树脂

表 8－2　丙烯酸树脂的结构与型号

共聚物	制备	型号	分子量	R_1	R_2	R_3	R_4
甲基丙烯酸与丙烯酸丁酯(35:65)	肠溶丙烯酸树脂乳胶液	Eudragit Ⅰ Eudragit L30D*	1.5×10^5	CH_3	H	OH	C_4H_9
甲基丙烯酸与甲基丙烯酸甲酯(50:50)	肠溶丙烯酸树脂Ⅱ	Eudragit Ⅱ Eudragit L100*	1.35×10^5	CH_3	CH_3	OH	CH_3
甲基丙烯酸与甲基丙烯酸甲酯(35:50)	肠溶丙烯酸树脂 Ⅲ	Eudragit Ⅲ Eudragit S100*	1.35×10^5	CH_3	CH_3	OH	CH_3
甲基丙烯酸酯与二甲胺基乙酯	胃溶丙烯酸树脂Ⅳ	Eudragit Ⅳ Eudragit L100*	1.5×10^5	CH_3	CH_3	(CH_2) $(CH_2NCH_3)_2$	CH_3 C_2H_5 C_4H_9
丙烯酸乙酯与甲基丙烯酸甲酯(70:30)	丙烯酸树脂 E30	Eudragit E30	8.0×10^5	H	CH_3	OC_2H_5	CH_3

* 指国外品名。

表 8－3　甘油单酸酯结构与性质

名称	别名	英文名	R	溶解性	用途
甘油单硬脂酸酯	单硬脂酸甘油酯	glyceryl monostearate (GMS)	硬脂酸	不溶于水 可溶于热乙醇、乙醚、氯仿、异丙醇、苯甲醇、矿物油等	乳化剂、稳定剂、润滑剂、增塑剂、消泡剂，用于乳膏、栓剂、贴布剂、片剂中
甘油单油酸酯		glycerol monooleate	油酸	不溶于水 溶于醇、醚、氯仿、矿物油等	乳化剂、稳定剂、润滑剂、增塑剂、消泡剂，用于乳膏、栓剂、贴布剂、片剂中
甘油单辛酸酯		glycerol monocaprylate	辛酸	微溶于水 溶于乙醇、甘油 易溶于丙酮、氯仿、乙醚、植物油等	乳化剂、透皮促进剂、增塑剂、分散剂，用于乳膏剂、栓剂、贴布剂、片剂等
甘油单癸酸酯	乙酰单甘油酯	glycerol monocaprate	癸酸	不溶于水 溶于乙醇、丙醇、丙酮、乙醚、植物、矿物油	乳化剂、增稠剂 透皮吸收促进剂、乳膏剂、栓剂、贴布剂
甘油单醋酸酯	甘油辣木子油酸酯	glycerin monoacetate	醋酸	溶于水、乙醇 微溶于乙醚	增塑剂、溶剂、保温剂
甘油山嵛酸酯		glyceryl Behenate	二十二酸	不溶于水 溶于乙醚、丙酮、甲醇、异丙醇、易溶氯仿	乳化剂、稳定剂、润滑剂、增塑剂、消泡剂，用于乳膏、栓剂、贴布剂、片剂中

(Eudragit RL 100)与低渗透型丙烯酸树脂(Eudragit RS 100),由丙烯酸乙酯、甲基丙烯酸甲酯、甲基丙烯酸氯化三甲胺基乙酯三种单体共聚而成,其单体的比分别为1∶2∶0.2与1∶2∶0.1。由于链段中含有较大比例的丙烯酸乙酯,犹如加入内增塑剂,分子链柔性强,T_g低,一般只有55℃左右。这两种树脂虽有很强亲水性,但只能溶胀而不能溶解。

(3) 聚甲基丙烯酸羟乙酯(poly 2-hydroxyethyl methacrylate, PHEMA)

PHEMA是甲基丙烯酸酯类水凝胶中应用最广泛的一种,它们的化学结构式可用下列通式表示:

$$\left[CH_2 - \overset{\overset{\large CH_3}{|}}{\underset{\underset{\large COOR}{|}}{C}} \right]_n$$

R=—CH_2CH_2OH时,PHEMA

R=—CH_2CH_2—CH_2OH,聚甲基丙烯酸羟丙酯(polyhydroxy propyl methacrylate, PHPMA)

R=—CH_2—CH(OH)—CH_2(OH),聚甲基丙烯酸甘油酯(polyglyceryl methacrylate, PGMA)

PHEMA以HEMA单体在聚乙二醇或乙二醇-水溶液溶剂中,加入适当的交联剂,如乙二醇二甲基丙烯酸酯(ethylene glycol dimethacrylate, EGDMA)聚合而成。也可用HEMA本身为溶剂聚合,在聚合中可加入不同比例的甲基丙烯酸甲酯(MMA)或*N*-乙烯吡咯烷酮(*N*-vinyl pyrrolidone)单体进行共聚,可调整PHEMA的溶胀及黏附性能。

Peppas等[9]曾报道应用线性的聚氧乙烯(PEO)链,改进PHEMA的黏膜黏附性能,PHEMA微球与Sprague-Dawley小鼠十二指肠黏膜表面接触,在pH=6,温度22℃下已显示出较好的黏附性能,且与材料的交联度无关。当PHEMA微球用分子量为1000的线型PEO链接后,它的黏膜黏附能力比原有单独的PHEMA微球提高了二倍,这种现象可能由于PEO链穿入黏膜组织内部造成的。但当PEO链分子量增至100000时,却损害了PEO链的穿透作用。这是由于长链PEO增大的本身链的缠结,阻碍了链的移动及穿越PHEMA与黏膜的界面。

PHEMA具有很好的生物相容性,是作为软接触镜(soft contact lens)主要原料。与硬镜比较,具有柔软、易装戴与角膜柔和性好、刺激性小的优点,因此,它也用来作为治疗一些角膜炎症的药物装置。将该镜片浸泡于药物中,可将药物吸附于装置浅表面,这种给药方式持久有效,药物不被泪液稀释,也不易流失。如滴用1%毛果芸香碱一次,降压效果只能达到4~6h,而用上述装置可维持至少24h。

另外,在控缓释系统中,为了提高制剂的载药量,常应用良溶剂在聚合过程中加入可溶性药物，聚合后直接涂布成膜，去除溶剂后即可应用。

2．甘油单酸酯(glyceryl monofatty acid ester)

甘油单酸酯为生物体内一种天然代谢产物，也可人工合成而得，它是由甘油与有机酸酯化而成，甘油中只有一个羟基与酸中羧基起酯化作用，它的通式可用下式表示：

$$
\begin{array}{l}
CH_2—OR \\
| \\
CH—OH \\
| \\
CH_2—OH
\end{array}
$$

当其中R基团为不同的有机取代时，就形成不同的甘油单酸酯。表8-3列出几种常见甘油单酸酯结构与性质。

甘油单酸酯在药剂中有多种用途，近年来作为黏附材料报道很多，如，Nielsen[6]等分别以甘油酸酯和甘油亚麻油酸酯为材料，制成立方液晶，体外实验表明，液晶能黏附于黏膜表面。体外测定黏附力为0.007～0.048 $mJ \cdot cm^{-2}$，黏附力随液晶材料的吸水而降低，加入药物与其他辅料也使材料黏附力下降。Dash等以甘油单油酸酯为黏附材料制成直肠给药的栓剂，具有细胞毒性低、药物释放快的优点。

Geralghty等以甘油单酸酯混合物(Myverol 18～99，其中甘油单油酸酯占60.9%，其他甘油单酸酯占39.1%)制成水凝胶。在胃肠黏膜表面黏附力为0.12 $mJ \cdot cm^{-2}$，显著低于该材料在无水有机玻璃表面的黏附力(0.81 $mJ \cdot cm^{-2}$)。同样也低于该材料在含水有机玻璃表面黏附力(0.31 $mJ \cdot cm^{-2}$)。推断黏附力主要是分子间次级键(如范德华力)所致。大量水的存在使黏附材料过分地水化，降低了黏附材料与黏附面作用力。

3．乙烯类高分子

人工合成乙烯类生物黏附剂很多，其共同特点是合成分子单体中都含有—C═C— 乙烯基键的化合物，如：聚维酮(polyvidone，PVP)、聚乙烯醇(polyvinyl alcohol，PVA)、聚乙烯酸缩丁醛(polyvinyl butyral，PVB)、聚醋酸乙烯酯(polyvinyl acetate，PVAc)、乙烯-醋酸乙烯共聚物(ethylene vinylacetate copolymer，EVAc)、聚苯乙烯-马来酸酐(polystyrene-maleicanhydride，SMAC)、聚异丁烯(polyisobutylene)、聚丁二烯(polybutadience)、硅橡胶(silicone rubber)、泊洛沙姆(poloxamer or pluronic)等，以下进行归类，重点叙述一些最常用材料：

(1) 聚维酮PVP

PVP学名为聚乙烯吡咯烷酮(polyvinyl pyrrolidone)，系由 *N*-乙烯基-吡咯烷酮聚合而成的水溶性高分子，结构式为：

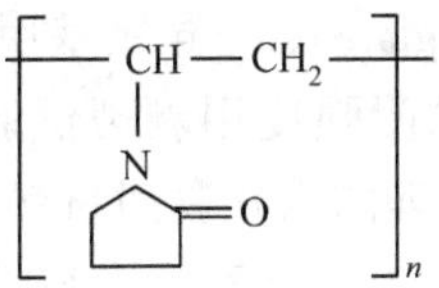

$$\left[-CH-CH_2- \right]_n$$

（N 连接于 CH，N 为吡咯烷酮环，环上 =O）

PVP是一种非晶态线性聚合物，药用PVP分子量一般在$0.5\times10^4\sim7.0\times10^5$之间。一般以 K 值大小表示分子量。K 值越大，分子量越高，PVP特点为极易吸湿结块，易溶于水和乙醇等极性有机溶剂，不溶于醚、烷烃等非极性溶剂。作为黏合剂的PVP溶液浓度一般高于10%，低于该浓度只有润湿作用。

PVP在药剂方面用途非常广泛，具有黏合，增稠、助悬、分散、助溶、络合、成膜等特性，在药剂中还可用作包衣材料、缓释材料、成膜材料、黏附给药系统载体等。

PVP可与许多药物形成可溶性复合物，如与碘、普鲁卡因、丁卡因、氯霉素等，延长药物的作用。聚维酮碘，就是典型例子，可作为难溶性药物载体。至于交联的聚维酮(crosspovidone, CPVP)，是乙烯基吡咯酮高分子量交联聚合物，在水与各种溶剂中不溶，但能迅速溶胀，体积增加150%～200%，溶胀时不形成凝胶，是一种优良的崩解剂，但不能作为黏附材料。

近年来Zaman等[7]报道，将疏水链段引入亲水的聚合物PVP，形成的新材料能明显增加生物黏附性。该文引用C_{12}疏水烃链以不同比例连接到PVP上，生成的PVP疏水化衍生物(用C_{12}-PVP表示)比PVP材料本身的黏附性要强，详细数据见表8-4。

表8-4　疏水化PVP的生物黏附性

黏　　材	n	$W_a/10^3$mJ	F_D/N
C12-PVP	10	18.3	0.44
C12-PVP	25	19.3	0.50
C12-PVP	50	20.9	0.63
C12-PVP	75	20.4	0.56
C12-PVP	100	16.3	0.28
PVP		13.4	0.33
Pectin		16.6	0.24
Carbomer 934		56.4	0.65

表8-4中 n 指每一个疏水C_{12}链段含有PVP单元数目，W_a为平均黏附功，单位为10^3 mJ，F_D为平均剥离力(force of detachment)。材料接触的基质为来自兔子十二指肠新鲜的黏膜组织。当剥离材料时，是黏膜组织内部发生剥裂，而不是聚合物与黏膜的界面。表8-4可见，所有疏水化了的PVP黏附力都大于对照品PVP，且最大黏附力发生在材料C_{12}/PVP=1/50时。

Kao F J[8]用乙烯吡咯烷酮分别与4种单体即2-丙烯酰胺基-甲基-1-丙烷磺酸(2-acrylamido methyl 1-propane suffonic acid)、乙烯丁二酰亚胺(vinyl succinimide)、甘油丙烯酸(glycidgl acrglate)、α-异氰基甲基丙烯酸酯经紫外光引发聚合3min,材料与猪小肠黏膜之间黏附强度用剥裂试验测定。实验表明,黏附力可达$0.46 mJ \cdot cm^{-2}$。此外,用UV处理的水化黏附材料显示很高的吸水能力,平衡时材料的含水量20%~100%(wt)。上述高黏附力与吸水率两个重要因素表明,NP与其他几种单体共聚物可作为受伤皮肤敷料与黏合材料。

(2) 聚乙烯醇(PVA)、聚乙烯缩丁醛(PVB)、聚醋酸乙烯酯(PVAc)与乙烯-醋酸、乙烯共聚物(EVAc)

PVA、PVB、PVAc与EVAc 4种黏附材料的结构式非常相似,都有共同的$\left[CH_2-\underset{\displaystyle R}{\underset{|}{CH}}\right]_n$链节,可用下列通式表示,只是$R_1$、$R_2$、$R_3$基团不同而已(详见表8-5)。

$$\left[CH_2-\underset{\displaystyle R_1}{\underset{|}{CH}}\right]_x\left[CH_2-\underset{\displaystyle R_2}{\underset{|}{CH}}\right]_y\left[CH_2-\underset{\displaystyle R_3}{\underset{|}{CH}}\right]_z$$

PVA一般醇解度在87%~89%范围内,水溶性最好。国产PVP的规格有PVA04-88,PVA05-88,前一组数字乘以100代表聚合度,后一组数据表示醇解度为88%。

EVAc是水溶性的高分子材料,它的性质是取决于分子量与共聚时乙烯嵌段与醋酸乙烯段相对比例。随着分子量增加,EVAc的T_g与机械强度升高,当分子量相同时,醋酸乙烯比例越低,EVAc性质接近于聚乙烯、高晶度、高T_g,当醋酸乙烯含量小于40%时,醋酸乙烯含量增加,结晶度下降;当醋酸乙烯含量大于50%时,EVAc随着醋酸乙烯含量增加,结晶度增加,T_g升高。

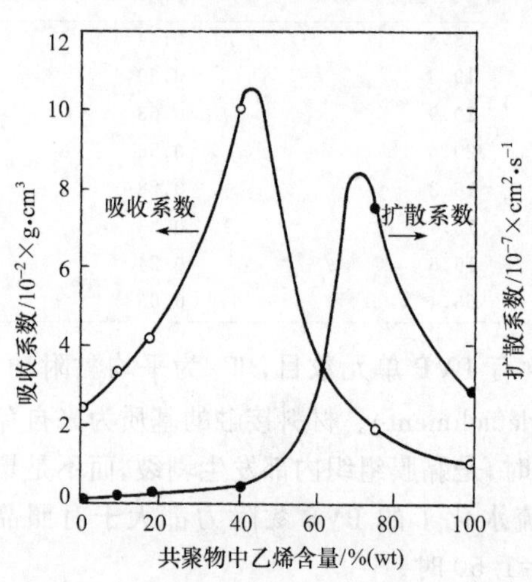

图8-2 乙烯-醋酸乙烯共聚物中醋酸乙烯含量对樟脑吸收与扩散系统的影响

控缓释材料(包括膜)渗透性(permeability)与材料结晶度关系密切,即随着醋酸乙烯含量变化,EVAc材料的渗透性也发生变化,这就是该材料在药剂学中被广泛应用的原因。

Gale等研究了EVAc共聚物中成分比例的变化对该材料膜性能的影响。他以樟脑(camphor)为模药,测量了一系列不同嵌段比例的EVAc对樟脑释放的影响。结果发现,当载体中醋酸乙烯含量为40%~50%(wt)时,樟脑在EVAc中达最大吸收值。然而,樟脑的扩散系数最大值却出现在载体中醋酸乙烯含量为60%~70%的时候(见图8-2)。

表 8－5　4种乙烯类生物黏附材料结构与性能

聚合物名称	英文缩写	制　　备	R_1	R_2	R_3	溶解性	用　　途
聚乙烯醇	PVA	乙烯与醋酸反应→→聚合→醇解	OH	OH	OH	溶于水	膜材、增黏、辅助乳化
聚乙烯醇缩丁醛	PVB	PVA＋丁醛催化缩合	OH	C_3H_7CHO	乙羧基	不溶水 丙酮、乙醇乙酯、乙酸丁酯、CH_2Cl_2 $CHCl_3$ 为溶剂	黏合剂、膜剂
聚醋酸乙烯酯	PVAc	醋酸乙烯在 HAc 中聚合	CH_3COO—			不溶水 溶于乙醇、丙酮、乙酸乙酯等	缓释材料、包衣、膜剂
乙烯-醋酸乙烯共聚物	EVAc	乙烯与醋酸乙烯共聚	无	CH_3COO—	无	不溶水、乙醇 溶于 $CHCl_3$	膜剂、囊剂、眼用膜、缓控释载体、皮肤黏膜、骨架片剂

注：丁醛与 2 个—OH 基团缩合。

（二）天然生物黏附材料

除人工合成黏附材料外，天然生物材料应用很广，按其来源归类有：

1．来源于植物

植物凝聚素（lectin）；植物胶类：果胶（pectin），刺梧桐胶（sterealia），阿拉伯胶，桃胶；植物纤维素：淀粉（starch），糊精（dextrin），纤维素（cellulose）。

2．来源于动物组织

甲壳素（chitin），壳聚糖（chitosan），硫酸软骨素（chondroitin sulfate），肝素（heparin），透明质酸（hyaluronic acid）。

3．来源于海洋微生物或由细菌培养而得

海藻酸及其盐类（alginate），黄原胶（xanthan gun），琼胶（agar）。

以下就几种重要且有发展前景的天然材料作一介绍：

1．植物凝集（聚）素（lectin）

Lectin 是从植物中提出来的糖蛋白，能特异性地和某些上皮细胞黏附。根据提取来源的植物种类不同，其分子结构稍有差别，即具有不同的糖基侧链，对不同细胞的黏附力也不同。如[14]，不同植物凝聚素对结肠肿瘤 Caco-2 细胞的亲和力由小到大的顺序为：

扁豆凝集素（DBA）＜花生凝集素（PNA）＜舌根豆凝集素（LGA）＜土豆凝集素（STL）＜泽荆豆异凝集素（UEA-Ⅰ）＜麦芽凝集素（WGA）

对于结肠肿瘤 HT-29 细胞亲和力顺序为：

PNA＜UEA-Ⅰ＜WGA

对于结肠肿瘤 HCT-8 细胞亲和力顺序为：

DBA＜UEA-Ⅰ＜WGA

这些凝聚素都含有特异糖基与蛋白成分，都具有生物特异黏附特征，即植物凝聚素和细胞作用是受体-配体相互作用结果。

Carreno-Gomez 等[10]把聚苯乙烯 PS 微球和白蛋白分别与番茄凝集素（tomato lectin，TL）偶联，发现偶联后的微球和白蛋白均能增加肠淋巴管吞噬。偶联前微球吞噬速率只有 3.9 $ng \cdot mg^{-1} \cdot h^{-1}$，偶联凝集素后，吞噬率增加至 41.5 $ng \cdot mg^{-1} \cdot h^{-1}$。白蛋白的吞噬率为 0.5 $ng \cdot mg^{-1} \cdot h^{-1}$，偶联后增至 11.8 $ng \cdot mg^{-1} \cdot h^{-1}$。Hussain 等[11]用番茄凝聚素交联 PS 纳米粒，经 Wistar 大鼠灌胃，结果显示胃肠道的摄取量提高了 50 倍，这对蛋白多肽类药物口服给药制剂有着重要的指导意义。Naisbett 等[12]用番茄凝聚素（TL）与对照品聚维酮（PVP）、牛血清蛋白（BSA）用 I-125 标记后，给成年鼠口服，观察三种材料制剂在鼠胃肠道中滞留时间与分布，发现TL有抗降解作用,24h后粪便中回收达12%,口服1h与5h后在胃肠(GI)道回收分别为80%与50%;而PVP口服24h,粪便回收达100%;BSA 24h后,完全降解,在尿中回收95%,在甲状腺回收5%。以上说明,在口服给药系统中,番茄凝聚素比聚维酮、牛清白蛋白有更大黏附性与抗降解性。

Lu等[13]将环孢素A和*N*-(α-羟丙基)甲基丙烯酰胺偶联,再分别与花生凝集素和麦芽凝集素交联,利用凝集素对细胞的黏附作用,使其增长在结肠滞留时间,已便被结肠偶氮还原酶降解释放药物,这是结肠定位给药系统一个典型例子。

2. 淀粉及其衍生物

淀粉既是食品又是常用的药用高分子辅料之一,天然来源的淀粉由两种多糖分子组成,即直链淀粉与支链淀粉,其中直链部分占1/4,两者重复单元是D-吡喃葡萄糖,只是重复单元连接方式不同,直链淀粉与支链淀粉结构与性质比较见表8-6。

表8-6 直链与支链淀粉结构与性质比较

淀粉类型	结构	晶态	性质	应用
直链淀粉	螺旋结构,α-1,4苷键连接	结晶度高	不溶于热水 黏性差	结肠定位释药载体、填充剂
支链淀粉	树枝状结构 含α-1,6苷键	结晶度低	在冷水中溶胀形成胶浆,黏性强	黏合剂、片剂 丸剂、胶囊

淀粉种类很多,有玉米淀粉、米淀粉、小麦淀粉、马铃薯淀粉等,由于来源不同,每种淀粉的直链与支链结构、比例不尽相同。药用淀粉通常为玉米淀粉,中国药典中对其他淀粉含量规格也有规定。

淀粉一般呈半晶态性质,在水中不溶,只分散,加热到60~70℃开始溶胀,即糊化,糊化后成半透明凝胶,有较大黏性,糊化后的淀粉浆经脱水干燥后即为糊化淀粉,成为可溶性的无定形粉末。

还有一类称预胶化淀粉,是将淀粉经特殊加工或处理过程中添加少量表面活性剂,使直链与支链淀粉从淀粉粒中游离出来。该类淀粉含5%游离态直链淀粉,15%游离态支链淀粉和80%非游离态淀粉。

此外,淀粉经人工化学修饰,可得到其衍生物,如,在葡萄糖单元中引入羧甲基钠(—CHC_2OONa)基团,制得羧甲基淀粉钠(sodium carboxymethyl starch, CMS-Na或SCM-S),置换度(或醚化度)通常为0.3~0.5,即10个葡萄糖中有3~5个羧甲基置换。它是一种白色无定形粉末,易吸潮、溶于水形成网络结构胶体溶液。不溶于乙醇、乙醚、亲水性、吸水性、膨胀性好,颗粒具有优良可压性和流动性,可做崩解剂、黏合剂、助悬剂。此外还有羟丙基淀粉等衍生物,体内可避免淋巴内皮系统的吞噬,所以淀粉作为注射用生物黏附材料具有其特殊优越性,用淀粉材料做成微球,纳米球制剂报道甚多。Soane 等[15]用放射性标记研究淀粉微球鼻腔给药,结果显示淀粉微球有较好的生物黏附性能,其清除半衰期为甲壳素的 3 倍,达 68min。

Montyomery 等[16]用可降解的淀粉微粒传递抗原和免疫球蛋白(immunoglobulin A,Ig A)加强的细胞株(cytokines)到口腔黏膜,通过腔皮下注射与口腔给药方式,结合应用穿透增强剂。试验证明,在第二次免疫后 72 天,唾液 Ig A 响应达到最高,并延续到第三次免疫后的 88 天。试验数据说明,生物黏附可降解淀粉微球可作为一种给口腔传递抗原和细胞株的工具,具有长期唾液腺 Ig A 响应的趋势。

微球(囊)是新型制剂中的重要一种,以淀粉为载体的微球报道也很多,一般用乳化聚合法制备,油相通常用甲苯、氯仿、液状石蜡,以 Span 60 为乳化剂,水相以 20%碱性淀粉溶液,加入油相中,形成 W/O 型乳状液,升温至 50～55℃,加入适量交联剂环氧丙烷,反应数小时后,除去油相,分别用乙醇、丙酮多次洗涤干燥,得白色粉末状微球,粒径一般在 2～50μ 之间,包埋的药物可混悬在碱性淀粉的油相中,或用二步法将药物水溶液浸入空白微球中。

用淀粉衍生物包埋药物制成微囊,也是目前药剂新剂型发展的一个方面。如应用邻苯二甲酰氯使淀粉衍生物羟乙基淀粉(HES)或羧甲基淀粉(CMS)发生界面交联反应,可得到易控制粒径的微囊。方法是:将其淀粉衍生物在含有 5% Span 85 的混合溶剂(氯仿/环己烷=1/4 V/V)乳化成 W/O 型乳状液,滴加邻苯二甲酰氯搅拌 30min,反应后,加环己烷烯释,离心,微囊分别用 Tween 80 的 95%乙醇溶液,95%乙醇溶液及水洗涤,制备制剂时,药物可加在溶解的淀粉衍生物的 pH 9～8 缓冲液中,可控制 pH 及邻苯二甲酰氯浓度与反应时间来调节微囊膜的强度,借以控制释药速率[17]。

3. 明胶(gelatin,GL)

明胶是常用的药物辅料,也是制备空胶囊和软胶囊胶皮的主要原料,系动物皮、骨等结缔组织胶原纤维蛋白的水解产物。依据制备明胶水解的不同方法:用酸法和碱法制得的明胶分别称为酸法明胶(A 型)和碱法明胶(B 型),等电点分别为 pH 7～9 和 pH 4.7～5.2,主要成分蛋白质,水解产物为氨基酸。

明胶质量的一个重要指标是分子量,优质明胶分子量在 1.0×10^5～1.5×10^5 范围,其黏度与分子量直接相关,并随温度上升而降低;还与 pH 有关,在等电点时明胶黏度最小,强力搅拌与超声处理也可使黏度降低。

明胶质量另一个重要指标是形成凝胶后的强度,通常用 Bloom 强度表示,即采用直径 12.7mm 的平底柱塞压入明胶凝胶表面 4mm 所需重量,优质明胶 Bloom 强度在 250～350g。

明胶用途很广，可用作硬胶囊与软胶囊和微囊材料，加工时为防止脆性可加入增塑剂，如甘油、山梨醇、聚乙二醇等，为增加硬度和强度可加一定量阿拉伯胶、蔗糖等。

用明胶为载体制备微囊（球）例子很多。通常先将明胶溶液（含药或不含药）制成乳状液，再用交联剂，如甲醛、戊醛、鞣酸等交联成球。如制备硫酸链霉素肺靶向明胶微球的工艺，可先将药物与明胶制成水溶液，再在含乳化剂的蓖麻油中做成乳状液，用甲醛、异丙醇溶液交联固化成球，所得微球（MS），平均粒径 9.7μm，其表面载药量为 40.15%，球内载药量 15.69%，体外释药符合 Higuchi 方程（$t_{1/2}$ = 8.6h），家兔体内分布，以肺内 MS 分布最多[18]。陆彬等[19]制备盐酸川芎嗪肺靶向明胶微球时，先将药物与明胶制成水溶液，加入含乳化剂的蓖麻油中，制成W/O型乳状液，再加戊二醛的甲苯溶液交联固化成球，平均粒径 12.65μm，载药量 16.49%，体外释药符合一级动力学规律，释药 $t_{1/2}$比原药延长约 5 倍，小鼠尾静注 20min 后，药物在肺部相对分布百分率由对照组的 6.29%提高到 47.53%。

另外，还可用二步法制备载药明胶微球，即首先制备空白明胶微球，然后将其浸入药物溶液中去，使药物渗入微球。陆彬等[20]制备米托蒽醌（DHAQ）肺靶向微球就是一例。该法先将明胶水溶液分散在含有乳化剂的蓖麻油中，制成 W/O 型乳状液，用甲醛交联固化，得到类白色明胶微球粉末（GMS），平均粒径 15.7μm，收率 95.99%，将 DHAQ 溶于 0.1 mol/L HCl 溶液中，加入 GMS，静止浸入，抽干得深蓝色 DHAQ-GMS，载药量达 8.17%，DHAQ-GMS 体外释药符合一级动力学，$t_{1/2}$比原药延长 4 倍，小鼠静注得到相对摄取率（$AUC_{样品}/AUC_{对照}$）在肺中最大，为 7.4，其靶向效率对血、心、肝、脾、肾分别为 35.41、49.24、2.66、11.97、8.01；样品在肺内药量比对照组（DHAQ 溶液）增大 4 倍，消除半衰期延长 2.5 倍，在 C57 黑毛雌鼠腋下常规接种 Lewis 肺癌，对肺癌转移平均抑制率比对照组提高 50.9%。

陈建海等[21]用地西泮（diazepam）为模药，用双乳化法（O/W/O）制备了 DZP-PHBV/GL-MS 微囊，先将药物与聚羟基丁酸酯-羟基戊酸酯共聚物以一定比例溶于二氯甲烷，然后再将该油相滴入 1%浓度含有乳化剂的明胶溶液中，以一定速率搅拌，待 CH_2Cl_2 挥发差不多以后，再将 O/W 相滴入含有另一种乳化剂的蓖麻油中，并滴入戊二醛对明胶微球进行交联，离心分离微球，并分别用甲醇、水进行洗涤，得到微球，内含 PHBV 球核，外镀一层明胶。此法优点是，可调节 PHBV 与 GL 比例，调节对 PHBV 球核的镀层厚度与包裹面积，以此控制药物的释放速率。DZP-PHBV-GL-MS 电镜照片（见图 8-3）。

Parod B 等[22]用盐酸氧可酮（oxycodone hydrochloride）为模药，用明胶凝胶为生物黏合剂，制成口腔黏膜给药系统，评价制剂厚度与药物含量对材料溶胀与黏附性质影响与制剂的释药速率，以及在 10 个健康志愿者中应用情况。

此外，果胶、硫酸软骨素、肝素、甲壳素、透明质酸等作为黏附给药系统载体也

a. 全包裹

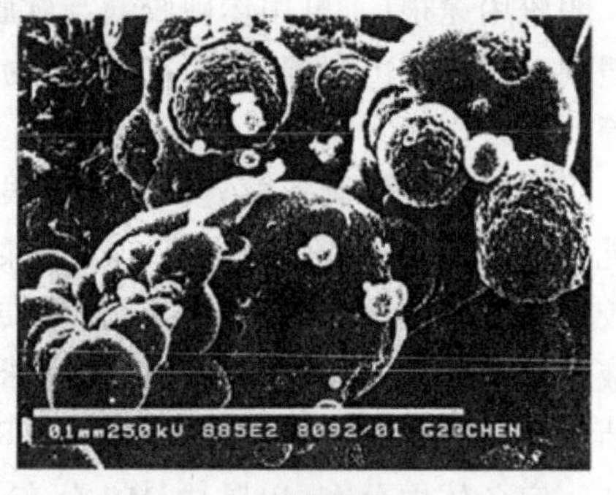

b. 部分包裹

图 8－3　DZP-PHBV-GL-MS 扫描电镜图

常见报道。

（三）改性的天然黏附材料或半合成黏附材料

由于天然材料种类有限，不能完全满足各种剂型的需求，人们以天然材料为基础，通过天然材料中各种基团的修饰，如羧基化、羟基化、氨基化、烷基化，或脱去掩盖某些基团，使其改变原有材料某些性质，如亲疏水性、黏附性、润湿性等。由于这类材料来源广，成本低，生物相容性好，加工容易，所以在药剂学上选取辅料时往往优先给予考虑。

1．纤维素及其衍生物

纤维素分子是由吡喃环 D－葡萄糖构成的直链多糖，聚合度在 5000～10000 之间，葡萄糖分子以β－1,4－苷键相链，葡萄糖分子上羟基可以酯化、醚化，形成种类繁多的一类衍生物，这些衍生物具有相似的主链结构（见图 8－4）。

图 8－4　纤维素衍生物结构图

R 取代基不同，得到性质不同的纤维素衍生物。表 8－7 列出各种纤维素衍生物取代基、溶解性及其用途。

微晶纤维素（microcrystalline cellulose，MCC）是白色多孔性微晶状，易流动的颗粒或粉末，它是将天然细纤维经过处理，去除纤维素中无定形部分，余下结晶部分经干燥粉碎得到聚合度约 200 的微晶，可吸收 2～3 倍水分而膨胀，微晶纤维素国外商品名及规格（见表 8－8）。

表 8-7　纤维素衍生物结构、性质、用途

名　　称	R	性　　质	用　　途
醋酸纤维素(cellulose acetate, CA)	H, CH_3CO—	水中不溶,不溶胀,可溶 CH_2Cl_2	包衣材料、膜材等
醋酸纤维素酞酸酯 (cellulose acetate phthalate, CAP)	H, CH_3CO—	pH<6.0 不溶,溶于丙酮+(乙醇或甲醇)混合溶剂	肠溶包衣材料 黏合剂、增黏
羧甲基纤维素钠 (carboxymethyl cellulose sodium, CMC-Na)	H, $—CH_2COONa$	易溶于水,交联后,不溶于水,但可溶胀	增稠、助悬剂、崩解剂
甲基纤维素(methylcellulose MC)	H, $—CH_3$	冷水中溶解,溶胀,60～70℃ 凝胶化,沸腾时沉淀	黏合剂、增黏、增稠、助悬剂、崩解剂
羟丙基纤维素 (hydroxypropyl cellulose, HPC)	H, $\left[CH_2—CH(CH_3)—O\right]_m H$	低取代度 HPC 在水中不溶,可溶胀	片剂、崩解剂
羟丙甲纤维素 (hydroxypropyl methylcellulose, HPMC)	H, $—CH_3$ $\left[CH_2—CH_2(CH_3)—O\right]_m H$	冷水中易溶,热水中凝胶化	低黏度、可做黏合剂、增黏剂、助悬剂、高黏度、缓释片骨架
羟丙甲纤维素酞酸酯 (hydroxypropyl methylcelluclose phthalate, HPMCP)	H, $CH_3 \cdot CH_2CHOHCH_3$ OCC_6H_4COOH	pH=5.0～5.8 溶解,溶于丙酮及与乙醇、甲醇混合溶剂	低黏度、可做黏合剂、增黏剂、助悬剂、高黏度、缓释片骨架
醋酸羟丙甲纤维素琥珀酸酯 (hydroxypropyl methylcellulose acetate succinate, HPMCAS)	H, $CH_3—CH_3CO$, $OCCH_2CH_2$ $COOH$ $\left[CH_2CH(CH_3)O\right]_m H$ $\left[CH_2CH(CH_3)O\right]COCH_3$	pH=5.5～7.1 溶解,溶于丙酮及与乙醇、甲醇混合溶剂	低黏度、可做黏合剂、增黏剂、助悬剂、高黏度、缓释片骨架
乙基纤维素(ethylcellulose, EC)	H, C_2H_5	不溶于水、酸、碱溶液,溶于乙醇、甲醇、丙酮、CH_2Cl_2 等	缓释制剂包衣、阻滞剂、黏合剂
羟乙基纤维素(hydroxyethyl cellulose HEC)	H, C_2H_5 C_2H_4OH, $—CH_2CH_2OCH_2CH_2OH$	溶于冷、热水,一般有机溶剂中不溶	增稠、助悬、分散、胶凝黏合剂等及缓释材料

表 8-8 微晶纤维素规格与粒径

型 号	比表面/$m^2 \cdot g^{-1}$	平均粒径/μm
Avice pH 101	11.2	50
Avice pH 102	10.0	100
Avice pH 103	11.4	50
Avice pH 105	20.7	20

MCC 是片剂的优良辅料,可做填充剂、崩解剂、干燥黏合剂和吸收剂,下面是利福平片与咳必清片配方。

利福平片配方		咳必清片配方	
利福平	0.15g	咳必清/20～32 目	0.025g
MCC/100 目	0.125g	MCC/100	0.025g
淀粉/120 目	0.02g	淀粉/120 目	0.008g
CMC/80 目	0.005g	铝镁原粉/100 目	0.015g
铝镁原粉/100 目	0.025g	滑石粉	0.008g
硬脂酸镁/60 目	0.009g	硬脂酸镁	0.004g

纤维素衍生物种类很多,用途也是多方面的,但必须指明,不是所有纤维素衍生物都可作为黏附给药系统载体,只有那些亲水性好,黏性强的衍生物,如 HEC、HPMC、CMC-Na 等可做黏附给药系统载体。下面是几年来有关这方面文献报道。

Bernkop S A 等[23]报道,一种新型黏附给药系统保护多肽类药物免受胃中酶的降解,他用一种悬臂(spacer)1,8-二氨基辛烷(1,8-diaminooctane)共价连接胃蛋白酶阻聚剂(pepsin inhibitor)(叫 pepstatin A)到黏附载体基质羟甲纤维素钠 CMC-Na 上,用体外酶实验测试基质系统的保护效果。结果表明,用该系统 8h 后,可使酶的活性失去 83%,而对照物酶的活性只减少 18.5%,因此用 pepstatin-基质复合物可保护多肽类药物作为控制释放多肽类药物的载体应用于胃肠道黏膜给药系统,如果药物选用表皮生长因子,应用该系统对胃溃疡可达到最佳疗效。

Jones D S 等[24]研究用四环素(tetracycline)-生物黏附半固态聚合物系统治疗牙周病,用 Caleva 7ST 溶出仪在 37℃下测定四环素在缓冲生理盐水中(pH=6.8,0.03M)的释放度,用织态分析仪测定了制剂的力学性能。结果显示,四环素溶出曲线在 25～54h 内遵从零级释放规律,增加羟乙基纤维素(HEC),则减少四环素释出;而增加载体中 PVP 成分含量,则增加四环素的释放速率;增加 HEC 与 PVP 在载体中浓度,则增加半固体制剂的硬度、可压性与可注性(syringeability),且也增加制剂黏附性。因此,选择最佳的黏附制剂用于治疗牙周病必须协调药物释放速率与制剂的机械性能。

裴元英等[25]用盐酸苯丙醇胺(PPA)为模型药物,以羟丙甲基纤维素(HPMC)

K100M 和 Cabomer(Cb)971P 为骨架材料，研制具有良好缓释特性的亲水凝胶骨架片，用正交设计获得最优处方为 HPMC K100M 145mg，Cb 971P 75mg，该处方的样品先在 $0.1mol \cdot L^{-1}$ HCl 中释放 2h，再转移至 pH＝6.8 PBS 介质中释放 10h，释药曲线符合 Higuchi 方程($R>0.98$，$P<0.01$)，相对于对照品(美国的 PPA 缓释片 Acutrim)，相似因子 f_2 值在 63～74 间，表明在各介质中两制剂释药曲线相似。在该试验考察范围内，骨架片释放速率与 HPMC K100M Cb 971P 的用量呈负相关。HPMC 与 Cb 的比例，硬脂酸镁用量和骨架片硬度对释药速率无显著影响。

陆伟跃等[26]研制了一种具有较好生物黏附能力和药物缓释效果的阿昔洛韦(Acv)-卡波姆(Cb)-乙基纤维素(EC)微球。制备方法：先取含 Ec 与 Cb 一定比例混合物 3g 的无水乙醇溶液 50ml，混悬入 0.5～2.0g Acv 后，加入到含 Span 80 10g 的 400ml 轻质液蜡中，室温下 $600r \cdot min^{-1}$ 搅拌蒸发 16h。砂芯漏斗抽滤，收集微球，用石油醚洗涤(50ml×3)，室温真空干燥 24h，分别以 50～16 目不锈钢筛筛分得 Acv-Cb-EC 微球。动物体内外黏附与体外释药实验表明，随 Cb 在微球中配比升高，微球在大鼠胃内滞留率明显升高，释药速率显著加快，当载药量增大时，微球黏附能力有所减少，缓释效果降低，但 Acv 含量≤20%时，缓释效果基本接近，粒径增大，微球黏附能力有所减少，当粒径在 500～1200μm 时，药物缓释效果明显提高(12h)，而黏附性变化不明显。为同时寻求生物黏附与药物缓释之间有较好平衡点，该作者认为，应调节载药量≤20%，粒径为 500～1200μm，Cb 与 EC 配比为 1∶9 的 Acv-Cb-EC 微球，在胃黏膜表面将具有良好生物黏附性，且药物缓释可达 12h。

2．壳聚糖(chitosan)

甲壳素(chitin)又名几丁质、甲壳质，学名为聚 *N*-乙酰葡萄糖胺(Poly *N*-acetyl-D-glucosamine)，来源于甲壳类动物(蟹、虾等)外壳的一种氨基多糖，其重复单元是以 β-1，4 苷键相连的壳二糖，仅在 D-葡萄糖的 α 位羟基被乙酰氨基($CH_3CONH—$)取代(见图 8-5)。甲壳素为分子量 100～200 万的结晶聚合物，商品为白色粉末或半透明片状物，不溶于水、稀酸、碱、醇、醚等大多数溶剂，只在少数溶剂中，如浓酸、浓碱溶解或溶胀，因此实际应用受限，只能做一些药剂中填充剂、阻滞剂等。

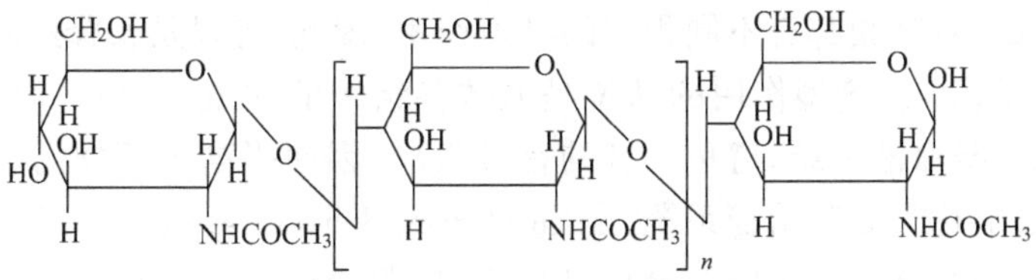

图 8-5 甲壳素基本单元结构

将甲壳素用浓碱溶液加热水解，脱去乙酰基后，得到分子量在 30 万～60 万的脱乙酰壳多糖，简称壳聚糖(chitosan)，是一种阳离子聚合物，能溶于大多数有机溶剂，溶于盐酸、醋酸等低 pH 值水溶液形成凝胶。壳聚糖根据脱乙酰化程度不同分为壳聚糖 H 与壳聚糖 L，脱乙酰程度分别为 93％与 50％～60％。壳聚糖用途很广，可做黏合剂、薄膜包衣、缓释材料、透皮给药基质，壳聚糖微球制剂等。此外，由于它具有良好的生物相容性，可作为人工皮肤、手术缝线、体内埋植剂等。

由于壳聚糖上羟基、氨基和糖基糖蛋白的黏附作用，因此近年来有许多报道介绍壳聚糖作为黏附给药系统载体，如：

Bernkop-Schnurch 等[27]报道，用壳聚糖与蛋白酶抑制剂通过乙二胺四乙酸二钠盐(EDTA-2Na)偶联形成的复合物。体外试验表明，复合物具有较好的酶抑制作用，其酶的抑制能力随酶抑制剂对壳聚糖比例量增加而降低。壳聚糖- EDTA -酶抑制剂复合物，一方面可抑制蛋白酶水解酶对多肽类药物的降解，另一方面可使给药系统和胃肠上皮细胞紧密接触，减少药物系统与上皮细胞界面间空隙，有利于吸收，也可延长给药系统在胃肠道滞留时间，提高生物利用度。因此，该复合物可作为多肽、蛋白类药物口服给药系统的载体。

Davis 等[28]研究了壳聚糖微球与壳聚糖的黏膜黏附性；检测了不同交联水平的壳聚糖微球对黏蛋白(mucin)的吸附作用；当黏蛋白中唾液酸(Sialic acid)含量达12％时壳聚糖与黏蛋白间吸附类型接近于静电吸引类型；提出了带正电的黏膜黏附壳聚糖微球与带负电的黏液糖蛋白之间存在盐桥(salt-bridge)效应，微球上黏液吸收量与壳聚糖微球表面正的 Zeta 电位绝对值以及黏液中糖蛋白负 Zeta 电位绝对值呈正比。壳聚糖微球对黏液吸附作用与壳聚糖材料交联度、黏蛋白的类型、介质的 pH、离子强度直接相关。而微球表面与黏蛋白的 Zeta 电位绝对值则是具有更明显的影响。试验表明，壳聚糖微球在鼠小肠中具有明显滞留作用。

第三节 生物黏附给药系统

生物黏附给药系统(bioadhesive drug delivery system，BDDS)是现代给药剂型中一个新兴分支。它的核心内容包含两个方面：① 这个剂型载体多由具有生物黏附材料所组成，对黏膜都有不同程度的黏附作用，因此，可以延长释药时间，提高药物的吸收作用；② 该剂型作用的部位是人体各组织的黏膜，药物是通过黏膜转运而直接进入全身血液系统，避免了肝的首过效应，因而提高了药物的生物利用度。所以，有些书上称为黏膜给药系统(mucosal drug delivery system)。

目前，给药系统按不同给药途径可分为：口服给药；血管给药；皮下给药；黏膜给药；经皮给药；吸入给药；肛门、子宫、阴道给药等等。

按剂型分，除传统的片剂、囊剂、丸剂、软膏剂、膜剂、注射剂、乳剂等外，近代的有：控缓释、靶向、经皮、微球(囊)、毫微球(囊)、气(粉)雾制剂等，BDDS 系统与上述系统有关连和交叉,但又有所区别,如 BDDS 系统本身也是控缓释制剂,有的也有靶向作用可增加局部器官或组织药物浓度。该系统可做成膜剂和片剂,也可做成微粒或毫微粒。另外,经皮给药(transdermal drug delivery system,TDDS)从广义上说也是生物黏附给药系统中的一种。只不过,它作用在人体“外黏膜”——皮肤,皮肤的结构不同于黏膜,含有表皮与真皮,其中表皮中上皮细胞分化为角质层,不可能分泌黏液,药物也较难穿过,需要加入经皮吸收促进剂,因此根据它的特点另分为经皮给药系统。但不管怎样,TDDS 与 BDDS 共同特点是必须有生物黏附材料作为制剂载体的组成一部分。药物吸收后,一般都直接进入全身血液(胃肠黏膜除外),不通过肝首过效应。

按制剂作用于人体组织部位不同,BDDS 可分为以下给药途径:口腔黏膜给药;鼻腔黏膜给药(非吸入气(粉)雾剂);眼黏膜给药;胃肠道黏膜口服给药;子宫及阴道黏膜给药;直肠给药。

本节着重讨论口腔、鼻腔、眼黏膜给药系统。胃肠道黏膜口服给药部分已在第七章叙述。子宫与阴道给药主要形状设计关系密切,不作详细讨论。

一、口腔黏膜给药

在 BDDS 系统中,口腔黏膜给药占有很重要的地位,原因如下:

(1) 口腔黏膜薄,面积大,比皮肤更易为物质所穿透;口腔黏膜表面湿润,伴有水化现象,对药物分子透过有利;口腔黏膜的透过性约为皮肤的 4～4000 倍。

(2) 服用方便。与传统口服给药有相似之处,与鼻腔黏膜给药相比,口腔黏膜不易损伤,修复功能强。

(3) 许多不宜口服或静注的药物,却能够通过口腔黏膜给药有效地吸收。黏膜下有大量毛细血管汇总至颈内静脉,不经肝脏,而直达心脏,因此药物吸收后,避免了肝首过效应。特别是那些多肽蛋白类药物,易被酸或胃蛋白酶降解。

口腔黏膜给药的主要问题来自两个方面:

(1) 口腔黏膜生物结构

口腔黏膜虽比皮肤较易透过药物分子,但比人体其他部位黏膜透过性差,主要是口腔黏膜的复层扁平上皮障碍所致,且在龈、舌背、硬腭等咀嚼功能有关部位黏膜上皮出现角质化(类似皮肤),这是药物分子吸收的主要障碍。一般认为,分子量超过 7 万的药物透过性差些。

(2) 口腔的生理状态

口腔的生理状态,如口腔中唾液腺分泌的酶,可能使一些药物失去活性;口腔黏膜的损伤与炎症,甚至出现溃疡面时,可能使药物吸收加快或减慢。

针对口腔黏膜通透性差的问题,往往在 BDDS 系统中加入一种称之为吸收促进剂(absorption enhancer, absorption promoters),其作用是改变黏膜的结构促进药物的吸收。常见的吸收促进剂有：脂肪酸、胆酸盐、表面活性剂、金属离子螯合剂等。如：

① 亲水性小分子：乙醇、二甲亚砜、二甲基甲酰胺。

② 脂肪酸及酯：亚油酸、单油酸甘油酯。

③ 表面活性剂：

甾体母核类：甘氨胆酸钠、去氧胆酸钠、二氢褐霉酸钠(STDHF)、3-(3-胆氨丙基)-二甲基胺-1-丙基磺酸盐(CHAPS)，*N*, *N*-双-(3-D-葡萄糖氨丙基)-胆酸盐(Big CHAP)；

非离子型：月桂醚-9、Tween 等。

④ 其他：PEG、月桂氮卓酮(Azone)、EDTA。

吸收促进剂对于某种药物来说不是专一的，也不是对所有药物万能的。对于某种具体药物来说，需用何种吸收促进剂，主要靠实践来决定，比如，月桂氮卓酮(Azone)能促进水杨酸的口腔黏膜吸收，但对胰岛素来说，不是最好的吸收促进剂。

口腔黏附基质材料的选择，主要基于三点：① 对黏膜黏附能力比较强；② 对口腔无刺激；③ 材料具有对药物控制释放功能。常用材料有(依黏附力由强到弱的顺序排列)：羧甲纤维素(CMC)、卡波姆(Cb)、西黄嗜胶、海藻酸钠、明胶、果胶、阿拉伯胶、聚维酮(PVP)、聚乙醇(PEG)，还有羟丙纤维素(HPC)、羟乙纤维素(EC)、壳聚糖、聚乙烯醇(PVA)等。

口腔黏附给药系统依制剂的结构与形态，可分为三种类型：

① 黏附性软膏。这种制剂需加入足够量的亲水性大且黏附力强的生物材料，如 Cb、CMC 等，缺点是口感不好，由于口腔不断分泌唾液并经常活动，停留时间不够长。

② 口腔贴片。该制剂克服了软膏剂型缺点，可将贴片设计成双层或多层。与黏膜接触并保证药物缓慢释放的一层应具有很好的黏膜黏附性能，多由纤维素与丙烯酸类聚合物构成；顶层为惰性材料构成，可保证药物单向释药，又防止唾液对药物的稀释，黏附时间可从几十分钟到几十小时不等(依制剂材料而定)。口腔贴片另外一优点是载药量高(相比另外两种剂型而言)，因此，这种剂型在目前口腔给药三种剂型中是使用较多的一种。如，采用 PAA 为基质的阿片素镇痛药的口腔贴片、甲状腺释放激素的多肽口腔贴片等。其缺点是贴片与黏膜接触面积小，缺乏柔韧性。

③ 口腔贴膜。为克服贴片的上述缺点，近年来发展起来的口腔贴膜制剂。该贴膜由背衬层与黏附层组成：背衬层多用 EC、醋酸纤维素、聚丙烯酸树酯等，不溶性材料组成；黏附层多用纤维素衍生物(如 MC、CMC、HEC)、天然胶、丙烯酸类、PVP、PVA 等组成。现有报道的有：醋酸曲安萘德口腔黏膜(基质主要是 HPMC 与 PAA 衍生物)，甲硝唑口腔控释贴膜(主要基质为 HPMC、M_r 为 86000，与 PAA、

M_r 为 3,000,000)，硝苯地平黏贴膜(惰性层由 EC、黏贴层为 HPMC、PVP 等组成)。

此外，还报道用壳聚糖或交联明胶制成表面修饰的脂质体用于口腔给药，但稳定性差、载药量差异大，还未能应用临床。另外还报道用毫微粒做成口腔贴片，但由于载药量低，只适合于药效很强的药物。

由于口腔中不同部位生理结构不同，还可以将口腔黏膜给药系统分为三种不同种类制剂：

(1) 舌下黏膜制剂

舌下黏膜通透性在口腔中居于首位，吸收迅速。舌下用药有可靠的生物利用度，如产品已上市的有硝酸甘油(nitroglycerin)，商名为 Nitrostat；硝苯地平(nifedipine)，商名为 Adalat；丁丙诺啡(buprenorphine)，商名为 Temgesic。这些都为舌下含片，特点是药物起效快，吸收迅速，作用时间短。

(2) 局部口腔使用制剂

主要用于口腔局部疾病治疗，属于口腔科用药范畴。如口疮黏附片，该制剂是由主药醋酸去炎松(TAA)与双层黏附膜组成。上层为无黏性载体层，由乳糖与 HPC 组成，下层是 HPC/Cb 黏附层(>0.4mm)，含药物 TAA。

Nair M K 等[31]制备了两种缓释剂用以治疗口腔念珠菌(oral candidiasis)以克服传统口腔给药缺点，即开始药物暴发释放，而后低于治疗水平的不良情况。这两种制剂含有抗真菌药(antifungals)、氯已定(chlorhexidine)和克霉唑(clotrimazole)，以治疗白念珠菌乳头状体(candida albicans)；同时含有苯唑卡茵(benzocaine)和氢化可的松(hydrocortisone)，以消除 Candidal 感染而引起炎症与疼痛。应用羧甲基纤维素钠(CMC-Na)与聚氧乙烯(PEO)[85∶15(W/W)]为黏附片基质，上述 4 种药物在 24h 内可得到最佳释药行为。

(3) 口腔颊黏膜制剂(buccoadhesive formulation)

口腔不同部位角质化程度不同，对药物的透过性也不同，一般认为其通透性依次为：舌下>颊>硬腭。颊部位黏膜适合于控缓释药物，因此，口腔黏膜给药系统报道最多的是颊黏膜给药，通常做成黏附片剂或黏附膜剂，如：Celebi 等[29]制备了用不同比例的聚丙烯酸(PAA)，羟丙甲纤维素(HPMC)与羟丙纤维素(HPC)为基材的心得安(Propranolol)黏附片，释放数据满足于 $M(t)/M=Kt(n)$ 简单方程，符合平板溶蚀动力学(slab erosion kinetic)，黏附片与颊黏膜之间黏附力用拉伸试验仪器测试。实验表明，随着制剂中 PAA 含量增高，黏附力增大，Guo J H 等[30]应用辗压法(two-roll methods)制备了丁丙诺啡(buprenorphine)控释黏附贴片。该制剂含聚异丁烯(polyisobutylene)，聚异丙烯(polyisoprene)和卡波姆 934P(Cb)。首先考察药物在聚合物基质中的溶解度影响因素，发现在 4 种溶解度增强剂：α-环糊精(α-cyclodextrin)，β-环糊精，牛胆酸钠(sodium taurocholate)和糖基去氧胆酸钠

(sodium glycodeoxycholate)中最强的增溶剂是β-环糊精。体外药物释放表明，增加载药量与溶解度增强剂(solubility enhancer)，可增大药物从黏附贴片中释药速率；另外，环境中pH值的变化也可改变释药速率。

Taylan B等[32]在体外研究了盐酸心得安(propranolol hydrochloride)颊黏附缓释片，该制剂含20%羟丙甲纤维素(HPMC)，获得很好的缓释性能；用HPMC与Poly carbophil(PAA)混合压片，可得到控制释放性能，但释放行为并不遵从菲克(Fickian)定律。制剂的黏附力取决于HPMC与PAA的比例，当二者比例为1∶1时，黏附力最弱。在酸介质中，这两种聚合物间化学作用已被浊度、黏度和富利叶红外光谱所证实。在九名健康志愿者中测试了该黏附片药代动力学，并以传统的心得安为对照，得到血药时间曲线是平缓的，最大血药浓度峰值明显推迟。结果证明了20%HPMC的黏附片具有明显的缓释作用。

Nguyen Xuan T等[33]制备了含硫糖铝(sucralfate)与麻醉药利多卡因(lidocaine)高黏度的口腔黏附胶制剂。离体黏附试验比较了几种基质配方不同的制剂，发现制剂中水含量减少时，生物黏附性增加，体外制剂水化试验表明这与该制剂脱水能力(dehydration capacity)有关。他用现有市场上得到两种亲水与疏水制剂(hydrophilic and hydrophobic formulation)做试验，结果在湿的黏膜上疏水制剂比含水的亲水制剂具有更好的生物黏附性。另外，如果将Polycarbophil和壳聚糖两种生物材料用在亲水的制剂中，将失去它的生物黏附性质。

二、鼻腔黏膜给药

药物经鼻黏膜吸收而发挥全身治疗作用的制剂，称鼻腔黏膜给药系统。鼻腔黏膜给药最早主要用于局部治疗。1978年，Hirai等首先将含有表面活性剂的胰岛素制剂在动物鼻腔给药，发现药物吸收显著提高。此后，鼻腔黏膜给药的研究开始深入地进行，由于多肽、蛋白类药物口服生物利用度低，鼻腔给药成为继注射给药之后的另一种无痛给药方式。目前，已有十几种鼻腔黏膜给药制剂上市和应用于临床，如鲑降钙素气(粉)雾剂、胰岛素气(粉)雾剂、高浓度去氨加压素鼻腔喷雾剂等。

(一) 鼻腔黏膜给药的特性

人体鼻腔内黏膜总面积为150cm^2，鼻黏膜上还有众多纤毛，可增加药物吸收面积。鼻黏膜厚度一般为2～4mm，鼻上皮细胞下有许多毛细血管和丰富的淋巴网。药物经鼻腔毛细管吸收后，直接进入体循环，而不经过门-肝系统，避免了肝的首过效应，因而是药物吸收的良好部位。

鼻腔的腺体不断分泌浆液和黏液到鼻腔黏膜表面，该黏液含有95%～97%的水和2%～3%的蛋白，蛋白质主要有糖蛋白、蛋白水解酶、分泌蛋白、免疫球蛋白和血浆蛋白。黏液的 pH 值为 5.5～6.5,是蛋白水解酶保持活性依赖的环境,黏液也是抵御外来细菌感染的屏障。

鼻上皮组织中含有睫状细胞,有自主流动性,使黏液单向流至咽部,黏膜表面的纤毛也以 5～6mm/min 速率带动分泌液及外来灰尘向咽部移动。鼻腔长度约为 12～15cm,因此,外来颗粒在鼻腔停留时间约 20～30min,这是鼻腔纤毛自洁的一种功能。

药物经鼻黏膜吸收,一般认为是被动吸收过程。但也有人发现个别物质,如酪氨酸和苯丙氨酸等在鼻黏膜中有特异的主动转运部位,这种特定吸收部位对药物立体结构具有选择性,这一结果已被 Tengamnuay 等动物试验所证实。

鼻腔黏膜给药对于药物分子量有一定限制,一般认为 M_r<1000 且脂溶性越强,吸收越好,生物利用度可接近 100%。分子量越大,吸收越差,生物利用度越低。如分子量(M_r)达 3300 的辣根氧化酶,生物利用度只有 0.6%,说明亲水性生物大分子有可能通过鼻黏膜中细胞间隙慢速转运。一般说来,鼻黏膜的细胞间隙直径为0.4～0.8nm,因此,生物大分子粒径小于 0.7nm,有可能通过细胞间隙转运。

综上所述,鼻腔黏膜给药特点是:

① 鼻腔黏膜药物吸收的有效表面积大。

② 药物经鼻腔毛细血管进入人体循环,避免肝首过效应。

③ 由于纤毛运动,药物与鼻腔黏膜接触时间较短约 20～30min。

④ 脂溶性药物较适合鼻腔黏膜给药,且分子量一般应小于 1000。

⑤ 鼻腔黏液的 pH 为 5.5～6.5,且有蛋白水解酶存在。在使用蛋白类药物时,需考虑如何避免该环境对药物活性的影响。

⑥ 在研制鼻腔给药制剂时,必须考虑药物及附加剂对鼻腔黏膜无刺激、无过敏反应、对纤毛活动无毒性等特点。

上述①②两点是鼻腔黏膜给药的基础与有利条件,后面几点是应该没法克服的障碍。

(二) 鼻腔黏膜渗透促进剂与黏附基材

为扩大药物在鼻腔黏膜的使用范围,增强药物的吸收,增加生物利用度。通常在鼻腔黏膜给药制剂中加入适当的渗透促进剂(nasal absorbtion promotors or permeation enhancers)使分子量在 6000 以上药物的吸收成为可能。近年来,对鼻黏膜渗透促进剂报道较多,主要有胆酸盐、表面活性剂、螯合剂、脂肪酸等。主要作用有两个:①改变黏膜结构,增加膜的流动性与通透性;② 降低鼻黏膜的黏度。此外,为减少黏液中蛋白水解酶对多肽类、蛋白类药物的降解,需加入适量的蛋白酶抑制剂。

鼻黏膜给药常用基材与口腔黏膜给药相似，主要有：透明质酸、β-环糊精、淀粉、白蛋白、二乙氨乙基葡聚糖（DEAG-Sephadex）、聚丙烯酸、PVA、Cabomer 等。

（三）鼻腔给药剂型与实例

鼻腔给药的主要剂型有：滴鼻剂、气（粉）雾剂、微球与凝胶制剂、脂质体等。下面重点讨论气（粉）雾剂、微球制剂与脂质体。

1. 气（粉）雾剂

气雾剂是利用特殊给药装置将药物喷出，进入呼吸道发挥全身或局部作用的给药装置。按其性质和医疗用途分为吸入气雾剂、外用气雾剂和粉雾剂 3 种。利用压缩气体为抛射动力的气雾剂称喷雾剂，按气雾剂组成分为二相（固＋液）与三相气（气、液、固或液）气雾剂。气雾剂比滴鼻剂吸收快，生物利用度高，因此，近年来气雾剂发展很快，如，胰岛素吸入粉雾剂的生物利用度已达到 37.8%。Dondeti P 等[34]制备胰岛素气雾剂，用 1.5%微晶纤维素（MMC）和 70% Plastoid L50 为基质，用 1%牛磺胆酸钠（Sodium taurocholate，ST）、甘草酸铵（ammonium glycyrrhizinate，AG）或甘草酸（glycyrrhetintic acid，GA）为吸收促进剂。该制剂在糖尿病鼠上试验血糖最大值减少 58.37%，生物利用度最高达 8.36%。

Gill I J and Davis S S 等[35]用三种不同的粒细胞集落刺激因子气雾剂（granulocyte-colon stimulating factor，G-CSF）在羊身上试验，并与皮下注射 G-CSF 作对照。这 3 种鼻腔给药制剂分别是含有 L-α-溶血磷脂酰甘油（L-α-lysophosphatidylglycerol，LPG）溶液气雾剂，含有淀粉微球的粉雾剂（SSMS）和同时含有 SSMS 与 LPG 的粉雾剂。G-CSF 吸收情况直接由血浆中白细胞（leucocyte）与中性细胞（neatrophil）计数来评价。同时含有 SSMS 与 LPG 的 G-CSF 粉雾剂，经鼻腔给药后 G-CSF 的吸收明显，比没有加吸收促进剂的溶液与粉雾剂要高得多（$P<0.01$），含有 SSMS 与 LPG 的粉雾剂皮下注射的生物利用度为 8.4%，研究表明含有吸收促进剂的粉雾剂，以鼻腔内给药可做为 G-CSF 给药的另一条途径。

2. 微球制剂

微球新剂型，近年来发展很快，已应用于各种给药系统中，药物包埋吸附或偶联在微球内与表面，达到缓释目的。鼻腔给药的微球，主要靠材料的黏附性，延长微球与鼻黏膜接触时间，达到缓释、增强吸收的效果。通常选白蛋白、淀粉、二乙氨乙基葡聚糖等作为生物黏附材料，如淀粉微球，瑞典已有商品出售（商品名 spherex）。

Pereswetoff Morath L[36]曾报道，所有用于鼻腔给药的微球都是水不溶性的，但可吸收水进入球的基质，导致球的溶胀并形成凝胶。微球所用的材料有淀粉、葡聚糖（dextran）、白蛋白与透明质酸（hyaluronic acd，HA）。多种多肽蛋白类药物用上述材料做成的微球经鼻腔给药，其生物利用度都得到不同程度提高，特别是对某些分子量低的药物已取得成功的微球剂型。微球在鼻腔内给药时，停留时间明显长于溶液剂型。对于分子量稍大的亲水性药物，增加滞留时间不是增加吸收的惟一影响因素。另一个因素是微球作用于黏膜，拓开黏膜上皮细胞(epithelial cells)间紧闭间隙。临床已证明了淀粉与葡聚糖微球使用的安全性。

Illum 等用色甘酸盐和玫瑰红为模型药物，制成淀粉微球、二乙氨乙基葡聚糖微球和兔血清白蛋白微球，用^{99}锝作标记物，测得志愿受试者鼻腔给药后药物消除半衰期是 240min，而溶液对照组只有 15min。用药 8 周后，兔鼻黏膜检查结果表明，该微球对黏膜无毒性作用。

3. 脂质体(liposome)

脂质体具有细胞亲和性、组织相容性、淋巴定向性等优点，被广泛用于各种给药系统。单室脂质体粒径一般为 20～80nm，大单室为 100～1000nm，多室脂质体粒径约 1～5μm，这种粒径范围比较适合于鼻腔给药系统。另外，为了某种目的，可以通过脂质体材料的改造与修饰，使之有更强的某种特性功能，如，柔性脂质体、免疫脂质体、热敏、pH 敏感脂质体等。

Vyas S P 等[37]报道用传统的薄膜蒸发法制备载有硝苯地平(nifedipine)药物的多室脂质体，脂质体的材料成分中嵌入硬脂酸酰胺(stearylamine)、二乙酰磷酸(dicetylphosphate)与某些黏附材料。试验观察到带正电荷的脂质体具有最大的黏附性，而溶血卵磷脂脂质体(lysophosphatidylcholine liposome)显示可观的黏附性。体外释放试验与动物体内试验表明，鼻腔脂质体给药能消除肝首过效应，延长药物释放时间，维持有效的药物浓度，提高了生物利用度。图 8－6 为硝苯地平不同载药量的脂质体制剂与溶液制剂的兔鼻腔给药血药-时间曲线。

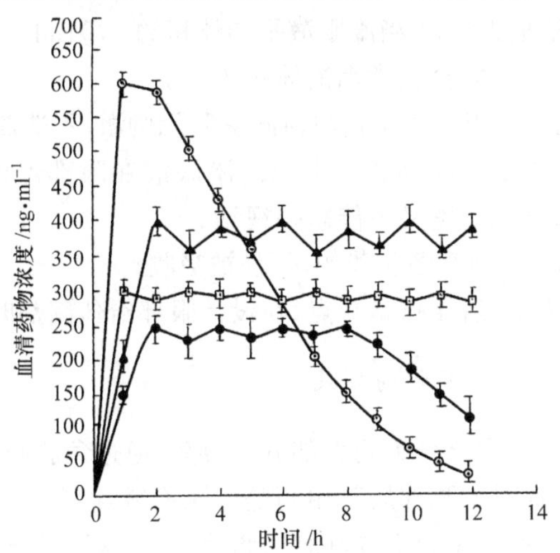

图 8－6　硝苯地平兔鼻腔给药的血浆药物浓度曲线($n=6$)

脂质体：1 ▲—▲，2 ⊡—⊡，3 ●—●；溶液剂 ⊙—⊙

在鼻腔黏膜给药制剂中要特别注意气雾滴或粉粒径大小的严格控制。如果为吸入气(粉)雾剂,一般粒径应在0.5～10μ;如果主要吸收部位为肺泡,且要发挥全身作用的话,粒径宜细,以0.5～1μ为好;但作为微球或脂质体制剂,以鼻腔黏膜吸收为主则应控制在40～60μm范围。

三、眼黏膜给药

过去眼部给药采用剂型多以滴眼剂与眼膏为主,且主要用于眼疾的局部治疗。现代科学研究证明,可通过眼部用药进入体循环,进行全身性非局部治疗。

眼球构造分眼球壁与眼内容物两大部分。眼球壁自外向内分为纤维膜、血管膜(双色素膜)、视网膜三层,外层纤维膜又由角膜与巩膜组成。眼部用药时,药物首先与角膜或结膜上皮细胞接触,然后分布于其他组织,如睫状体晶状体、玻璃体、脉络膜、视网膜等。对于黏附材料而言,首先黏附的对象应选为结膜表面,因为角膜黏附可能干扰视觉途径,再者结膜的表面积(16～18cm^2)远大于角膜表面积(约1cm^2),且结膜毛细血管分布丰富。

(一) 眼黏膜给药的特点

药物经眼部给药吸收进入体循环有如下特点:

① 给药途径简单、经济、无痛苦(与针剂相比)。

② 可避免肝首过效应。

③ 对于免疫反应不敏感(与其他组织相比),适用于多肽、蛋白类口服吸收不理想的药物。

④ 容量小,剂量损失大,1滴滴眼液平均体积约0.04ml。滴入眼部后,从结膜囊溢出或泪液流失后,恢复至正常泪液体积约7μl。

⑤ 刺激性问题。使用药物及辅料对眼黏膜无刺激,不造成损伤。

⑥ 药物在眼部停留时间问题。常用的滴眼液在眼部停留时间短、药物吸收差。另外,停留在眼部的药物又不能影响视觉。

⑦ 一般认为 M_r＞6000多肽药物,不易被吸收。

前3点是有利因素;后4点是缺点,在设计眼部给药制剂时,需加以克服。

(二) 黏附材料与眼部药物的吸收

药物在眼部的吸收主要分为两大部分,一部分通过角膜吸收进入房水,然后分布于眼的周边组织,这对于眼部局部用药是一条有效途径。这条途径首先的障碍是角膜的上皮细胞。由于角膜上皮细胞亲脂性,造成水溶性药物不易透过。

另一部分药物通过结膜和巩膜转运,然后进入眼色素膜和玻璃体。由于色素膜(统称血管膜)毛细血管丰富,药物易进入大循环,因此,全身发挥作用的药物主要途径是结膜。

眼部给药由于剂量损失，泪液的稀释，鼻泪腺的消除，药物与泪液中某些物质的作用等因素，使其生物利用度很低，而眼黏膜给药新剂型主要针对上述问题，提出解决问题几种方法：

1．增加药物在眼部的滞留时间

增加制剂与眼结膜或角膜的黏度，可增加药物的吸收。一种方法将可溶性黏附性强的聚合物，如PVP、纤维素衍生物、PVA、葡聚糖类衍生物、透明质酸等与药物溶液混合，制成溶液、乳剂、混悬剂、软膏、水凝胶、脂质体、微球（囊）（粒径需小于10μm）和毫微球囊；二是用浸泡有药水的亲水性材料（如软接触镜）；三是制成植入剂或眼用膜剂。

2．改变结膜上皮细胞结构，促进药物的吸收

利用某些眼吸收促进剂，如络合剂、表面活性剂、离子渗入剂，造成结膜上皮细胞可逆性改变，增加大分子药物的通透性。但对该吸收促进剂在刺激性方面要求较高，如BL-9、Brij-78等聚氧乙烯醚非离子表面活性剂及烷基多糖，在浓度低于0.5%时没有刺激性，能促进多肽药物在眼部的吸收。

3．制剂中加入某些辅料，改善药物对眼部的刺激性

药物对眼黏膜的刺激引起泪囊保护性的泪水分泌，从而使药物剂量流失或稀释。因此，加入某些辅料减少药物对眼黏膜的刺激性，是提高药物生物利用度的另一途径。近年来报道，加入环糊精（CYD）于滴眼剂中可减轻毛果芸香碱前体药物的眼刺激性。实验表明，羟丙基-β-CYD和SBE-β-CYD可增加角膜通透性，提高水溶性差药物的药效，如地塞米松、醋酸地塞米松、羧酸酐酶抑制剂等。另外，某些药物在包合物中溶解度增大，即增大了药物与黏膜的接触。

（三）眼部给药新剂型与实例

目前市售眼部用药制剂90%以上为滴眼液与软膏；近年开发的凝胶剂与植入剂，有些已投入市场；还有脂质体、微球和毫微粒的眼部给药制剂，正在研究或临床试验中。以下列举一些近几年国际研究动向。

Zimmer A K等[38]研究了几种不同聚合物的浓度对毛果芸香碱（pilocarpine）-白蛋白纳米球在体内活性的影响。可以预测，用黏附聚合物与上述纳米球共同使用，可增加载药粒子在眼部滞留时间，并提高生物利用度。为此，用含有不同生物黏附性材料的制剂在兔子上试验了瞳孔缩小与眼压减少的情况。这些材料分别是透明质酸、黏蛋白、CMC-Na、PAA、MC、PVA、HPMC等。在上述黏附材料存在下，纳米球在缩瞳反应（miotic respone）与眼内压减少方面明显优于那些没有黏附材料的纳米球。最后结论是，载药纳米球与黏附材料共同使用可加强角膜前部（pre-corneal）的黏附，从而延长药物在眼部滞留时间。

Darrani A M 等[39]测试不同分子量透明质酸性能。透明质酸(hyaluronic acid, HA)是一种天然高聚物,由于它具有保存水的能力,能附于细胞膜表面,因此被公认为眼药控释系统载体。在体外黏附试验中,他发现商品名为 Healon(R)的透明质酸钠(HA-Na)黏附力明显大于低分子量的 HA,且在 pH 5 时生物黏附性大于 pH 7.4 时黏附性,而质子化的 HA 却没有这种现象。他还用 γ-闪烁仪测试了 2% 的 HA-Na 在 pH=5.0 与 7.4 时的角膜前部位清除率,试验表明分子量 $M_w = 2.2 \times 10^6$ 的 HA-Na 清除半衰期明显大于分子量 M_w 分别为 13.4×10^4 与 62×10^4 的 HA。

Gurtler F 等[40]鉴于庆大霉素(gentamicin, GTM)滴眼液在角膜前部位停留时间短的现状,制备一种 GTM 的长期给药生物黏附眼部植入剂(bioadhesive ophthalonic insert, BODI)在狗与兔子身上试验,并与传统 GTM 滴眼液对照,用非经典的药物动力学方法分析局部用药,得到两个参数——曲线下有效面积 AUG(eff)与有效时间 t(eff)。结果显示,使用 BODI 制剂的狗与兔的 AUG(eff)分别为 190 与 205μg·ml^{-1}·h,有效时间 t(eff)分别为 70 与 76h,而对照品滴眼液的 AUG 在狗与兔子身上分别为 2.80 与 0.64μg·ml^{-1}·h,t(eff)分别为 6h 与 2h。结果表明,用庆大霉素 BODI 制剂局部用药可改进治疗效果,这是由于该制剂能控制抗菌素在泪中有效治疗浓度,并减少可用药次数。

Baeyens V 等[41]也研究了 BODI 系统组成对庆大霉素(GS)释药动力学与眼黏膜刺激的影响。BODI 系统由 HPC、EC 与 Carbomer 材料混合物压制而成,长 5.0mm,直径 2.0mm,重量为 20.5mg,平均 GS 载药量为 5.0mg。用 3 种制剂来测试眼泪中药物缓慢释放情况:一种制剂是 GS 药物用 CAP 固体分散剂在丙酮介质中分散,GS/CAP 比值为 10/6;第二种用 CAP 水分散,用 EC 包衣 GS 制成颗粒(GS/EC=10/0.5),形成一种 GS/EC/CAP 共沉淀制剂(GS/EC/CAP=10/0.5/6);第三种用亲水性比 HP 差一点的 HPMC 做为载体成分。动物实验结果指出,这 3 种制剂的有效时间 t(eff)分别延长至 43.8,23.3 与 33.1 h,比对照品(没有上述材料处理的 GS 植入剂)t(eff)(只有 11.9h)长 2~3 倍;同时也观察到含 GS/EC/CAP 与 HPMC 的植入剂有较强刺激性。该文章强调刺激性可作为评价 BODI 系统可行性重要指标,并建立了 t(eff)与刺激影响因子的关系。

临床应用的阿昔洛韦(acyelovir, AV)抗病毒药物眼部给药,生物利用率低,且眼膏给药需每小时进行一次。Genta L 等[42]用乳化技术制备 AV-壳聚糖(chitosan)微球眼部给药,达到缓释药物性能并提高了药物生物利用度。微球的物化性能与形态表征结果,90%微球粒径小于或等于 25μm,药物非常均匀地以无定形态分布在微球内部。体外释放曲线表明,AV-壳聚糖微球比单独原药释放慢得多。兔子眼部给药表明。这种新剂型可延长 AV 高浓度在眼部里保留时间,并增加 AUC 的面积。

四、胃肠道黏膜黏附口服给药系统

胃肠道黏膜黏附口服给药与普通口服给药,不同之处在于药物进入胃肠道后,能在特定的"吸收部位"或"吸收窗口"延长滞留时间,使其药物达到缓释、控释目的,并增大药物的生物利用度。胃肠道黏膜口服给药,通常利用的"吸收部位"是胃与结肠。胃正常排空时间约 2~3h,应用该系统可延长至 5~6h,药物通过十二指肠与小肠时间一般变化不大,为 5h 左右。这是由于小肠蠕动明显,药物不易长久滞留,一般的口服药物多数在小肠吸收。近年来研究表明,结肠特别是在回盲肠部位,许多多肽、蛋白类药物可被吸收,由于结肠蠕动较弱,许多药物以生物黏附材料为载体,可延长在升结肠部位的滞留时间,同时在结肠吸收促进剂作用下,可增加药物的吸收,从而增加药物生物利用度。

适用于胃肠道黏膜口服给药的药物通常应具备有以下几个条件:① 生物半衰期相对较短,作为缓释药物的半衰期应在 2~8h 之间;② 在胃肠道中溶解度小,延缓胃的排空能显著影响药物的生物利用度;③ 具有"特异的吸收窗";④ 吸收速率常数小的药物。

以下是有关胃肠道黏膜黏附口服给药系统近年来研制一些报道。

为评价不同大小颗粒制成的含双氯酚酸钠(diclofenac sodium,DCF)-polycarbophil(PCP)生物黏附片与市场上氯酚酸钠肠衣片(enteric coated tablets)药效。Hosny E A[43]用减压蒸发法制备载有 DCF 药物的 PCP 微粒,用这些 PCP 微粒做成的黏附片与市场上得到肠溶片"Voltaren"进行体外释药比较,试验先在胃液里进行 2h,然后在肠液中进行另外 2h。Voltaren 片在胃液里不释药,在肠液中 1h 内释药就达 100%。用 PCP 小微粒径(0.18~0.131mm)做成片剂在胃液释药 13%含量,其余药在肠液中 0.5h 全部溶解;而用大微粒(0.5~0.8mm)PCP 做成的片剂,在胃液中释药 10%总量,在肠液里 2h 内释放剩下的药物。在狗体内评价 PCP 片剂与 Voltaren 片剂,发现具有生物等效性,但用小颗粒 PCP 材料做的片剂比大颗粒 PCP 做成片剂具有更高的血药峰浓度 C_{max}、更短的达峰时间 T_{max}、更大的 AUC 和更高的相对生物利用度。

Chueh H R 等[44]研究了一种 β-受体阻断剂药物——盐酸索他洛尔(Sotalol HCl),又名甲磺胺心定的新型缓释片剂。该片剂利用漂浮与生物黏附原理延长药物在胃里滞留时间,缓释片一次直接压片而成,每片含 240mg 的药物,两种主要生物黏附材料 CMC-Na 和 HPMC 与两种可压性稀释剂,EC 与交联聚维酮(CPVP)作为制剂配方独立选择参数,借以优选缓释片最佳性能参数,如溶解时的生物黏附力、片密度,以及需要压力(片硬度为 6kg)。

除了用缓释黏附片制剂外,另一类用生物黏附微球来提高药物的生物利用度,如以单纯 polycarbophil 胃黏附微球与氯噻嗪微球的混合物;以 Polycarbophil, Carbomer包衣的，Carbomer 和 Eudragit RL100 混合包衣的小肠黏附微球；Carbomer 分散于四甘油五硬脂酸酯（TG-PS）和四甘油单硬脂酸酯（TGMS）制成的胃黏膜微球[45]；以脱乙酰壳聚糖制成的阿昔洛韦上皮黏附微球等。上述新制剂实验结果表明，显著延长微球在设定吸收部位滞留时间，显著提高了药物生物利用度。

近几年来胃肠道黏膜黏附给药系统中，一个引人注目的新热点是结肠定位黏附给药系统（colon-site specific bioadhesive drug delivery systems，CSSBDDS）。该系统目的是使药物口服后安全地通过上消化道，到达回盲部后才开始释药，并延长在升结肠部位的滞留时间，达到增加吸收与提高药物生物利用度目的。该系统所用药物有两大特点：① 多肽蛋白类药物与疫苗，此类药物在上消化道易被酸、蛋白多肽酶等所破坏而失活，在结肠中无上述酶作用，在结肠吸收促进剂作用下，可得到较好吸收；② 是作用于结肠疾病的药物，其主要功能起靶向作用，使药物在病变部位能达到治疗浓度，以治疗结肠炎、结肠息肉、肿瘤、便泌等。

CSSB-DDS 系统所用的载体材料必须具有 4 个特点：① 该材料在上消化道（指回盲部以上的消化道）不被降解，并能完全保护药物安全通过上消化道；② 该材料通过回盲部后，在结肠环境中必须是可以降解的，且大部分药物能够通过载体释放；③ 材料与结肠黏膜有一定的黏附作用，能使药物延长滞留于升结肠部位的时间；④ 载体材料及其降解物质对结肠黏膜无刺激与毒性作用。

目前能满足以上要求的材料主要有两大类：一类是人工合成的偶氮聚合物（azopolymer），该聚合物特点是① 分子链上有偶氮基团（—N═N—），遇到结肠中的偶氮还原酶时，产生降解；② 是分子链上有糖基、羧基、羟基或氨基等能与结肠上皮细胞产生黏附作用的基团。这类聚合物有：含有糖胺支链的 *N*-(2-羟丙基)甲基丙烯酰胺共聚物[46]，用 4,4′-二乙基偶氮苯（4,4′-divinylazobenzene，DVAB）交联的聚甲基丙烯酸等[47]。

另一类是，天然或改性的多糖类聚合物（natural or modified polysaccharides），这类聚合物特点是都含有糖基与糖苷键，糖基具有黏附性能，糖苷键易被结肠中糖苷酶所降解，但不是所有多糖类聚合物都可做为 CSSB-DDS 系统的材料，这类材料还应是不溶水，不被淀粉酶等上消化道中存在酶所降解。如，一般淀粉、纤维素、天然胶类还不能作为 CSSB-DDS 系统载体，只有直链淀粉（amglose）、酰胺化的果胶（amidated pectin）[48]、月桂葡聚糖（lauroylextran）、交联的乳糖甘露聚糖（galactomannan）等[49]。

五、阴道与子宫黏膜给药系统

阴道与子宫黏膜给药系统主要用于避孕与治疗妇科疾病的给药途径，特别对那些口服避孕药物副反应大的妇女。此类剂型的形态设计主要与子宫、阴道形态结构关系密切。如子宫给药系统（intra uterin delivery system，IUDS）T 形节育器

(图 8－7(a)),在任何情况下,该装置与子宫仍有 3 点接触。这种 T 形装置可做成膜控制贮存库型或骨架控释型的释药载体,内部装载的药物。据报道,主要有孕酮类、甲烯雌醇、雌三醇葡萄糖苷酸止血药类药物、抗纤维蛋白类药物、氨基乙酸等几类。主要用的载体材料有:硅橡胶、乙烯-醋酸乙烯共聚物、聚氨酯等。

目前市场上可见到的有美国 Alza 公司,商品名为 Progestasert,释药孕酮速率 65μg/d。我国设计的钥匙形 IUDA(图 8－7(b)),每日释放左炔诺孕酮(levonorgestrel LNG)10μg/d。

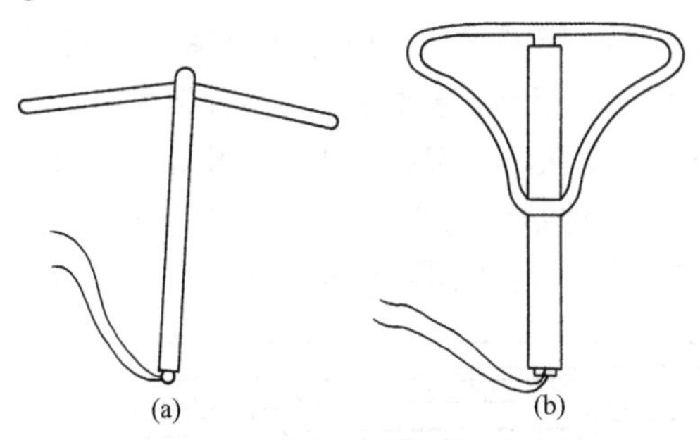

图 8－7　T 形子宫给药装置(a)与钥匙型子宫给药装置(b)

阴道黏膜给药不仅可以局部使用,而且可以达到全身用药。其优点是可避免药物到达靶位前被消除,避免肝肠循环产生首过效应,提高生物利用度,如甲硝唑的阴道黏膜给药,还有对那些有严重胃肠道反应的药物,如前列腺素等。目前阴道给药剂型有骨架型阴道环(主要材料由硅橡胶组成),还有避孕膜剂、栓剂、片剂、胶冻(药膏)。常见主药为新型杀精药——非离子型表面活性剂,如孟苯醇醚(menfegol)、壬苯醇醚(nonoxynol-9)、辛苯醇醚(octoxynol-9)以及鱼肝油酸及钠盐等。

六、经皮给药系统

生物黏附材料除了在“内黏膜”口腔、鼻腔、眼、胃肠道、子宫、阴道黏膜给药外,还在“外黏膜”——皮肤接触的制剂中用到,如日常用到的膜剂与涂膜剂,经皮给药剂型中压敏胶和骨架材料、软膏剂、外用凝胶剂、栓剂等,以下重点介绍经皮给药剂型中用到的相关材料。

(一) 经皮给药系统中的剂型设计与分类

经皮给药系统(transdermal drug delivery system, TDDS)是药物通过皮肤吸收,由毛细血管进入体循环的一种给药方式,从系统剂型的结构上,可分为两大类型:一类为储库型;另一类为骨架型。储库型是药物与经皮吸收促进剂被控释材料膜所包裹成储库(见图 8－8);骨架型是药物与经皮吸收促进剂溶解或均匀分散在

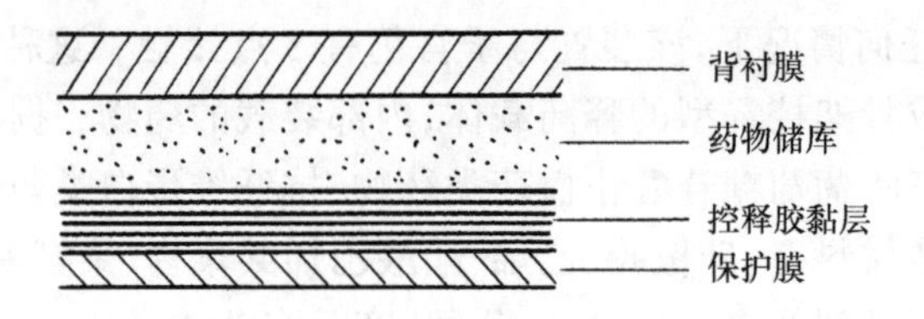

图 8-8　脂库型 TDDS 系统示意图

聚合物骨架中(图 8-9)。储库型中又分为:有独立的控释膜型(即控释膜与胶黏层双层组成)与无独立的控释膜型(即只有控释胶黏层或胶黏层,单层组成)。骨架型中又分为 3 种:① 普通骨架型:药物与亲水性骨架材料均匀混合在一起;② 微孔骨架型:药物均匀分散在微孔的骨架材料中;③ 胶黏剂骨架型:药物均匀分散在胶黏剂骨架中。但不管是何种结构的 TDDS 系统,其结构材料概括起来可分为 3 大部分,从上到下分别为:① 背衬膜;② 主体部分,控释与黏胶层;③ 保护层。

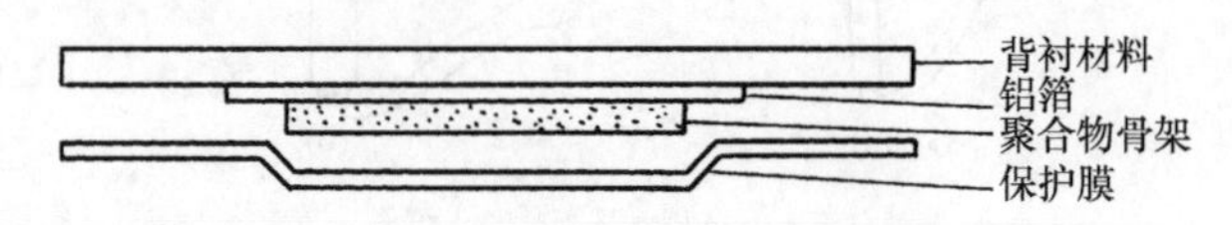

图 8-9　骨架型 TDDS 系统示意图

TDDS 系统中,药物的释放一般遵循零级速率释放或 Higuchi 型释放速率。近年来,国外上市 TDDS 系统所用药物有:硝酸甘油、可乐定、东莨菪碱、硝酸异山梨醇、雌二醇、尼古丁、睾酮、黄体酮、普萘洛尔、烟碱、吲哚美辛、芬太尼、醋酸炔诺酮等。

(二) 经皮给药系统中的材料

TDDS 系统设计中,主体部分是剂型的核心,是 TDDS 系统能否达到零级释放或 Higuchi 型释放的关键部分。主体部分又由两部分材料组成:一部分是药物控制释放的载体,包括控释膜或骨架材料;另一部分是压敏胶,它的作用是使 TDDS 系统与皮肤紧密贴合。

1. 骨架材料(matrix materials)

骨架材料可以有 3 种构造:一种是均质骨架,即材料从宏观上看是一个均匀的整体,药物以液体或细微固体微粒均匀分散其中;第二种是微孔形骨架,即整体骨架中存在均匀细小的微孔;第三种是用黏胶材料做成的骨架,它既起药物载体作用又起压敏胶作用。不管骨架材料如何变化,它都必须具有以下几个共同特点:

(i) 对皮肤无刺激、无毒副作用,对皮肤有很好的黏附性;

(ii) 材料不与药物发生化学作用,但又能稳定地保留药物;

(iii) 在较高温度与湿度下,能保持形态与结构的完整性。

骨架材料大多是水不溶的高分子凝胶,渗透性大,常用的有聚乙烯醇(PVA)、醋酸纤维素(cellulose acetate, CA)(主要是三醋酸纤维素)、硅橡胶(silicone rubber)等。

2．控释膜材料

控释膜分为均质膜与微孔膜两种。

(i) 乙烯-醋酸乙烯(EVAC)共聚物是均质膜中常用的一种材料,应用该材料时,要根据药物的不同,选用不同的分子量和共聚物中的醋酸乙烯含量。当共聚物分子量 M_r 大时, T_g 高,机械强度大;当共聚物中醋酸乙烯含量低时,性能接近低密度聚乙烯,硬度、软化点、抗张强度都降低;当醋酸乙烯含量从 9%升至 40%时,其结晶度从 47%降至 0,渗透性将大大增加。

(ii) 硅橡胶是最早应用医用材料之一,它除了具有优良的生物相容性,易加工等优点外,对许多药物具有良好的渗透性,特别是该材料结构的可变性,使材料得到广泛的应用。硅橡胶是高分子量的线性有机硅氧烷,其结构如下:

$$\left[-O-\underset{R_2}{\overset{R_1}{\underset{|}{\overset{|}{Si}}}}-O- \right]_n$$

可以通过改变与主链相连 R_1 或 R_2 基团结构,使其结晶度得以改变,从而改变其膜的渗透性。

(iii) 聚氯乙烯(polyvinyl chloride, PVC)是常用的膜材料,制备膜材料时,需在 PVC 树脂中加入 30%～70%的增塑剂,称软 PVC。过去 PVC 曾因加工时有 HCl 析出而被美国 FDA 禁用于食品与药品包装,但现在药用的 PVC 是用一种新改进的聚合方法并加入了稳定剂,因而是无毒的。

PVC 材料的优点是能和液态药物及增塑剂很好地相容,并能长期稳定。一般作法是在软的 PVC 粉中掺入适量的苯二甲酸酯增塑剂,再加入药物混匀,真空脱泡后即可模压成膜。

(iv) 聚丙烯(polypropylene, PP)

PP 是高结晶度、有规立构的聚合物,分子量一般为 10 万～50 万,吸水性、透气性、透湿性差,它的薄膜具有优良的透明性、强度和耐热性。TDDS 系统中用到的 PP 膜是经双向拉伸得到的微孔膜,或者在加工薄膜时加进一些可溶性物质作为致孔剂,如:PEG、PVA 及小分子的增塑剂等。

3．压敏胶(Pressure sensitive adhesive, PSA)

PSA 作用是使 TDDS 系统与皮肤紧密结合,以便药物能顺利地跨越系统与皮肤表面的界面,进入皮肤下的毛细血管;有时它也兼做药物储库或载体材料。它通常需具有以下几种性能:

(i) 在较微压力下即可实现粘贴,又容易剥离;

(ii) 对皮肤无刺激,无过敏反应;

(iii) 化学性质稳定,对温度与湿气稳定;

(iv) 不影响药物的释放速率;

(v) 压敏胶四个黏合性能必须满足:

初黏力<黏合力<内聚力<黏基力

初黏力是指 TDDS 系统与皮肤以很轻压力接触后快速分离表现出的抗分离力;黏合力为 TDDS 系统贴合皮肤后 180°的剥离强度;内聚力指黏胶剂自己层与层间作用力;黏基力是指胶粘剂与背衬材料间的黏合力。

TDDS 常用压敏胶有三类,主要有:

(i) 聚硅氧烷压敏胶

聚硅氧烷是低分子量硅树脂与聚二甲基硅氧烷经缩聚反应而成,二者比例影响压敏胶性能。当增加硅氧烷的含量时,可提高压敏胶的黏性与柔软性;反之,则黏性下降,一般压敏胶中硅树脂重量百分比为 50%～70%为宜。聚硅氧烷压敏胶 T_g 低,软化点接近皮肤温度,具有很好的柔顺性及黏附性,对氧和热稳定,是目前压敏胶中最常用的一种。市场上销售聚硅氧烷压敏胶 Corning 355(美国)就是典型一种。

(ii) 丙烯酸酯类压敏胶

丙烯酸酯类压敏胶由丙烯酸高级酯与其他丙烯酸类单体共聚而成,这些单体有:丙烯酸、丙烯酸乙酯(丁酯)、丙烯酸 α-乙基己酯、甲基丙烯酸缩水甘油酯等,选用不用单体或改变单体间比例,可改变压敏胶的性能,如,增加酯基碳原子数,则增加了共聚物链排列的无序度,降低了 T_g 与结晶度,增加了黏性与柔软性。丙烯酸酯类压敏胶对极性膜材黏附性好,对于非极性表面黏附性稍弱,对抗老化、耐光照、耐水性能好。

(iii) 聚异丁烯类压敏胶(polyisobutylene, PIB)

PIB 是由异丁烯单体在 $AlCl_3$ 催化下聚合而成。能在烃类溶剂中溶解,不溶于水和醇极性溶剂,一般作为溶剂型压敏胶使用,其黏性取决于其分子量。对于极性膜材黏附性较弱,通常使用多种不同分子量的 PIB 混合起来,加入适当增黏剂、增塑剂和填充剂组成压敏胶,以满足不同黏贴需要。

4. 背衬材料与保护膜

背衬材料在 TDDS 系统中主要起一定强度的支撑作用,具有一定柔软性,对药物不渗透、耐水、耐有机溶剂;具有一定的透气性能。主要材料有 PVC、高密度 PE、PS、PP、聚对苯甲酸二乙酯(polydiethylphthalate, PET)。

保护膜选用自由能低的塑料薄膜,如 PE、PS、PP。一般用有机硅或石蜡隔离剂处理,避免压敏胶黏附。

（三）经皮吸收促进剂

TDDS 系统除了主体控释基（囊）材外，另一个重要因素是经皮吸收促进剂的选择。一般情况下，经皮给药面积不大于 $60cm^2$。为满足给药剂量，光靠人体正常皮肤的药物透皮速率是远远不够的，因此，采用多种方法，增大药物的透皮吸收率，如，药剂学方法、化学方法、物理方法（包括电穿孔、离子导入、超声波等）。但目前研究最多的是药剂学方法，即寻找合适的经皮吸收促进剂。吸收促进剂的作用是可逆地降低皮肤的屏障性能，又不损害皮肤的其他功能。

目前常用的经皮吸收促进剂有以下几类：

(i) 有机溶剂类：乙醇、丁醇、戊醇、己醇、辛醇、丙二醇、醋酸乙酯、二甲亚砜、二甲基甲酰胺。

(ii) 有机酸、脂肪醇：油酸、亚油酸、月桂酸、棕榈酸、硬脂酸、亚麻酸、月桂醇、1-十二烷醇、棕榈醇、硬酯醇、亚麻醇。

(iii) 表面活性剂

阳离子型：新洁尔灭；

阴离子型：十二烷基硫酸钠、月桂醇类；

非离子：Tween、聚氧乙烯脂肪醇醚；

卵磷脂。

(iv) 月桂氮卓酮类（laurocapram）又称氮酮类，商名 Azone。

(v) 萜烯类：薄荷醇、樟脑、柠檬烯、桉树脑。

(vi) 一些角质保湿与软化剂也可作为经皮吸收促进剂：尿素、水杨酸、吡咯酮类衍生物。

不同的表皮吸收促进剂对不同药物有不同的促渗倍数。我国浙江大学梁文权教授在这方面做了许多工作[50]，请参考有关书籍[51]。

参 考 文 献

[1] Tiwari D, Goldman D, Town C, et al. In vitro and in vivo evaluation of a controlled release buccal bioadhesive device for oral drug delivery. Pharm Res, 1999,16(11):1775

[2] Geraghty P B, Attesood D, Collet J H, et al. An investigation of the parameters influencing the bioadhesive properties of Myverol 18-99/water gel . Biomater, 1997,18:63

[3] Glantz P O, Arnebant T, Nylander T, et al. Bioadhesive a phenomenon with multiple dimensions. Acta Odontol Scand, 1999,57(5):238

[4] Yoshikawa Y, Myazaki M, Komuta Y, et al. Biodistribution of cyclosporin encapsulated in liposomes modified with bioadhesive polymer . J pharm. Pharmol, 1997,49: 661

[5] Dash A K, Gong Z H, Miller D W, et al. Development of a rectal nicotine delivery system for the treatment of ulcerative colitis . Int J pharm, 1999,190:21

[6] Nielsen L S, Schubert L, Hansen J. Bioadhesive drug delivery systems. I. Characterization of mucoadhesive

properties of systems based on glyceryl mono-oleate and glyceryl monolinoleate . Eur J Pharm Sci. 1998,6(3):231

[7] Zaman M, Zuberi T, Martini G, et al. The bioadhesive properties of hydrophobized polyvinylpyrrolidone. J Pharm Pharmcol, 1998,50:160

[8] Kao F J, Manivannan G, Sawan S P. UV curable bioadhesives: copolymers of *N*-vinylpyrroclidone . J Biomed Mater Res, 1997,38(3):191

[9] Deascentiis A, Degrazia J L, Bowman C N et al. Mucoadhesion of poly(2-hydroxyethyl methacrylate)is improved when linear poly(ethylene oxide)chain are added to the polymer network. J Contr. Rel,1995,33(1):197

[10] Carreno-Gomez B, Woodley J F, Florence A T. Studies on the uptake of tomato lectin nanoparticles in everted gut sacs . Int J Pharm, 1999,183: 7

[11] Hussain N, Jani P U, Florence A T. Enhanced oral uptake of tomato lectin-conjugated nanoparticles in the rate, Pharm Res. 1997,14(5):613

[12] Naisbett B, Woodley J. The potential use of Tomato lectin for oral drug delivery. 3. Bioadhesive in vivo. Int J Pharm, 1995,114(2):227

[13] Lu Z R, Gao S Q, Kopeckova P, et al. Synthesis of bioadhesive lectin-HPMA copolymer cyclosporin coujugates . Bioconjug Chem, 2000,11(1):3

[14] Gabor F, Stanyl M, Wirth M, Lectin-mediated bioadhesion: binding characteristics of plant lectins on enterocyte-like cell lines caco-2, HT-29 and HCF8 . J Contr Rel, 1998,55(2-3):131

[15] Soane R J, Frier M, Perkins A C, et al. Evaluation of the clearance characteristics of bioadhesive system in human. Int J Pharm , 1999,178: 55

[16] Montogmery P C, Rafferty D E. Induction of secretory and serum antibody responses following oral administration of antigen with bioahesive degradable starch microparticles. Oral Microbiology and Imnunology, 1998,13(3):139

[17] Whateley T L. Microencapsulation of drug. Britain, Harwood Academic Publishers, 1992. 7～16

[18] 张自然,陆彬,舒春华等. 硫酸链霉素肺靶向明胶微球的研究. 华西医科大学学报,1995,26(2):167

[19] 曾凡彬,陆彬,杨江等. 盐酸川芎嗪肺靶向微球的研制. 药学学报,1996,31(2):132

[20] 王剑红,陆彬,胥佩菱等. 肺靶向米托蒽醌明胶微球的研究. 药学学报,1995,30(7):549

[21] 陈建海,任非,陈志良等. 载体的组成对地西泮微球释药性能影响. 沈阳药科大学学报,2001,18(3):162

[22] Parodi B, Busso E, Caviglioli G, et al. Development and characterization of a buccoadhesive dosage form of oxycodone hydrochloride. Drug Development & Industrial pharmacy , 1996,22(5):445

[23] Bernkop S A, Dundalek K. Novel bioadhesive drug delivery system protecting polypeptides from gastric enzymatic degradation. Int J Pharm, 1996,138(1):75

[24] Jone D S, Woofson A D, Djokic J, et al. Development and mechanical characterization of bioadhesive semisolid , polymeric systems containing tetracycline for the treatment of periodontal diseases. Pharm Res, 1996, 13(11):1734

[25] 吕丹,裴元英. 羟丙甲纤维-卡波普缓释亲水凝胶骨架片.研制和释药影响因素的考察. 中国药学杂志,2000,36(9):603

[26] 陆伟跃,潘俊,刘敏. 阿昔洛韦生物黏附微球的动物胃黏膜表面黏附能力和体外释药效果. 中国药学杂志,2000,35(5):313

[27] Bernkop-schnurch A. Intestinal peptide and protein delivery. Novel bioadhesive drug carrier matrix shielding from enzymates attack . J Pharm Sci, 1998,87(4):430

[28] He P, Davis S S, Illum L. In vitro evaluation of the mucoadhesive properties of chitosan microspheres. Int J Pharm ,1998,166(1):75

[29] Celebi N, Kislal O. Development and evaluation of a bucco-adhesive propranolol tablet formulation. Pharmazie, 1995,50(7):470

[30] Guo J H, Cooklock K M. Bioadhesive polymer buccal patches for buprenorphine controlled delivery-solubility consideration. Drug Development and Industrial Pharmacy, 1995,21(17):2013

[31] Nair M K, Chien Y W. Development of anticandidal delivery systems. 2. Mucoadhesive devices for prolonged drug delivery in the oral cavity. Drug Development and Industrial Pharmacy. 1996,22(3):243

[32] Taylan B, Capan Y, Guven O, et al. Design and evaluation of sustained-release and buccal adhesive propranolol hydrochloride tablets. J Contr Rel, 1996,33(1):11

[33] Nguyenxuan T, towart R, Terras A, et al. Macoadhesive semi-solid formulations for intraoral use containing sucralfate. Eur J Pharm and Biopharm, 1996,42(2):133

[34] Dondeti P, Zia H S, Needham T E. In vivo evaluation of spray formulation of human insulin for nasal delivery. Int J Pharm, 1995,122(1):91

[35] Gill I J, Fisher A N, Farraj N, et al. Intranasal absorption of granulocyte-colony stimulating factor from powder formulation sheep. Eur J Pharm Sci, 1998,6(1):1

[36] Pereswetoff Worath L. Microspheres as nasal drug delivery systems. Advanced Drug Delivery Reviews, 1998,29(1):185

[37] Vyas S P, Goswami S K, Singh R. Liposome based nasal delivery system of Nifidipine-development and characterization. Int J Pharm, 1995,118(1):23

[38] Zimmer A K, Chetoni P, Saettone M F, et al. Evaluation of pilocarpine-loaded albumin particles as controlled drug delivery system for the ege 2. Coadminitration with bioadhesive and viscous polymers. J Contr Rel, 1995,33(1):31

[39] Durrani A M, Farr S J, Kellaway I W. Influence of molecular weight and formulation pH on the precorneal clearance rate of hyaluronic acid in the rabbit ege. Int J Pharm, 1995,118(2):243

[40] Gurtler F, Kaltsatos V, Boistrams B, et al. Ocular availability of gentamicin in small animals after topical administration of a conventional eye drop solution and a novel long-acting bioadhesive ophthalmic drug insert. Pharm Res, 1995,12(11):1791

[41] Bayens V, Kaltsatos V, Boisrame B, et al. Evaluation of soluble bloadhesive ophthalmic drug inserts (BODI) for prolonged release of Genlamicin: Lachrymal pharmarcokinetics and ocular tolerence. J Ocular Pharmacology and Therapeutics, 1998,14(3):263

[42] Genta I, Conti B, Pergini P, et al. Bioadhesive microspheres for ophthalmic administration of acyclovir. J Pharmacy and Pharmacology, 1997,49(8):737

[43] Hosny E A. Formulation and comparative evaluation of bioadhesive containing diclofenac sodium and commercial enteric coated tablets in vitro and in dogs. Inter J Pharm, 1996,133(1-2):149

[44] Chuth H R, Zia H, Rhodes T. Optimization of sotalol floating and bioadhesive extended-release tablet formulations. Drug development and industrial pharmacy, 1995,21(15):1725

[45] Akiyama Y, Nagahara N, Kashihara T, et al. In vitro and in vivo evaluation of mucoadhesive microspheres prepared for the gastrointestina tract using polyglycerol esters of fatty acids and a poly(acrylic acid)derivative.

Pharm Res, 1995,12(3):379

[46] Ramesh C R, Pavla K, Blanka R, et al. *N*-(2-hydroxypropyl) methacrylamide copolymers containing pendant saccharine moieties: synthesis and bioadhesive properties. J Polym Sci, part A: Polym Chem, 1992, 29: 1895

[47] Elias P K, John D S, John T. Azocross-linked poly(acrylic acid) for colonic delivery and adhesion specificity, Synthesis and Characterization. J. Contr. Rel, 1998,52:291

[48] Zoe W, John F, David A, et al. Studies on amidatedl pectin as potential carriers in colonic Drug delivery. J Pharm Pharmacol, 1997,49:622

[49] Stefan H, Vera B, Volker S, et al. Lauroyldextran and crosslinked galactomannan as coating materials for site-specific drug delivery to the colon. Eur J Pharm and Biopharm, 1999,47:61

[50] 傅旭春,梁文权. 对氨基苯甲酸酯同系物透皮速率的分子轨道法研究. 药学学报,1994,29(1):74

[51] 郑俊民主译. 药物透皮吸收新剂型. 北京:北京科学技术出版社,1990

(陈建海)

第九章　两亲生物材料及其在药剂学中的应用

两亲化合物是指分子结构中同时含有亲水基团和亲脂基团两部分。两亲化合物的特殊结构决定其特殊的物理化学性质，例如能降低液体和固体的表面张力，具有渗透、湿润、乳化、消泡、增溶、分散、去污等功能，大多数两亲化合物都可用作表面活性剂。根据两亲化合物中亲水基团的特征，表面活性剂还可细分为离子表面活性剂和非离子表面活性剂两类。而离子表面活性剂又分阴离子表面活性剂、阳离子表面活性剂和两性离子表面活性剂三类。阴离子表面活性剂的亲水基团在水中能电离生成阴离子，如羧酸盐、磺酸盐、硫酸酯、磷酸酯等。阳离子表面活性剂的亲水基团在水中能电离生成阳离子，如胺盐、季铵盐等。两性离子表面活性剂的亲水基团在水中能同时电离生成阴离子和阳离子，如氨基酸类和甜菜碱类。非离子表面活性剂在水中不能发生电离，主要有聚乙二醇、多元醇、脂肪酰胺、氧化胺等。

因生物材料须在体内应用，与体液、血液、组织、细胞短期或长期接触，不致对机体及其功能造成破坏和影响，所以并不是所有的两亲化合物或表面活性剂都可以作为两亲生物材料。用于体内的两亲化合物必须具有良好的生物相容性，即无毒、无热源、不致癌、不致畸、不过敏等。两亲化合物必须通过严格的筛选，全面的生物医学评价，规范的临床前期试验，得到认可才能作为体内应用。从来源看，两亲生物材料又分天然两亲生物材料和合成两亲生物材料两大类。天然两亲生物材料主要来源于天然的动植物，如藻酸、纤维素衍生物、卵磷脂、胆固醇、阿拉伯胶、动物胶等，而合成两亲生物材料主要是两亲共聚物。合成两亲共聚物一般为线形聚合物，在水或多种溶剂中能溶解。合成两亲共聚物与低分子两亲化合物在性能上相比，具有毒性较小，成膜性能强，稳定性好，品种繁多等优点，可满足药剂学的各种不同要求。

聚乙二醇(polyethylene glycol, PEG)是无毒和非致免疫的水溶性大分子，具有良好的生物相容性，美国 FDA 已批准聚乙二醇在体内使用。它常被用作蛋白质修饰以减少抗原性，也常用作药物微球表面修饰降低血浆蛋白的调理作用，以减少肝脾等组织的吸收。聚乙二醇作为一种亲水嵌段，无论制备共聚物纳米胶束或是合成聚合物乳化剂，都是常用的重要组成部分之一。本章主要介绍两亲生物材料的主要特点、制备方法及其在药剂学，主要是共聚物纳米胶束、脂质体和乳剂方面的应用。

第一节　两亲嵌段共聚物和载药纳米胶束

近年来，高分子纳米材料取得了极其瞩目的发展，所谓纳米球（nanospheres）就是高分子材料、纳米技术与药剂学相互结合的产物。由亲水与疏水链节组成的两亲型 AB 嵌段共聚物在水溶液中能够形成球形胶束结构，其疏水嵌段构成胶束的芯，而围绕这芯的亲水嵌段构成水合性外壳。两亲型嵌段共聚物胶束在水中生成胶体溶液，胶束直径在纳米级范围（<200nm），疏水嵌段组成的芯可以用作微药库。由于大多数药物是疏水性的，它们可以通过化学键合或者物理包埋的方式结合到胶束的芯内。这种聚合物/药物胶束作为新的药物释放系统，显示了独特的性能：

① 受到胶束的保护，药物能延长在血液循环中的停留时间，避免体内网状内皮系统（RES）的吞噬或被肝、脾等组织吸收，有利于非肝位病灶的治疗；

② 很小的尺寸和很大的表面积/体积比，所以能增强药物对肿瘤组织血管壁的渗透，促进细胞内药效发挥，实现靶向释药；

③ 对难溶于水的疏水性药物有明显增溶效果；

④ 药物被包埋于胶束的内核，在体内转运过程中避免了药物的过多释放，使毒副作用大大减低；

⑤ 由于低的临界胶束浓度和低的离解速率，药物/胶束体系表现出相当好的热力学稳定性，长期静置不会发生凝聚，且经脱水长期停放后重新溶于水中能恢复原来的胶束结构。

两亲嵌段共聚物实际上是一种大分子表面活性剂，它与低分子表面活性剂有很大的不同，低分子胶束形成的芯是液态的，而共聚物胶束的芯是固态的，有利于药物的缓释。共聚物胶束同低分子胶束相比，对药物特别是芳香分子有更大的增容性，更低的临界胶束浓度，更好的热力学稳定性和更好的生物相容性。低分子表面活性剂如烷基苯磺酸盐、季铵盐等会对身体产生毒性，不宜在体内长期使用。

一、两亲嵌段共聚物的合成

两亲嵌段共聚物的性质，主要由亲水嵌段和疏水嵌段的性质，共聚物分子量和两嵌段比例等因素所决定。亲水嵌段一般能溶于水，在水中构成胶束的外层，减少胶束之间的缔合，保持胶束的稳定性。亲水嵌段的分子量太小，胶束的外壳层太薄，生成的胶束不稳定；而分子量太大，分子链的水溶性又很大，也不利于生成芯-壳的胶束结构。文献报道，亲水嵌段的分子量一般在 3000～12000 之间，这对形成稳定的胶束是适宜的。疏水嵌段一般不溶于水，在范德华力和氢键等的作用下，在水中构成胶束的固体芯核，作为微药库，无论是物理包容或是化学键合，药物都能分散在胶束疏水的芯核内。疏水嵌段的分子量决定了芯核直径的大小：疏水嵌段分子量减小，形成的芯核直径也减小，导致载药量降低；反之，疏水嵌段分子量越大，形成的芯核直径就越大，当芯核直径大到一定程度，胶束的芯-壳平衡便被破坏，共聚物在水中呈现沉淀析出，疏水嵌段的分子量一般在3000～12000之间。亲水嵌段和疏水嵌段分子量的最佳配合还得视它们的具体结构和性质。

合成两亲嵌段共聚物最常见的方法是先制备第一种嵌段，使它的一端具有活性基团，可做第二种单体聚合的引发剂或链转移剂，在第二种单体聚合过程中与之结合，最后生成A-B型两亲嵌段共聚物。为了控制胶束的直径在200nm以下，一般两种嵌段的分子量都在12000以下。

Jeong以单端氨基的聚氧乙烯(PEO)为引发剂，在二氯甲烷溶剂中引发谷氨酸苄酯羧酸酐(PBLG-NCA)单体聚合，生成PBLG-PEO嵌段共聚物(见图9-1)。两种嵌段的分子量分别为12000和8400，这种共聚物能很好地制成胶束[4]。

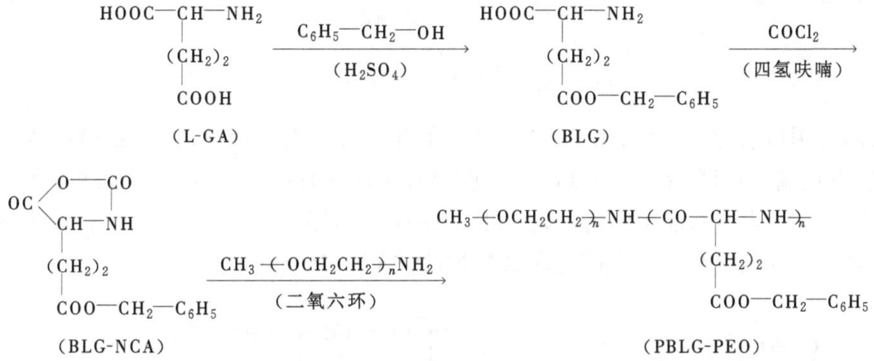

$$\underset{\text{(L-GA)}}{HOOC{-}CH(NH_2){-}(CH_2)_2{-}COOH} \xrightarrow[(H_2SO_4)]{C_6H_5{-}CH_2{-}OH} \underset{\text{(BLG)}}{HOOC{-}CH(NH_2){-}(CH_2)_2{-}COO{-}CH_2{-}C_6H_5} \xrightarrow[\text{(四氢呋喃)}]{COCl_2}$$

$$\underset{\text{(BLG-NCA)}}{OC\langle\begin{matrix}O{-}CO\\ CH{-}NH\end{matrix}(CH_2)_2{-}COO{-}CH_2{-}C_6H_5} \xrightarrow[\text{(二氧六环)}]{CH_3{+}OCH_2CH_2{+}_n NH_2} \underset{\text{(PBLG-PEO)}}{CH_3{+}OCH_2CH_2{+}_n NH{+}CO{-}\underset{\underset{COO-CH_2-C_6H_5}{|}}{\underset{(CH_2)_2}{CH}}{-}NH{+}_n}$$

图9-1 聚乙二醇-聚谷氨酸苄酯两嵌段共聚物的制备反应

La S B利用类似的方法合成了聚天冬酸苄酯-聚氧乙烯嵌段共聚物(PBLA-PEO)[1,8,9]：

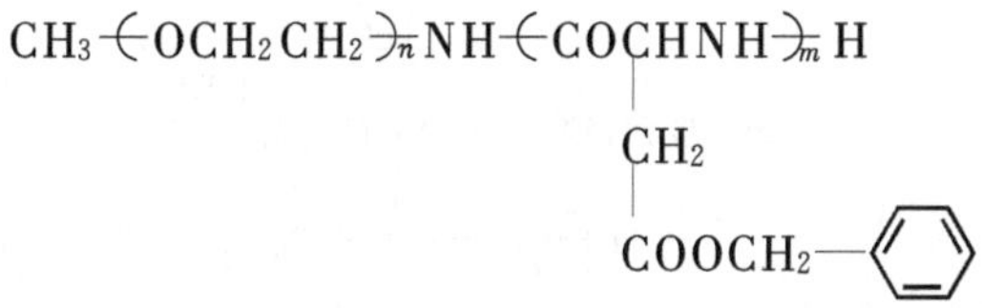

$$CH_3{+}OCH_2CH_2{+}_n NH{+}CO\underset{\underset{COOCH_2-C_6H_5}{|}}{\underset{CH_2}{\underset{|}{C}}}HNH{+}_m H$$

Yasugi先将萘钾与2-甲氧基乙醇反应，再引发第一单体环氧乙烷(EO)聚合，最后加入第二单体D,L-丙交酯(D,L-LA)进行聚合，最后生成PLA-PEO嵌段共聚物。实验证明，PLA分子量为1200～7800，PEO分子量4100～6100时，能形成胶束(见图9-2)[5]。

Kin S Y利用与上类似的方法合成了聚已内酯-聚氧乙烯嵌段共聚物(PCL-PEO)[6]。

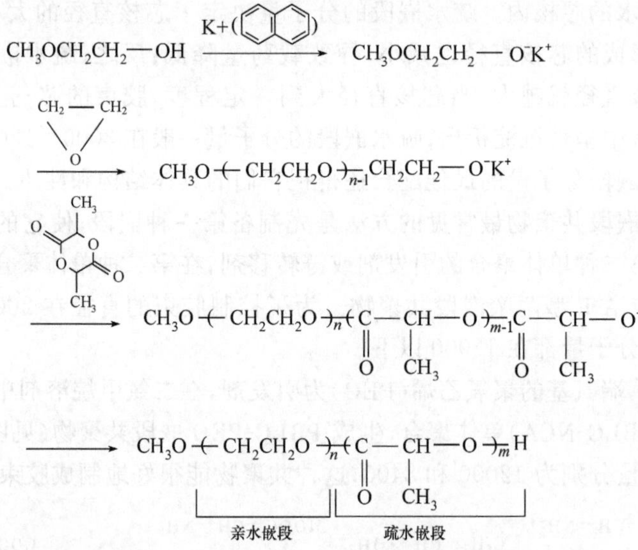

$$CH_3OCH_2CH_2—OH \xrightarrow{K^+(\text{naphthalene})^-} CH_3OCH_2CH_2—O^-K^+$$

$$\xrightarrow{\text{ethylene oxide}} CH_3O\text{—}(CH_2CH_2O)_{n-1}CH_2CH_2—O^-K^+$$

$$\xrightarrow{\text{lactide}} CH_3O\text{—}(CH_2CH_2O)_n\text{—}(C(O)—CH(CH_3)—O)_{m-1}\text{—}C(O)—CH(CH_3)—O^-K^+$$

$$\longrightarrow CH_3O\text{—}(CH_2CH_2O)_n\text{—}(C(O)—CH(CH_3)—O)_m\text{—}H$$

亲水嵌段　疏水嵌段

图 9－2　聚乙二醇-聚乳酸的制备反应

Kohori 用过氧化苯甲酰(BPO)引发 *N*-异丙基丙烯酰胺聚合,羟基乙硫醇为链转移剂,得到端羟基聚 *N*-异丙基丙烯酰胺(PIPAAm-OH),接着 D,L-丙交酯(D,L-LA)单体在二价盐锡的催化作用下,在 PIPAAm-OH 的端羟基上开环聚合,最后生成聚 *N*-异丙基丙烯酰胺－聚乳酸嵌段共聚物(PIPAAm-PLA)(见图 9－3)[10]。

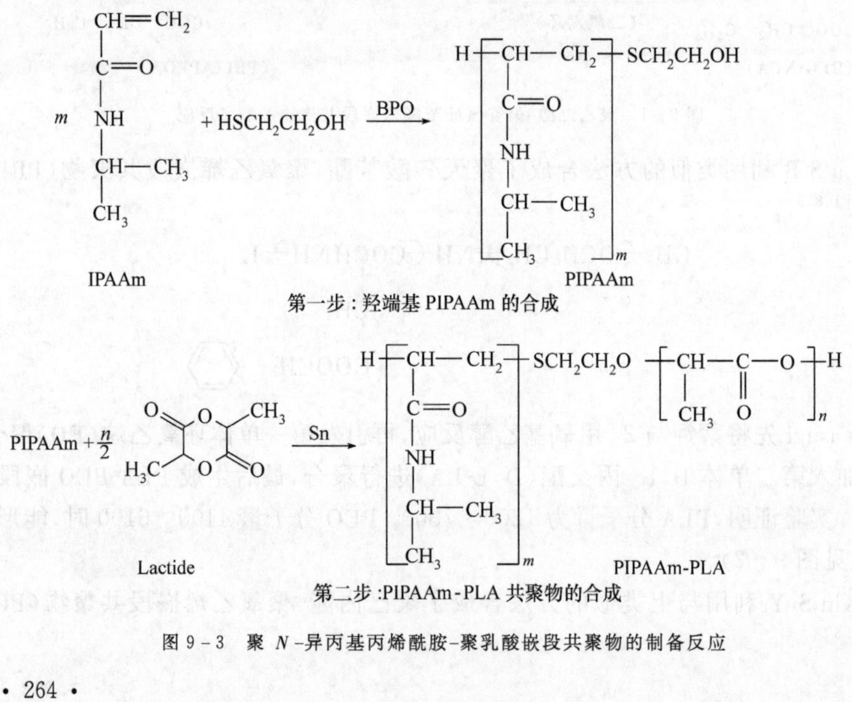

$$m\ CH_2{=}CH—C(=O)—NH—CH(CH_3)—CH_3 + HSCH_2CH_2OH \xrightarrow{BPO} H\text{—}[CH(C(=O)NHCH(CH_3)CH_3)—CH_2]_m\text{—}SCH_2CH_2OH$$

IPAAm　PIPAAm

第一步:羟端基 PIPAAm 的合成

$$PIPAAm + \frac{n}{2}\ \text{Lactide} \xrightarrow{Sn} H\text{—}[CH(C(=O)NHCH(CH_3)CH_3)—CH_2]_m\text{—}SCH_2CH_2O\text{—}[CH(CH_3)—C(=O)—O]_n\text{—}H$$

Lactide　PIPAAm-PLA

第二步:PIPAAm-PLA 共聚物的合成

图 9－3　聚 *N*-异丙基丙烯酰胺-聚乳酸嵌段共聚物的制备反应

Inoue 以偶氮二异丁腈(AIBN)为引发剂，氨基乙硫醇为链转移剂，使甲基丙烯酸甲酯单体(MMA)先聚合，制得端氨基聚甲基丙烯酸甲酯(PMMA-NH_2)，再将它先后与 dithiothreiol 和 dithiobis (succi-nimidylpropionate)作用转变为硫醇端基聚甲基丙烯酸甲酯(PMMA—SH)，最后用 AIBN 引发丙烯酸单体(AAc)聚合，而链转移剂为PMMA—SH，生成聚甲基丙烯酸甲酯-聚丙烯酸共聚物(PMMA-PAAc)(见图 9－4)[7]。

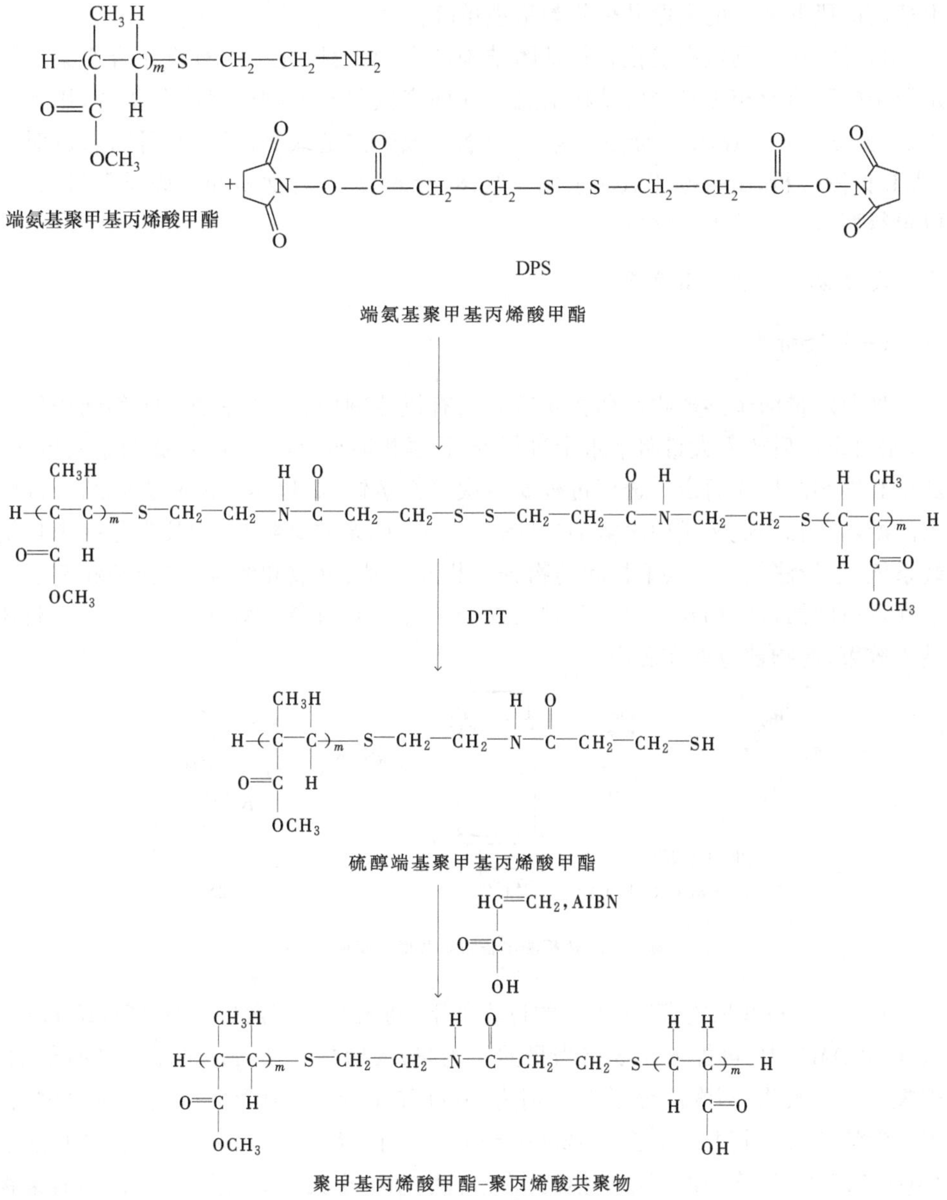

CH_3 H

H—(C—C)$_m$—S—CH_2—CH_2—NH_2

O=C H

OCH_3

端氨基聚甲基丙烯酸甲酯

\+ O N—O—C(=O)—CH_2—CH_2—S—S—CH_2—CH_2—C(=O)—O—N O

DPS

端氨基聚甲基丙烯酸甲酯

CH_3H　H O　O H　H CH_3

H—(C—C)$_m$—S—CH_2—CH_2—N—C—CH_2—CH_2—S—S—CH_2—CH_2—C—N—CH_2—CH_2—S—(C—C)$_m$—H

O=C H　H C=O

OCH_3　OCH_3

DTT

CH_3H　H O

H—(C—C)$_m$—S—CH_2—CH_2—N—C—CH_2—CH_2—SH

O=C H

OCH_3

硫醇端基聚甲基丙烯酸甲酯

HC=CH_2, AIBN

O=C

OH

CH_3H　H O　H H

H—(C—C)$_m$—S—CH_2—CH_2—N—C—CH_2—CH_2—S—(C—C)$_m$—H

O=C H　H C=O

OCH_3　OH

聚甲基丙烯酸甲酯-聚丙烯酸共聚物

图 9－4　聚甲基丙烯酸甲酯-聚丙烯酸共聚物的制备反应

通常,嵌段共聚物的分子量由凝胶渗透色谱(GPC)测定,两种嵌段分子量的相对比例由核磁共振谱(NMR)测定。

凝胶渗透色谱具有分离不同分子量的独特性能,聚合物样品进入色谱柱后,先按分子量由大到小被分离,然后又随淋洗液由小到大被淋出,借助检测器、记录仪和计算机,可以求出该聚合物的平均分子量和分子量分布曲线。据多位学者报道,上述两嵌段共聚物的嵌段共聚物都呈现单峰。

核磁共振是测定有机化合物基团结构的有力工具,能提供有机化合物某一特定原子的数目及相邻基团的结构信息。在两亲嵌段共聚物的组成分析中,用得较多的是^{1}H NMR谱,由于亲水嵌段和疏水嵌段的主链或侧链结构不同,通过对其NMR谱图分析,由各基团氢原子化学位移,峰的裂分,峰面积和氢原子数目,就可以求得两种嵌段的组成比例。

二、共聚物/药物胶束的制备

(一)透析法

秤取定量两亲共聚物和药物先后放入有机溶剂中,溶解完全后转移到透析袋内,密封袋口后放入大量蒸馏水中进行透析,透析时间 24～72h,根据两亲共聚物、药物和溶剂的性质而定。透析过程要多次更换蒸馏水,以尽可能除去未结合进胶束的游离药物和透析袋内之溶剂(见图 9-5)。两亲共聚物/药物胶束是一个自组装系统,透析法是一个共聚物和药物分子相互溶解、分散和缔合,水分子和溶剂分子在透析膜两边的相互渗透以及共聚物分子自发的两亲平衡过程,最后生成载药纳米胶束,药物被包埋在芯内。

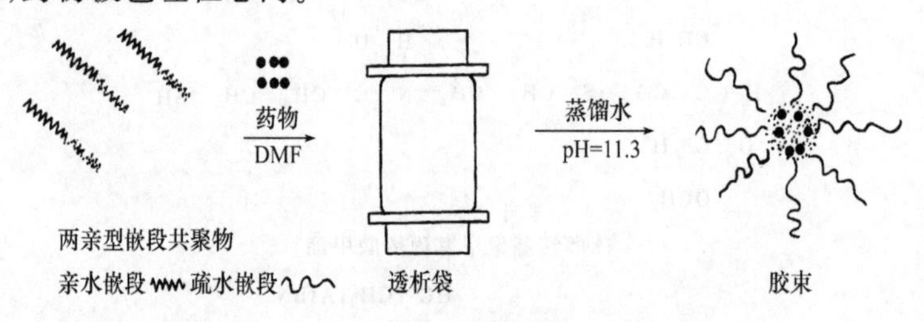

图 9-5 透析法制备两亲共聚物胶束示意图

Kwon 制备共聚物/药物胶束的过程如下:将盐酸阿霉素(ADR·HCl)25 mg 加入 4 ml DMF 中,再加入 1.3 倍当量的三乙胺,最后加入 20 mg 的聚天冬酸苄酯-聚氧乙烯共聚物(两嵌段分子量分别为 4000 和 12000),溶液保持黑暗搅拌过夜,混合溶液放入透析袋(分子量 12000～14000)内,置 1L 0.1mol/L 乙酸缓冲溶液(pH=5.5)中透析 24h,当中更换两次透析液,制得聚天冬酸苄酯-聚氧乙烯共聚物/盐酸阿霉素胶束溶液[2]。

透析袋的孔径一定要设计合适,孔径要小于两亲共聚物的平均分子量,太大会导致过多的药物、共聚物或胶束的流失,太少会影响透析效率,其孔径透过分子量一般从几千到一万不等,视具体聚合物而定。

透析溶剂对所制备的胶束直径有很大的影响。选择透析溶剂的原则是能充分溶解两亲共聚物和药物,又与水能充分互溶,不腐蚀透析膜。对同一两亲共聚物,有机溶剂不同,所得的胶束直径大小亦不相同。La S B 在透析法中使用 5 种不同溶剂制备聚天冬酸苄酯-聚氧乙烯(PBLA-PEO,两嵌段分子量约 4400 和 12000)共聚物胶束时所测得的粒径见表 9-1[1]。

表 9-1　不同溶剂对共聚物胶束的粒径的影响

溶剂	粒径/nm		分散性
	重均	数均	D_w/D_n
二甲基甲酰胺	82	62	1.31
乙腈	20(90)	10(85)	2.08
四氢呋喃	<1	<1	1.07
二甲基亚砜	17 (133)	16 (109)	1.96
二甲基乙酰胺	19 (127)	19 (115)	1.27

注:括弧内数字为胶束经二次缔合后的平均粒径。

Kin S Y 在制备聚己内酯-聚氧乙烯(PCL-PEO)共聚物胶束时,研究了不同溶剂,不同分子量、不同载药量对胶束粒径的影响规律[6]。胶束的粒径大小与共聚物在该溶剂的溶解度以及该溶剂与水的相混性有关,通常选用二甲基甲酰胺(DMF)或二甲基乙酰胺(DMA)作溶剂,可以得到较小的胶束粒径(表 9-2)。

表 9-2　不同溶剂对共聚物胶束的粒径的影响

溶剂	粒径/nm
二甲基甲酰胺	114±0.089
二甲基乙酰胺	116±0.351
四氢呋喃	120±0.006
二氯甲烷	181±0.674

注:PCL-PEO 共聚物两嵌段分子量分别为 5000 和 5116。

共聚物分子量对胶束尺寸大小也起决定性的影响。共聚物分子量越大,疏水嵌段的链长越长,胶束直径就越大。此外,载药量越大,胶束直径也越大(实验数据见表 9-3 和表 9-4)。

表 9-3　共聚物分子量对胶束直径的影响

PEO-PCL 分子量	胶束直径/nm
8037	54±0.082
10116	77±0.010
11734	114±0.089
14839	130±0.105

注:PEO 嵌段的分子量为 5000。

表 9-4　载药量对胶束直径的影响

吲哚美辛载药量(W/W)	胶束直径/nm
1.0:0	120
1.0:0.5	145
1.0:1.0	165

(二) O/W 乳液法

O/W 乳液法选择有机溶剂的原则是能充分溶解药物但不能溶解两亲共聚物,与水不能互溶,容易挥发。该法实际上是两步法:第一步是按透析法先制取无药的共聚物胶束溶液;第二步是将药物溶于有机溶剂中,再将药物的有机溶液慢慢倒入共聚物胶束中生成 O/W 乳液,在搅拌下蒸发有机溶剂,最后制得共聚物/药物胶束。

La S B 将吲哚美辛(IMC)6mg 溶于 1.8ml 氯仿中;60 mg 无药的聚谷氨酸苄酯-聚乙二醇共聚物胶束冻干剂放入 120 ml 蒸馏水中;在激烈搅拌的条件下,将药物的氯仿溶液逐滴加入后者溶液中,滴加完毕后,保持敞口搅拌以除出氯仿,再经超滤膜(分子量 50000 以下)超滤,除去未结合之 IMC 和低分子量之组分,滤液即为 PBLA-PEO / IMC 胶束[1]。除了透析法和乳液法外,还有采用薄层法,制备例子是:聚丙氨酸-聚色氨酸共聚物 10 mg 溶于少量三氟乙醇,然后倒入圆底烧瓶让溶剂蒸发,使在烧瓶壁上生成共聚物薄层,加入 4 ml 双蒸水生成悬浮液,超声处理 15min,在通过 0.25μ 孔径过滤膜,得共聚物的胶束溶液;加入 Sumithion(一种杀虫剂)10%的乙醇溶液,可生成聚丙氨酸-聚色氨酸/Sumithion 药物胶束[3]。

三、粒径和形态的测定

(一) 激光动态光散射法(dynamic light scatering,DLS)

由于共聚物胶束属胶体系统,其粒径在纳米级范围,因此粒径的大小和分布曲线通常可以采用激光动态光散射法测定。当一束单色、相干的激光以一定入射角照射高分子稀溶液或胶体溶液时,分子发生极化,成为二次光波源。由于分子的不断运动,产生 Doppular 效应,使得散射光频率围绕入射光频率形成很窄的分布。测量散射光强随时间的涨落;便可获得分子或粒子的流体力学半径分布的信息。图 9-6 为激光动态光散射法测量的粒径分布[4]。

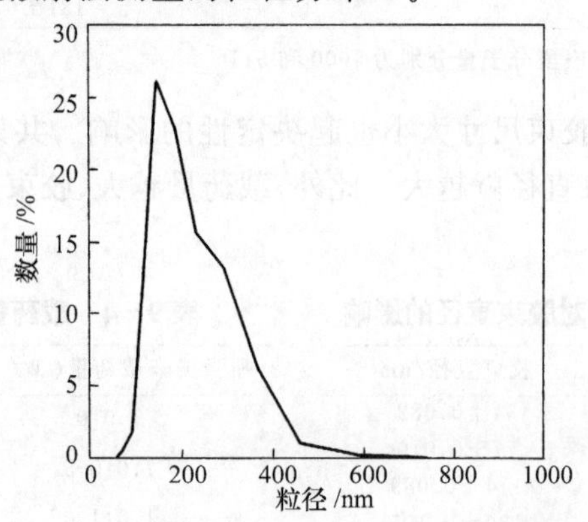

图 9-6 PBLG-PEO 胶束粒径分布的激光动态光散射

（二）透射电镜法(TEM)

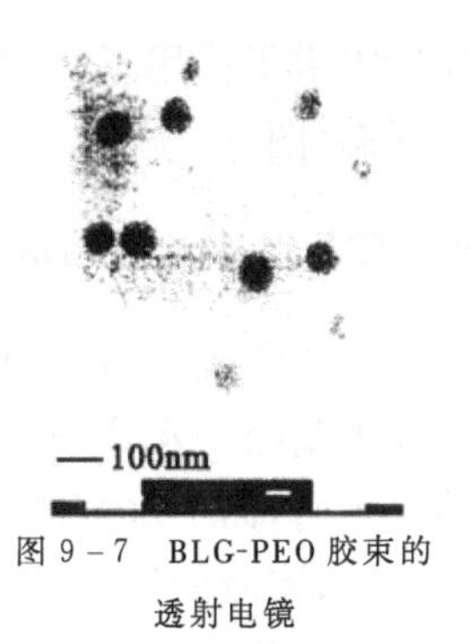

图 9－7　BLG-PEO 胶束的透射电镜

透射电镜是直接观察胶束形态的一种有效手段。透射电镜一般采用负染色方法。有学者使用磷钨酸作染色剂(见图 9－7)[11]，也有学者使用钼酸铵的水合物(hexam-monium heptamo-lybdate tetrahydrate)作染色剂[3]。也有报道不使用任何染色剂也能观察到胶束大小和分布形态(见图 9－7)[4]。

（三）扫描电镜(SEM)

扫描电镜也是直接观察胶束形态的一种有效手段。胶束液滴置于石墨膜上，经冷冻干燥、镀金(铂)后可在扫描电镜上观察(见图9－8)[4]。

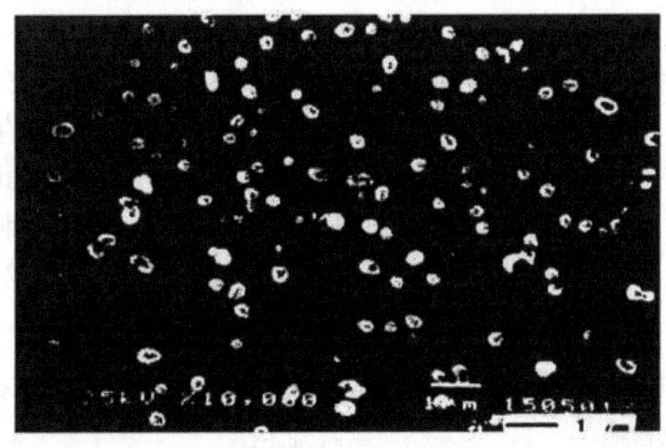

图 9－8　PBLG-PEO 胶束的扫描电镜照片

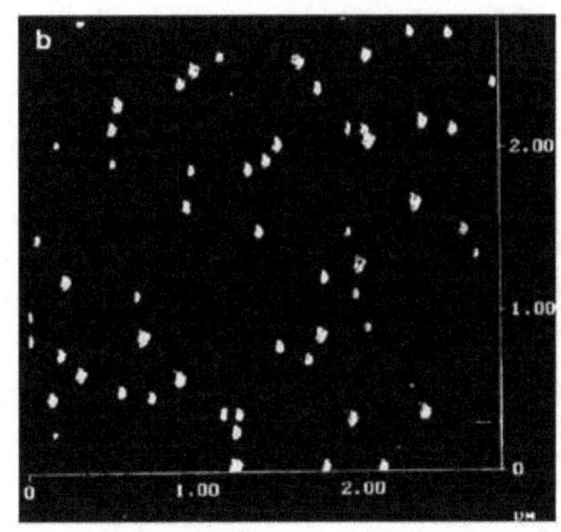

图 9－9　PBLG-PEO-芘胶束的原子力显微镜照片(浓度 0.1mg/ml)[12]

（四）原子力显微镜(AFM)

原子力显微镜于 1986 年由 Binnig 开发，是在扫描隧道显微镜的基础上发展起来的表面分析手段，它不需要导电材料作衬底，可以获得原子水平的结构信息。AFM 的原理是使用探针在试样表面上扫描，将探针与表面间相互作用力及与它们距离的关系来形成表面形态图像，分辨率可达原子水平，成为材料表面的力学、电位、电磁、光和热等性质研究的先进工具。近年来，原子力显微镜也开始用于研究共聚物胶束的微观形态，例如，1998 年 Liaw J 和 Kohori F

先后报道了使用了 AFM 研究 PBLA-PEO/芘胶束和 PIPAAm-PLA 胶束的纳米球的形态(图 9-9)[10,12]。

四、临界胶束浓度(*cmc*)的测定

少量的表面活性剂分子溶于水后被水分子所包围,其亲水基团受水分子吸引,而疏水基团受水分子排斥,表面活性剂分子会在液面上排列成单层,亲水基团方向伸进水内,而疏水基团方向伸出空气。当表面活性剂在水中的浓度继续加大到一定值后,溶液的许多性质如表面张力、电导、折光指数等便会出现突变,原因在于表面活性剂分子发生了自动缔合,亲水基团向外,疏水基团向内,形成胶体大小的质点,即胶束,此时的表面活性剂浓度称之为临界胶束浓度(*cmc*)。不同的表面活性剂有不同的 *cmc*。在 *cmc* 之上,胶束的形态有球形、棒形、层状等,取决于表面活性剂的浓度。由于形成胶束而使疏水基团与水的接触面积趋向最少,这种体系比一般的胶体溶液具有更高的热力学稳定性。两亲嵌段共聚物由于具有亲水嵌段和疏水嵌段,在水中更容易生成胶束,由于亲水嵌段和疏水嵌段的分子链都比低分子表面活性剂长得多,因此两亲嵌段共聚物比低分子表面活性剂具有更低的 *cmc*,两亲嵌段共聚物胶束的热力学稳定性更大(见表 9-5)。两亲嵌段共聚物的 *cmc* 大小由包裹药物的性质、两种嵌段的性质和分子量所决定,对同一种嵌段共聚物,当亲水嵌段分子量固定时,疏水嵌段越长,即疏水嵌段的摩尔分数越大,其 *cmc* 值就越小。

表 9-5　两亲嵌段共聚物与一些低分子表面活性剂的 *cmc*

表面活性剂	*cmc*/mol·L^{-1}	参考文献
1. 两亲嵌段共聚物		
聚天冬酸苄酯-聚乙二醇	2.94×10^{-4}	12
聚谷氨酸苄酯-聚乙二醇	$(4.62\sim74.2)\times10^{-8}$	4
聚甲基丙烯酸甲酯-聚丙烯酸	2.44×10^{-6}	7
聚己内酯-聚乙二醇	$(0.63\sim3.47)\times10^{-6}$	6
聚丙交酯-聚乙二醇	3.15×10^{-7}	7
2. 低分子表面活性剂		
癸基溴化铵	5×10^{-2}	20
十二烷基氯化铵	1.5×10^{-2}	20
十六烷基三甲基溴化铵	9.2×10^{-4}	20
十二烷基硫酸钠	8.1×10^{-3}	20
n-十二烷基苯磺酸钠	1.6×10^{-3}	20
十二烷基二甲基丙酸铵盐	5.3×10^{-3}	20
Tween 80:聚山梨醇酯 80	$1.3\times10^{-3}(g\cdot dl)^{-1}$	20
单癸酰蔗糖	1.9×10^{-4}	20

Jeong 的研究结果见表 9-6。他认为，包埋药物氯硝西泮的胶束的 *cmc* 比包埋芘的胶束的 *cmc* 为大，主要原因是氯硝西泮的溶解度为 14.66μg/ml，而芘是 0.12μg/ml，导致氯硝西泮对疏水环境更不敏感的缘故[4]。

表 9-6　聚谷氨酸苄酯-聚乙二醇共聚物的 *cmc* 的影响因素

聚乙二醇分子量	聚谷氨酸苄酯摩尔分数	*cmc*/mol·L^{-1}	
		氯硝西泮	芘
12000	0.605	4.62×10^{-8}	1.95×10^{-8}
12000	0.400	2.73×10^{-7}	4.18×10^{-8}
12000	0.124	7.42×10^{-7}	1.32×10^{-7}

Kim S Y 对聚己内酯-聚乙二醇共聚物的研究结果见表 9-7[6]。Kim S Y 的结论与 Jeong 是相同的，在共聚物中疏水嵌段占的比例越大，其 *cmc* 就越小。

表 9-7　聚己内酯-聚乙二醇共聚物的 *cmc* 的影响因素

聚乙二醇分子量	聚己内酯/聚乙二醇摩尔比	聚己内酯/聚乙二醇数均分子量	*cmc* /mol·L^{-1}
5000	0.401∶1	10116	3.47×10^{-7}
5000	0.542∶1	11734	1.21×10^{-7}
5000	0.815∶1	14839	0.63×10^{-7}

由于两亲嵌段共聚物的 *cmc* 值较低，加上大多数两亲嵌段共聚物都是非离子型的，所以两亲嵌段共聚物的 *cmc* 大都不能用低分子表面活性剂的测定方法，如表面张力、电导、折光指数等来准确测量。两亲嵌段共聚物的 *cmc* 的主要测定方法是荧光光谱法。

某些物质分子受到紫外-可见光照射后，能够发出比原来照射光波长更长的光，当照射光停止照射后，发光现象也随之消失，这种光称为分子荧光。共聚物 *cmc* 的测定常使用激发光谱和发射光谱。所谓激发光谱(excitation spectrum)是指固定荧光波长不变，记录荧光强度随激发光波长变化的曲线。所谓荧光光谱(fluorescence spectrum)，即发射光谱(emission spectrum)是指当使用固定激发光的波长，记录到的荧光强度随荧光波长而变化的曲线[13]。荧光法是鉴定物质的有力工具之一。绝大多数荧光物质都含有芳环或杂环，它们具有长的共轭 π 键，芘(pyrene)常作为测定共聚物的 *cmc* 的荧光物质。

Lliaw 测定了 PEO-PBLA/ Pyrene 胶束溶液的荧光发射光谱。共聚物胶束浓度从 1 mg/L～30mg/ml 范围变化；芘在 383nm 的荧光强度对 Log *C* 作图。*C* 为共聚物胶束浓度，在 5mg/ml 以下时，荧光强度随共聚物胶束浓度增加很少，但在 5mg/ml 以上，荧光强度随共聚物胶束浓度急剧增加，因此得出该体系的 *cmc* 为 5mg/ml(图 9-10)[12]。

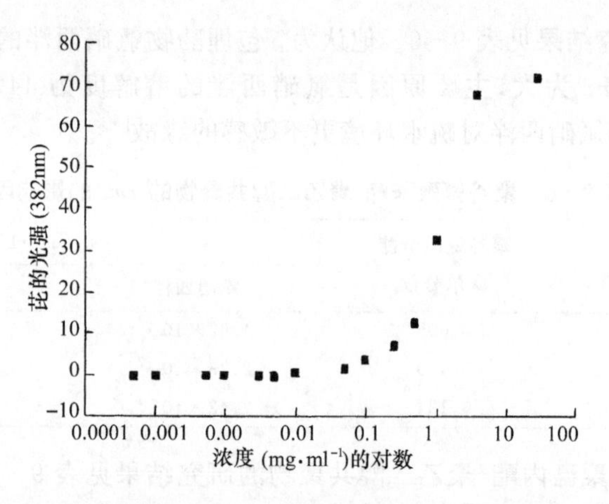

图 9－10 PEO-PBLA/芘胶束 I_{383}与 Log C 的关系

Jeong 制备了 PBLG-PEO/ 氯硝安定(Clonazepam)胶束,共聚物分子量 20400,PBLG/PEO 为 12.4/87.6,测定了不同药物浓度胶束的荧光发射光谱,谱图在 370nm 和 348nm 处出现强度峰(见图 9－11)。将两峰强度比 I_{370}/I_{348}对胶束浓度 Log C 作图,得一折线(见图 9－12)。I_{370}/I_{348} 敏感于 PBLG 分子周围环境的极性,在这折点浓度之下时,I_{370}/I_{348}变化很小,当到达折点之后,PBLG 发生聚集形成疏水性的芯核,此时 I_{370}/I_{348} 随浓度对数变化很大,折点对应的浓度值为 7.42×10^{-7} mol/L 即该共聚物的 *cmc* 值[4]。

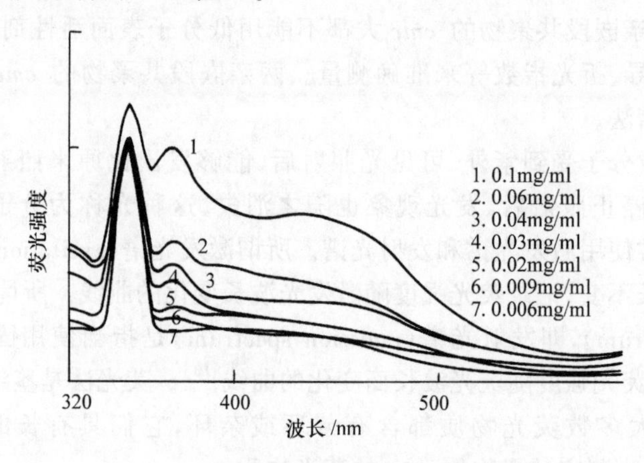

图 9－11 不同浓度 PBLG-PEO/ Clonazepam 胶束的荧光发射光谱

胶束的形成也可以用凝胶渗透色谱(GPC)来证实。由于胶束是由多个共聚物分子缔合而成,缔合状态的分子量要比单个共聚物分子的分子量要大得多。La S B 利用GPC分析PBLA-PEO胶束时发现,其GPC曲线的峰出现在洗提体积

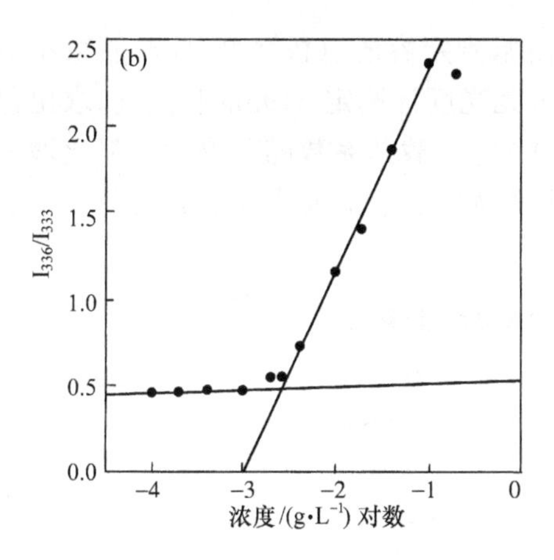

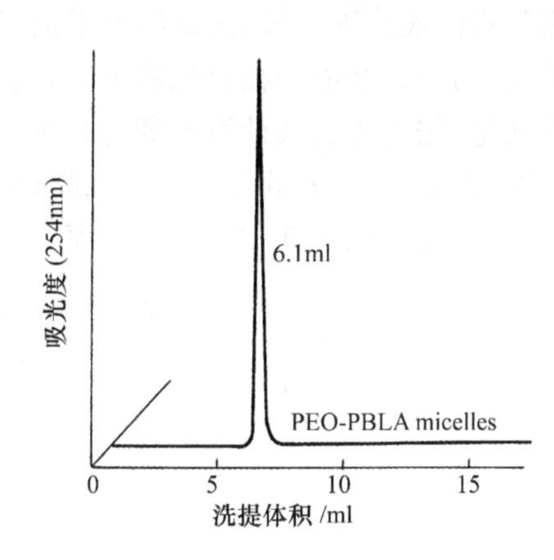

图 9－12 PBLG-PEO/ Clonazepam 胶束的荧光发射光谱 I_{370}/I_{348}与 log C 的关系图

图 9－13 PBLG-PEO 胶束在磷酸盐缓冲溶液的 GPC 谱图

6.1ml处，这位置相应的分子量是 500000，所用 PBLA-PEO 共聚物分子量为 17000，说明平均有 30 个分子缔合成一个胶束(图 9－13)[1]。

GPC 还可用来推断药物与共聚物的结合程度。Inoue 利用 GPC 分析载有药物 PMMA-PAAc/阿霉素胶束，在 GPC 曲线在 229 万处出现的峰是指载药胶束分子量，证实了大部分阿霉素已包埋在胶束之中，而出现在分子量 41000 处的另一峰代表未与药物缔合的共聚物(图 9－14)[7]。

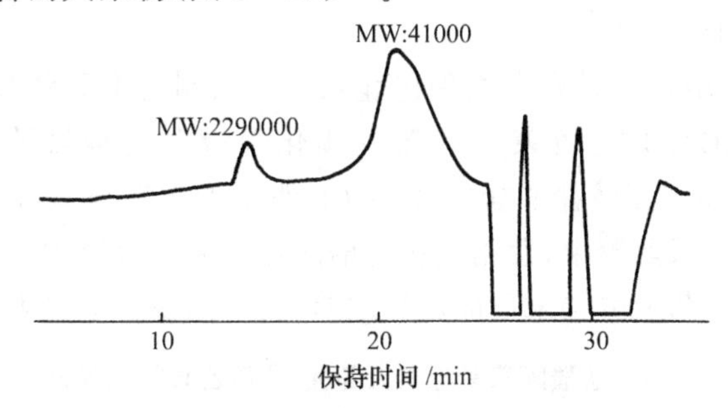

图 9－14 PMMA-PAAc/阿霉素胶束磷酸盐缓冲溶液的 GPC 谱图

五、共聚物胶束的载药量

共聚物胶束的载药量常用载药系数表示：

$$载药系数=\frac{包埋在胶束内的药物重量}{胶束总重量}$$

Kim S Y 制备了 PCL-PEO/IMC(吲哚美辛)胶束，测定了载药系数[6]，方法是将胶束溶液冷冻干燥，定量称取干剂，重新溶解到定容的有机溶剂，此时胶束将被离解，药物重新溶解在有机溶剂中，用紫外分光光度计测定 319nm 吸光度，求出包埋药量，按上述公式计算出载药系数(见表 9－8)。载药系数随药物的投料比增大而增加(见表 9－8 的 1～4 项)，同时随着共聚物分子量增大或疏水嵌段分子量的增大而增加(见表 9－8 的 5～8 项)。

表 9－8 PCL-PEO/IMC 的载药系数

	PEO 的分子量	共聚物配比	投料比	载药系数
		PCL/PEO 摩尔比	吲哚美辛/共聚物重量比	/%
1	5000	0.70/1.00	0.25/1.00	16.33
2	5000	0.70/1.00	0.50/1.00	20.99
3	5000	0.70/1.00	0.75/1.00	31.96
4	5000	0.70/1.00	1.00/1.00	41.98
5	5000	0.35/1.00	1.00/1.00	25.83
6	5000	0.50/1.00	1.00/1.00	34.08
7	5000	0.70/1.00	1.00/1.00	41.98
8	5000	1.00/1.00	1.00/1.00	42.03

Chung J E 利用透析法制备了 PAPAAm-PMBA 和 PAPAAm-PSt/ADR 载药胶束，其结合到胶束和未结合到胶束的 ADR 分别用可见光谱 500nm 和 485nm 测定。按上式计算载药系数，对 PAPAAm-PMBA，载药系数为 9.6%；而对PAPAAm-PSt，载药系数为 15.2%[15]。

Yokoyama 使用化学键合和物理包埋双重方法制备聚天冬酸-聚氧乙烯/盐酸阿霉素(PAsp-PEO/ADR)胶束[17]。第一步化学键合的步骤是先用 1－乙基 3－(3－二甲氨丙基)碳二亚胺盐酸盐(EDC-HCl)使聚天冬酸与盐酸阿霉素化学偶联，然后用透析法生成载药胶束，使用反相色谱测定反应混合物中未反应之阿霉素量，键合药量等于投料药量减去未反应药量之差，药物的键合率见表 9－9。

表 9－9 盐酸阿霉素与聚天冬酸-聚氧乙烯的化学键合率

反应号	ADR-HCl /mg	PAsp-PEO /mg	ADR/PAsp	DMC /ml	EDC-HCl /mg	键合率 /%
A	700.7	1130	0.80	77	461＋463	63
B	311.2	890	0.45	61	454＋453	41

第二步物理包埋的步骤是将上述键合的 PAsp-PEO-ADR 的 DMF 溶液中再加入 ADR 和三乙胺，放入透析膜内对蒸馏水透析，最后得到化学键合和物理包埋双重结合的 PAsp-PEO/ADR 胶束，使用反相色谱测定反应混合物中包埋之阿霉素量，载药总量由 485nm 吸光度测定，药物的包埋量比率见表 9－10。

表 9-10 盐酸阿霉素与聚天冬酸-聚氧乙烯的物理包埋率

反应号	ADR-HCl /mg	PAsp-PEO-ADR 键合物 (ADR 含量/mg)	DMF /ml	水 /ml	透析时间 /h	物理包埋比率/%
1	96.1	A90.1	40	0	3	17.8
2	60.1	B60.1	30	5	3	8.4
3	60.1	B60.1	30	0	4	10.2

六、载药胶束的体外释药试验

由于共聚物胶束具有很小的尺寸和很大的表面积/体积比,并且有芯-壳结构,受外层 PEO 和其他亲水嵌段保护,使在血液循环中免受网状内皮系统所吞噬,在血液循环中能维持较长周期。肿瘤组织有较丰富的毛细血管壁和比正常组织更大的孔隙,所以纳米球能够增强药物对肿瘤血管壁的通透,促进在肿瘤细胞内的药物累积和药效发挥,实现药物被动靶向。

Kataoka 研究了聚天冬酸苄酯-聚氧乙烯/阿霉素胶束的体外释药,胶束的粒径 44nm,载药量 20.1%,胶束溶液置于密封的透析袋内,释药介质为磷酸盐缓冲溶液试验结果(见图 9-15)[9]。由图 9-15 可以看到,在释药开始有一个突释期,接着是缓慢的控制释药期。值得注意的是,当释药介质的 pH 值由 7.4 减到 5.0,释药速率大大加速,这与阿霉素二聚体的断裂和3′-NH_2基的质子化有关。

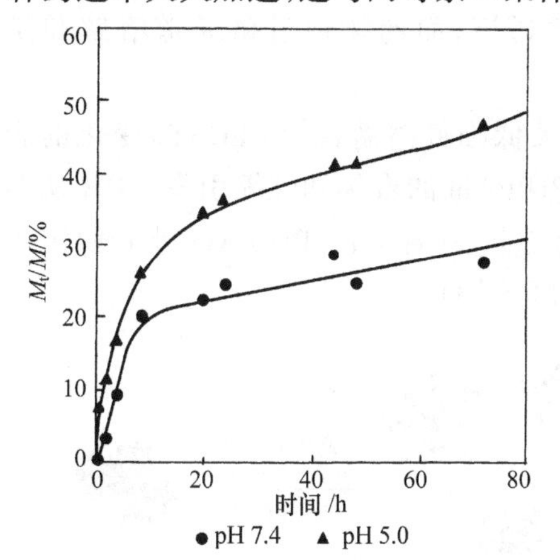

图 9-15 聚天冬酸苄酯-聚氧乙烯/阿霉素胶束的体外释药

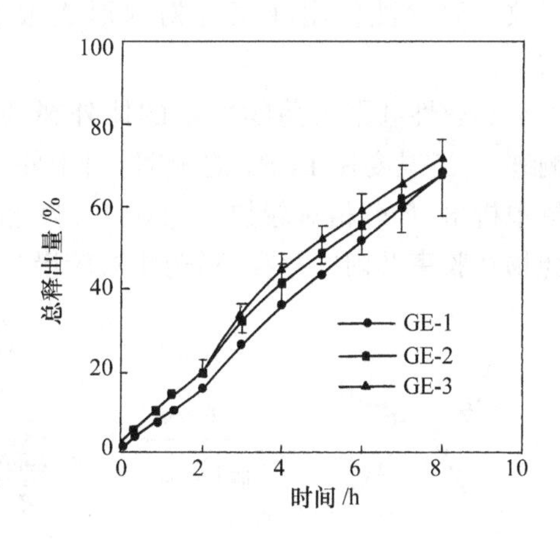

图 9-16 不同聚谷氨酸苄酯含量的 PBLG-PEO/氯氮平胶束的体外释药

聚谷氨酸苄酯含量: GE-1:37.8%; GE-2:35.2%; GE-3:32.8%

Jeong 研究的聚谷氨酸苄酯-聚氧乙烯/氯氮平胶束的体外释药规律,释药介质为磷酸盐缓冲溶液与十二烷基磺酸钠混合液,试验结果见图9-16和

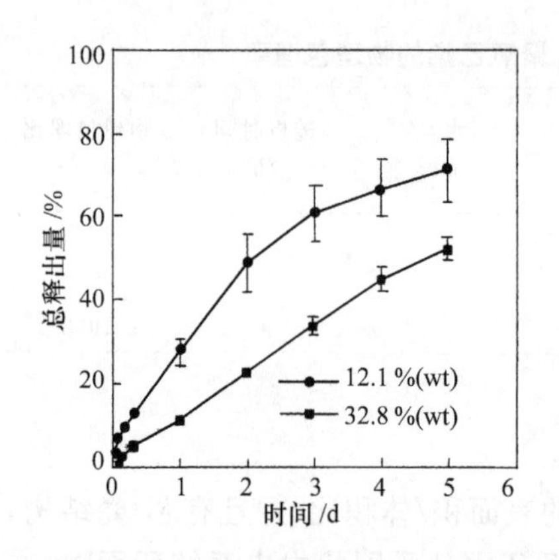

图 9-17 不同药含量的 PBLG-PEO/氯氮平胶束的体外释药

图 9-17[4]。十二烷基磺酸钠的作用是破坏胶束的稳定性，加速药物的释放。在没有十二烷基磺酸钠的条件下，氯氮平要释放 70 天，而有十二烷基磺酸钠时仅 8 天便释放 70%。由图 9-16 可以看到，在共聚物中的聚谷氨酸苄酯含量越大，即链长越长，释药速度越慢，原因是聚谷氨酸苄酯链长越长，其粒径越大。

从图 9-17 可以发现，高药含量的胶束释药速度越慢，低药含量的胶束释药速度反而越快。作者认为，药含量低时氯氮平在核内以分散状态存在，而药含量高时氯氮平在核内以结晶状态存在。作者从样品的差热扫描结果证实了这种解释。

Kim S Y 研究了聚己内酯-聚氧乙烯/吲哚美辛胶束的体外释药，释药速率随共聚物分子量增大而减少。值得注意的是，并没有发现释药初期的突释效应，表现出良好的控释特性。吲哚美辛是脂溶性药物，共聚物分子量增加，实际上疏水性聚己内酯嵌段的分子量增大，吲哚美辛与聚己内酯之间的亲和力增大，使释药速率减少。他提出药物释放的 3 个途径：(1)在聚合物基质中扩散；(2)通过聚合物降解而释放；(3)融蚀作用在聚合物内形成很多微通道，而药物通过微通道溶解和扩散[6]。

热敏性共聚物药物胶束的体外释药受最低临界溶解温度(LCST)变化的影响[14]。当温度在 LCST 之上时，由于外层 PIPPAm 的聚集和收缩引发 ADR 从芯核中析出，释药相对较快。而在 LCST 温度之下，水合化的 PIPPAm 外壳稳定了药物在胶束芯内的存在，释药相对较慢(见图 9-18)。

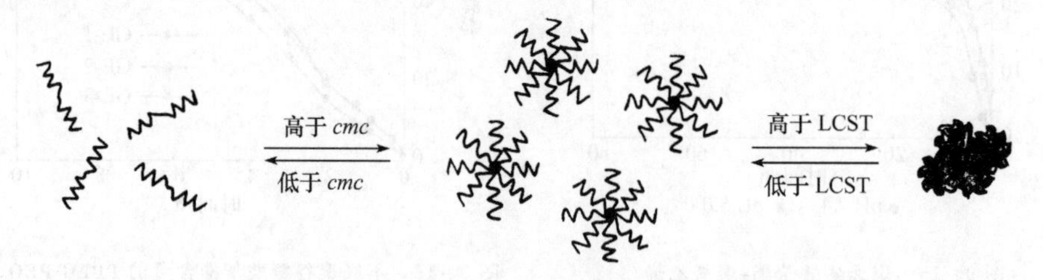

图 9-18 热敏共聚物胶束的形成和随温度升高受破坏的可逆过程示意图

Chung 报道了聚异丙基丙烯酰胺-聚甲基丙烯酸丁酯共聚物/阿霉素胶束(PIPP-Am-PBMA/ADR)的体外释药曲线(见图 9-19)[15]；指出在释药早期有很小的爆发峰(约 10%)，Chung 认为是在分散在亲水壳层内药物的不稳定性所致，可以用重复多次超滤除去。药物释放对温度的敏感性是可逆的，图 9－19 和图 9－20显示了这种可逆性。热敏性胶束好比一个开关，随着温度在 LCST 之上到之下，药物从胶束的释放由“开”到“关”可逆地转变。通过现代化仪器控制靶区组织的局部过热，使药物达到被动和主动双重靶向。

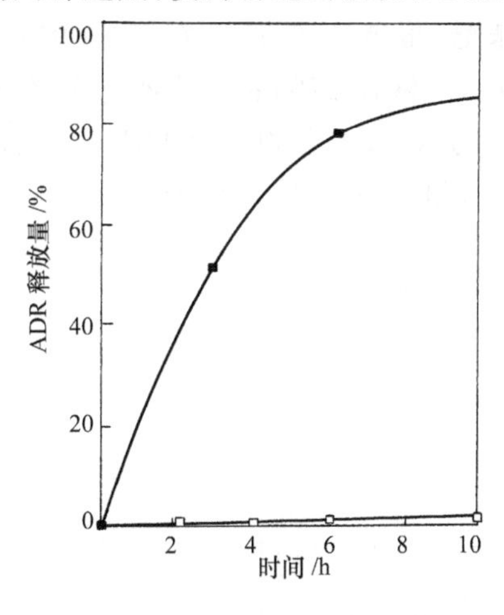

图 9－19　PIPPAm-PBMA/ADR 胶束的体外释药曲线

—■—40℃；—□— 4℃

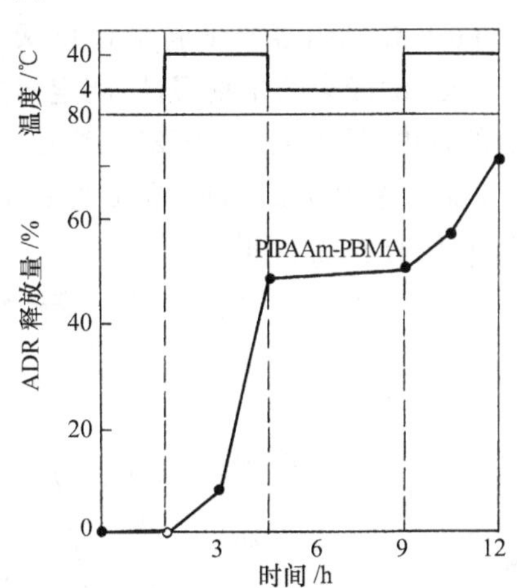

图 9－20　温度对 PIPPAm-PBMA/ADR 胶束的释药的开关作用

七、载药胶束的毒性

Chung J E 分别研究了聚异丙基丙烯酰胺－聚甲基丙烯酸丁酯共聚物(PIPPAm-PBMA)和聚异丙基丙烯酰胺－聚苯乙烯共聚物(PIPPAm-PSt)/阿霉素 ADR 胶束，利用体外细胞培养试验来评价药物的毒性，他选用牛主动脉内皮细胞作体外的培养细胞[15]。结果发现，PIPPAm-PBMA/ADR 胶束在热敏温度 LCST 之上显示了比原料药 ADR 更高的细胞毒性，而在 LCST 之下则显示比原料药 ADR 更低的毒性，而 PIPPAm-PSt/ADR 胶束在 LCST 之上和之下都不显示毒性(见表9－11)。这是由于 PIPPAm-PBMA/ADR 胶束结构发生了变化，在 LCST 之上，PIPPAm由亲水转为疏水，胶束被破坏，药物释放，而对于PIPPAm-PSt/ADR

表 9－11　PIPPAm-PBMA/ADR 胶束的体外细胞毒性

试验条件	存活细胞/%
原料药 ADR	85.4±2.5
PIPPAm-PBMA/ADR 胶束	97.4±3.1
无药 PIPPAm-PBMA 胶束	97.9±0.6
无药和无胶束	100±0.50

ADR 浓度为 0.1μg/ml，孵育时间 4 天。

胶束的药芯本身十分稳定,外壳的变化不会引起药物的释放。胶束药物在体内转运过程是在体温下进行的,此时保持胶束结构有利于降低药物胶束的毒副作用,在肿瘤区域通过体外加热,温度提高至 LCST 之上可使胶束破坏,药物被释放,达到增强药效的目的。

Yu B G 利用溶血试验来评价聚天冬酸苄酯-聚氧乙烯/两性霉素 B(PBLA-PEO /AmB)胶束的生物毒性,测定鼠血红细胞试验液在 576nm 处的吸光度,分析溶血的程度,结果见图 9-21。浓度 3.0μg/ml 的 AmB 与鼠血红细胞孵育 30min 后,溶血率达 100%,而同样浓度 PBLA-PEO/AmB 胶束即使与鼠血红细胞孵育 5.5h 也没有发现溶血[11]。

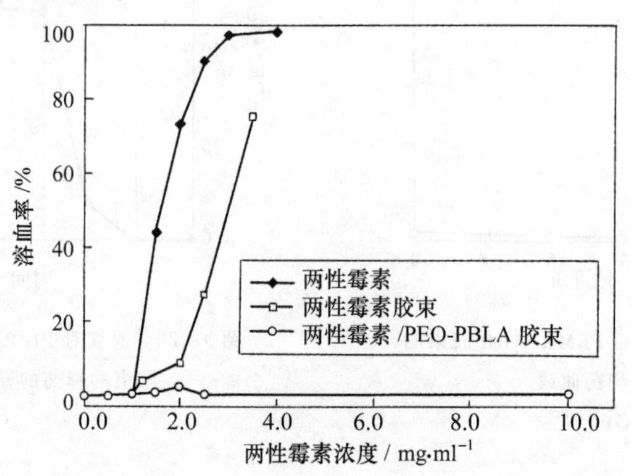

图 9-21　PBLA-PEO/AmB 胶束的溶血程度

八、载药胶束的药物体内分布

Kwon 研究了聚天冬酸苄酯-聚乙二醇-阿霉素(键合)胶束的体内分布,共聚物 PBLA,PEO 两嵌段分子量分别为 2100 和 12000,键合药量 104%(对 PBLA),粒径 40nm。他将 C^{14}-PBLA-PEO-ADR 胶束溶液注射入小鼠尾静脉,1,4,24h 后处死,血、心肝、肺、胰肌肉等组织被收集,利用液体闪烁计测定药物浓度[2]。图9-22 的结果表明,胶束能在血液中维持长的循环时间,它避免了 RES 系统的吞噬,使在肝脾有相对低的吸收,这归功于胶束纳米级的粒径和核外层 PEO 对细胞很低的相互作用。

九、共聚物胶束的稳定性

由于共聚物/药物胶束芯壳型结构,亲水嵌段在介质中形成水合层,避免了芯核的聚集,所以胶束具有热力学的稳定性,胶束溶液停放长时间不会发生沉淀。共聚物/药物胶束经冷冻干燥成粉末,干剂经很长时间的保存后再分散在水中,可重

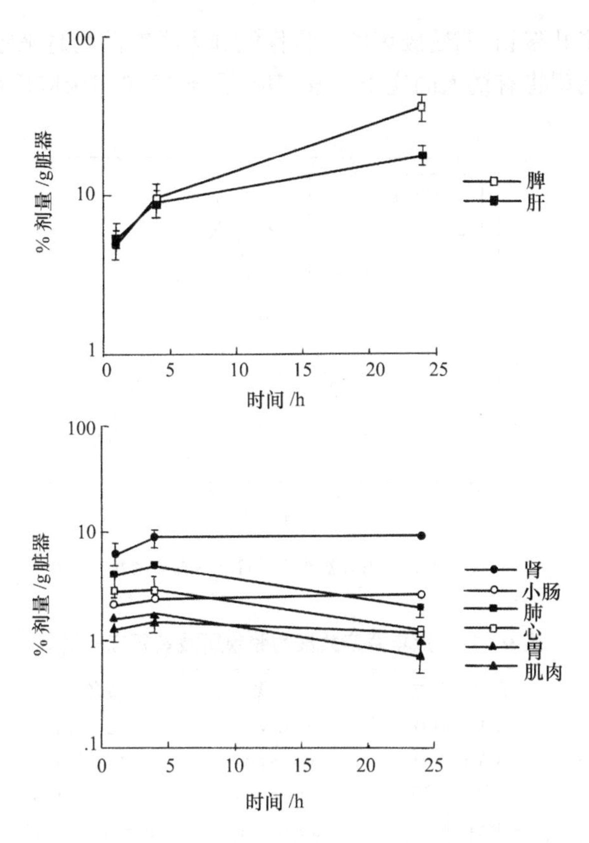

图 9－22 聚天冬酸苄酯－聚乙二醇/阿霉素胶束在体内各器官的分布

新生成胶束。B G YU 将 PBLA-PEO/ Amphotericin B 胶束冷冻干燥，其胶束干粉在几秒钟之内便可重新溶于水溶液形成胶体溶液，而没有胶束化的 PBLA-PEO 与 Amphotericin B 的干粉却不能在水中溶解，说明共聚物/药物胶束在冷冻干燥后仍保持它们特有的结构。利用这种方法，可以获得浓度为 5mg/ml 的高含量 AmB 胶束溶液，是 AmB 原药自身溶解度的 10000 倍。透射电镜可以观察到胶束完整，药物仍然包埋在核内，胶束一样没有溶血性。粒径分布测定表明，重新生成的胶束在粒径大小及其分布与冷冻干燥前的胶束相差不大（图 9－23），没有明显的胶束聚集发生[4]。

综上所述，两亲共聚物/药物胶束是高分子材料科学、胶体化学和药剂学发展和结合的产物。由于共聚物/药物胶束有芯-壳型的结构和纳米级的尺寸，具有控释、低毒、靶向、稳定、可降解等性能，与脂质体和一般毫微球相比有其独特的优越性。作为一种新的释药系统，近年来受到了各国学术界的重视，众多学者加入了该领域的研究，一批研究论文先后发表，主要的研究对象见表 9－12。由于该领域研究历史不长，许多工作尚处于基础性研究阶段，目前尚少见有产品和临床应用的报道。但是以两亲共聚物/药物胶束的优良性能和人类对药物越来越高的要求,它作为一种药物新剂型将有诱人的应用前景,其产品开发和临床应用也是不久将来的事。

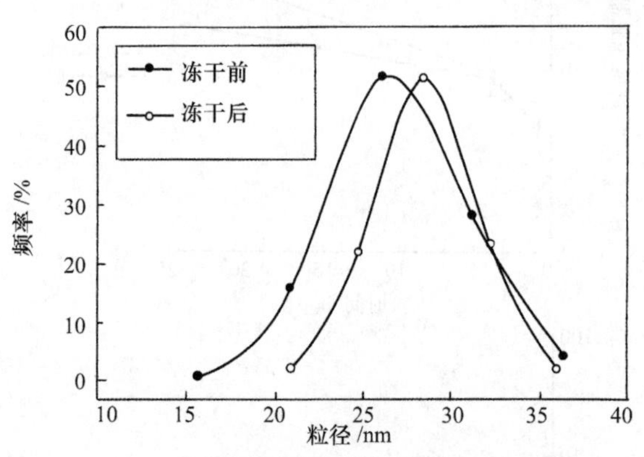

图 9-23 PBLG-PEO 胶束在冷冻干燥前后的粒径分布

表 9-12 近年两亲共聚物胶束所载药研究一览表

作者	两亲共聚物	药物	结合方式	发表年	文献
Glen S Kwon	PAsp-PEO	Adriamycin	化学键合	1993	2
Masayuki Yokoyama	PAsp-PEO	Adriamycin	化学键合	1993	13
Glen S Kwon	PBLA-PEO	Adriamycin	物理包埋	1995	8
Masayuki Yokoyama	PAsp-PEO	Adriamycin	化学键合+物理包埋	1998	8
Young I Jeong	PBLG-PEO	Clonazepam	物理包埋	1998	4
So Yeon Kim	PCL-PEO	Indomethacin	物理包埋	1998	6
B G YU	PBLA-PEO	Amphotericin B	物理包埋	1998	11
Tongjit Kidchob	PAla-PSar	Sumithion	物理包埋	1998	3
Jiahorng Liaw	PBLA-PEO	Pyrene	物理包埋	1998	12
Fukashi Kohori	PLC-PIPAAm	—	—	1998	10
Tadaaki Inoue	PMMA-PAAc	Doxorubicin HCl	物理包埋	1998	7
J E Chung	PMMA-PIPAAm	—	—	1998	14
IL Gyun Shin	PCL-PEO	Indomethacin	物理包埋	1998	16
Kenji Yasugi	PLA-PEO	—	—	1999	5
Kazunori Kataoka	PBLA-PEO	Doxorubn	物理包埋	2000	9
Joo Eun Chung	PBMA-PIPAAm	Adriamycin	物理包埋	2000	15

注：PEO：聚氧乙烯　　PAsp：聚天冬酸
PBLA：聚天冬酸苄酯　　PBLG：聚谷氨酸苄酯
PCL：聚己内酯　　PLA：聚乳酸
PMMA：聚甲基丙烯酸甲酯　　PBMA：聚甲基丙烯酸丁酯
PAAc：聚丙烯酸　　PAla：聚丙胺酸
PSar：聚肌氨酸

第二节　磷脂和脂质体

一、磷脂

磷脂的分子通式如下：

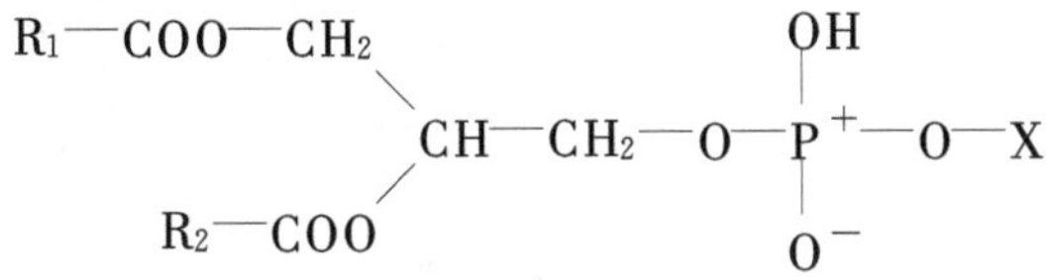

$$
\begin{array}{l}
R_1-COO-CH_2 \\
\qquad\qquad\qquad \backslash \\
\qquad\qquad\qquad CH-CH_2-O-\overset{\displaystyle OH}{\underset{\displaystyle O^-}{P^+}}-O-X \\
\qquad\qquad\qquad / \\
R_2-COO
\end{array}
$$

R_1 和 R_2 为碳氢链，一般含碳原子 12～18 个，是亲脂基团；X 含有氮原子 N 和羟基—OH，是亲水基团。因此，磷脂属两亲分子。

上分子式中，当 X＝H 时，上式为磷脂酸；

当 $X=CH_2-CH_2-N^+(CH_3)_3^-$ 时为即磷脂酰胆碱；

当 X＝（环己基，带 OH、OH、OH、OH、OH 取代基）—OH 时为磷脂酰肌醇。

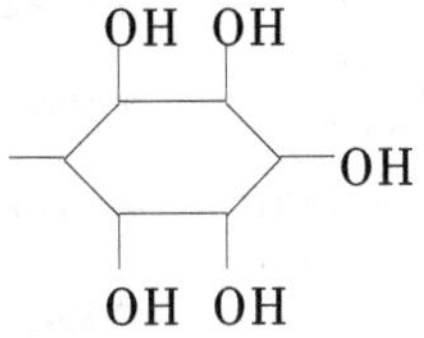

磷脂是脂质体双分子膜的主要构成材料。磷脂分天然磷脂和合成磷脂：天然磷脂主要有蛋黄卵磷脂和大豆卵磷脂；合成磷脂主要有二棕榈酰磷脂酰胆碱、二硬脂磷脂酰胆碱等。

卵磷脂是天然来源的两亲化合物，存在于所有的生物体中，是天然存在的各种磷脂混合物的商品名。卵磷脂是一种甘油三酯，其中两个是脂肪酸基，另一个是含有胺的磷酸基，它们结构不同便构成不同种类的卵磷脂，所以卵磷脂实际上是各种磷脂混合物。最典型的卵磷脂是磷酯酸的胆碱盐，磷酯酸有 α 和 β 两种异构体[21]：

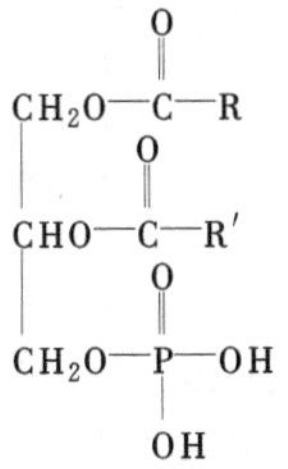

$$
\begin{array}{l}
CH_2O-\overset{\displaystyle O}{\overset{\|}{C}}-R \\
| \\
CHO-\overset{\displaystyle O}{\overset{\|}{C}}-R' \\
| \\
CH_2O-\overset{\displaystyle O}{\overset{\|}{\underset{\displaystyle OH}{\underset{|}{P}}}}-OH
\end{array}
\qquad\qquad
\begin{array}{l}
CH_2O-\overset{\displaystyle O}{\overset{\|}{C}}-R \\
| \\
CHO-\overset{\displaystyle O}{\overset{\|}{\underset{\displaystyle OH}{\underset{|}{P}}}}-OH \\
| \\
CH_2O-\underset{\displaystyle O}{\underset{\|}{C}}-R'
\end{array}
$$

α－磷脂酸 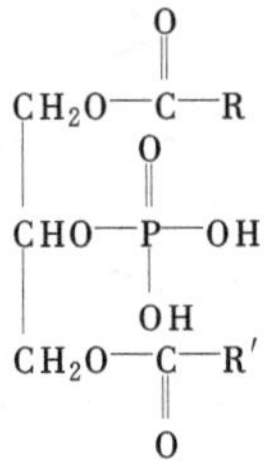　　　　β－磷脂酸

卵磷脂能溶于乙醇、乙醚、氯仿、石油醚等有机溶剂。卵磷脂不溶于水，但能起湿润和分散作用，作为乳化剂在食品、制药、纺织、橡胶、皮革等工业有广泛的用途。

常用磷脂的分子结构见图 9－24[22]。

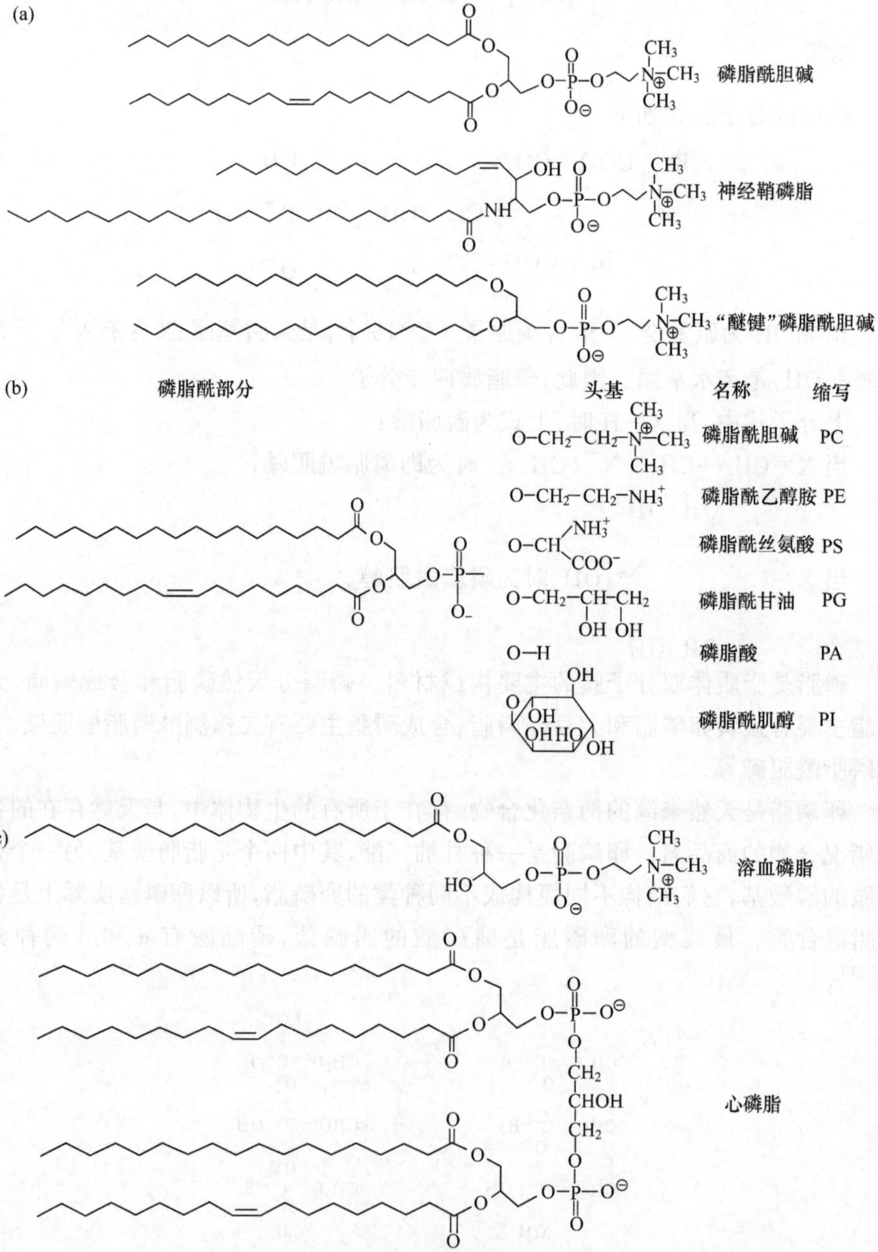

(a)

磷脂酰胆碱

神经鞘磷脂

“醚键”磷脂酰胆碱

(b)

磷脂酰部分

头基	名称	缩写
$O-CH_2-CH_2-\overset{\oplus}{N}(CH_3)_3$	磷脂酰胆碱	PC
$O-CH_2-CH_2-NH_3^+$	磷脂酰乙醇胺	PE
$O-CH(NH_3^+)COO^-$	磷脂酰丝氨酸	PS
$O-CH_2-CH(OH)-CH_2OH$	磷脂酰甘油	PG
$O-H$	磷脂酸	PA
(肌醇)	磷脂酰肌醇	PI

(c)

溶血磷脂

心磷脂

图 9－24　各种磷脂的分子式

(a)含胆碱的磷脂；(b)天然磷脂酰类磷脂；(c)脂肪酸类磷脂

工业上卵磷脂从蛋黄或亚麻籽、大豆、菜籽中提取。从蛋黄提取卵磷脂技术难度大,成本很高,较少采用。大豆来源丰富,粗大豆含 2%～3%的卵磷脂,是生产卵磷脂的主要原料。从大豆提取卵磷脂工艺更简单,成本更便宜,有替代从蛋黄提取卵磷脂的趋势。

大豆浓缩磷脂是从大豆油精炼过程中的油脚提取的,它是制取其他磷脂产品的原料,其生产工艺见图 9-25[23]。

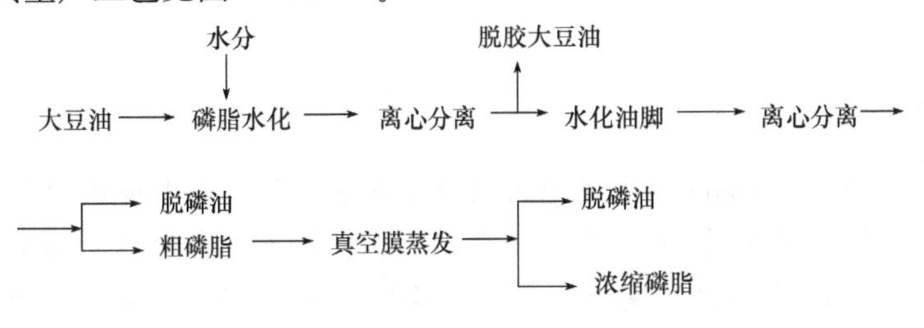

图 9-25　大豆浓缩磷脂的生产流程

高纯度大豆磷脂(如粉状磷脂)是将浓缩磷脂提纯精制的而成,主要去除中性油和脂肪酸等杂质。美、德、日等先进国家在大豆磷脂的生产技术上处世界领先地位,它们多采用疏水溶剂萃取、硅胶或钙盐吸附或丙酮提纯等方法制备高纯度大豆磷脂。图 9-26 为丙酮提纯法的生产工艺[23]。

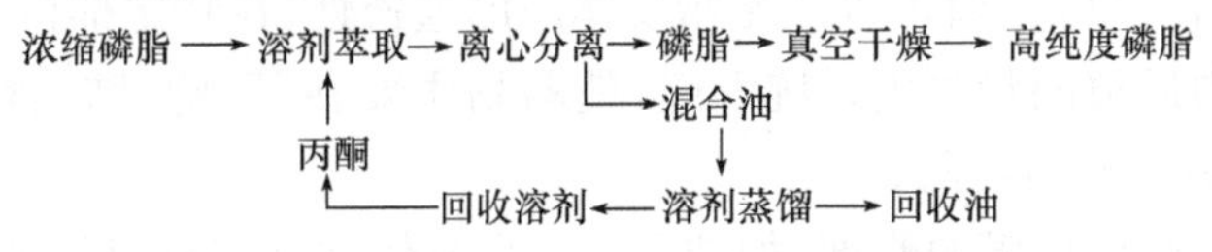

图 9-26　丙酮提纯法生产高纯度大豆磷脂的流程

不同产地的卵磷脂的各种组成含量是不同的,北京卵磷脂含磷脂酰胆较高,在70%以上(见表 9-13)[24]。

表 9-13　国产卵磷脂的主要组成

样　品	溶血磷脂酰胆碱	神经梢磷脂	磷脂酰胆碱	磷脂酰肌醇	磷脂酰丝氨酸	磷脂酰乙醇胺	磷脂酸
北京卵磷脂(1)	4.1	3.8	74.1	—	—	10.2	—
北京卵磷脂(2)	4.1	3.4	78.3	—	—	6.5	—
四川卵磷脂	14.5	10.1	25.0	13.1	3.1	19.7	10.2

脂质体的附加剂常有胆固醇、十八胺、磷脂酸等。前者作用在于调节双分子层的流动性和通透性;后两者作用在于控制脂质体的表面电荷。

胆固醇存在于人体的所有器官,尤以脊髓和神经中含量较多。医用胆固醇通常由牛的脊髓中提取,其分子式如下:

HO

胆固醇微溶于水，易溶于乙醚、氯仿、苯、吡啶，难溶于冷乙醇，但溶能于热的乙醇。

二、脂质体

1965年英国Bangham博士发现两亲分子在水中能自发形成由双分子膜包裹的球状小囊，粒径在几十纳米到几微米之间，他将此结构命名为脂质体（Liposome）。60年代末，人们又发现药物可以包容于双分子膜层内，脂质体作为一种新颖的药物制剂而受到重视。几十年来，特别是近年以来，脂质体制剂研究与应用获得了很大的发展。脂质体制剂主要有以下优点[25]：

① 保护被包裹的药物使之在体内转运过程中不受酶和免疫系统所破坏；

② 控制药物的释放速率，达到长效缓释；

③ 改变脂质体大小和电荷可以控制药物的体内分布和在血中的清除率；

④ 改变温度和pH值可以改变脂质体膜的通透性，在特定部位选择性地释药；

⑤ 在体内后被网状内皮系统吞噬，使药物主要在肝、脾、肺、骨髓等组织器官中累积，实现被动靶向给药；

⑥ 通过对脂质体膜的修饰，如结合单克隆抗体、配体等途径，使药物靶向病变部位，实现主动靶向给药；

⑦ 脂质体本身对人体无毒性和免疫抑制作用。

脂质体有广阔的应用前景，可用作抗肿瘤药物、抗菌素药物、蛋白药物、多肽类药物的新型制剂。

（一）脂质体结构

脂质体由磷脂和附加剂组成的膜材构成，脂质体直径在25～1000nm范围，主要有以下几种结构：

1．多层脂质体：脂质体由多层单分子膜组成，尺寸大小为100～1000nm，结构见图9-27[22]。

2．单层脂质体：组成脂质体只有单层分子膜，结构见图9-28[22]。

（1）小单层脂质体：是具有最小尺寸的脂质体，尺寸100nm以下；

（2）中单层脂质体：尺寸100～1000nm之间；

（3）大单层脂质体：尺寸1000nm以上。

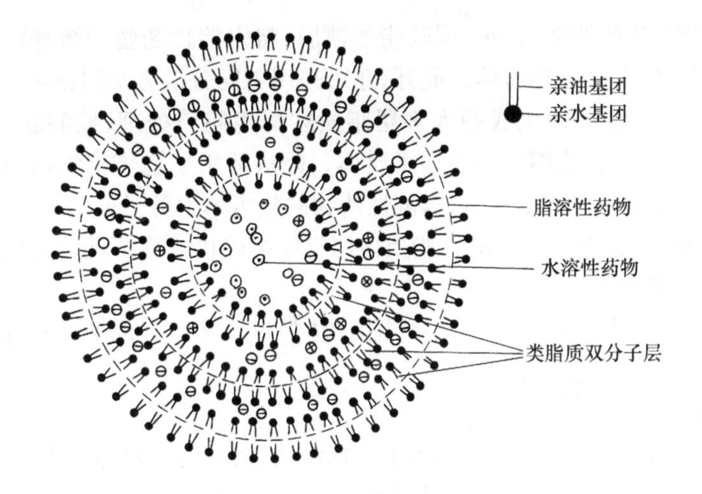

图 9－27　多层脂质体

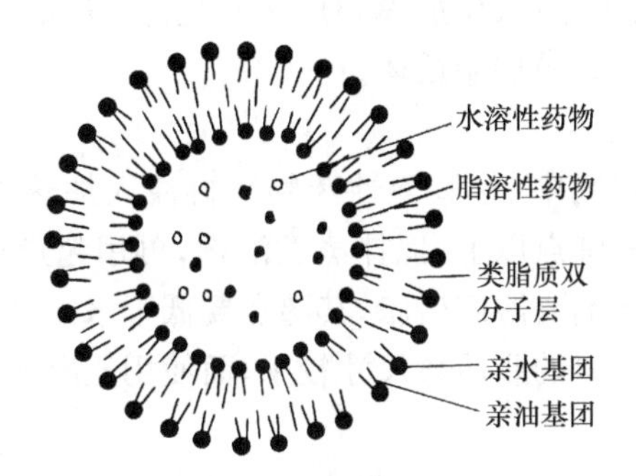

图 9－28　单层脂质体

决定脂质体结构和大小的主要因素是制备方法。使用冷冻干燥法可得多层脂质体；使用超声法、乙醇注入法等可制备小单层脂质体；而乙醚注入法可制备大单层脂质体。此外，大单层脂质体或多层脂质体通过超声法可转变成小单层脂质体；反之，小单层脂质体经练韧或 Ca^{2+} 融合又可转变为大单层脂质体。

（二）脂质体的制备[22,26]

近年来，随着对脂质体研究的不断深入，制备方法亦有很大发展。脂质体的形成实质上是磷脂分子在水介质中的分散过程，由于磷脂分子具有的亲水和亲脂基团，它们在水相中有规则的排列，逐渐生成双分子层球型的结构，水溶性药物可分散双分子层间的水相中，而脂溶性药物可以包容于双分子层内。脂质体常见的制备方法如下：

1．干膜法

在容器内用氯仿等溶剂将磷脂溶解，可同时加入脂溶性药物溶解；旋转容器并减压蒸发溶剂，致使器壁形成一层磷脂的薄膜；将水溶性药物的缓冲溶液加入，振摇可得1～5μ的大多层脂质体。此外，还可采用不同分散方法制得不同的脂质体。

(1) 超声法：将上述生成的大多层脂质体再用超声处理，控制超声分散的周期，可获得0.25～1μ范围的小单层脂质体。此法适用于包裹化学药品、生物活性药物、蛋白类药物等。不足的是，水溶性药物的包裹率太低。

(2) 匀化法：将上述生成的大脂质体用组织捣碎机或高压乳匀机匀化处理，生成较小径的脂质体。

(3) 挤压法：将上述生成的大多层脂质体挤过0.1～1μ的聚醋酸纤维膜，可得粒径更小，大小均一的单层脂质体。

2. 复乳法

首先将磷脂溶于氯仿中，药物溶于蔗糖溶液，大量的有机相与少量的水相振摇生成W/O子液；又将与上述等量的磷脂溶于乙醚，与蔗糖溶液振摇生成O/W母液；再将子液加入母液中振摇，生成W/O/W复乳；蒸发除去氯仿，加入等量5%的葡萄糖，离心，最后得到大单层脂质体。

3. 注入法

将磷脂溶于有机溶剂中(含脂溶性药物)，再注入加热的水相中(含水溶性药物)，水温在有机溶剂的沸点以上；搅拌蒸发溶剂，再用超声或匀化处理，最后可得脂质体。所用的有机溶剂要溶解磷脂，其沸点要低于水的沸点，乙醇和乙醚都是常用的溶剂。使用乙醇所得的脂质体尺寸较小，而使用乙醚所得的脂质体尺寸较大。

4. 逆相蒸发法

将磷脂溶于乙醚等有机溶剂中，加入含药物的水溶液，超声形成稳定的W/O乳液；减压除溶剂，形成胶态；再滴加适量缓冲溶液，旋转以脱去器壁上之凝胶，最后减压蒸发，得水混悬液；可用色谱柱、超速离心、渗析等除去微量溶剂和游离药物，得到大单层的脂质体。

5. 冷冻干燥法

将磷脂分散于水或有机溶剂中，冷冻干燥；冻干后的磷脂呈疏松状，再分散到含药的水相中，形成多层脂质体。所选的有机溶剂的冰点应高于冻干冷凝器的温度，对大多数冻干保护剂来说应是惰性，常用叔丁醇作有机溶剂。

6. 二次乳化法

将较大量的磷脂有机溶液与少量的缓冲溶液先制成W/O反相乳液，然后再加入更大量的缓冲溶液形成W/O/W复乳。该复乳的有机相乳滴内又含多个内小水相液滴，液滴介面由磷脂分子分隔，其疏水端伸向有机相，亲水端伸向水相。最后减压除去有机溶液后可得中等尺寸的脂质体。

7. 表面活性剂处理法

脂质薄膜、多层脂质体或单层脂质体与胆酸盐、脱氧胆酸盐等表面活性剂混合，通过离心、凝胶过滤或透析等手段除去表面活性剂，最后可得中等尺寸的单层脂质体。本法适合制备蛋白类药物脂质体，包封率可达100%。

（三）脂质体药物的靶向性[27]

1．被动靶向性[27]

被动靶向是指药物有在体内某些组织自然聚集的趋势，令其向这些组织定向输送。

（1）网状内皮系统靶向

脂质体以磷脂双分子囊泡为载体，能包封水溶性和脂溶性药物，经静脉注射进入血循环，容易被网状内皮系统（RES）吞噬，能使药物具有对器官和组织的网状内皮系统的趋向性，主要在肝、脾、肺、骨髓等组织器官中累积，实现被动靶向给药。例如，阿霉素脂质体在小鼠静脉注射后，在肝脾中阿霉素浓度为同样条件游离药物对照组的10倍，并能维持长时间较高组织浓度而很少进入骨髓、心肌和神经系统，这对肝脾恶性肿瘤的治疗具有重大意义。

（2）肿瘤靶向

实质性肿瘤、炎症组织、高血压血管损伤等部位的毛细血管的通透性要比正常血管高，脂质体比游离药物更容易聚集在这些部位，发挥更好的抗瘤作用。动物试验表明，应用阿霉素（DOX）脂质体治疗大鼠脑瘤，脂质体能促进DOX进入肿瘤，通过内吞作用进入细胞内，而水溶性的DOX难以通过细胞膜。为了延长药物在血液循环中有效浓度，在脂质体膜上接枝聚乙二醇（PEG），由于亲水性PEG长链的屏障，大大减少脂质体被RES摄取，可以获得比普通脂质体更高的抗瘤药效。

（3）缺血心肌靶向

脂质体静脉注射脂质体后，脂质体会逆血流分布而慢慢聚集于心肌组织，这为心肌缺血的治疗提供了可行性。研究证明，缺血心肌组织对脂质体，尤其带正电的脂质体的摄取显著增加，摄取量大小次序为：

缺血再灌注区＞梗塞边缘区＞非缺血区＞梗塞区

将脂质体包裹的超氧化物歧化酶（SOD）用于治疗缺血/再灌注损伤，说明SOD脂质体疗效优于游离SOD。若采用PEG接枝脂质体，SOD在梗塞区的积聚会明显增加。

2．主动靶向性[27]

脂质体通过表面装配特异性归巢装置（homing devices）将药物靶向到特异性组织；或通过改变磷脂组成，在体内某些物理条件下释放药物。

（1）抗体介导的靶向

将单克隆抗体偶联到脂质体表面，构成免疫脂质体，利用抗体-抗原结合的原理将脂质体药物靶向到特异性的组织和器官。Suzuki报道，应用抗转铁蛋白受体（TRF）单抗与脂质体偶联，并包裹药物阿霉素（DOX）。试验证明，该脂质体能将

DOX 靶向到富含 TRF 的白血病细胞(K562)内,大大提高 DOX 对 K562/ADM 亚株的细胞毒性。Huwyler 报道,鼠 TRF 单抗脂质体能选择性地进入脑组织,与脑微血管内皮细胞表面的 TRF 发生特异性结合,将其携带的药物柔红霉素(DNR)传递到大鼠脑组织中,明显提高 DNR 的抗瘤作用。Yanagie 报道,癌胚抗原(CEA)存在于某些癌细胞表面,将 CEA 单抗与脂质体偶联所得的免疫脂质体,可与表面带有 CEA 抗原的人胰腺癌细胞选择性地结合,利用此原理让负载药物的这种免疫脂质体直接进行瘤内注射,其抑瘤效率比普通脂质体大大提高。

(2) 受体介导靶向

借助受体和配基的特异性结合,可将配基标记的脂质体引导到含有该配受体的器官、组织或细胞,受体和配基的结合还可促进脂质体内化进入细胞内。Kukuchi 等用表皮生长因子(EGF)标记脂质体质粒 pGV-C 转染表达 EGF 受体的细胞,其转染效率明显高于非 EGF 标记的脂质体,而且加入 EGF 抗体可抑制 EGF 标记脂质体的转染效率,说明 EGF 脂质体是通过 EGF 受体介导的方式内吞的。张灵芝等发现,使用甘露糖脂质体包裹降钙素基因相关肽(CGRP)比单纯注射 CGRP 在脑脊液和脑组织中积聚明显增加。

(3) pH 敏感脂质体的靶向[28]

二油酰磷脂酰乙醇胺(DOPE)是制备 pH 敏感脂质体的常用磷脂。DOPE 在水中能自发聚集成非双层的 HⅡ圆柱相,DOPE 与其他脂质混合能形成稳定的双层脂质体。pH 值为中性,氨基头端离子的静电排斥使脂质体保持稳定。当脂质体与溶酶体膜融合时,pH 降低,氨基头端离子的静电排斥作用减少,会形成六角相,脂质体膜破裂,药物释放进入细胞浆。此外,肿瘤或炎症部位的 pH 值也比正常组织低,pH 敏感脂质体可将药物靶向释放到这些部位。

(4) 温度敏感脂质体的靶向[29]

制备脂质体的某些磷脂具有特定的相变温度。在非相变温度时,脂质体保持稳定;当达到该相变温度后,磷脂酰基链紊乱度和活动性增加,膜的流动性增加,包封药物的释放速率增大,达到靶向释药的目的。

(5) 磁性脂质体的靶向

在脂质体双分子膜中插入磁性物质制成,在体外磁场的引导下,磁性脂质体会导向靶区,并释放药物。

(6) 光敏脂质体的靶向

应用β-胡萝卜素、全反视黄醇等光敏物质插入脂质体,制成光敏脂质体,在光的照射下光敏脂质体发生结构变化,使药物在靶区释放。

(四) 脂质体的相变温度和荷电性

相变温度:脂质体由磷脂双分子膜组成,该膜的物理性质与温度有很大关系。

当温度较低时，膜中磷脂分子的酰基侧链呈有序排列；当温度升高时，酰基侧链变为无序排列，膜由“胶晶相”转成“液晶相”，厚度减少，流动性增加，此时药物的释放速度大大增加，该温度即相变温度。脂质体的相变温度取决于磷脂的结构，酰基侧链越长的脂质体的相变温度越高。胆固醇为膜流动性的调节剂，低于相变温度时可增加膜的流动性，高于相变温度可降低膜的流动性。两种不同磷脂组成脂质体，若它们有各自的相变温度，其脂质体膜可以存在胶晶相和液晶相，即相分离。膜的相分离使膜产生区块结构，增加药物的透过性。

荷电性：由酸性磷脂如磷脂酸、磷脂酰丝氨酸等制备的脂质体荷负电性；反之，由碱性或含氨基的磷脂制备的脂质体荷正电性；不含离子的磷脂制备的脂质体显电中性。脂质体的药物包封率、稳定性、靶向性等都与其荷电性有关。

（五）脂质体的稳定性

脂质体制剂具有提高疗效和降低毒性等优点，但双分子膜不稳定性，在制备储存和体内转运过程中，药物容易发生渗漏，这使应用受到限制。对稳定性的影响[30]有下面几个方面：

1．化学稳定性

（1）水解

天然磷脂含不饱和脂肪酸链，易氧化水解成过氧化物、丙二醇、脂肪酸、溶血卵磷脂等。后者还能进一步水解为甘油磷酸复合物和脂肪酸，其结果使膜的流动性降低，促进药物渗漏，滞留性变差，发生聚集沉淀，毒性增加。与水解有关的因素如下：

pH 值的影响：卵磷脂，磷脂酰甘油酯等的水解都受 pH 值影响，当 pH＝ 6.5 时最稳定。磷脂酰甘油酯的水解速度快，其水解产物使介质的 pH 值下降，又进一步加速脂质体的水解。为此，脂质体应加入缓冲溶液，以保持较稳定的 pH 值。

温度的影响：温度升高，磷脂水解加快；低温时，磷脂膜呈胶态，故脂质体应在低温保存。

缓冲溶液种类：三价枸橼酸根离子对卵磷脂水解的催化作用最强，而醋酸则起负的催化作用。水解速度常数随缓冲溶液浓度升高而增大。

表面电荷：在脂质体中加入带电荷的磷脂共同形成双分子层，可减轻凝聚和融合，改善稳定性。

类脂种类：饱和大豆卵磷脂比天然卵磷脂的水解速度小。饱和大豆卵磷脂制成的脂质体的储存期比天然卵磷脂更长，尤其在低温下保存更是如此。

（2）氧化

由于磷脂分子含有不饱和的酰基键，容易发生氧化反应。金属离子、光线、辐射、某些有机分子、碱性等能加速氧化。加入维生素 E，能与氧化自由基作用将其淬灭，起一种抗氧化剂作用而抑制氧化。加入胆固醇使膜固化，可使自由基生成减少，降低氧化速度。姜黄素是光敏剂，也是自由基清除剂和金属离子络合剂，有多重抑制氧化作用。胶原蛋白、白蛋白、γ 球蛋白可与脂肪酸和过氧化氢自由基作用，使脂质体的稳定性增强。

张振涛等使用氧化指数研究了不同结构的脂质体稳定性[31]。氧化指数用紫外分光光度计测定，氧化指数 $= A_{233}/A_{215}$，A_{233} 和 A_{215} 分别为脂质体在 233nm 和 215nm 处的吸光度。氧化指数越大，脂质体的过氧化稳定性就越差，测定结果见表 9－14。

表 9－14　不同结构的脂质体的氧化指数

时间/h	氧化指数			
	多层脂质体	小单层脂质体	大单层脂质体	冷冻＋粉脂质体
0	0.26±0.01	0.33±0.07	0.28±0.05	0.38±0.03
1	0.35±0.04	0.35±0.05	0.41±0.06	0.40±0.05
2	0.60±0.03	0.45±0.11	0.45±0.14	0.41±0.10
3	1.12±0.04	0.69±0.03	0.59±0.17	0.46±0.09

由此可见，过氧化稳定性的顺序为：

冷冻＋粉脂质体＞大单层脂质体＞小单层脂质体＞多层脂质体

2. 物理稳定性

(1) 脂质体粒径

大脂质体缺乏血管通透性，易被网状内皮系统吞噬，体内半衰期短；反之，小的单室脂质体能回避网状内皮系统的俘获，延长在血循环的半衰期，增加靶区的聚集。体内的高密度脂蛋白(HDL)对小脂质体的稳定性有影响，而对大脂质体的稳定性的影响不大。脂质体在储存期间粒径发生变化，在膜中加入磷脂酰甘油、磷脂酸、硬脂胺等可减少粒径变化。

(2) 脂质体膜相分离

温度变化和血浆蛋白的作用可使双分子膜发生相分离，脂质体稳定性受到破坏，因此要合理选择脂质体膜的配方组成。

(3) 包裹药物的外漏

包裹药物从脂质体内部向双分子膜外渗漏会造成包封率下降，影响其使用效果，是脂质体有待改善的问题之一。影响包裹药物的外漏主要有以下方面：

双分子层成分对外漏的影响：磷脂双分子膜可发生相变和相分离，在相变温度之下，双分子膜处晶态，在相变温度之上，双分子膜处液态和液晶态，而双分子膜处相转变点时，晶态、液晶态和液态共存，相分离出现，膜的通透性增加，发生包裹药物外漏。单一种磷脂双分子膜稳定性差，而由多种不同相变温度的磷脂组成的双分子膜的稳定性增加。胆固醇加入有双向调节作用，在相变温度之上，它能抑制磷脂脂肪酰链的旋转异构化，降低膜的流动性；在相变温度之下，胆固醇的羟基还可与磷脂羰基形成氢键，引起膜的压缩，降低流动性，也降低膜流动性。

药物性质对外漏的影响：脂溶性好或水溶性好的药物组成的脂质体稳定性较好，不容易外漏；而脂溶性或水溶性都不好的药物，难于包裹，其脂质体稳定性较差，极容易发生外漏。

外界温度对外漏的影响：温度升高会加速脂质体所包裹药物的外漏。

（六）脂质体的性能测定

1．粒径及分布测定[32]

(1) 动态激光散射粒度仪测定：定期测定脂质体的粒径及分布，可以研究脂质体的稳定性。

(2) 电镜观察

① 负染法：取脂质体液 1 滴滴在有支持网的铜网上，以 1%磷钨酸染色，在透射电镜上观察脂质体粒子形态。

② 冰冻蚀刻法：取脂质体少量，先冷冻至－150℃，再转冷冻台上用冷刀断裂，再在－100℃的真空柱上刻蚀，以碳-铂复型，置铜网上制样，在扫描电镜上观察。

2．药物包封率的测定[26,32]

用超速离心法将脂质体分成上清液和沉淀两部分，分别测量这两部分的紫外吸光度 $A_{离心}$ 和 $A_{沉淀}$，计算包封率：

$$包封率(\%) = \frac{A_{离心}}{A_{离心} + A_{沉淀}}$$

3．脂质体膜的相变温度

使用差示扫描量热法(DSC)，电子自旋共振光谱(ESR)测定。

4．脂质体的荷电性

显微电泳法：测量粒子在外电场 E 下的移动速度 V，向正极移动的脂质体带负电；反之，向负极移动的脂质体带正电，计算淌度 u 和 ζ 电位：

$$u = V/E$$

$$\zeta = u(6\pi\eta/\varepsilon)$$

上式中，η 为脂质体黏度；ε 为介电常数。

（七）脂质体的改性研究

1．聚乙二醇改性的阿霉素脂质体(PLD)[33,34]

阿霉素抗瘤谱广，可用于卵巢癌、乳癌等的治疗，但毒性大。阿霉素脂质体虽能改变药物的体内分布，但由于不够稳定，药物外漏，影响了药效。用聚乙二醇改性的阿霉素脂质体可以克服上述缺陷，性能明显优于阿霉素原药和一般的阿霉素脂质体。

聚乙二醇改性脂质体的双分子膜由氢化大豆磷脂酰胆碱、胆固醇和聚乙二醇磷脂酰乙醇胺等组成。由于脂质体膜连接有聚乙二醇分子,大量的亲水性聚乙二醇在脂质体周围起到空间屏障作用,降低了血浆蛋白的调理作用和脂质体之间表面的相互作用,减少了血液循环系统中单核巨噬细胞对脂质体的清除,使脂质体具有长循环特性,又称长循环脂质体(long-circulating liposomes)。

由于固体癌增长部位、感染部位、炎症等部位病变引起毛细血管通透性增加;相反,正常组织完整的毛细血管不能让大部分药物渗透,所以长循环使脂质体更有效地到达病变部位,增加了药物在这些部位的积聚,收到了提高治疗指数和降低毒性的效果。

在接种有前列腺癌和胰腺癌的裸鼠体内分别注射 PLD 和原药阿霉素,计算肿瘤内 AUC,结果 PLD 的 AUC 是原药 AUC 的 6 倍。脑内接种纤维组织细胞瘤的大鼠注射 PLD 后 48h,其瘤内药物浓度比原药高 14 倍,120h 后仍高 9 倍。在 18 例 Kaposis 肉瘤患者注射相同剂量的 PLD 或原药后 72h,用 PLD 的患者肿瘤内药物浓度比原药高 5~11 倍。聚乙二醇改性的阿霉素脂质体的抗肿瘤活性比阿霉素原药和一般的阿霉素脂质体都强。脑部接种恶性肿瘤的大鼠在接种第 6 天和第 11 天分别静注 PLD,结果平均存活时间分别比不给药的对照组延长 65%和 68%。

PLD 在临床上用来在抗肿瘤治疗:

① 卵巢癌:35 例耐顺铂和耐紫杉醇的卵巢癌患者,用 PLD 治疗后 1 例完全缓解,8 例部分缓解,平均缓解时间 5.7 月,药物能为患者接受,无一因毒性而终止治疗。

② 乳腺癌:晚期乳腺癌复发率高,广泛采用大剂量、长疗程化疗。化疗有并发症而且疗效持续时间越来越短。临床试验表明,PLD 对晚期乳腺癌的抗瘤活性强。英国的一项临床试验报道,71 例乳腺癌患者 4 例获完全缓解,16 例部分缓解。

③ Kaposis 肉瘤:Kaposis 肉瘤内血管的通透性高,PDL 在肉瘤内高度累积。一项对比性研究报道,241 例人免疫缺陷病毒(HIV)相关的 Kaposis 肉瘤患者 121 例用 PLD 治疗,120 例用博来霉素与长春新碱联合治疗,结果前者的缓解率为 58%,后者仅为 23.3%;能坚持用药 6 个疗程的病人,前者有 55.4%,后者只有 30.4%。

不良反应:心脏毒性、胃肠道反应、脱发都比阿霉素原药和一般的阿霉素脂质体有显著的减轻,骨髓抑制不严重。而黏膜炎、手足综合症为 PLD 的主要限制性毒性。

2. 热敏性脂质体[29]

脂质体膜具有特定的相变温度。在该相变温度之上,磷脂酰基链紊乱度和活动性增加,膜的流动性增加,释药速度增大;在相变温度之下,释药速度变小。利用这一原理,选用不同磷脂构成脂质体膜,使它的相变温度在体温之上,静注热敏性脂质体之后，脂质体随血液循环流经肿瘤靶区，在肿瘤部位使用微波局部加热到42℃，使脂质体在肿瘤部位释药加快，药物浓度大于正常组织，达到提高治疗指数和降低毒副作用的效果。Chelvi等使用卵磷脂酰胆碱、胆固醇、乙醇等制备了一种温度敏感脂质体，相变温度42.7℃，包裹药物氮芥，在肿瘤处局部加热，将加速这种温度敏感脂质体在肿瘤区释放氮芥，达到缩小肿瘤体积，增加存活时间的效果。

由于制备热敏性脂质体需要相变温度在42℃左右的磷脂，困难在于天然来源较少，近年发展的聚合物型的热敏性脂质体就是解决上述问题的新途径。非离子大分子表面活性剂在低温下与水分子形成氢键，具强亲水性，当温度升高时，氢键被破坏，分子运动剧烈，亲水性降低，聚合物转变成疏水性，这一转变温度称为最低临界溶解温度(low critic solution temperature，LCST)，又称浊点。目前较多研究的聚合物是聚 *N*-异丙基丙烯酰胺(PIPPAm)，将它通过脂质锚镶嵌到脂质体膜上，在浊点之下，PIPPAm在脂质体表面形成亲水性薄膜，对脂质体起稳定作用，而在浊点之上，PIPPAm形成的亲水性膜受破坏，保护作用消失，脂质体解体，药物释放。该研究尚欠完善，因为PIPPAm的浊点约35℃，低于体温和热疗温度，仍须进一步改进。

3．pH-敏感脂质体[28]

pH-敏感脂质体是基于肿瘤间质液的pH比正常组织低，此外细胞内吞空泡的pH范围在5.5～6.5的原理而设计的。

对pH敏感类脂 *N*-十六酰L-高半胱氨酸(PHC)和游离的高半胱氨酸因pH不同，存在链式和环式两种平衡构型。在低pH时，PHC呈闭合的中性类脂，破坏了双分子膜的稳定性，药物从脂质体内释出的速度加快。

使用二棕榈酸磷脂、十七烷磷脂等可制备pH-敏感脂质体。这种pH-敏感脂质体在低pH值时会导致脂肪酸的羧基质子化，形成六角晶相，这是膜融合的主要机制。在进入溶酶体之前，核内体形成后几分钟内，脂质体处于酸性条件下，pH从7.4减至5.3～6.3，pH-敏感脂质体膜发生结构变化，促使脂质体膜与核内体、溶酶体膜的融合，将包封的药物导入胞浆，避免了网状内皮系统的清除。pH-敏感脂质体可在一定程度上避免溶酶体的降解，增加包封药物的摄取量和稳定性，有效地将药物转运到胞浆，实现主动靶向病变组织。

两亲极性物质二半琥珀酰氧己基-黏康酸(DHM)脂质体因含质子化成分，在不同pH的磷酸盐缓冲溶液中显示出pH敏感的特性，在pH中性时脂质体是稳定的，但在pH酸性时却很不稳定，因为DHM作为脂质体的酸性成分，DHM中黏性基团为硬性部分，能防止两亲物质在脂质体膜中变成U型，也防止酸性成分受外界血清的影响，所以该种pH-敏感脂质体在37℃血浆中保持稳定。

4．免疫脂质体

将对某种癌细胞有特异选择作用的单克隆抗体结合到脂质体的双分子膜上，

在单克隆抗体结合之前，一般要把抗体分子中的双硫键转化为硫醇基，使其获得反应性，与脂质体结合，得到免疫脂质体。免疫脂质体在体内通过胞吞途径进入淋巴细胞和成纤维细胞，并在细胞内释放，使该脂质体能将所包容的药物定向输送到癌细胞。用兔抗大鼠心肌细胞抗体修饰的免疫脂质体静注到大鼠体内，其在心肌和主动脉的分布比普通非免疫脂质体增加361%和83%。将 C_3H/He 小鼠乳癌的单抗修饰的放线菌素D免疫脂质体进行动物实验，有效治疗剂量仅为单独应用放线菌素D的十分之一。

免疫脂质体也有一定的局限，它易被溶酶破坏，致使药物降解；此外，免疫脂质体会产生免疫原性，所产生的抗体反应降低体循环的半衰期和对靶细胞的连接能力。

5. 磁性脂质体

将磁性物质 Fe_3O_4、右旋糖苷铁等包裹于脂质体中制成磁性脂质体，在体外高频电磁场的作用下，磁性脂质体能在磁场作用部位定向释药。Kiwada等在鼠脚掌上的Yoshda肿瘤处外加电磁场，包容 ^3H-菊粉的磁性脂质体聚集于肿瘤处的累积量显著增多，磁场强度越大，累积量也越多。

6. 融合脂质体

为了越过细胞屏障，直接将药物引入细胞质，脂质体必须与细胞膜融合。在制备脂质体时加入融合剂如聚乙二醇、甘油、聚乙烯醇、重组病毒细胞膜等，制得融合脂质体。例如，将Sendai病毒融合蛋白F包合到脂质双分子层中，该脂质体能与细胞膜合并，使一些细胞渗透性差的分子也能有效地转运至细胞中，而该病毒对人体并无病原性。

7. 阳离子脂质体

阳离子脂质体对DNA、RNA、核糖体、蛋白质、多肽和带负电荷的分子有高的转运能力，可以做这些药物的载体。制备DNA阳离子脂质体时，把阳离子脂质体与DNA混合，在静电、氢键、疏水性作用和各种其他力的作用下，DNA的螺旋结构发生缩合，空间体积缩小，使DNA分子能进入生理作用部位。目前已有许多用于基因转染的阳离子脂质体试剂盒问世，例如DC-Chol /DOPE脂质体是第一个被批准的人用的阳离子脂质体，对表皮癌A431细胞、肺上皮癌A549细胞等的转染活性较大，而对成纤维细胞和内皮细胞的转染活性较低。

(八) 脂质体的给药途径

1. 静脉注射

这是脂质体的主要给药方式。脂质体静注后，血浆中的调理素和高密度脂蛋白被吸附到脂质体表面，导致脂质体不同程度的破坏，大部分脂质体被网状内皮系统(RES)所摄取，最后到达溶酶体，脂质体被溶酶体破坏，药物作用于释放部位，也可通过扩散作用到周围的器官和细胞。由于脂质体对网状内皮系统巨噬细胞的靶向性，脂质体可用来治疗网状内皮系统的疾病。

影响网状内皮系统摄取脂质体的因素有脂质体的大小、表面电荷、双层膜的流动性等因素。很大的脂质体（5～8μm）常多集中于肺部，较大的脂质体大部分到达肝和脾的巨噬细胞，小于 100nm 的脂质体能通过所谓的吞噬窗到达肝实质细胞，具有长半衰期的小脂质体也可被骨髓巨噬细胞摄取。

2．皮下和肌肉注射

有小部分被网状内皮系统摄取，大部分停留在注射部位，被渗入的巨噬细胞和其他因子摄取或逸出注射部位而被淋巴结截留。

3．皮肤局部给药[35]

由于脂质体的湿润和助透作用，具有增效、缩短疗程和降低毒性等优点。药物具有较大的角质层透过量，提高对疱疹、皮炎、粉刺、脱发等的治疗效果，降低药物的毒副作用。

4．经皮给药[36]

脂质体能增加局部药物浓度，可促进药物透过皮肤，又可起储库和限速作用，实现药物的控速释放，提高生物利用度，降低毒副作用。多种动物模型试验表明，其促进药物透过皮肤作用与脂质体的组成、粒径、相态有关，失水能保持一定的渗透压，有利于经皮吸收。

（九）脂质体的临床应用

脂质体自发现以来，一直是药学工作者关注的热点。作为药物载体的脂质体的研究和开发已获得重大进展，主要有以下用途：

1．抗肿瘤药剂

肿瘤是人类死亡率甚高的疾病，除手术治疗外，目前化疗仍然是主要的治疗手段。抗肿瘤药物在杀伤癌肿细胞的同时也伤害到正常组织和细胞，肿瘤患者往往难以忍受化疗的毒副作用，使肿瘤疗程不得不被中止。抗肿瘤药物的脂质体能提高治疗效率，又能降低毒副作用，为肿瘤的化疗提供新的剂型。国外已有两种抗肿瘤药物脂质体产品进入市场。

（1）阿霉素脂质体[37～39]

阿霉素脂质体 Doxil^{R}（美国 Sequus 公司）1995 年获美国 FDA 批准，随后又获欧洲批准进入临床使用，用于治疗人体免疫缺乏病毒（HIV）引起的难以医治的卡巴氏瘤（KS）。在该制剂中，含有亲水性聚合物聚乙二醇（PEG）的二硬脂酸磷脂酰乙醇胺复合物（DSPE），目的在于阻止脂质体表面吸附血浆蛋白，减轻调理化作用，减少血液循环系统中单核巨噬细胞对脂质体的清除，延长脂质体在血液循环的时间。由于固体癌增长部位、感染部位、炎症等部位病变引起毛细血管通透性增加；

相反，正常组织完整的毛细血管不能让大部分药物渗透，所以长循环使脂质体更有效地到达病变部位，增加药物在这些部位的积聚，收到提高治疗指数，降低毒性的效果。据报道，使用 Doxil^R 输送到 KS 部位的阿霉素高于正常皮肤阿霉素的 5～11 倍，总体有效率高于 80%。也有报道，Doxil^R 减少了心脏等敏感部位对阿霉素摄取，因而降低了心毒性，一些病例证实内脏损伤大大减少，皮肤损伤经 2～3 周治疗后得以恢复。

(2) 柔红霉素脂质体[38,39]

柔红霉素脂质体 DaunoXome^R(美国 Ne Xstar 公司)1996 年取得美国 FDA 批准，随后又获欧洲批准进入临床，其作用机制同 Doxil^R，对 AIDS 相关的 KS 的抗癌效果的总体反应率为 55%。由于降低了血浆蛋白的调理化作用，加上小的粒径，其从血液循环中清除速度得以减慢，提高了治疗效率。与 Doxil^R 相同，Dauno Xome^{R}也明显降低柔红霉素的毒副作用，没有心脏毒性。

国外正在研究的其他脂质体药物有紫衫醇、长春新碱(Vestar 公司)，顺铂(Sequus公司)，类胡萝卜素(史克•比切姆公司)等。

国内对抗肿瘤药物脂质体的研究也较多。上海医药工业研究院研制的依托泊甙脂质体，第四军医大学研制的油酸丝裂霉素脂质体，大连医药科学研究所研制的人参皂甙脂质体、卡氮芥脂质体和 β-榄香烯脂质体，辽宁肿瘤研究所研制的多柔比星脂质体，中国医学科学院研制的人红细胞膜脂三尖杉酯碱脂质体，吉林大学研究的白介素-2 脂质体等。

2. 抗细菌及真菌感染药剂[25,38]

抗真菌感染研究的效果最好，如两性霉素 B 脂质体，国外已开发的商品已有 4 种：

(1) AmBisome^R(美国 Ne Xstar 公司)：1990 年在爱尔兰获批准，是第一个进入市场的脂质体制剂，随后在欧洲上市。AmBisome^R 由两性霉素 B、氢化大豆磷脂酰胆碱、二硬脂酸磷脂酰甘油、胆固醇等组成，为小单层脂质体。临床上用于治疗全身性真菌感染、念珠菌病、曲霉菌病，静注 5mg/kg 该药剂后，未见有低钾血症，疗效也显著提高。

(2) Amphotec^R(美国 Sequus 公司)：1996 年在美国上市，由两性霉素 B、胆甾醇硫酸酯组成圆板状胶体分散体，用于治疗侵入性曲霉菌病。

(3) Abelcet(美国 Lipsome 公司)：1995 年在欧洲上市，由两性霉素 B、二肉豆蔻酸磷脂酰胆碱、二肉豆蔻酸磷脂酰甘油组成，是带状两层膜结构的复合物。用于治疗各种真菌引起的感染，是治疗并发隐球菌脑膜炎和全身性隐球菌病的艾滋病人的首选药。

(4) Amphocil(Lipsome/Zeneca 公司)，1993 年在英国获批准，1994 年上市，可静脉注射，用于治疗全身性真菌感染。

以上制剂在体内使用时主要聚集于网状内皮系统，大大减少肾脏的摄取，有效降低了游离两性霉素 B 的急性肾毒性，因此患者能接受较高的药剂用量，增加治疗指数。Boswell 认为，两性霉素 B 可以在不同细胞间或同一细胞内渗透，两性霉素 B 脂质体在和真菌细胞壁接触后，两性霉素 B 即与真菌细胞膜的麦角甾醇相结合，导致细胞离解[40]。

除此之外，还有 Lipsome 公司研制的庆大霉素脂质体，Vestar 公司研制的阿米卡星研制的 Mikasome，德克萨斯医学中心肿瘤研究所研制的哈霉素脂质体，Argus 公司研制的制霉菌素研制的 Nystatin 等。

3．抗病毒感染[25]

Lipsome 公司用 PEG 衍生脂类制备的阿糖胞苷脂质体，降低了毒性，无免疫性，可增加药物在肝和脾的浓度，提高治疗效果。国内南京药物研究所也有阿糖胞苷脂质体的研究，还有北京三零二医院的无环乌苷脂质体的研究。

4．抗寄生虫感染

对网状内皮系统内的寄生虫病，脂质体可经内吞或融合与细胞结合将药物导入细胞。例如，使用锑剂脂质体，治疗指数可提高 35～40 倍。又如上海医药工业研究院发现，青蒿酯脂质体对鼠疟原虫的抑制率明显高于青蒿酯原药。

5．免疫应用

某些病毒疫苗用脂质体包封后可提高免疫效率和降低细胞毒性，开展的研究有 Manesis 的乙肝脂质体疫苗，Vestar 和 AmplMed 公司的环胞素脂质体等。

6．基因治疗[41,42]

基因治疗是将基因导入人体细胞，整合到染色体中，修补缺失基因、突变基因和异常基因，对基因缺损疾病如恶性肿瘤、艾滋病等的治疗方法。将基因导入细胞，脂质体是较有效的方法，其优点是：①脂质体与基因复合容易；②脂质体能与细胞融合，让基因进入细胞后，其便自行降解；③脂质体有靶向性，能将基因输送到特定部位；④基因可得到脂质体膜的保护，中途不致被破坏；⑤可批量生产。

有报道称，将胰岛素基因重组 DNA 制成基因脂质体注入人体后进入肝细胞，可促使其分泌胰岛素而治疗糖尿病。美国 Rgene 公司的 RGG-0853 由 EIA（抑制卵巢癌、乳癌和肺癌的 DC-Chol 病毒基因）和阳离子脂质体复合而成，是 HER1/neu 癌基因抑制物。使用 RGG-0853 可明显延长卵巢癌患者的存活时间，约 30% 的卵巢癌患者有 HER1/neu 的过度表达。

脂质体作为药物制剂，具有靶向、长效、低毒、保护包封药物等优点，但也存在一些局限性，主要有：①一般脂质体的靶向性主要集中网状内皮系统较丰富的器官，对其他组织器官靶向性不明显，要特定靶向必须连接单抗或配基；②对水溶性药物的包封率较低，而且易发生渗漏现象；③脂质体储存期短，易于发生聚集和融合；④制备工艺较复杂，不利于大量生产。总的来说，脂质体还是一种较理想的药物输送系统。

第三节 合成聚合物乳化剂与药物乳剂

乳液(emulsion)是一种液体以极小液滴形式分散到另一种与其不相混溶的液体中所组成的多相分散体系,小液滴的粒径在 0.1～10μm 范围。在热力学上看,乳液形成后,两液相间的界面积增大,界面自由能升高,成为一个不稳定的体系,小液滴有自发聚集成大液滴,减少界面积的倾向。为了增加乳液的稳定性,必须加入一些表面活性剂,降低界面自由能,通常把这类表面活性剂称为乳化剂(emulsifier)。

一、合成聚合物乳化剂

(一) 合成聚合物乳化剂的选择

1. 亲水亲油平衡值(HLB)

乳化剂分子是两亲分子,含亲油基团和亲水基团,不同乳化剂分子中亲油基团和亲水基团的大小和强度均不同。1949 年 Griffin 提出,表面活性剂的亲油性和亲水性都可用一个 HLB(Hydrophilic Lipophlic Balance)值表示,即亲水亲油平衡[43]。对非离子表面活性剂,HLB 在 1～20 范围,完全由碳氢链组成的疏水性石蜡 HLB=0;而完全由氧乙烯链组成的亲水性聚氧乙烯,HLB=20。亲油性和亲水性的转折点为 HLB=10,亲水性越高的表面活性剂的 HLB 值越高,疏水越高的表面活性剂的 HLB 值越低。

对非离子表面活性剂,特别是大多数合成聚合物乳化剂,HLB 值可根据亲油基团和亲水基团的分子量来计算:

$$\mathrm{HLB} = 20(1 - M_0 / M) = 20(M_\mathrm{H} / M)$$

式中,M_0 为亲油基团分子量;M_H 为亲水基团分子量;M 为总分子量。

也有人用基团数来计算:

$$\mathrm{HLB} = 7 + \sum(\text{亲水基团数}) - \sum(\text{疏水基团数})$$

选择非离子乳化剂时,要考虑 HLB 值。对 W/O 体系,一般选用 HLB=3～6 的乳化剂;对 O/W 体系,一般选用 HLB=8～18 的乳化剂。在无适宜 HLB 的乳化剂时,可以通过混合乳化剂的方法解决。根据乳化剂 HLB 值加和的原理,可以计算混合乳化剂的 HLB:

$$\mathrm{HLB_{ab}} = (\mathrm{HLB_a} \times W_\mathrm{a} + \mathrm{HLB_b} \times W_\mathrm{b}) / (W_\mathrm{a} + W_\mathrm{b})$$

上式中,W_a、W_b 分别是 a、b 两种乳化剂的重量;$\mathrm{HLB_a}$、$\mathrm{HLB_b}$ 分别是 a、b 两种乳化剂的 HLB 值。

2．转相温度(PIT 或 T_{HLB})

非离子乳化剂随温度升高，水化作用减弱。亲水性降低，即低温时易形成O/W型乳液，高温时易形成 W/O 型乳液，对特定的乳液体系，存在一特定的转相温度 PIT (phase inversion temperature)，该温度乳化剂的亲油性和亲水性恰好平衡。

乳化剂的碳链越长，PIT 就越高。T_{HLB}与 HLB 存在线性关系：

$$T_{HLB} = K_{油}(HLB - N_{油})$$

式中，$K_{油}$、$N_{油}$ 为常数，T_{HLB}随 HLB 值增加而提高。选择非离子乳化剂时，要考虑 PIT，对 O/W 体系，所选乳化剂的 PIT 应比保存温度高 20～60℃；对 W/O 体系，所选乳化剂的 PIT 应比保存温度低 10～40℃。

对同一种非离子乳化剂与 A、B 两种油以及水组成的乳液，其 $PIT_{(A+B)}$可以按下式计算：

$$PIT_{(A+B)} = PIT_A \phi_A + PIT_B \phi_B$$

式中，PIT_A 和 PIT_B 分别是 A 油和 B 油的 PIT，ϕ_A 和 ϕ_B 分别是 A 油和 B 油在混合油的体积分数。

对两种非离子乳化剂 1 和 2 与一种油以及水组成的乳液，其 $PIT_{(1+2)}$可以按下式计算：

$$PIT_{(1+2)} = PIT_1 \cdot w_1 + PIT_2 \cdot w_2$$

式中，PIT_1 和 PIT_2 分别是 A 乳化剂和 B 乳化剂的 PIT，w_1 和 w_2 分别是 A 乳化剂和 B 乳化剂在总乳化剂中的质量分数。

(二) 合成聚合物乳化剂的主要类型

乳化剂分天然乳化剂和合成乳化剂，天然乳化剂有阿拉伯胶、卵磷脂、动物胶等。由于来源有限，品种不多，难以完全满足乳剂发展的需要。

合成乳化剂由化学方法生产，品种繁多，性能各异、无毒性、价格便宜，为乳剂的发展和性能改善起着重要的作用。合成聚合物乳化剂是以聚合物(一般为齐聚物)作为乳化剂或作为乳化剂的主要成分。对用作乳化剂的大多数聚合物来说都应是亲水的，其中，聚氧乙烯是用得最多的一种，它的主链上含有大量的醚键，亲水性十分强，分子量小时能溶于水，它本身就可用作乳化剂，由聚氧乙烯已衍生出多种性能优良、用途广泛的聚合物乳化剂。

1．聚氧乙烯系列[21,44,45]

(1) 聚乙二醇(polyethylene glycol，简称 PEG)，分子式为：

$$HO{+}C_2H_4O{\rangle_n}H$$

分子量在 700 以下为无色透明黏稠液体，1000～2000 之间为半固体，分子量在 2000 以上为蜡状固体。各种型号 PEG 的物理性质见表 9－15。

表 9-15 聚乙二醇产品的物理性质

产品名称	分子量	状态	熔点/℃	黏度(100℃)/$mm^2 \cdot s^{-1}$
PEG-200	190～210	液	<0	4
PEG-600	570～630	液	30～40	9.9～11.3
PEG-1000	950～1050	软蜡状	45～50	25～30
PEG-2000	1800～2200	固	36～53	38～49
PEG-4000	2700～3300	固	60	76～110
PEG-6000	3100～3700	固		250～390

PEG 无臭、无味,有强吸湿性,易溶于水、丙酮、乙醇、氯仿、苯等有机溶剂,但不溶于醚。PEG 稳定、无毒,已被美国 FDA 批准用于体内。低分子量 PEG 可被肠道吸收,但以原形从尿排出体外;高分子量 PEG 不被吸收。在制药工业中广泛用作软膏、栓剂,也用作丸片的崩解助剂、润滑剂、黏合剂、包衣等。

(2) 聚氧乙烯脂肪醇醚

在碱性的存在下,脂肪醇的羟基与环氧乙烷作用可以制得聚氧乙烯脂肪醇醚。

$$ROH + \underset{\diagdown O \diagup}{CH_2—CH_2} \longrightarrow RO\text{-}(CH_2CH_2O)_n\text{-}H$$

脂肪醇一般含 12～24 个碳原子,不饱和脂肪醇具有好的流动性,饱和脂肪醇具有好的润滑性。图 9-29 表示了埃索公司生产聚氧乙烯脂肪醇醚的流程:脂肪醇由管道 6 进入反应器 1 的底部,加热到预定温度,环氧乙烷以恒定速度由管道 4 或管道 8 进入反应器,当数量足够时,控制器 23 自动停止环氧乙烷的加料,物料经泵 9 和热交换器 2 循环,直至反应结束,反应控制实现自动化。

聚氧乙烯脂肪醇醚有下列品种:

① 苄泽类(Brijs):由月桂醇、鲸蜡醇、油酸等与 2～24 聚合度的 PEG 的缩合物。

② 西土马哥(Cetomacrogol 1000):由 20～24 聚合度的 PEG 与鲸蜡醇的缩合物,白色蜡状固体,化学稳定,主要用作乳化剂,增溶剂。

③ 平平加(Peregal):为单十八烯醇与环氧乙烷的加成物,白色乳膏,易溶于水,中性,用作 O/W 的乳化剂。

④ 乳百灵 A:国内产品,是脂肪醇与环氧乙烷反应之产物,茶色糊状,能溶于水,HLB 值约 13,用作乳化剂。

(3) 聚氧乙烯烷基酚醚

由直链或支链烷基酚与环氧乙烷反应制得。

$$R—C_6H_4—OH + n\ \underset{\diagdown O \diagup}{CH_2—CH_2} \longrightarrow R—C_6H_4—O\text{-}(CH_2CH_2O)_n\text{-}H$$

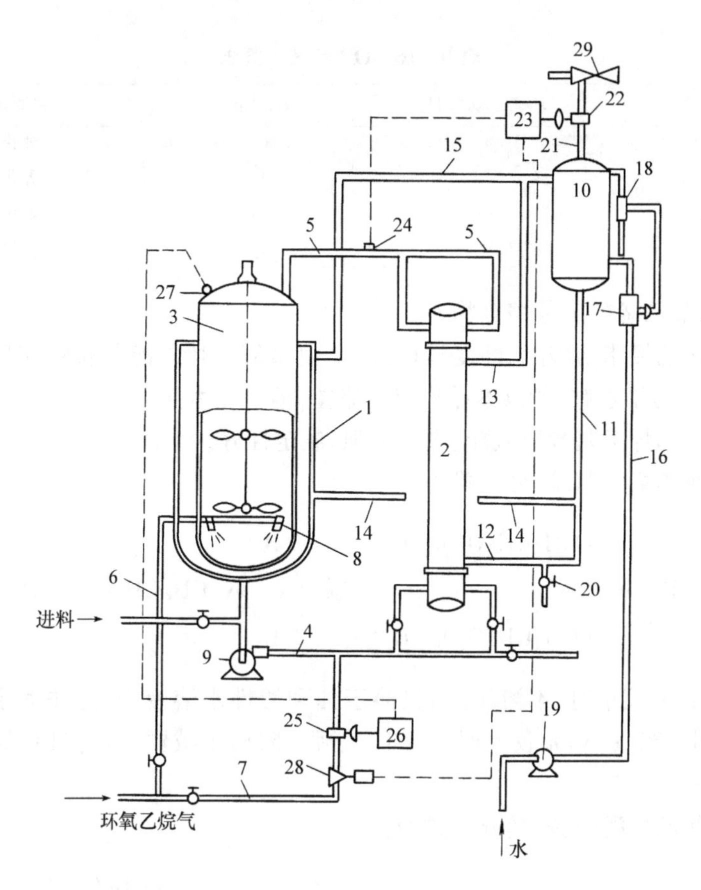

图 9-29 埃索公司生产聚氧乙烯脂肪醇醚的反应设备[45]

1. 反应器;2. 热交换器;3. 反应容器;4、5、6、7、11、12、13、14、15、16. 管路;8. 喷嘴;9. 泵;10. 锅炉;17. 控制阀;18. 控制装置;19. 水泵;20. 阀门;21. 锅炉排气管;22、23. 温度控制器;24. 温度感受器;25. 阀门;26. 压力控制器;27. 压力感受器;28. 安全阀;29. 真空系统

聚氧乙烯烷基酚醚在结构上与聚氧乙烯脂肪醇醚相似,化学稳定性好,耐酸碱,耐氧化。当 $n=1\sim6$ 为油溶性,当 $n=8\sim9$ 时湿润性、乳化性能都好,应用很广,当 $n>10$ 时乳化性能下降。这类产品有:

① 聚氧乙烯壬基酚醚(Igepal CO):由壬基酚与 9mol 环氧乙烷加成而成,HLB 约 12,乳化能力强。

② 乳化剂 OP:是烷基酚与一定摩尔比的环氧乙烷加成物,烷基碳原子数为 10,HLB 约 15,适于用作 O/W 体系的乳化剂和膏乳剂,产品主要牌号见表9-16。

③ 聚氧乙烯辛基酚醚(Triton),由不同分子量的聚氧乙烯与辛基酚加成而来,用于增溶、分散、稳定。

表 9-16 OP 产品一览表

牌 号	环氧乙烷数目	HLB 值	主要用途
OP-4	4	8.8	乳化剂
OP-7	7	11.7	乳化剂
OP-10	10	13.3	乳化剂
OP-15	15	15	乳化剂

(4) 聚氧乙烯的其他缩合物

① 聚氧乙烯脂肪酸酯,即麦泽(Myrj):由聚氧乙烯二醇与长链脂肪酸缩合得到,由于酯键易于水解,所以本品稳定性略差,但乳化力强。

② 聚氧乙烯壬基醇磷酸酯:乳化力强,温定性好。

③ 聚氧乙烯烷基胺:分子式为:

$$R-N\begin{cases}(CH_2CH_2O)_x-H\\(CH_2CH_2O)_y-H\end{cases} \quad 或 \quad \begin{matrix}R\\ \\R\end{matrix}\!\!>N(CH_2CH_2O)_n-H$$

当 x,y,n 较小时,不溶于水,只溶于油和酸性水溶液中,为非离子和阳离子表面活性剂。当 x,y,n 较大时,非离子增强,阳离子减弱,可与其他阴离子表面活性剂相溶。

④ 聚氧乙烯酰醇胺:其分子式为:

$$R-CONH-(CH_2CH_2O)_y-H \quad 或 \quad R-CON\begin{cases}(CH_2CH_2O)_x-H\\(CH_2CH_2O)_y-H\end{cases}$$

本品性能稳定,耐水解,具强的起泡作用。

2. 聚氧乙烯聚氧丙烯共聚物,简称聚醚[45,47](美国 Wyandotte 公司首创,商品名 Poloxamer 或 Pluronic)。分子式为:

$$HO-(C_2H_4O)_a-(C_3H_6O)_b-(C_2H_4O)_a-H$$

其亲油基团为聚氧丙烯,其嵌段聚合度 b 大于 15,分子量大于 900,一般在 1000~20000 之间。其亲水基团为聚氧乙烯,约占共聚物总量的 20%~90%。聚氧乙烯聚氧丙烯共聚物的合成反应如下:

$$HO-\underset{\underset{CH_3}{|}}{CH}-CH_2-OH+n\,\underset{\diagdown O \diagup}{\overset{\overset{CH_3}{|}}{CH}-CH_2} \xrightarrow{碱催化剂} HO-(\overset{\overset{CH_3}{|}}{CH}-CH_2O)_{n+1}-H$$

$$
\begin{array}{l}
\mathrm{HO}\!\leftarrow\!\underset{\substack{|}}{\overset{\substack{\mathrm{CH_3}\\|}}{\mathrm{CH}}}\!-\!\mathrm{CH_2O}\!\rightarrow_{n+1}\mathrm{H} \\
\quad + \\
m\ \mathrm{CH_2}\!-\!\mathrm{CH_2}\ (\text{环氧乙烷, O 桥连})
\end{array}
\longrightarrow \mathrm{HO}\!\leftarrow\!\mathrm{C_2H_4O}\!\rightarrow_a\!\leftarrow\!\mathrm{C_3H_8O}\!\rightarrow_{n+1}(\mathrm{C_2H_4O}\!\rightarrow_a\!\mathrm{H}
$$

第一步,在不锈钢反应器加入计量的丙二醇和氢氧化钠,加热至 120℃,用氮气保护下溶解和脱水 0.5h,将环氧丙烷加入,反应至达到设计的嵌段分子量为止。第二步,再加入计量的环氧乙烷,保持反应温度 120℃,真空去除低沸点聚合物,最后用磷酸中和至 pH 为 7±1,过滤除盐后可得聚氧乙烯-聚氧丙烯共聚物。

Pluronic 随聚氧丙烯/聚氧乙烯嵌段比值不同,物理性能也发生很大变化。以 L 为牌号的产品表示流动液体,P 表示膏状体,F 表示固体。随聚氧丙烯/聚氧乙烯嵌段比值增加,HLB 值增加,降低表面张力能力下降。分子量小的 Pluronic 的润湿性能好,随分子量增大,洗涤性能变好,起泡作用增加;分子量很大时,润湿性能不好,但乳化和分散性能增加。

Pluronic 聚醚系列产品物理指标见表 9-17。Pluronic 可溶于水、芳烃、卤化烃和极性溶剂中,但不溶于烷烃中。一般无臭、无味、无毒、无刺激性,化学性能稳定,与酸、碱、金属离子都不发生作用。Pluronic 的主要用途是作为药用乳化剂,用来制备 O/W 和 W/O 乳化体系,常用的有 F68,L64 和 L101 等。F68 为固体片状物,熔点 50℃,小鼠的半数致死量为 15g/kg,属无毒,用于静注药剂;也可以用作栓剂,本身不被人体吸收;还可作温和的与皮肤相容性好的乳化剂和增稠剂。

表 9-17　Pluronic 聚醚系列产品物理指标[47]

牌　号	聚氧丙烯分子量	聚氧乙烯分子量	亲水亲油平衡值 HLB	羟值 /mg·g^{-1}	表面张力 (25℃,0.1%) /mN·m^{-1}	泡沫高度 (25℃,0.1%)	
						0min	5min
L31	940	1100	3.5	106～98	46.3	17.9	5
L35	940	1890	18.5	62.4～56.1	37.4	83.5	47
F38	940	5020	30.5	26～22	52.2	90	13
F42	1175	1620	8.0	69～85	40.4	34	3.5
L44	1175	2200	16.0	54～48	—	76	40
L61	1750	2000	3.0	56～49	42.8	5.5	0
L62	1750	2500	7.0	58.5～45	38.6	30	5
L64	1750	2875	15.0	40.8～37.4	50.3	84	57
F68	1750	8000	29.0	15.5～11.5	42.8	90	77
P75	2050	4160	16.5	28.3～25.7	—	68	23
P84	2250	4520	14.0	—	—	—	—
85	2250	4600	16.0	25.4～21.5	36.8	76	66
88	2250	10750	28.0	16.6～12.6	35.9	66	60
L92	2750	3480	5.6	33～31.1	38.2	16	4
P104	3250	6050	13.0	—	—	—	—
F108	3250	15550	27.0	8.9～6.5	33.0	67	60

3. 多元醇酯类

① 失水山梨醇脂肪酸酯,即司盘(Span)

山梨醇是由葡萄糖加氢生成的多元醇,再从分子内脱去一个分子水便得失水山梨醇,将失水山梨醇与各种高级脂肪酸进行反应所得的酯即司盘。司盘本身不溶于水,亲油性强,无毒性,一般作为 W/O 体系的乳化剂,司盘主要牌号见表 9-18。

表 9-18 各种司盘牌号一览表

牌 号	化学组成	HLB
Arlecel-83	失水山梨醇倍半油酸酯	3.7
Span-20	失水山梨醇单月桂酸酯	8.6
Span-40	失水山梨醇单棕榈酸酯	6.7
Span-60	失水山梨醇单硬脂酸酯	4.7
Span-80	失水山梨醇单油酸酯	4.3
Span-85	失水山梨醇三油酸酯	1.8

② 聚氧乙烯失水山梨醇脂肪酸酯,即吐温(Tween)。

$$\text{R—COO—失水山梨醇}\begin{cases}\text{OH}\\ \text{OH}\\ \text{OH}\end{cases} + n\ \underset{\text{O}}{\text{CH}_2\text{—CH}_2} \longrightarrow$$

$$\text{R—COO—失水山梨醇}\begin{cases}\text{O—(CH}_2\text{CH}_2\text{O)}_x\text{—H}\\ \text{O—(CH}_2\text{CH}_2\text{O)}_x\text{—H}\\ \text{O—(CH}_2\text{CH}_2\text{O)}_x\text{—H}\end{cases}$$

由于司盘分子上有多余的—OH 基,环氧乙烷在它上面发生聚合反应,产物即吐温。与司盘相比,吐温增加了聚氧乙烯分子链,由于它的亲水性,所以大大增加了 HLB 值。吐温多为黄色油桩黏稠液体,有臭味,易溶于水,也能溶于乙醇、乙酸乙酯,不溶于液体石蜡等疏水溶剂。医药上用作增溶剂和乳化剂。

Tween-80 是一种很常用的乳化剂,它由司盘-80 与 20～26 个环氧乙烷分子聚合而成,增溶和乳化作用较好,体内应用不产生溶血,还可改善药物的分数,吐温的主要牌号见表 9-19。Tween 与 Span 合用的乳化效果比一种单用好,调节 Tween/Span 比例可以得到理想的 O/W 或 W/O 体系的乳膏或乳剂。

③ 脂肪酸甘油酯和脂肪酸的季戊四醇酯

由甘油或季戊四醇与脂肪酸在 200℃酯化而成,产物是单酯、双酯和少量三酯的混合物。主要有单油酸甘油酯(monoolein)和单硬脂酸甘油酯(monostearin),主要用途作乳化剂,用以制作乳膏。

表 9-19 各种吐温牌号一览表

牌　号	化学组成	HLB
Tween-20	聚氧乙烯失水山梨醇单月桂酸酯	16.7
Tween-40	聚氧乙烯失水山梨醇单棕榈酸酯	15.6
Tween-60	聚氧乙烯失水山梨醇单硬脂酸酯	14.9
Tween-80	聚氧乙烯失水山梨醇单油酸酯	15.0
Tween-81	聚氧乙烯失水山梨醇单脂肪酸酯	10.0
Tween-85	聚氧乙烯失水山梨醇三油酸酯	11.0

④ 蔗糖脂肪酸酯，简称蔗糖酯(SE)

蔗糖酯分子的亲油基是长链烷基，亲水基是蔗糖上的 8 个羟基，其中 3 个伯羟基较容易与脂肪酸发生酯化反应。蔗糖酯实际上是单、双、三酯的混合物。蔗糖酯溶于乙醇、丙酮、氯仿等有机溶剂，而对水的溶解度受单酯含量的影响。单酯含量高的蔗糖酯水溶性越大，双酯和三酯含量大的蔗糖酯则越难溶于水。蔗糖酯的 HLB 在 1～19 范围，主要由脂肪酸链长短、酯化度等因素所决定。蔗糖酯毒性低，可供静脉注射，对皮肤和黏膜无刺激性，既可作 O/W 型的乳化剂，又可作 W/O 型体系的乳化剂，取决于它的 HLB 值大小。

⑤ 硬脂酸甘油酯：乳白色蜡状固体，HLB 值 3.8，可作 O/W 或 W/O 体系的乳化剂。

二、药物乳剂

将药物制成乳液剂型称为药物乳剂，药物乳剂的应用已有很长的历史，由于乳液的不稳定性，令其使用受到限制。近十年来，乳剂给药体系研究和应用已获得重大进展，高压乳匀机等先进设备应用，合成乳化剂，特别是聚合物乳化剂的不断出现，使乳剂的稳定性逐步提高。很多性能卓越的乳剂，例如控释给药乳剂，靶向给药乳剂，多肽/蛋白药物乳剂，经皮、口服或注射微乳等，已成为研究热点，将新型乳剂的开发和医学应用提高到新的水平。

(一) 乳化理论

内相液体变成微小液滴分散于外相中，体系的自由能增加，外界必须做机械功 W，克服微小液滴自发凝聚的倾向。

$$W = \Delta A \cdot \sigma$$

上式中，ΔA 为表面积的增加；σ 为表面张力。如果降低液体的表面张力 σ，就可使功 W 减少，体系长期保持稳定。降低的表面张力的最有效办法便是加入乳化剂。乳化剂的两亲性使其能聚集在两相界面上，在微小液滴表面形成单分子层，如果乳化剂能离解成离子，则可能在微小液滴表面形成双电层，彼此产生排斥力。某些乳剂也能增稠液体黏度，使液滴难于聚集。机械功和乳化剂是乳剂形成和稳定的两个最基本的因素。

（二）药物乳剂分类及其制备方法

乳剂是由两种（或两种以上）不相混或部分相混的液体所构成的非均相分散体系，两种液体分别是分散相（内相、不连续相）和分散媒（外相、连续相），分散相以微小球滴形式分散在分散媒中。乳剂按其粒径大小可分 4 种类型（见表 9－20）。

表 9－20　乳剂液滴大小与外观

液滴大小/μm	外　观
>1	乳白色液体
0.1～1	蓝白色液体
0.05～0.1	灰色半透明液体
<0.05	透明液体

1. 普通乳

粒径 1～100μm，是热力学和动力学不稳定系统，制备方法有干胶法（油中乳化剂法）、湿胶法（水中乳化剂法）、新生皂法、相转变温度（PTT）乳化法、两相交替加入法等，近年来新型乳化机械的应用，使高质稳定的药用乳剂可以批量生产，这些乳化机械有：

组织捣碎机：属高速搅拌乳化设备，将油、水、乳化剂、药物等加入后，借助高速搅拌的强大作用，制成药用乳剂。

乳匀机：借助活塞将两相液体通过机内的细孔形成乳剂。

胶体磨：借助机内高速旋转的转子和静止的定子之间具大的剪切力使液体乳化，制成药用乳剂。

超声乳化装置：利用 10～50kHz 高频振动制备 O/W 或 W/O 型药用乳剂。

制备药用乳剂时，载水溶性药物时可先将药物溶于水，载油溶性药物时可先将药物溶于油，而载不溶于水也不溶于油的药物可先与亲和性大的液相或少量已制成的乳剂研磨，再按上述方法进一步制成药用乳剂。

2. 亚微乳

粒径 0.1～0.5μm，制备时先将药物或乳化剂溶于水相或油相，将水相与油相加热到 70～80℃后用组织捣碎机制成粗乳，将粗乳急冷到 20℃后通过两步高压乳匀机乳化制得亚微乳，最后调节 pH 值，滤去粗乳滴和碎片。

3. 复乳

具有两重或多重液体乳膜结构，乳滴粒径＜50μm。通常用两步法制备复乳，第一步先将水、油、乳化剂制成一级乳，然后再以一级乳为分散相，与含有乳化剂的水相或油相再乳化制成二级乳[48]。

例如：丝裂霉素 C 复乳制备方法为：将硬脂酸铝加热溶于精制麻油中，加入 Span 80 混匀，加入 50%丝裂霉素 C 溶液，搅拌乳化，制成 W/O 乳剂。另取 2% Tween 80 水溶液，加入上述 W/O 乳剂中，通过乳匀机匀化得 W/O/W 复乳，W/O 乳剂直径 4μm。

4. 微乳

粒径 0.01～0.05μm，微乳油滴小，能透光，呈透明液体。微乳的特点是能增溶难溶的药物。微乳的组成分为四元体系和三元体系。四元体系包括乳化剂、辅助乳化剂、水、油，常用阳离子表面活性剂和阴离子表面活性剂作乳化剂，脂肪醇和脂肪胺为辅助乳化剂。三元体系则采用非离子表面活性剂作乳化剂，但不含辅助乳化剂。

乳化剂用量可根据液滴大小估算：

$$\Phi=1-[(R-h)/h]^3$$

式中，Φ 为乳化剂体积与液滴体积比；R 为液滴半径；h 为乳化剂界面膜厚度。采用相图来决定微乳的组成配方，一般四元体系比较复杂，通常固定一元组成，简化为三元体系来处理。

陆彬等[49]选磷脂和聚氧乙烯辛基苯基醚为乳化剂，乙醇和正辛醇为助乳化剂，油酸乙酯和橄榄油为油相，固定水相/助乳化剂比值或固定油相/助乳化剂比值，以改良的三角相图法代替经典的三角相图法，求得所需乳化剂的量。

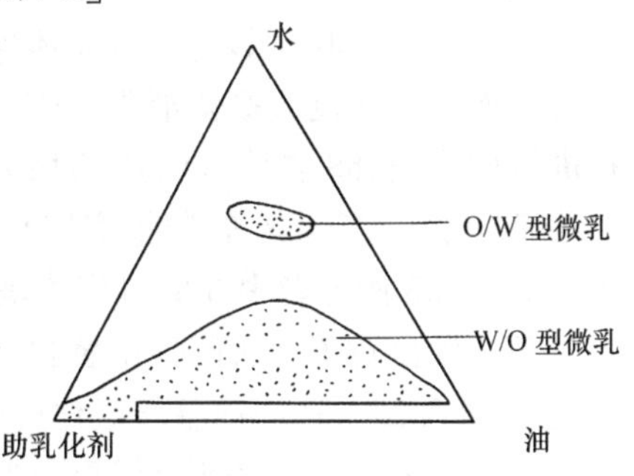

图 9－30 用三角相图法计算微乳配方[26]

（三）药用乳剂在临床上的应用

药用乳剂作为药物的剂型主要有下列特点：

① 油相与水相比例可调节，分剂量准确；

② 可控制液滴的粒径及分布，使乳液性质改变，满足临床的不同要求；

③ 脂溶性药物可分散于油相中，增加溶解性，易水解的药物也可分散于油相中，增加稳定性；

④ O/W 乳液体系可掩盖药物或油相的不良气味；

⑤ 可增加药物对皮肤和黏膜的渗透；

⑥ 可实现药物的缓释和控释；

⑦ 某些乳剂还具有靶向性和淋巴亲和性。

1. 普通乳剂的临床应用

普通乳剂在临床上可以有口服、肌注、静注、栓剂、软膏、气雾剂等类型。

鸦胆子是苦木科植物，可用作细胞非特异性抗癌药，对 G_0、G_1、G_2、M 期有杀伤和抑制作用。浙江邦而康药业公司生产了鸦胆子油乳注射液。尤建良等报道了使用该鸦胆子油乳注射液对原发性肝癌患者实施穿刺注药[50]。研究证实，鸦胆子乳液对机体细胞免疫确有促进作用，增强骨髓的造血功能，对原发性肝癌有较好的近期效果，病人的生存期均超过 3～5 月，病人痛苦减少，无明显并发症。

王晨光等[51]利用深圳长白山制药公司生产的 5-氟尿嘧啶乳液对直肠癌病人进行直肠内灌注，使短期内直肠壁、肝脏、门静脉血中保持较高药物浓度，16 例病人中有 15 例生存期超 6 个月，5 例超 1 年，2 例超 2 年，平均生存期 13 个月，而口服相同剂量的对照组仅为 6 个月。

近年来大量文献报道使用乳剂通过动脉栓塞方法来治疗肿瘤。李伟等[52]采用沙培林碘化油乳剂（山东鲁亚公司）经肝动脉灌治疗肝癌，主要的不良反应为短期发热和自限性低血压。陈延等[53]报道使用平阳霉素碘油乳剂治疗肝血管瘤，经介入栓塞后，碘油沉积好，所有瘤体均有不同程度的缩小，术后并发症少，5 例患者中有 2 例在 2 年复查瘤体消失。李萍[54]使用榄香烯超液化乳剂通过动脉栓塞治疗进展期胃癌，68 名接受治疗的病人中，1 年生存率为 63.2%，2 年为 29.4%，3 年为 7.45%。李彦豪等[55]报道用平阳霉素碘油乳剂在子宫动脉栓塞治疗症状性子宫肌瘤，25 例患者中 3 例肌瘤体呈凝固性坏死，18 例子宫体积平均缩少 40%。

环丙沙星对革兰氏阴性干菌包括铜绿假单胞菌在内具有良好的抗菌活性。李戊星[56]等配制了环丙沙星与氢化可的松的复方乳剂，并进行烫伤大鼠铜绿假单胞菌的治疗研究。结果表明，受试组创面未发生严重溃烂，新生肉芽增生较快，15 天内空白对照组 15 只大鼠死亡 9 只；而 0.5%环丙沙星乳剂受试组仅死亡两只，2%环丙沙星乳剂受试组则全部成活。

2. 亚微乳的临床应用

亚微乳通常作为胃肠外给药的载体，其特点是提高药物稳定性，降低毒副作用，提高体内及经皮吸收，使药物实现缓释、控释或靶向。

全氟碳乳剂是人工血液的主要品种，它是全氟碳 O/W 型亚微乳，使用的牌号有 FC43 和 Fluosol DA，它们对氧的溶解度为水的 20 倍，携氧能力为血红蛋白的数倍，可代替血液的部分功能。全氟碳化合物相对密度 1.8，化学性质稳定，不溶于水，一般用 Pluronic F68 制成微亚乳，粒径在 0.1～0.5μm，粒径越小，在血液中停留时间就越长，全氟碳乳剂在血液中的半衰期一般为 30～60h[57]。

Hashida 用博来霉素做成明胶微球（S），将其分散于油相中制成 S/O 亚微乳，注射后在阑尾的药物浓度比 W/O 普通乳高 1 倍，在淋巴结的药物浓度比 W/O 普通乳高 2 倍[26]。

3. 复乳的临床应用

复乳具有两层或多层膜液体乳膜的结构，能有效地控制药物的扩散速率，是一种缓释或控释制剂。将氯奎磷酸盐制成 W/O/W 型复乳注射液是一种效果良好的抗疟药,它的内外水相都有药物,外水相药物起快速消灭疟原虫作用,内水相药物作为维持剂量,起持久治疗作用。

复乳在体内有淋巴系统的定向作用,可选择性分布于肝肾脾等网状内皮系统丰富的器官中。黎洪珊等[58]将超声法制备的将平阳霉素复乳在家兔皮下注射 1h 后,发现淋巴结的药物浓度明显高于平阳霉素水溶液对照组,而肺部药物的峰浓度却远低于对照组,说明淋巴定位作用明显增强,肺部毒性明显降低。阿昔洛韦(ACV)近年用于治疗乙肝和艾滋病,ACV 口服制剂胃肠道吸收慢,生物利用度低。丁立[59]等制成的 ACV 复乳在大鼠体内试验表明,生物利用度提高 49.8%,血峰值附近的肝组织药物分布提高 62%,谷值附近肝组织药物分布提高 4.16 倍。卜书红[60]等制备了 5-氟尿嘧啶复乳经药代动力学试验证明,该复乳可控制药物的释药速率,增加药物在胃肠道的稳定性,具有淋巴定向和肝靶向。

复乳中的小油滴对癌细胞有较强的亲和力,可成为一种靶向给药系统。马晋隆等[61]使用依托泊甙复乳可使该抗肿瘤药物浓集于癌肿细胞,提高疗效,减低不良反应。

复乳可避免药物在胃肠道中的失活,增加药物的稳定性。蝮蛇抗栓酶是一种抗凝药,静脉给药会产生过敏反应。许伟国[62]制成蝮蛇抗栓酶口服复乳,并证明确能增加吸收,减少过敏和胃肠道失活。

复乳稳定性差,这是扩大其应用的主要限制。

4. 微乳的临床应用[48,63,64]

(1) 注射给药

微乳适合作注射给药,其优点是:微乳的粒径小于 100nm,小于血细胞直径;可以采用过滤灭菌;黏度很低,注射不会引起疼痛。

氟比洛芬是难溶性药物,Park[65]将氟比洛芬与 Tween 20,油酸乙酯制成氟比洛芬 O/W 微乳,平均粒径 100nm,载药量达 10mg/ml,是磷酸缓冲溶液的 8 倍,用于静脉注射,可大幅降低注射体积。

Gasco[66]采用促黄体生成素释放激素(LHDH)与油酸乙酯、已酸、卵磷脂等制成的 W/O 微乳经动物试验证明具有长效作用,单剂量注射后,体内睾酮在 3 周内保持低水平,相当于每天使用普通制剂的效果。

紫杉醇是不溶于水的生物碱,是新型的抗肿瘤药物,单纯口服的生物利用度几乎为零。阎家麒[70]研制了紫杉醇的 O/W 微乳,粒径 50~100nm,包封率 99.2%,载药量 4.7%。急毒试验表明,因微乳含乳化剂聚乙二醇修饰的二硬脂酰磷脂酰乙醇胺,能避免网状内皮系统的吞噬,实现对癌细胞靶向,减轻心脏毒性,其静注微乳的生物利用度为 107%,口服微乳的生物利用度为 22.4%。

由于微乳需要高浓度的乳化剂,又不能被绝对稀释,局限了注射剂型不能广泛使用。

(2) 口服给药

口服给药已成为微乳在临床上应用的主要制剂，甾体类药物、激素、多肽类药物、利尿药物和抗生素药物都可以采用微乳作药物载体。

瑞士 Sandoz 公司产品新山地明(Sandimmun Neoral)是环孢素 A 前体微乳软胶囊，口服后在胃肠液中能形成微乳，被机体吸收。Elsen[67] 报道了在心、肾等器官移植病人使用的结果，证明了该微乳制剂明显地改善药物时曲线的峰谷水平，提高血药浓度，减少用药剂量，降低毒副作用，使用安全可靠。

Lyons 提出[68]，*N*-乙酰葡糖胺-*N*-乙酰基胞壁酰二肽(GMDP)水溶液口服制剂生物利用度低不是首过效应，而是 GMDP 在胃肠道腔的不稳定性。因此制成 GMDP 微乳，经大鼠体内试验证明生物利用度提高了 10 倍。干扰素、降钙素、胰岛素等药物的微乳都有类似特点。

P-糖蛋白调节剂 Valspodar 是多药耐药调节剂，临床上作化疗佐剂。Kovarik[69]在 24 名病人进行口服 Valspodar 微乳和静滴 Valspodar 水剂的对比研究，结果表明，微乳制剂的生物利用度达 60%，两种给药途径的药动学，吸收速度与程度一致。

(3) 透皮给药

透皮给药的微乳一旦进入皮肤的角质层，其亲脂区与角质作用，药物或脂质插入角质层；另方面其亲水区又与角质层发生水合作用，这两方面作用的结果能增加药物的渗透，微乳的粒子越小，药物的透皮吸收越大，微乳因其特有的理化性质，在透皮吸收制剂中的应用越来越受到药学界的重视。

普萘洛尔是β-受体阻滞剂。Kemke[71] 用 Tween 20、Pluronic 101，棕榈酸异丙酯制备了普萘洛尔的 O/W 微乳，用作透皮给药可避免肝脏的首过效应。透皮吸收研究表明，微乳中的水能很快被皮肤摄取，药物在皮肤表面形成过饱和溶液，扩散压力增大，透皮吸收增强。

(4) 眼腔给药

Radomska[72] 以 Tween 60、Tween 80、Epiocurone 135 为乳化剂，正丁醇、甘油三醋酸酯、丙二醇为助乳化剂制备了维生素 A 及其酯的微乳，生理耐受良好、理化性质稳定，是一种具有很大应用前景的眼用释药系统。

徐岩等[73]研制了 2% 的毛果芸香碱微乳眼剂，在兔房水中进行药代动力学试验的结果表明，微乳眼剂的药-时曲线下面积是原药眼滴液的 3 倍，微乳眼剂的生物利用度比原药眼滴液高 2 倍，证明该微乳可以增强药效、减少用药次数、提高对青光眼的治疗指数，具有较好的应用前景。

微乳由于含大量的乳化剂和助乳化剂，尤其是注射用微乳，增加了毒性，还有不能任意稀释问题，对其应用尚有一定的限制，但微乳仍不失为一种性能优良的新型的药用乳剂。

参 考 文 献

[1] Sung Bum La, Teruo Okano, Kazunori Kataoka. Preparation and characterization of the micell-forming polymeric drug indomethiacin-incorporated poly(ethelene oxide)-poly(β-benzyl L-aspartiate) block copolymer micelles. J Pharm Sci, 1996; 85(1): 85~90

[2] Glen S Kwon, Massayuki Yokoyama, Teruo Okano, et al. Biodistribution of micelle-forming polymer-drug conjugates. Pharm Res, 1993; 10(7): 970~974

[3] Tongilit Kidchob, Shunsaku Kimura, Yukio Imanishi. Amphiphilic poly(Ala)-b-poly(sar) microspheres loaded with hydrophobic drug. J Control Rel, 1998;51:241~248

[4] Yong Ii Jeong, Jae Bok Cheon, Sung-Ho Kim, et al. Clonazepam release from core-shell type nanoparticles in vitro. J Control Rel, 1998;51:169~178

[5] Kenji Yasugi, Yukio Nagasaki, Masao Kato, et al. Preparation and chracterization of polymer micelles from poly(ethylene glycol)-poly(D, L-lactide) block copolymers as potential drug carrier. J Control Rel, 1999;62: 89~100

[6] Kim S Y, Gyun Shin I L, Lee Y M, et al. Methoxy poly(ethylene glycol) and ε-caprolactone amphiphilic block copolymeric micelle containing indomethacin. Ⅱ. Micelle formation and drug release behaviours. J Control Rel, 1998, 51:13~22

[7] Tadaaki Inoue, Guohua Chen, Katsuhiko Nakamae, et al. An AB block copolymer of oligo(methyl methacrylate) and poly(acrylic acid) for micellar delivery of hydrophobic drugs. J Control Rel, 1998;51: 221~229

[8] Glen S Kwon, Mayumi Naito, Masayuki Yokoyama, et al. Phisical entrapment of adriamycin in AB block copolymer micelles. Pharm Res, 1995, 12(2): 192~195

[9] Kazunori Kataoka, Tsuyoshi Matsumoto, Masayuki Yokoyama, et al. Doxorubicin-loaded poly(ethylene glycol)-poly(β-benzyl-L-aspartate) copolymer micelles: Their pharmaceutical characteristics and biological significance, J Control Rel. 2000, 64: 143~153

[10] Fukashi Kohori, Kiyotaka Sakai, Takao Aoyagi, et al. Preparation and characterization of thermally responsive block copolymer micelles comprising poly(*N*-isopropylacrylamide-b-DL-lactide). J Control Rel, 1998, 55: 87~98

[11] Yu B G, Okano T, Kataoka K, et al. Polymeric micelles for drug delivery: solubilization and haemolytic activity of amphotericin B. J Control Rel, 1998, 53: 131~136

[12] Jiahorng Liaw, Takao Aoyagi, Kazunori Kataoka, et al. Visualization of PEO-PBLA-Pyrene polymeric micelles by atomic force microscopy. Pharm Res, 1998, 15(11): 1721~1726

[13] Masayuki Yokoyama, Takumichi Sugiyama, Teruo Okano, et al. Alynasis of micelle formation of an adriamycin-conjugated poly(ethylene glycol)-poly(aspartic acid) block copolymer by gel permeation chromatography. Pharm Res, 1993, 10(6): 895~899

[14] Chung J E, Yokoyama M, Aoyagi T, Sakurai Y, et al. Effect of molecular architecture of hydrophobically modified poly(*N*-isopropylacrylamide) on the formation of thermoresponsive core-shell micellar drug carriers. J Control Rel, 1998, 53: 119~130

[15] Joo Eun Chung, Masayuki Yokoyama, Teruo Okano. Inner core segment desigh for drug delivery control of thermo-responsive polymeric micelles. J Control Rel, 2000, 65: 93~103

[16] IL Gyun Shin, So Yeon Kim, Young Moo Lee, et al. Methoxy poly(ethylene glycol)/ε-caprolactone am-

phiphilic block copolymeric micelle containing indomethacin. Ⅰ. Preparation and characterization. J Control Rel, 1998, 51: 1～11

[17] Masayuki Yokoyama, Shigeto Fukushima, Ryuji Uehara, et al. Charcterization of physical entrapment and chemical conjugation of adriamycin in polymeric miselles and their design for in vivo delivery to a solid tumor. J Control Rel, 1998, 50: 79～92

[18] Taillefer J, Jones M C, Brasseur N, et al. Preparation and characterization of pH-reponsive polymeric micelles for the delivery of photosensitizing anticancer drugs. J Pharm Sciences, 2000, 89(1): 52～62

[19] Byeongmoon Jeong, You Han Bae, Sung Wan Kim. Drug release from biodegradable injectable thermosensitive hydrogel of PEG-PLGA-PEG triblock copolymers. J Control Rel, 2000, 63: 155～163

[20] 毕殿洲. 药剂学. 第四版. 北京:人民卫生出版社, 1999,39～52

[21] 杜巧云, 葛虹. 表面活性剂基础和应用. 第二版. 北京:中国石化出版社, 1999. 190～241

[22] 平其能等. 现代药剂学. 北京:中国医药科技出版社, 1998. 588～623

[23] 赵峰, 李微. 高纯度大豆磷脂的制取方法. 粮食与饲料工业, 1997(12):38～39

[24] 马辰, 段宏瑾. 大豆磷脂中磷脂成分的含量测定. 中国中药杂志, 1999, 24(11):671～672

[25] 吴芳. 脂质体制剂的研究及应用. 中国医药工业杂志, 1999, 30(2): 564

[26] 陆彬. 药物新剂型与新技术. 北京:人民卫生出版社, 1998. 53～164

[27] 符民佳, 刘乃奎, 唐朝枢. 脂质体靶向性的研究进展. 中国药理通报, 1999, 15(1):18～21

[28] 王弘, 王志清, 王升启. pH-敏脂质体研究的最新进展. 中国新药杂志, 1999, 8(7):439～442

[29] 袁树军, 邓英杰. 新型热敏脂质体的研究进展. 沈阳药科大学学报, 1998, 15(4):235

[30] 王长虹, 孙殿甲. 脂质体物理化学稳定性的研究进展. 中国药学杂志, 1999, 33(3): 65～68

[31] 张振涛, 王立新, 冷江涌等. 不同结构形态的脂质体磷脂稳定性研究. 内蒙古医学院学报, 1996, 18(1):30～31

[32] 赵小凌, 刘济湘, 柴铁军等. 脂质体的制备、检测及其在化妆品中的应用研究. 日用化学工业, 1998, 5:8～11

[33] 陈国弟. 聚乙二醇脂质体阿霉素的研究进展. 国外医学肿瘤分册, 1999, 26(3):153～155

[34] Allen T M. Long-circulating (sterically stabilized) liposomes for targeted drug delivery. Trends Pharmacol Sci, 1994, 15(7): 215

[35] 朱于村, 李汉蕴. 脂质体用作皮肤局部给药的载体. 中国医药工业杂志, 1998, 29(5):231～235

[36] 孙华君, 朱全刚, 胡晋红. 脂质体经皮给药研究进展. 药学实践杂志, 1999, 17(4):221～224

[37] Tardi P G, Boman N L, Cullis P R. Liposomal doxorubicin. J Drug Target, 1996, 4(3): 129

[38] 齐宪荣, 魏树礼. 脂质体作为药物输送系统的应用. 中国药学杂志, 1999, 34(3):145

[39] 李载常. 脂质体研究进展. 国外医学生理病理科学与临床分册, 1999, 19(5):413～414

[40] Boswell G W, Buell D, Bekersky I. AmBisome (Liposomal amphotericin B): A comparation review, J Clinal Pharmacol, 1998, 38(7): 583

[41] 平启能, 郭建新. 脂质体在基因治疗中的应用. 药学进展, 1998, 22(2):69

[42] Maurer N, Mori A, Polmer L, et al. Lipid-based systems for the intracellular delivery of genelic drugs. Mol Membr Biol, 1999, 16(1): 129

[43] 沈钟, 王果庭. 胶体与表面化学. 第二版. 北京:化学工业出版社, 1997. 383～413

[44] 张天胜. 表面活性剂应用技术. 北京:化学工业出版社, 2001. 128～151

[45] 彭民政. 表面活性剂生产技术与应用. 广州:广东科技出版社, 1999. 104～138

[46] 徐燕莉. 表面活性剂的功能. 北京:化学工业出版社, 2000. 106～137

[47] 钟静芬．表面活性剂在药学中的应用．北京：人民卫生出版社，1996．189～212
[48] 魏凤环，田景振，赵海霞．复合型乳剂．山东中医杂志，2000，19(1)：47～49
[49] 陆彬，张正企．用三角相图法研究药用微乳的形成条件．药学学报，2001，35(1)：58～62
[50] 尤建良，吴曙辉，倪依群等．鸦胆子油乳剂无水酒精介入治疗原发性肝癌．湖北中医杂志，2001，23(8)：9～10
[51] 王晨光，吴一丹，娄熙彬．氟尿嘧啶乳剂直肠内给药治疗晚期直肠癌．福建医科大学学报，1999，33(3)：334～335
[52] 李伟，张大海，叶强等．沙培林碘化油乳剂免疫栓塞治疗原发性肝癌的安全性和不良反应．介入放射学杂志，2001，10(2)：92～94
[53] 陈延，周建辉，吴政光等．平阳霉素碘油乳剂治疗肝血管瘤的应用，现代医学影像学，2001，10(1)：20～22
[54] 李萍，榄香烯超液化乳剂动脉栓塞治疗进展期胃癌的临床研究．实用放射学杂志，2000，16(12)：705～707
[55] 李彦豪，刘彪，曾庆乐等．平阳霉素碘油乳剂子宫动脉栓塞治疗症状性子宫肌瘤，中国放射学杂志，2000，34(12)：827～830
[56] 李戊星，谢景文，葛欣等，应用环丙沙星乳剂治疗烫伤大鼠铜绿假单胞菌感染，中国抗生素杂志，1999，24(1)：56～57
[57] 虞颂庭，翁铭庆．生物医学工程的基础与临床．天津：天津科学技术出版社，1989．242～249
[58] 黎洪珊、魏树礼、卢炜．平阳霉素缓释淋巴复乳的研究．北京医科大学学报，1995，27(5)：397～398
[59] 丁立，张钧寿，马丽等．阿昔洛韦复乳的研究：大鼠吸收动力学、生物利用度和趋肝性．药学学报，1999，34(10)：790～794
[60] 卜书红，肖彬．5-氟尿嘧啶复乳的制备和质量控制．中国药房，1999，10(6)：257～258
[61] 马晋隆，淘涛，熊金美等．依托泊甙复乳处方设计的稳定性考核．中国医药工业，1993，24(2)：62
[62] 许伟国，朱化侦，吕爱琴等．腹蛇抗栓酶复乳的制备．中草药，1993，24(1)：13
[63] 王晓黎，蒋雪涛．微乳在药剂上的应用，解放军药学学报，2000，16(2)：88～91
[64] 张正企，陆彬．微乳给药系统研究概况．中国医药工业杂志，2001，32(3)：139～142
[65] Park K M，Kim C K. Preparation and evaluation of flurbiprofen-loaded microemulsion for parenteral delievery. Int J Pharm，1999，181(2)：173～179
[66] Gasco M R，Pattarino F. Lattanzi F. Long-acting delivery system for peptides：reduced plasma testosteone level in male rate after a single injection. Int J Pharm，1990，62：119
[67] 阎家麒，王惠杰，童岩等．紫衫醇微乳的研究．中国药学杂志，2000，35(3)：173～176
[68] Elsen H J，Hobbs R E，Davis S F，et al. Safety，tolerability and efficacy of cyclosorine microemulsion in heart transplant recipients. Transplantion，2001，71(1)：70～78
[69] Lyons K C，Charman W N，Miller R，et al. Factors limiting the oral bioavailability of N-acetylglucosaminyl-N-acetylmuramyl dipeptide(GMDP) and enhencement of absorption in rats by delievery in a water-in-oil microemulsion. Int J Pharm，2000，199(1)：17～28
[70] Kovarik J M，Mueller E A，Richard F，et al. Optimizing the adsorption of valspolar，a P-glycoprotein modulator. Part Ⅱ. Quantifying its pharmacokenetic refining the bioavailability estimate. J Clin Pharmacol，1997，37(11)：1009～1014
[71] Kemke，Ziegler A. Investigations into the pharmacodynamic effects of dermally administered microemulsion containing β-blockers. J Pharm Pharmcol，1991，43：679

[72] Radomska A, Dobrucki R. The use of some ingredients for microemulsion preparation containing retinal and its ester. Int J Pharm, 2000, 196(2):131～134

[73] 徐岩，陈祖基，宋洁贞等，毛果芸香碱微乳滴眼剂及滴眼液在兔眼房水中的药代动力学. 中国药科大学学报，1997，28(6):446～448

（潘仕荣）

第十章　离子聚合物及其在药剂学中的应用

离子聚合物(ionic polymers)是一类在酸性或碱性介质中可产生解离,形成带正电荷或负电荷的高分子材料,类似于无机溶液中的电解质,故又称为“聚电解质”(polyelectrolyte),顾名思义,是聚合物的电解质。它与无机电解质不同之处,在于它是一个分子量很大的大分子,不仅具有一般电解质的电性特点,同时还有聚合物大分子的许多其他特点。

当两种带相反电荷的聚电解质遇到一起,两种大分子可通过静电吸引力相互作用形成大分子复合体,又称为聚电解质复合物(polyelectrolyte complex)。它也可以和小分子、离子,如 Ca^{2+}、Mg^{2+}、($P_3O_{10}^{5-}$)、SO_4^{2-} 等通过静电吸引形成复合物。另外,离子聚合物的分子链之间,可以通过离子形成氢键、盐键或范德华引力形成聚合物网络;离子聚合物还可以通过交联剂形成不溶性的离子交换树脂(ion exchange resins)。

由于离子聚合物具有许多特异性,近二十年来离子聚合物得到材料界、医药学界广泛重视,并在环保、新型膜材料、模板聚合、蛋白质分离及分子自组装等领域开展了广泛的研究,并得到实际应用[1]。

由于离子聚合物的电荷性质,以及它在生命内的很多复杂现象,如基因信息的传递、抗体-抗原的作用等,近年来离子聚合物在药学控释领域应用的研究引起了广泛的重视,并在刺激响应药物控释、药树脂制剂、细胞免疫隔离移植、多肽蛋白质药物的控缓释、基因治疗及人造疫苗等领域取得了较大进展。

第一节　概　　述

离子聚合物在医药中应用是近几年的事情,但离子聚合物在天然界早已存在,只是没有开发与应用而已,如海藻酸钠、壳聚糖、人体与动物中肝素、透明质酸、明胶等;还有人工合成的一些聚合物,如聚丙烯酸、聚环乙亚胺、聚赖氨酸、聚乙烯胺、聚膦腈等。近几年来人们发现,将阳离子聚合物、阴离子聚合物、两性大分子组合起来的聚电解质复合物,在控缓释药物剂型、免疫隔离细胞移植方面,在多肽蛋白给药系统及基因治疗方面可得到很好的应用,下面分别介绍它们的应用机理。

一、聚电解质复合物释药系统的形成机制

聚电解质复合物释药系统的形成,主要通过 4 种形式加以实现:

（一）聚电解质复合物包埋模型药物

当阳离子聚合物或称聚阳离子（polycation）、阴离子聚合物又称聚阴离子（polyanion）与模型药物混合起时，由于静电作用，聚阳离子与聚阴离子通过盐键形成更大分子量的聚电解质复合物，将模药包埋其中，这种包埋类似第六章中提到的整体型或骨架型装置（见图 10－1），药物被随机包埋在聚电解质复合物链中，如聚丙烯酸/聚环乙亚胺聚电解质复合膜就是一例[2]。

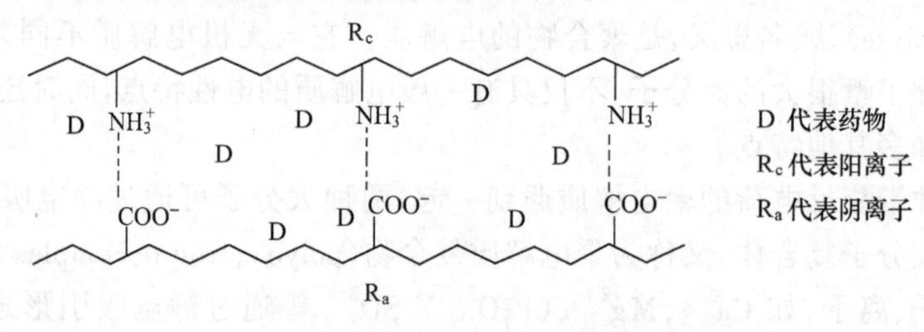

图 10－1　聚电解质复合物包埋模药示意图

（二）聚离子(polyions)与小分子离子形成聚电解质复合网络结构

当聚阳离子或聚阴离子分别与无机酸根或无机金属阳离子相互作用时，小分子离子通过“egg-box”机理使聚阳离聚集、凝胶化[3]。此时，药物被包埋在网络之中，如果被小分子离子交联后的聚离子表面再复合一层带相反电荷的聚离子，则可形成包裹型的微胶囊（图 10－2）。如，海藻酸钠聚阴离子用钙离子交联，海藻酸聚离子中羧酸根一方面可通过钙离子交联，剩余的羧酸根还可以与其他聚阳离子，如聚乙烯胺或聚赖氨酸等形成聚阴离子-聚阳离子复合物[4]，药物被包裹在内层聚阴离子链中，外层由聚阳离子所包裹。

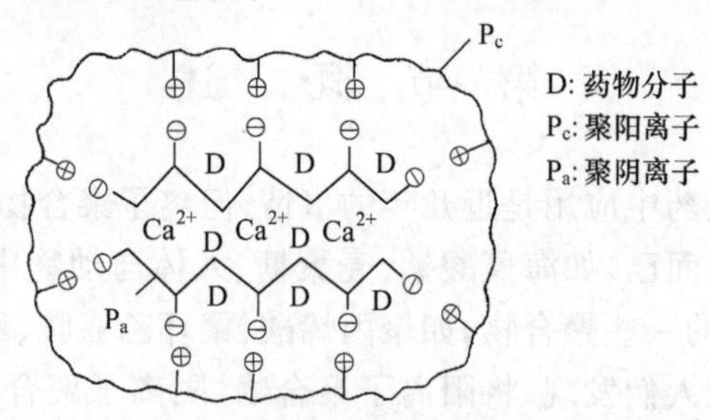

图 10－2　Ca^{2+}交联后的聚阴离子与聚阳离子形成复合物

（三）离子聚合物与模型药物形成的聚电解质复合物

这一类模型药物大多数是用于治疗某种疾病的多肽、蛋白类、基因等，如很多的碱性生长因子(basic growth factor, BGF)一般等电点大于 9.0,在生理条件下带负电荷,可以与带正电荷的聚阳离子通过静电作用形成聚电解质复合物(图 10-3),如 Tabata 等[5]模拟碱性成纤维细胞生长因子(basic fibroblast growth factor, BFGF)在细胞间隙中的存在形式,首次用碳化二亚胺交联的酸性明胶(等电点为 5.0)水凝胶作为 BFGF(等电点为 9.6)的控释载体,成功地实现了 BFGF 较长时间的高活性释放。

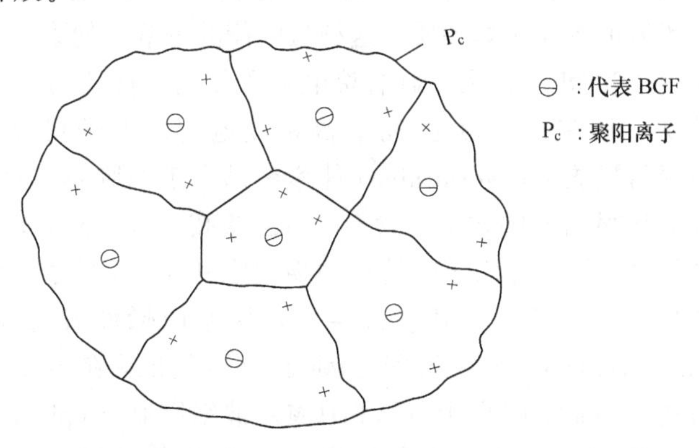

图 10-3　聚阳离子与多肽药物形成聚电解质复合物示意图

另外,用聚阳离子与基团(聚阴离子)形成聚电解质复合物,模拟类似于病毒的结构作为基团载体也是离子聚合物应用的一个重要方面。此时使用的聚阳离子以多肽为主,如聚赖氨酸(L-polylisine,PLL)在一定条件下,聚阳离子可与基因在水溶液中形成具有纳米尺寸的聚电解质复合物粒子。也可以在聚阳离子分子链上引入具有特殊功能基因,如半乳糖基、转铁蛋白等,使聚阳离子/基因纳米具有类似病毒功能,进入细胞核[6]。

(四) 药树脂

药树脂是已固化(交联)的离子聚合物与带有酸性或碱性基团的药物结合起来形成的一类特殊的"聚电解质复合物",通常将含酸性基团(如—SO_3H 或—COOH)的阳离子交换树脂与碱性药物(如生物碱或其他胺类药物)结合成药树脂,或含碱性基团(如季铵基或伯胺基)的阴离子交换树脂与酸性药物(如乙酰水杨酸、巴比妥酸衍生物)形成药树脂[7]。制作药树脂的方法有静态交换法和动态交换法两种。前者是将离子交换树脂与药物水溶液在搅拌下,浸泡至离子交换平衡为止,后者用药物水溶液为移动相,直至交换达到平衡[8]。

二、聚电解质复合物特征

聚电解质复合物既具有一般电解质的特点,又具有聚合物大分子特征,概括起来，它具有以下特点：

（一）对细胞亲合力强，在体内易被清除

除了共价键交联的离子交换树脂外，大部分的聚电解质是水溶性的，甚至包括许多聚电解复合物，即使有些聚电解质复合物暂时性不溶于水，但一旦它们进入人体，由于人体体液 pH 值或其他小分子离子的存在，这些靠“盐键”组成的聚电解质复合物逐步离解为可溶性聚电解质。这种带电荷的可溶性的聚电解质易黏附于细胞表面，被细胞吞噬的机率很大，因此，聚电解质要比其他药用生物材料更容易从人体器官中消除。许多作者报道，带有高密度电荷的离子聚合物，如聚赖氨酸(polylysine)和聚鸟氨酸（polyornithine）能紧密结合于细胞膜，即使是很小的电荷密度变化都能引起很明显的效应。含有 7%乙烯胺(vinylamine)的聚乙烯吡咯烷酮的共聚物(聚阳离子)能黏附于哺乳类动物细胞表面，而不含有乙烯胺的聚乙烯吡咯烷酮(PVP)则没有这个作用。聚羟丙基甲基丙烯酰胺(polyhydroxypropylmethacrylamide，PHPMA)不能吸附于细胞膜，但如果在合成时单体中加入10%～20%酚基(phenolic 阴离子)后，PHPMA 被细胞胞饮(pinocytosis)速率迅猛增加[9]。类似情况是，在另一聚合物聚羟乙基天冬酰胺(polyhydroxy ethylapartamide，PHEAA)中加入 10%～20%酚基单体形成侧链，大大增加了聚合物对细胞膜的结合力[10]。

到目前为止，用 PVP 与 PHPMA 为基础添加一些离子取代基团开发成聚阴离子或聚阳离子，可作为细胞靶向的药物载体，用于细胞靶向给药系统。Duncan R 等[11]研究了用连接有甘氨酰甘氨酰半乳糖胺(glycylglycylgalactosamine，GGGS)支链的 PHPMA 的特点，结果发现肝细胞表面糖蛋白受体(asialoglycoprotein receptor)极易识别它们，当把这一聚离子注射入鼠血液中很快被肝细胞摄取，进入细胞内溶菌体。

（二）制备条件温和，为研制多肽、蛋白类药物新剂型创造条件

制备聚电解质复合物，不管是聚阴离子与聚阳离子形成的复合物，还是聚离子与药物大分子或两性大分子形成的复合物(conjugate)，一般是在水溶液中通过“盐桥”作用形成的。不需加入那些对细胞有毒的有机溶剂与各种引发剂、催化剂，反应一般不需加热、加压、紫外照射等。多肽、蛋白、疫苗类药物对热、光、有机溶剂敏感，受外界条件变化的影响，这些大分子药物分子结构易失活。因此，用形成聚电解复合物的方法来制备多肽、蛋白类药物的制剂具有广阔的应用前景。如用钙离子交联海藻酸钠制成的药物控制释放系统[12,13]。制备时，只需将模药按一定比例与海藻酸钠混和，并均匀分散在水溶液中，滴入一定浓度 $CaCl_2$ 水溶液，室温作用2h 后，即可收集小球，洗涤、干燥即可。操作简单，制备条件温和，不会引入任何有

害物质。

（三）能模拟类似于病毒的结构，作为基因载体

到目前为止，基因治疗大多以病毒为载体。但这可能导致内源病重组、致癌、免疫反应等负效应，限制了其在人类疾病基因治疗方面的应用。聚阳离子和基因可形成聚电解质复合物，具有一些类似病毒的功能，如受体调节内化移植于(translocation)细胞核等[14]。

（四）聚阴离子作为药物载体具有抗病毒的潜力

许多文献[15]报道聚阴离子化合物，如磺化聚多糖(sulphated polysaccharides)、带有负电荷的血浆白蛋白、乳蛋白和合成的磺化聚合物、聚阴离子乳化剂、聚膦酸盐等，在体外实验中存在明显抗病毒作用。这些聚阴离子具有以下独有特点：① 对HIV-1，HIV-2 和一系列其他包膜病毒(eveloped viruses)具有明显的宽谱抗病毒作用；② 能阻止 HIV 感染与 CD4 T 淋巴细胞间溶合胞毒素(syncytium)形成；③ 减低病毒药物长久使用引起的抗药性。许多文献作者进一步证明，聚阴离子干扰细胞融合过程(fusion process)，特别是病毒复制循环(replication cycle)中关键步骤，阻止病毒——细胞融合是聚阴离子抗病毒活性的根源。有的学者认为，聚阴离子在人体中抗病毒活性降低，是由于聚阴离子药理性质导致在病毒靶目标生物利用度的降低引起的。建议聚阴离子与药物相结合组成给药系统，可作为临床治疗上有用的抗病毒制剂。

三、聚电解质复合物的分类

按组成聚电解质复合物组分溶解性来分，可分为可溶性与不溶性(共价交联)离子聚合物两大类。聚电解质复合物按其组成(或结构)可以分为下述几类：

（一）聚阳离子-聚阴离子复合物

目前，这类复合物以弱的聚酸和弱的聚碱所形成的聚电解质复合物为主，在中性条件下稳定，在酸性或碱性条件下由于弱的聚酸与弱的聚碱非离子化，分别失去电荷，使复合物解离溶胀，即这一类型的聚电解质复合物在酸性或碱性条件下具有 pH 响应的性质[16,17]。

Kono K 等[2]将 PAA 溶液滴入聚环乙亚胺(polyethylenimine, PEEM)溶液制备胶囊，胶囊表面由 PAA/PEEM 复合膜组成，发现模型药物苯乙烯基乙二醇(phenylethylene glycol)从胶囊中释放在酸性或碱性环境中都有 pH 响应性。如果将组氨酸基团引入到聚环乙亚胺聚阳离子中，由于组氨酸等电点 pK=6.0，在中性 pH 条件下可产生离子化，使得所制备的 PAA/PEEM 胶囊具有更强的 pH 响应

性质。

(二) 聚离子-两性大分子复合物

两性大分子链上一般都同时含有酸性基团或碱性基团,如蛋白质中碱基—NH_2与羧基—COOH,当环境 pH 等于大分子等电点 pK 时,表现为中性;当环境pH 偏离 pK 时,则表现出电荷性质的变化。由于这类复合物主要靠聚离子与两性大分子上荷电基团相互静电引力形成的,当外界环境 pH 变化时,导致复合物解离或体积变化。这类复合物又可分为聚阳离子-两性大分子复合物与聚阴离子-两性大分子复合物两大类。前一类复合物作为 pH 响应的控释载体报道甚少[18];后一类复合物,如 PAA、PMA、肝素等聚阴离子与明胶(pK=4.9)的聚电解质复合物,作为 pH 响应药物控释载体可行性报道较多。如浙江大学朱康杰教授,发现细胞色素 C 和肌红蛋白等模型药物从这些复合物中释放具有很好 pH 响应性。

另外,聚离子-多肽蛋白类药物形成复合物也属于这一类型,如肝素(聚阴离子)与 TGF-β_2 药物(多肽蛋白类)形成的聚电解质复合物与胶原混合溶液注射入损伤骨组织,可以有效地促进成纤细胞的募集和新的连接组织的生成[19]。

(三) 聚离子-小分子离子复合物

聚阳离子或聚阴离子,可能通过小分子离子如酸根或无机金属离子的静电作用形成复合物。此时,小分子离子作为"盐桥"起着类似交联剂作用,如用钙离子交联海藻酸钠作成的控释小球;用硫酸根、柠檬酸根、偏磷酸根和三聚磷酸根等小分子阴离子交联壳聚糖聚阴离子形成的复合物[20,21]小球,对多肽蛋白类药物表现较好控释性能;用钙离子交联果胶纳米粒,用于胰岛素的结肠靶向给药系统[22]。

(四) 两性大分子间形成的复合物

多肽蛋白类大分子属于两性大分子,它既可做药物载体,如明胶、白蛋白等,又可作为模型药物,如各种生长因子、胰岛素、干扰素等。用碳化二亚胺交联的酸性明胶(大分子)等电点为 5.0,在生理条件下作为聚阴离子与 BFGF 生长因子(pK=9.6)在生理条件下作为聚阳离子(又作为模型药物)形成聚电解质复合物。在体内随着明胶的酶解,BFGF 同步释放,可以非常有效地促进血管形成和组织肉芽的生长。

BFGF/明胶聚电解质复合物制剂还可用于创伤骨科中促进骨头的再生和愈合作用[23]。动物实验表明,这种缓释制剂可使手术上不能修复的头盖骨缺陷,在 12 周后得到愈合[24]。

(五) 离子交换树脂-解离型药物结合体

离子交换树脂是一种用交联剂通过共价键交联的一类固态的聚阴离子或聚阳

离子,它可以和解离型药物通过离子交换形成复合物——药树脂,这些药物包括有:

1.含氧的有机碱盐类药物:盐酸麻黄碱、盐酸伪麻黄碱、盐酸苯丙醇胺、茶碱[25]、硫酸沙丁胺醇;

2.有机酸类药物:抗坏血酸、烟酸、水杨酸、乙酰水杨酸及巴比妥类衍生物;

3.两性药物:氨基酸类。美国 Pennwalt 公司开发的 Pennkinetic 系统口服药树脂就是著名的例子。

此外,聚电解质复合物按其功能来分,可分为下列几类:作为基团给药系统载体;作为多肽、蛋白类药物控缓释制剂载体;作为 pH 响应药物控释制剂的载体;作为免疫隔离复合膜;作为荷电脂质体的组成材料;作为药树脂的载体。

第二节 基因治疗的 DNA 给药系统

DNA 给药系统(DNA delivery system)是随着近代生物技术发展而产生的一种新型给药系统与治疗疾病的方法。随着人类基因库的完善,各种与人类疾病相关的基因逐步被揭晓,是人类认识疾病病因的更深层次的探索。从疾病与产生疾病的相关基因缺陷入手,借以达到治疗相对应的疾病,是基因治疗的理论基础。

基因治疗 DNA 给药系统属于靶向给药系统范畴,这种靶向是细胞与分子水平上的靶向。“药物”(这里指重组 DNA)首先必需在载体(媒介)介导下达到靶细胞表面,穿透细胞膜,进入细胞核,整合在染色体中,取代突变基因,补充缺失基因或关闭异常基因,然后由 mRNA 翻译进入核糖体(ribosome),经加工重组新的蛋白。

基因治疗从 1980 年第一篇哺乳类基因转移公开报告到 1994 年 300 余人接受临床基因治疗试验,花了整整 15 年时间。1994 年美国重组 DNA 咨询委员会(RAC)批准了人基因治疗方案。到目前为止基因治疗已取得突破性进展,已涌现出一批基因治疗药物。以下就基因治疗的基本原理、步骤、方法,以及基因治疗 DNA 给药系统载体作一概括性阐述。

一、基因治疗的基本原理与步骤

(一) 基本原理

基因治疗(gene therapy)是一种用纠正基因缺陷取代突变基因,产生一种治疗性蛋白来治疗人类疾病的一种医学介入方法。从某种意义上说,基因治疗类似于器官移植。器官移植着眼点是取代器官全部代谢功能,而基因治疗着眼点是特定的基因缺陷或病理生理途径。因为宿主细胞有自己“一定规则机器”方控制生产或分泌重组蛋白,该靶器官便成为“当地加工厂”,释放治疗活性剂(药物)的场所。

从单一遗传的基因紊乱(gene disorders)到复杂基因紊乱,如心血管疾病、糖尿病、高血压与恶性肿瘤,基因治疗在医治人类许多种疾病存在巨大潜能。严重的结合免疫缺陷(severe combined immunodeficiency, SCID)中25%病例是由于腺苷脱氨酶(adenosine deaminase, ADA)缺陷。该酶是用于分别催化腺苷和脱氧腺苷(deoxyadenosine)到肌苷(inosine)和脱氧肌苷(deoxyinosine)的转化。当人体缺少这种酶时,T和B细胞产生功能障碍,导致易受传染而产生的多种综合症。通过转移正常的ADA基因到人体,并恢复正常ADA新陈代谢,对正常人ADA基因的游离(isolation)、克隆(cloning)、次序化(sequencing)提供了纠正人体ADA紊乱的可能途径。另外,在治疗囊肿纤维化(cystic fibrosis)疾病、血胆甾醇过多症(hypercholesterolemia)等家庭史疾病方面,基因治疗用于纠正基因分子缺陷的机理已经基本弄清。

(二) 主要步骤

开发有效地转移和控制重组ADA在靶位的表达技术是基因治疗的关键。要改变重组DNA的显型行为过程一般需经5个步骤,这5个步骤是(见图10-4):

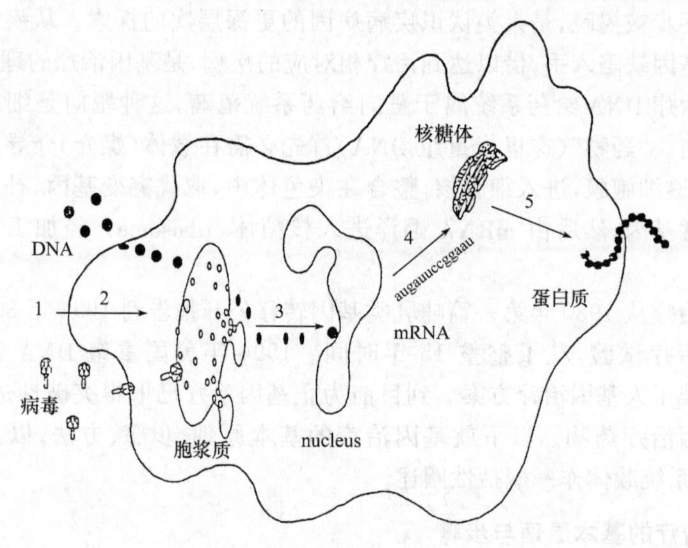

图10-4 基因转移与基因治疗的五个步骤

1. 必须将DNA传递到靶位

这个过程可以通过直接静脉注射或将DNA在浸泡培养的靶细胞中来完成,传递DNA到靶位的工具通常称为DNA的传递基质或载体,它可以是脂质体、病毒或聚离子。

2. 穿透细胞膜并内化(internalization)

一旦基质与靶目标接触，它必须成功地穿过外层浆膜，并内化到低 pH 的胞浆质(endosomal)的复合物中。如果基质无法突破胞浆质膜，则大部分内化的 DNA 将被降解；另方面，如果基质具有融合性质，胞浆质膜将被打破，DNA 释放到胞浆中。

3. 移植(translocation)于细胞核

胞浆化 DNA 迁移到细胞核，将 DNA 信息解秘给 RNA。

4. DNA 转录与翻译

mRNA 反馈回胞浆并进入核糖体(ribosomal)，在核糖体内合成蛋白质。

5. 蛋白质加工

重组蛋白加工后，插入到作用部位或分泌。

大尺寸和带负电荷的 DNA，以及细胞膜保护壁垒限制了细胞与细胞核对外源 DNA 的摄取与内化，外源的 DNA 常被溶酶体中的酸蛋白酶及去氧核糖核酸酶所降解，大部分哺乳类动物细胞都具有这种抵抗外源 DNA 的转变本能。

二、DNA 传递系统中载体的介导作用

要完成 DNA 转移细胞的穿透和内化是如此关键，以至历史上研究了许多方法去克服这一天然障碍。最早的方法是用 DNA 微沉淀法(microprecipitates)加速 DNA 吸附到细胞表面。实验证明，用这种方法基因转移效率低，不足以满足在临床上应用。

有两个重要术语用来衡量与判断基因转移足够与否的尺度，即转染效率(transfection)与转变效率(transformation)。转染效率是指用重组 DNA 孵育后 24h 内能显示重组基因表达的那些细胞百分数；转变效率是指那些能表现长期重组基因表达(超过 2 星期)的细胞百分数。

最佳的 DNA 传递载体应该同时满足高的转染效率与转变效率。为了达到这一目标，已经开发了许多能改进细胞穿透和细胞核移植的方法。这些方法可划分为三大类：一类以重组病毒为媒介 DNA 给药系统，一类以脂质体为媒介 DNA 给药系统，还有一类以聚离子为媒介的 DNA 给药系统。

前两类已被美国重组 DNA 咨询委员会批准并应用于临床，第三类是近几年新兴的一种 DNA 给药系统。

(一) 脂质体介导的 DNA 传递系统(liposome-mediated DNA delivery systems)

脂质体介导 DNA 主要依赖于组成脂质体的磷脂成分能促进细胞膜的融合，加速 DNA 的转移。它的主要优点是：① 脂质体与基因复合过程容易，便于生产；② 脂质体是非病毒性载体与细胞膜融合将目的基因导入细胞后，本身降解无毒，无免疫原性；③ DNA 可得到保护，不被灭活或被核酶降解。

目前用于该系统的脂质体种类主要是大单室(large unilamellar vesicles, LUV)脂质体、pH 敏感脂质体、免疫脂质体、融合脂质体与阳离子脂质体。这些脂质体各有优缺点,如 pH 敏感脂质体虽提高了 DNA 的转染效率,但在血浆、血清中不稳定,将胆固醇或神经节苷脂等物质加入脂质体可提高稳定性,但在酸性介质中与细胞膜结合力却大大降低。免疫脂质体是将抗体偶联在磷脂上,提高了识别靶细胞能力,但该脂质体易被溶酶破坏,此外,它具有免疫原性,会降低它在循环系统中的半衰期,融合脂质体,主要是模拟某些病毒(如 HIV 或 Sendai 病毒)与细胞膜的合并方式,在制备脂质体时加入融合剂,如聚氧乙烷、甘油、聚乙烯醇或重组病毒细胞膜等。提高了系统对细胞的渗透性,但由于免疫原性太强,制备复杂,细胞专属性及血浆中稳定性差,临床应用受限制。

从总整体上讲,阳离子脂质体比其他类型脂质体具有更多优点,其主要优点有:① 阳离子脂质体对 DNA、多肽、蛋白类大分子等这些聚阴离子或阴离子型聚电解质敏感,有比较高的转运能力,能转运 RNA、核糖体、带负电荷分子与两性大分子物质进入细胞,且转染效率比其他类型脂质体高几个数量级;② 阳离子脂质体与其他脂质体不同,不必将基因包裹于脂质双分子层中,直接混合,靠静电形成复合物,因而不受基因体积大小限制[26],但复合物的转染效率与制备时脂质体、基因加入前后顺序关系很大;③ 阳离子聚电解质(多熔素、聚组氨酸等)能使原来 DNA 螺旋结构的庞大空间体积缩合至原有体积百万分之一以下,加强了系统穿透能力,使得基因-阳离子脂质体复合物成为多种结构混合体[27]。

Conary 等[28],先将合成信号肽与质粒 DNA 连接,然后再与阳离子脂质体形成复合物。体外实验表明,合成信号肽的加入大大增加了细胞摄取和转基因(transgene)表达。

总之,脂质体作为基因转导媒介,从整体上看,在人体中转导效率低,缺乏有效的染色体整合(chromosomal integration)机制。

(二) 重组病毒都为媒介的 DNA 传递系统(recombinant virus-mediated DNA delivery systems)

所有病毒都具有有效穿透细胞膜的能力,这是它作为 DNA 媒介的基础之一。重组病毒的媒介主要有两种:一种是逆病毒(retrovirus, Rt),另一种是腺病毒(adenvirus, Ad)。前者是由一大家族包封的单股 RNA 病毒组成,完整的逆病毒粒径为 70～100nm 左右,外层由病毒糖蛋白脂质包封,内核由挂有逆病毒的结构蛋白组成,内含挂有病毒的蛋白酶——整合酶(integrase)和反转录酶(reverse transcripase, RT)。这些病毒能整合它们的 DNA 到宿主染色体中,这个过程能导致宿主细胞永久性转变,并将病毒染色体传至所有姐妹细胞,但这种整合和永久性改变宿主染色体也带来产生癌症与感染的危险。

腺病毒是一种无外包膜同分异构双股 DNA 病毒，直径为 70～90nm，分子量约 1.7×10^8，病毒染色体由单一线性双股 DNA 组成，DNA 分子上包含约 3500 碱基对。Ad 病毒作为基因治疗载体有几个优点：① 人类的 Ad 与人类中肿瘤癌变无关；② 穿入细胞与复制效率很高且不需活性宿主细胞增殖；③ Ad 病毒易于繁衍且原始病毒上层清液易浓缩成高滴度；④ Ad 病毒能高效逃脱胞浆质泡进入细胞浆。

Ad 病毒介导的基因转移最大弱点是对病毒蛋白的免疫反应和重组基因表达的短暂特征，许多数据表明免疫介导反应，在限定 Ad 病毒介导的重组基因，表达持续时间方面起着非常重要作用。

(三) 聚电解质复合物在基因治疗中的应用

由于脂质体与重组病毒在基因介导中存在着许多难以解决的难题，限制它们在人类疾病基因治疗方面应用近几年来，以非病毒材料为基因载体的基因治疗研究引起重视，其中用聚阳离子和基因形成的聚电解质复合物，模拟类似病毒的结构作为基因载体就是其中一个重要方面[29]。在使用的聚阳离子中以多肽(如聚赖氨酸 PLL 等)为主，另外还有明胶、壳聚糖等。

在一定条件下，聚阳离子可与基因在水溶液中形成聚电解质复合物纳米粒。同时，可以在聚阳离子链上引入具有特殊功能基团(如半乳糖、转铁蛋白)，从而使聚阳离子/基因纳米粒具有类似病毒的功能，如受体调节内化，进入细胞核等[14]。

为了克服聚阳离子/基因纳米粒在制备过程中和进入人体后血浆中易聚集的不稳定缺点，1995 年 Harada 等[30]用嵌段 PEG 共聚的聚赖氨酸阳离子(PEG-PLL)和用嵌段 PEG 共聚的聚天冬酸阴离子(PEG-Polyaspartic acid)在溶液中自发形成稳定单分散的聚电解质复合物纳米球，内层为聚阳离子/聚阴离子通过静电形成的复合物疏水核，外层为 PEG 亲水链段，被称为聚离子复合物胶束[30](图10－5)。

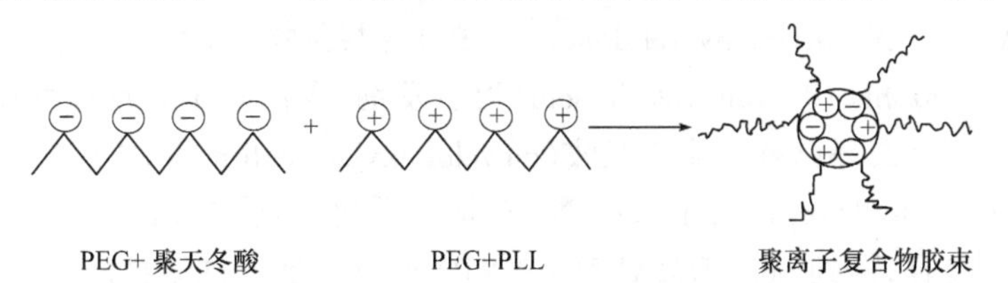

图 10－5　聚离子复合物胶束形成

该聚离子复合物胶束可作为基因载体，与 PLL/基因复合物相比，PLL-b-PEG/基因复合物更稳定，也更易在细胞中溶解，同时可大大降低对细胞毒性，提高了基因在细胞中的转染率[31,32]。Kataokw K 等[33]用反义核苷酸代替聚天冬酸同样得到类似结果。还有报道用 PEG 接枝的明胶和壳聚糖等聚阳离子作为基因载体与 PEG-b-PLL 类似。在血浆的电解质环境中仍是稳定的纳米粒，且冷冻干燥储存过程中不失活。

最近,Kim 等还报道用硬酯酰化聚赖氨酸、低密度脂蛋白(LDL)、基因三者之间疏水平衡及表面净电荷,制备了三元复合物基因载体,^{1}H-NMR 谱揭示了 PLL 分子链上的硬酯基团与 LDL 间存在很强的疏水作用。琼脂凝胶电泳表明,硬酯酰化聚赖氨酸的加入使三元复合物具有多的正电荷[34]。

(四)阳离子聚合物作为基因传递系统载体的几个例子

基因治疗从单一的基因缺陷到各种慢性疾病,如癌症以及接种疫苗方面都取得成效。最初,基因治疗的载体多用重组病毒或脂质体。近几年来,逐步认识到非病毒的离子聚合物作为基因载体的优越性,以下选择几篇最新典型的报道。

例 1:Lim Y B 等[35]报道,用人工合成的生物可降解阳离子聚合物——聚[α-(4-氨基丁基)-L-乙醇酸]{poly[α(4-aminobutgl)-L-giycolic acid], PAGA}为基因载体,该阳离子聚合物无毒,在水溶液中迅速降解,最后降解产物为 L-氧化赖氨酸(L-oxylysine)。PAGA 与 DNA 以电荷比为 1:1(+/-)时,能形成自组装的生物降解复合物,这一点已被明胶电泳实验与原子力镜(AFM)以及动态光散射所证实。体外实验表明,DNA 从复合物中释放曲线为控制释放模式。该复合物的转染率是 PLL-DNA 复合物的 2 倍多,而 PLL-DNA 复合物是基因传递系统中最常用的阳离子聚合物载药系统。由于 PAGA 及其降解产物氧化赖氨酸具有很好的生物相容性,因此该聚合物无任何细胞毒性表现。该文作者认为这一载体在基因传递系统的应用中是安全的,且具有广阔的应用前景。

例 2:Lim D W 等[36]报道,用阳离子聚合物和 PEG 组成的嵌段共聚物作为 DNA 的载体。该阳离子聚合物是含端羧基的聚(2-[-二甲氨基-]-乙基甲基丙烯酸酯与 *N*-乙烯基-2-吡咯酮){poly (2-[-dimethylamino-]-ethyl mathacrylate, DMAEMA)-co-(*N*-vinyl-2-pyrrolidone, NVP)}的共聚物,用 4,4′-偶氮-双-(4-氰基戊酸) 4,4′-azobis-(4-cyanovaleric acid)为引发剂,自由基聚合反应而得,共聚物的端羧基用加有二环已基碳化二亚胺(dicyclohexylcarbodiimide, DDC)的 *N*-羟基琥珀酰亚胺(*N*-hydroxysuccinimide, NHS)加以活化,然后与 PEG-双-二胺[PEG-bis(amiue)]复合,得到 poly(DMAEMA-NVP)-b-PEG 嵌段共聚物。

为了对肝细胞唾液糖蛋白受体(asialoglycoprotein receptor)有特异的基因靶向,用乳糖(lactose)和氰基氢硼化钠(sodium cyanoborohydride)偶联法将半乳糖(galactose)分子引入 poly(DMAEMA-NVP)-b-PEG 嵌段共聚物的 PEG 端基。RSV 萤虫素酶(luciferase)质粒作为报告基因(reportor gene),体外基因转染率在 HepG2 人肝癌细胞上测定,poly(DMAEMA-NVP)-b-PEG-半乳糖聚阳离子/DNA 复合物以 0.5/2 重量比复合而成,并凝缩成粒径为 200nm 左右的纳米粒,表面稍带一些负电荷,然后将这一复合物再包上一层阳离子,pH 敏感的核体内多肽

KALA,生成带正电荷的poly(DMAEMA-NVP)-b-PEG-半乳糖/DNA/KALA的复合物粒子。在血浆蛋白中,PEG嵌段和poly(DMAEMA-NVP)-b-PEG-半乳糖复合物中的半乳糖链二者大大增强了基因转染率。不管血浆蛋白存在与否,随着复合物中KALA/DNA重量比增加,poly(DMAEMA-NVP)-b-PEG-半乳糖的转染率随之加强。这一研究表明,将poly(DMAEMA-NVP)-b-PEG-半乳糖复合物与核内体多肽KALA所得到制剂可以取得与商业试剂一样高的基因转染率。

例3:Guo W等[37]报道,用聚乙烯基亚胺(polyethylenimine, PEI)阳离子聚合物能将DNA分子转移到培养的哺乳类动物细胞上。当将PEI/DNA复合物应用到基因治疗时,由于血浆的存在,细胞转染活性的敏感性降低,使得该复合物使用受限。该作者发现,对于任何细胞种属,叶酸(folic acid)都能明显加强该复合物在血浆中细胞转染活性,不管在PEI/DNA复合物形成之前或之后加入叶酸都能观察到这一现象。但其他阴离子化合物如,胆酸(cholic acid)、柠檬酸、EDTA、谷氨酸(glutamic acid)却观察不到这种现象。这一新制剂为基因传递及其在基因治疗应用方面提供了可靠、低价、高效的办法。

例4:Lee H等[38]报道,融合多肽KALA与PEG复合物作为PEI基因传递制剂中内核体突破剂,该复合物由端基为马来酰胺的甲氧基PEG,一种半胱胺酸(cysteine)特殊衍生物与KALA反应而得。将带正电荷的PEG-KALA复合物包在负电荷DNA/PEI复合物表面,形成净正电荷的PEG-KALA/DNA/PEI复合物。随着PEG-KALA数量的增加,该正电荷复合物粒径变化在200~400nm之间,而单独用KALA包裹的DNA/PEI复合物却很大程度上发生凝聚,这是由于复合物表面的PEG链压制了阳离子KALA引发的粒子间的相互作用,随着PEG-KALA包裹层的增加,细胞转染率明显上升,说明KALA的融合活性加强了基因表达的水平。

例5:Koping-Hoggard M等[39]用天然阳离子聚合物——壳聚糖作为另一种无病毒的基因传递系统载体,并在体外建立了壳聚糖/DNA复合物结构与性能相互关系。比较了超纯壳聚糖(ultrapure chitosan,UPC)组成的复合物与PEI复合物,在鼠体气管给药后的结果。分子中有三分之二多的单体带有氨基基团的壳聚糖与DNA能形成稳定的胶体复合物。优选后UPC和PEI复合物在同样程度上都能保护DNA免受血浆的降解,它们在293细胞中都能给出最大的转基因表达。与PEI比较,在剂量逐步升级时,UPC仍是无毒的,在气管给药后,上述两个复合物分布于中等导气管。用一种含有转译加强剂的敏感Placz reporter能观察到转基因在上皮细胞中的表达。然而,基因表达的动力学是不同的:PEI复合物在引发基因表达的开始阶段比UPC复合物快,这归咎于PEI复合物能更迅速逃脱内核体(endosome)。虽然用PEI复合物能导致基因更有效表达,但UPC与普通用的阳离子脂质相比较,已表现出相当有效的基因表达。这一研究为应用壳聚糖作为基因传递系统载体打开了新思路,使壳聚糖成为另一个无毒阳离子聚合物的基因载体,为进一步研究以壳聚糖为基础的基因给药系统研究建立了平台。

在基因治疗各种疾病过程中,最关键的是开发一种有效方法将治疗基因导入靶细胞。到目前为止,已设计与开发的各种无病毒基因载体中,有些已在临床中试验。当然,最简单的方法是用不含载体的裸 DNA 注入局部组织或系统循环中。进一步的方法是用物理方法(如基因胶,electroporation)或化学方法(如阳离子脂质或阳离子聚合物)改进 DNA 质粒基因转移的效率与对靶细胞专属性。

当无病毒的基因载体应用于人体时会遇到种种障碍,这些障碍会削减基因向靶细胞转移。如,当进入血液循环系统时,阳离子载体会吸引血浆蛋白和血细胞,这样会导致复合物物理化学性质的热力学变化。为了到达靶细胞,非病毒载体必须通过毛细血管,躲避单核巨噬细胞的识别与捕捉,从血管排入间质组织,结合到靶细胞表面,然后再被靶细胞内化,逃离内核体,避免细胞浆的降解,寻找途径进入细胞核。

总而言之,非病毒载体要得到在临床上成功的应用,必须更好地理解基因转移中的种种障碍,并开发能克服这些障碍的新基因载体。

第三节　离子聚合物在药物控缓释中的应用

离子聚合物在药物新剂型中的应用,主要有两个方面:一是可组成对外界环境有刺激响应的释药系统;二是作为多肽蛋白类药物载体。

一、pH 响应水凝胶

pH 响应水凝胶载体主要用于制备药物的口服制剂和其他基于 pH 响应的给药体系,离子聚合物必须形成对应的复合物才能作为药物的载体。不管是哪一种类型的离子复合物都是通过“盐键”,即正、负离子间静电引力来形成的。当环境(介质)条件发生变化时,如:pH 变化、离子强度变化、电场变化,都影响(破坏)正、负离子间静电引力的平衡,从而导致部分或全部“盐键”的断裂,即复合物的形成和解离,使复合物的体积发生收缩式溶胀,这就是药物依赖环境变化,产生控缓释的机理。

(一) 聚阴离子与小分子阴离子形成的复合物

这一类型复合物中,以钙离子交联海藻酸钠(Ca^{2+}-alginate)作成小球报道最多[40,41],在药物控缓释中得到广泛应用。然而,影响药物从钙离子交联的海藻酸钠小球中释放因素非常复杂,其中海藻酸钠性质、分子量大小起着非常重要作用(海藻酸钠性质,分子量也因产地而异),特别是海藻酸钠中 mannuronate 嵌段与

quluronate 嵌段比率会严重影响海藻酸钠性质。此外,制备小球的条件,如海藻酸钠和钙离子的浓度、药物含量、凝胶化历程等对释药行为都有影响[42]。

影响药物缓释行为的另一个重要因素是释放介质的性质与组成。由于钙离子交联海藻酸钠小球具有聚电解质网络特点,其溶胀性能与介质的 pH、离子强度、特殊离子组成密切相关。如,同样的钙离子交联海藻酸钠小球,在蒸馏水、NaCl 溶液和磷酸盐缓冲液释放介质中,小球释放行为各不相同。Kikuchi 等[43,44]研究表明,Ca^{2+}-alginate 小球在磷酸盐缓冲液(pH=7.4)中释放葡聚糖呈脉冲释放形式,小球为溶蚀释放机理。而 Murata 等[41]研究模药亮蓝(brilliant blue)在磷酸盐缓冲液(pH=6.8)中释放药时曲线呈线性关系。

朱康杰等考察了模药考马氏亮蓝(BB,R250,M_w825)钙离子交联海藻酸钠小球在 NaCl 溶液、不同浓度磷酸盐缓冲液(PBS)中释放药行为。制备方法是:将一定量海藻酸钠溶于二次蒸馏水(浓度为 1.5%~5.0% *W*/*V*),然后加入模药 BB,药/载比为 1/4(*W*/*W*),充分搅拌分散,取 5ml 上述溶液用 7 号针头滴入含有 1.0%(*W*/*W*)$CaCl_2$ 的凝固液中,滴加速度为 1.0 ml/min,室温下轻微搅拌 2h 后,过滤收集小球,用二次蒸馏水洗涤两次,除去多余 Ca^{2+},将小球置于 500ml 二次蒸馏水中浸泡,每 8h 换一次水,24h 后收集小球,真空干燥,制得的小球在光学显微镜下呈非均匀结构。

非均匀小球在 0~0.15 mol/L NaCl 溶液中,模药 BB 的释放和海藻酸钠的溶蚀分别见图 10-6(a)和(b)。由图 10-6 看出,NaCl 电解质的存在加速了 BB 释

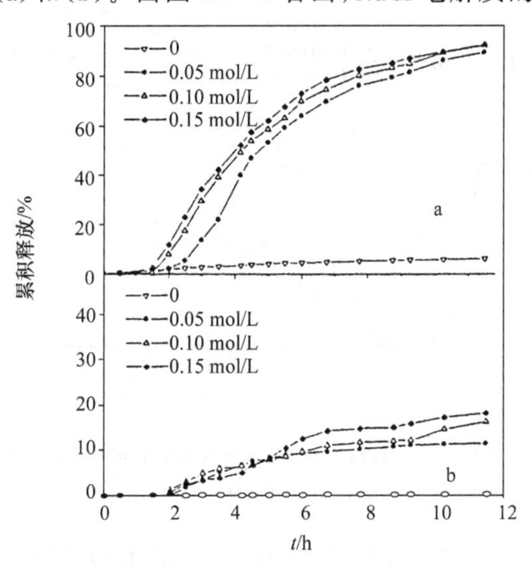

图 10-6 非均匀钙离子交联的海藻酸钠小球在 NaCl 溶液中释放模药 BB(a)与溶蚀海藻酸钠(b)的曲线

(海藻酸钠浓度为 3.0%,*W*/*V*)

放，在蒸馏水中海藻酸钠几乎不溶蚀。

在BB释放的同时，介质中Na^{+}逐步取代Ca^{2+}(图10-7)，导致交联网络部分解离；在蒸馏水中却不发生这种现象。

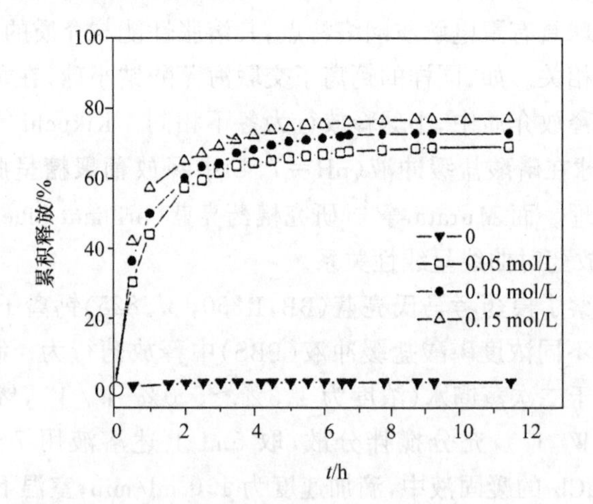

图10-7 钙离子交联海藻酸钠小球在不同浓度的NaCl溶液的钙离子溶释曲线

(海藻酸钠浓度为3.0%，W/V)

当NaCl浓度从0.30 mol/L进一步提高到0.85 mol/L时，BB释放却成下降趋势(图10-8)。

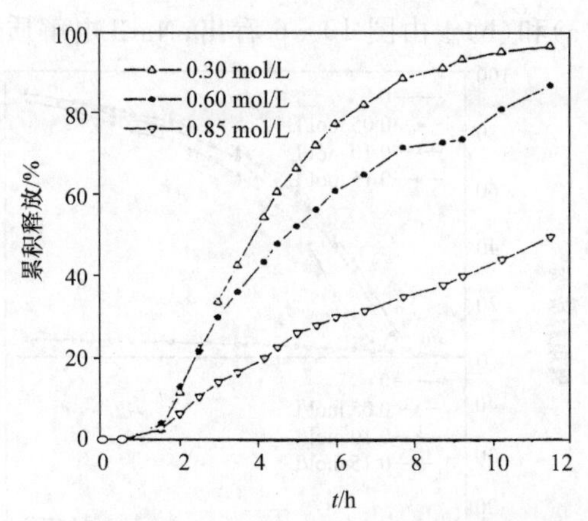

图10-8 BB从钙离子交联的海藻酸钠小球中释放曲线

(介质NaCl浓度分别为：0.30(△)、0.60(•)、0.85(▽)mol/L；海藻酸钠浓度为3.0%，W/V。)

模药BB的NaCl溶液低浓度区(0～0.15 mol/L)表现出随介质NaCl浓度增高，BB释放速率增大规律；在NaCl高浓度区(0.30～0.85 mol/L)却出现相反情况。其原因是因为钙离子交联的海藻酸钠半透膜的溶胀受两个因素所制约：① 是

介质中 Na^+ 可能取代小球中部分 Ca^{2+}，使小球交联点减少小球溶胀；② 根据 Donnan 平衡，半透膜外部离子强度越高，膜内外自由离子浓度差别越小，半透膜内渗透压越低，不利于小球溶胀，在低 NaCl 浓度时第一因素起主导作用，在高 NaCl 浓度时第二因素起主导作用。

非均匀钙离子交联海藻酸钠小球在磷酸缓冲液（PBS）中，BB 释放与海藻酸钠的溶蚀行为与在 NaCl 溶液中完全不同[图 10－9(a)(b)]。当 PBS 浓度为 0.05 mol/L与 0.10 mol/L 时出现脉冲式释放，而其他浓度时仍为缓释放曲线。海藻酸钠浓度为 1.5%与 5.0%时也出现同样情况（图 10－10 中 PBS 为 0.05 mol/L，图 10－11 中 PBS 为 0.10 mol/L）。

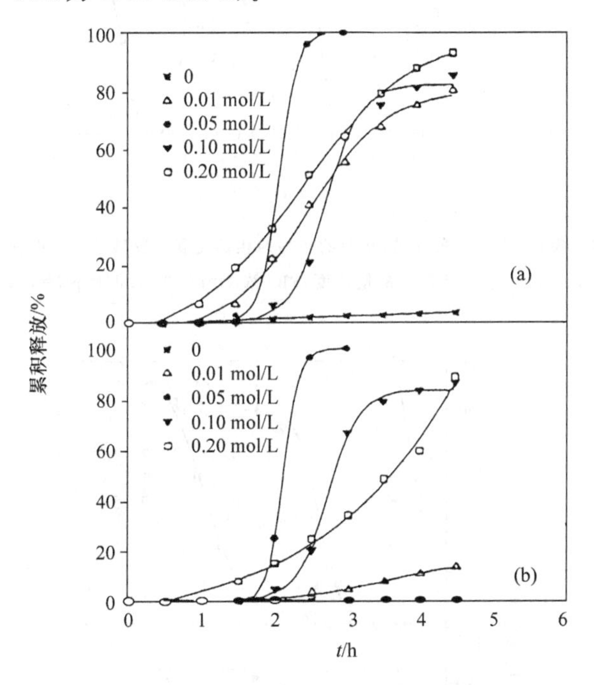

图 10－9　模药 BB(a)及海藻酸钠(b)从钙离子交联的海藻酸钠小球中释放随介质 PBS 浓度变化曲线（介质 PBS，海藻酸钠浓度为 3.0%，*W*/*V*）

模药 BB 及海藻酸钠在 PBS 介质中出现脉冲释放原因是多方面的：一是钙离子交联的海藻酸钠小球表面形成致密表面层，当小球内部模药分子量足够大时，无法像小分子量的模药那样不断往外释药；二是介质中离子强度高，造成小球表层膜内外离子浓度差别增大，使小球内部承受越来越大渗透压，当渗透压大到一定程度时，小球表层膜无法承受巨大渗透压，使小球内部 BB 及电解离下来的海藻酸钠一同突然释发，形成脉冲现象。

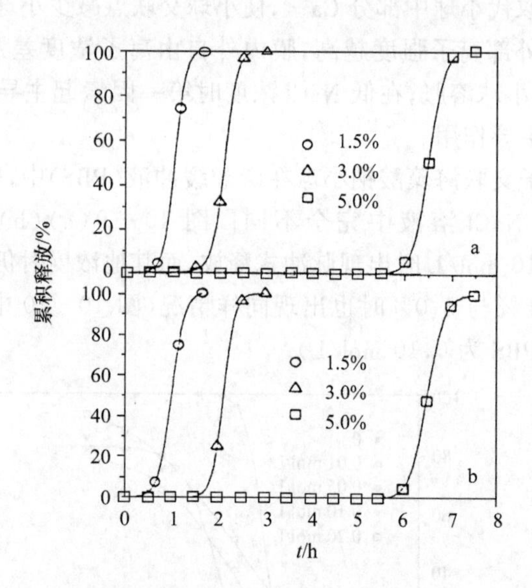

图 10－10　模药 BB 及海藻酸钠，从湿的非均匀相钙交联海藻酸钠小球中脉冲释放曲线

（○ △ □标注为海藻酸钠浓度，PBS 浓度为 0.05 mol/L，pH＝7.4）

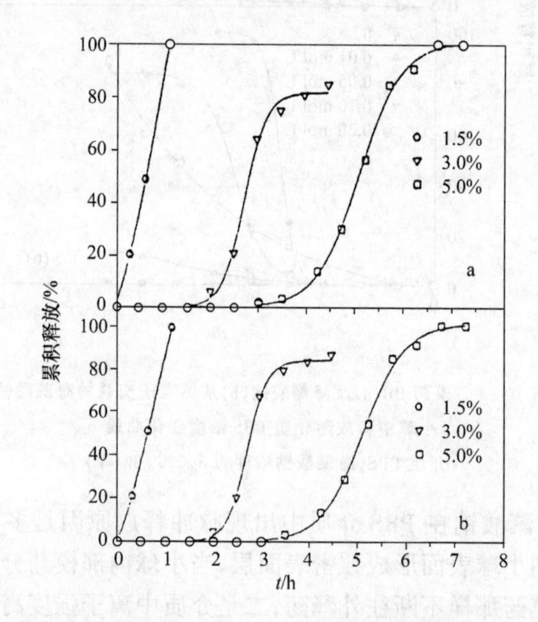

图 10－11　模药 BB 及海藻酸钠从湿的非均匀相钙交联海藻酸钠小球中脉冲释放曲线

（○ △ □标注为海藻酸钠浓度，PBS 浓度为 0.10 mol/L，pH＝7.4）

(二) 聚阳离子与阴离子形成的复合物

壳聚糖是典型的聚阳离子。由于它具有很好的生物相容性、生物降解性与生物黏附性,在药剂学中得到广泛应用。由于壳聚糖中氨基的离子化,在酸性下溶胀,中性条件下收缩,在胃液中具有飘浮与黏附特性,可延长在胃部逗留时间,被广泛作为口服胃肠黏膜给药制剂载体。最早,壳聚糖载体是用化学交联(如戊二醛等)制备的[45];随后,用聚醚、果胶或黄原胶(xanthan)等壳聚糖共混制备膜或微球。近几年来,国内朱康杰等用柠檬酸根、硫酸根、偏磷酸钠、三聚磷酸钠等阴离子交联壳聚糖形成膜或微球或小球,以及 Aral C 等[46]研究通过小球表面复合壳聚糖/海藻酸钠聚电解质复合物增强小球机械性能等,对壳聚糖微球或小球制备方法、性能表征、体外释放做了一些基础研究,但对临床应用还有许多问题有待解决。

(三) 聚阳离子-聚阴离子型复合物

这类复合物以弱的聚酸与弱的聚碱所形成聚电解质为主,在中性条件下稳定,在酸性或碱性条件下则弱的聚酸或弱的聚碱会非离子化,分别失去电荷使复合解离溶胀。如果复合物中载有药物,则药物分子随着载体溶胀而释放出来,如 Kono 等[17]制备的聚丙烯酸/聚环乙亚胺胶囊就属于这一例子。

肝素也是一种聚酸,侧链带有羧基和磺酸基,它可以和聚烯丙胺(弱的聚碱)在 pH=2～11 时形成稳定的聚电解质复合物,在电场内瞬间解离,达到药物能响应外界电场变化的目的[47]。

二、双层聚电解质膜胶囊

由于小分子离子与聚阴(阳)离子复合物受外界(环境)影响,性能上易产生难以预测的复杂变化,如膜稳定受 pH 值、离子强度、某些离子存在等因素影响。目前,多采用双层聚电解质膜包囊方法来克服上述缺点。如,在钙离子交联的海藻酸钠微球外层,再用聚阳离子通过静电作用形成一层聚电解质复合膜,这样既稳定了内层的微球,又提高了载药量,延长了释药时间。

Weatley 等[4]考察了聚乙烯胺、聚赖氨酸等聚阳离子与钙离子交联的海藻酸钠表面复合物对大分子药物释药效果的影响,发展了温和的水溶液药物包埋法,即,药物通过扩散进入海藻酸钠微球,然后再与聚阳离子作用形成一层聚电解质复合膜。实验表明,表面这层聚电解质复合膜更有效地延长了药物释放时间。

近年来,壳聚糖/海藻酸钠微囊被广泛用作多肽蛋白类药物(如胰岛素)的口服缓释制剂[48]和口服疫苗制剂[49]。最近,我国朱康杰教授领导的小组[50]受 Maysinger 等人发现的一种新乳化法制备小粒径壳聚糖/海藻酸钠微囊的启示,研制了可用于注射用、粒径小于 200μ 的牛血清白蛋白(Bovine serum album, BSA)壳聚糖/海藻酸钠微囊,平均粒径为 120μ。BSA 载药量最高达 9.3%,包封率 56%,体外 PBS 溶液中释放达 15 天(图 10-12)。

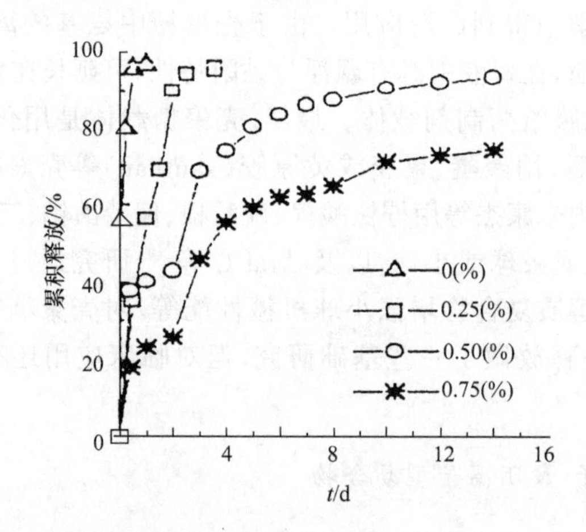

图 10-12 壳聚糖浓度对壳聚糖/海藻酸钠微囊释放 BSA 的影响

(○ △ □ * 表示载体中不同浓度壳聚糖,海藻酸钠浓度为 10% ,溶液的 pH=5.0)

由于壳聚糖形成的膜比聚赖氨酸疏松,所以对有些药物的释放达不到临床要求。人们正在研究通过在壳聚糖支链接枝带有端氨基的长链烷基模拟聚赖氨酸的结构,形成更致密的聚电解质复合膜,但至今未获理想效果。

第四节 不溶性离子聚合物

将离子聚合物用偶联剂进行交联,使离子聚合物通过共价键连接成不溶性的网络结构骨架,而聚合物链上仍有离子基团(活性基团式功能基团),这些活性基团可与其他离子以离子键结合,这就是通常说的离子交换树脂。

一、离子交换树脂的结构特点与分类

(一) 结构特点与基本要求

离子交换树脂(ion enchanged resins, IER)是具有网状立体结构的,含有与离子结合的活性基团的,并能与溶液中其他物质离子进行交换的一类特殊离子聚合物,一般不溶于酸、碱及有机溶剂,可再生与反复使用。IER 必须具有 4 个方面的基本要求:

1. 稳定性:IER 必须具有一定的力学性能,在大多数溶剂中保持稳定,同时受热、光的影响也较小。

2. 多孔性：要保证离子交联时能达到一定的交换量，必须保证 IER 有足够的表面积(包括内表面积)，即与外界物质接触的界面。

3. 适当的交联度：IER 交联度太高，在水中溶胀度变小，树脂中网状结构网孔太小，某些体积较大的离子难以渗透进去，不利于离子交换；交联度太低，达不到稳定性要求。

4. 亲水性：IER 要有一定的亲水性，才能保证交换溶液与树脂表面的充分接触，以利于离子间交换。

(二) 离子交换树脂的分类

1. 按活性基团功能分类

① 强酸性阳离子型交换树脂　　该树脂活性基团为磺酸基(—SO_3H)、次甲基磺酸基团—CH_2SO_3H，电离程度大，不受溶液 pH 值变化的影响，在 pH＝1～14 范围内均可进行交换；

② 弱酸性阳离子型交换树脂　　该树脂活性基团由弱酸基团组成，如羧基(—COOH)、氧乙酸基(—OCH_2COOH)、酚羟基(—C_6H_4OH)等，必须在 pH＞7 溶液中才能正常交换，交换能力随 pH 升高而增大。

③ 强碱性阴离子型交换树脂　　这类树脂活性基团为季铵盐，如三甲铵基 $RN^+(CH_3)_3OH^-$(Ⅰ型)，二甲基-β-羟乙基铵基 $RN^+(CH_3)_2(C_2H_4OH)OH^-$(Ⅱ型)，在 pH＝1～14 都可使用，树脂的氯型比羟型稳定。

④ 弱碱性阴离子交换树脂　　这类树脂活性基团由弱碱组成，如伯胺基(—NH_2Cl)、仲胺基(—NHRCl)、叔胺基(—NR_2Cl)及吡啶(C_5H_5N)基团，在 pH＜7 溶液中使用，交换能力随 pH 值的降低而升高。

2. 按骨架物理结构分类

① 微孔型离子交换树脂

该树脂是指在溶胀状态下孔径为 2～4nm 的树脂。这种树脂一般是在凝胶载体骨架上引入活性基团而形成的，故又叫凝胶型树脂，通常在水中溶胀后才可使用。该树脂一般是透明的，干态与湿态时的结构差别很大。近年来有许多高交联度凝胶型树脂，具有孔径小、密度大、溶胀系数小、机械强度大、选择性高等特点。如强酸性苯乙烯阳离子交换树脂，结构为：

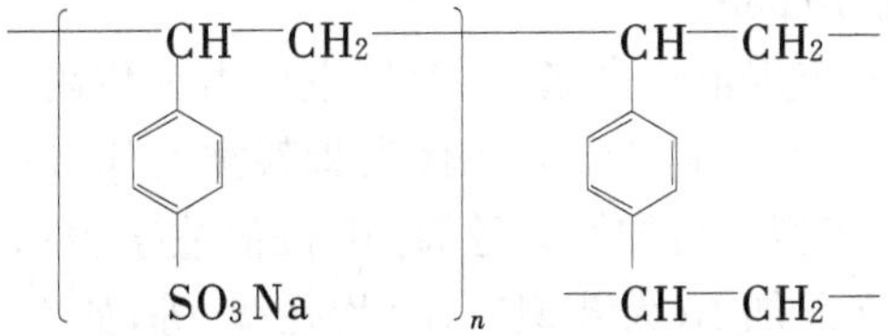

[—CH—CH_2—]$_n$（苯环上连 SO_3Na）—CH—CH_2—（苯环上连 —CH—CH_2—）

强碱性苯乙烯阳离子交换树脂,结构为:

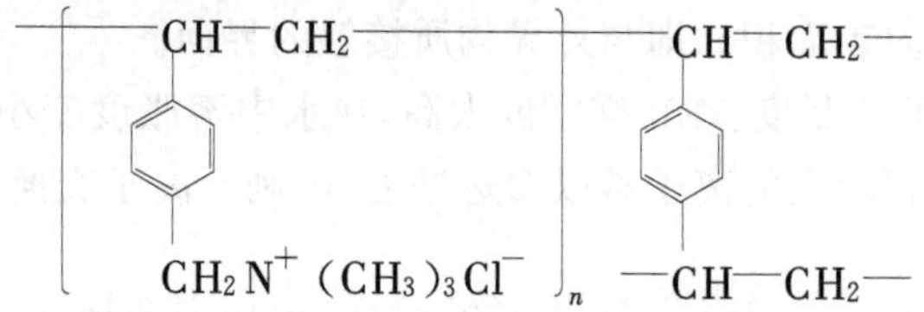

$$\left[\begin{array}{c}-CH-CH_2- \\ | \\ C_6H_4 \\ | \\ CH_2N^{+}(CH_3)_3Cl^{-}\end{array}\right]_n \begin{array}{c}-CH-CH_2- \\ | \\ C_6H_4 \\ | \\ -CH-CH_2-\end{array}$$

② 大孔型离子交换树脂

该树脂孔径可达 100nm,甚至 1000nm 以上,不透明。制备时,在聚合物原料中加入一些不参加反应的填充剂或致孔剂,聚合物交联成型后用加热或浸泡等方式将填充剂或致孔剂除去,在树脂内部形成“永久孔洞”。特点是:理化性能稳定、机械强度高、表面积大、吸附力强、交换容量大、工艺参数稳定。缺点是:比重小,对小离子体积交换容量比微孔树脂小。

常用的有:大孔强酸性苯乙烯型阳离子交换树脂;大孔丙烯酸系列的弱酸性交换树脂;大孔酚醛系列弱酸性树脂;大孔强碱性季铵Ⅰ型阳离子交换树脂;大孔弱碱丙烯酸系列阳离子交换树脂等。

③ 均孔型离子交换树脂

指交联度均匀、孔径大小一致的一类凝胶型树脂,主要为阴离子型。特点是膨胀度、密度适中、交换容量大、再生能力强,如:均孔强酸性苯乙烯系列阳离子交换树脂;均孔弱酸性丙烯酸类阳离子交换树脂;均孔强碱型阴离子交换树脂等。

④ 大孔网状吸附树脂

又称大孔网状吸附剂,它与传统活性炭吸附剂相比具有选择性好、易解吸、机械强度好、可反复使用、流体阻力小特点,可按需要选择不同孔隙大小,骨架结构、极性等不同规格产品。

3. 按骨架的化学结构分类

可分为聚苯乙烯型、聚丙烯酸型、环氧氯丙烷型、多烯多胺型、酚醛型等。

二、离子交换树脂的型号和理化指标

(一) 离子交换树脂型号

国外多以厂家、商品名、代号表示,如美国 Rohm & Hass 公司和 Dow 化学公司生产的离子交换树脂商名分别为 Amberlite 和 Dowex;日本三菱化成公司生产的离子交换树脂商名为 Diaion。

按 1977 年我国公布规范化命名法,型号主要由三位阿拉伯数字组成:第一位数字代表产品分类(0～6);第二位数字代表骨架类型代号(0～6);第三位为顺序号;对于凝胶型树脂,在型号后加“×”连接,阿拉伯数字表示交联度。为区别树脂的形态,常在三位数字前加 D(大孔型),JK(均孔型)等,如表 10-1 和图 10-13。

表 10-1 国产离子交换树脂命名法分类与骨架代号

代号	分类名称	代号	骨架名称
0	强酸性	0	苯乙烯系列
1	弱酸性	1	丙烯酸系列
2	强碱性	2	酚醛系列
3	弱碱性	3	环氧系列
4	螯合性	4	乙烯吡啶系列
5	两性	5	脲醛系列
6	氧化还原	6	氯乙烯系列

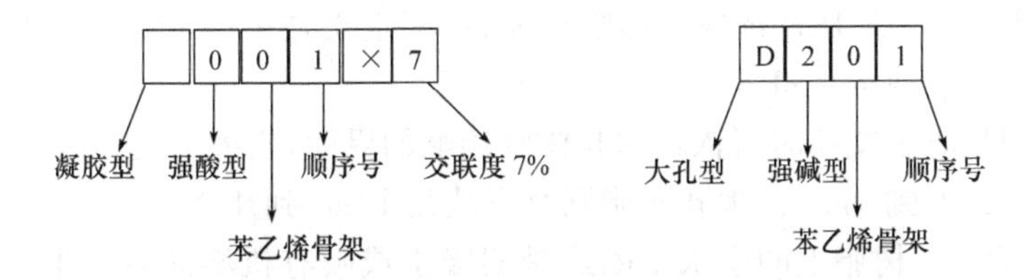

图 10-13 国产离子交换树脂命名法分类代号与骨架代号

(二) 离子交换树脂理化指标

具有应用价值的离子交换树脂应具有一定的功能与理化指标：

1. 离子交换树脂功能要求

① 有良好的交换选择性，并取得较好的分离效果；

② 有尽可能大的交换容量和再生能力；

③ 化学性质稳定，经受得起酸、碱、盐、有机溶剂及一定温度下热作用，无杂质；

④ 交换效率高，速度快，可逆性好，达到平衡时间短；

⑤ 物理机械性能好，颗粒大小均匀，比重适宜，有一定力学强度。

2. 离子交换树脂的理化指标

① 粒度与外观　IER 外观、颜色、形状因种类不同而异，通常为球形，国产树脂粒度以目或 mm 单位表示。由于颗粒不可能百分之百地绝对一样，所以与其他粒子一样有颗粒分布概念，通常用“有效粒径”与“均匀系数”两项指标表示。有效粒径 d_{10} 定义为：10% 的树脂颗粒通过，90% 的树脂颗粒保留筛网上的筛孔直径；“均匀系数”是指 60% 颗粒通过时筛孔直径 d_{60} 与 d_{10} 的比值，即 $K_{均匀} = d_{60}/d_{10}$。

② 交换容量　交换容量是表征树脂交换能力大小的特征参数。表示方法

有“重量交换容量”与“体积交换容量”，单位分别为：mmol/g（干树脂）与 mmol/ml（湿树脂）。

交换容量测定可用酸碱滴定、pH 电位滴定法、滴定量热法等。

③ 交联度　　交联度是决定树脂网络结点数目，最终决定树脂交换量、溶胀度、物理化学稳定性等的重要指标。它受合成时加入交联剂量的影响，如 PS 树脂交联度为 8%DVB，表示树脂中交联剂二乙烯（DVB）占 8%，树脂单体占 92%。

④ 滴定曲线　　IER 实际上是不溶性的聚酸与聚碱，与无机化学中多元酸碱滴定一样，滴定曲线的转折点可估计其总交换容量，通过转折点数目可推知功能基团的数目。

⑤ 孔径、孔度与比表面　　孔径指孔的大小，决定于交联度大小，从几纳米到几千纳米范围，它对于 IER 选择性影响很大；孔度定义是每单位重量 IER 所含孔隙的体积，以 ml/g 或 ml/ml 表示。

比表面积是离子交换时所依赖的与树脂接触的界面，它决定交换速度与效率，凝胶树脂比表面不到 $1m^2/g$，大孔树脂则每克从几个 m^2 到几个百 m^2。

⑥ 溶胀度　　树脂上的亲水基团或骨架吸水或吸有机溶剂后产生体积变化称为溶胀。溶胀是树脂内部渗透压所致，溶胀结果有时可使树脂发生裂纹或破碎。树脂溶胀程度以膨胀系数 K 表示，定义为：溶胀后的树脂体积 $V_{后}$ 与干树脂原有体积 $V_{前}$ 之比。

⑦ 稳定性　　IER 稳定性包括热稳定性、机械稳定性与化学稳定性。这些稳定性条件限制了树脂在前处理与后处理中使用条件的范围，如试剂、压力和温度等。

此外，还有含水量、密度、分子吸附、非水溶剂性质、导电性能等，在购买和使用 IER 时应加以注意。

三、离子交换树脂在药剂学中的应用

长期以来，离子交换树脂主要用在分析化学、蛋白质化学、水净化等物质分离上。随着学科之相互渗透，20 世纪 70 年代开始人们将 IER 应用于 DDS 系统研究与开发，主要用于胃肠中药物的控制释放和作为载体用于靶向释放系统，以下就口服药树脂的控释系统作一简单介绍。

在口服药树脂中，技术较为成熟的并已有系列产品上市的是美国 Pennwalt 公司的 Pennkinetic^{R} 系统。该树脂的设计原理是：用阳离子交换树脂或阴离子交换树脂分别与荷正电或荷负电药物结合形成复合物，用经浸渍剂（impregnating agent）如 PEG 4000 和甘油处理后，再用水不溶性且具有渗透作用的聚合物如 EC 包衣，这样处理得到药树脂不会出现膨胀崩裂等突释现象，并延长释药时间。如盐酸麻黄碱、茶碱[52]和苯巴比妥与阴离子交换树脂结合形成复合物压成片剂；抗组胺药麦沙吡立伦分别和磺酸阳离子交换树脂结合成药树脂后，悬于液体介质中制成的液体长效制剂，用 Amberlite IR-120 树脂（交联度 9%）吸附 40%（W/W）苯丙醇胺（PPM），体内有效作用时间延长为 12h；还有甲基东莨菪碱、抗组胺类药物、巴比妥类药物和抗生素类药物的药树脂制剂。实验证明均具有不同程度的缓释与减小药物毒性作用。

（一）药树脂的制备

药树脂的制备一般要考虑以下几个步骤：

1．树脂选择　选择树脂类型依据原则是：阳离子交换树脂用于荷正电的药物，阴离子交换树脂用于荷负电的药物。要求缓慢释放药物或最大限度掩盖药物的苦味，应选高交联度、粒径大、强酸或弱碱型树脂。pK_a 等于或大于 5.2 的羧酸型药树脂在人工胃液中释放较快，不适于制备长效制剂。树脂粒度小，意味药树脂释放药物比面积大，与周围介质交换平衡时间短。

2．药树脂预处理　预处理目的是去掉交联不完全的少量线性聚合物与杂质。

3．药树脂制备　只有解离型药物才适合制备药树脂，药物与树脂可通过静态或动态离子交换法将药物离子交换到树脂上。

4．药树脂的浸渍　浸渍的目的是增加药树脂的可塑性，使药树脂包衣后和溶出过程中不会因遇水溶胀使药树脂与包衣破裂。常用的浸渍剂有 PEG 4000、乳糖、MC、甘油等。

5．药树脂微囊化　为了使药树脂不至于释药太快，选用水不溶但水可渗透高分子材料如 EC 等进行微囊化，如完全悬浮包衣法界面缩聚法、喷雾干燥法、乳剂-溶剂挥发法等技术都是常用的手段。

（二）药树脂的应用

药树脂的主要特点是可做成液体控释制剂[53]。液体控释制剂是一种以液体形式供口服的长效新剂型。它既具有液体制剂的特点：既可大剂量服用，也可分剂量服用，流动性好，体内吸收快等特点，又具有固体控释制剂特点，即血药浓度平稳，作用时间长，生物利用度高等优点。

液体控释制剂由两大部分组成：

1．含药微粒的制备　即用现代工艺如采用多层包衣、吸附技术等制备微囊、微球、缓释丸剂、凝胶剂等，载体可用树脂或其他生物材料。

2．液体分散介质　一般含有：① 玉米糖浆、蜂蜜、蔗糖糖浆、薄荷醇等矫味剂；② 助悬剂，如 MC、SMC-Na、山梨醇等，以防止微囊聚集、沉降；③ 适量表面活性剂，如吐温 80 等，以改善疏水性包衣材料制成药树脂微囊的润湿性与分散性。

此外有时加些苯甲酸钠防腐剂。

液体分散介质的作用,一方面使微粒均匀分散悬浮于液体介质中,另一方面又能抑制药物从微粒内部扩散出来。以下是扑尔敏药树脂微囊混悬剂的配方：

配方	含量%(W/V)
扑尔敏药树脂微囊	3.5
MC(1.5Pa·S)	2.0
MC(4Pa·S)	1.6
瓜耳胶	0.4
苍耳胶	0.4
Tween 80	0.02
去离子水	加至足量

另外,有报道适用药树脂做成不可降解的靶向制剂,以及用于掩盖药物苦味的载体。

(三) 药树脂作为药物制剂的优缺点

药树脂做成液体控缓释制剂的优点是：

1. 药物释放不依赖于胃肠道内的 pH 值,酶活性以及胃肠道分泌液的体积,主要决定药树脂本身性质,因此可实现恒定速率释药。

2. 药树脂可阻滞药物在胃肠道内水解,从而提高药物稳定性。

3. 制剂中含有大量液体介质与药树脂微囊,服用时可消除胃排空的影响,延长药物释放时间。

4. 形成药树脂可掩盖药物的不良异味,改变口感。

5. 制成液体控释制剂,提高病人对药物依从性,特别适合于吞咽困难的儿童与老人服用。

药树脂主要缺点是：

1. 只适合于可解离的药物。

2. 用药量受药树脂的交换容量所限制。

3. 长期口服可能由于胃肠道正常离子被交换,而带来胃肠的生理紊乱等。

参 考 文 献

[1] Dubin P L, Gao J, Mattison. Protein purification by selective phase separation with electrolyte. Sep Purif Methods, 1994, 23: 1

[2] Kono K, Ohno T, Kumei, et al. Permeability characteristic of polyelectrolyte complex capsule membranes: effect of preparation condition on permeability. J Appl Polym Sci, 1996, 59: 687

[3] Kees D A. Polysaccharide shapes and their interactions-some recent advances. Pure Appl Chem, 1981, 53: 1

[4] Wheatley M A, Chang M, Park E, et al. Coated alginate microspheres: factors influencing the controlled delivery of macromolecules. J Appl Polym Sci, 1991, 43: 2123

[5] Tabata Y, Hijikata S, Ikada Y, et al. Enhanced vascularization and tissue granulation by basic fibroblast growth factor impregrated in gelatin hydrogels. J Contr Rel, 1994, 31: 189

[6] Hashida M, Takemura S, Nishikawa M, et al. Targeted delivery of plasmid DNA complexed with galactosylated poly (L-lysine). J Contr Rel, 1998, 53: 301

[7] 付崇东,蒋雪涛. 离子交换树脂控释混悬剂研究进展. 中国医药工业杂志, 1995, 26(2): 90

[8] 平其能等, 现代药剂学.北京: 中国医药科技出版社, 1998.838

[9] Duncan R, Cable H L, Remanova P, et al. Tyrosinamide residues enhance pinocytic capture of N-(2-hydroxypropyl) mathacrylamide copolymers. Biochim Biophys Acta, 1984, 799: 1

[10] Duncan R, Cable H C, Pgpavek F, et al. Characterization of the adsorptive pinocytic capture of a polyaspartamide modified by the incorporation of tyramine residues. Biochim Biophys Acta, 1985, 840: 291

[11] Duncan R, Kopacek J, Pejmanova P, et al. Targeting of N-(2-hydroxy propyl) methacrylamide copolymer to liver by incorporation of galactose resides. Biochim Biophys Acta, 1983, 755:518

[12] Gombotz W R, Wee S F, Protein release from alginate matrices. Adv Drug Deliv Rev, 1998, 31:267

[13] Bowersock T L, Hogentsch H, Suckow M, et al. Oral vaccination with alginate microsphere systems . J Contr Rel, 1996,39:209

[14] Wagner E, Zenke M, Cotton M, et al. Transferrin-polycation conjugates as carrires for DNA uptake into cells. Proc Natl Acad Sci USA, 1990, 87:3410

[15] Luscher M M. Polyanions—a lost chance in the fight against HIV and other virus diseases. Antivir Chem Chemother, 2000, 11(4):249

[16] Yoon N S, Kono K, Takagishi T. Permeability control of poly(methacrylic acid)-poly(ethylenimine)complex capsules membrane responding to external PH. Appl Polym Sci, 1995, 55:351

[17] Kono K, Tabata F, Takagishi T. PH-responsive permeability of poly(acrylic acid)-poly(ethylenimine) complec capsule membrane. J Membr Sci, 1993, 76:233

[18] Shu X Z, Zhu K J. Chitoson/gelatin microspheres prepared by modified emusification and ionotropic gelation. J Microencapsulation, 2001, 18:237

[19] Schroder-Tefft J A, Bentz H, Estridge T D. Collagen and heparin matrixs for growth factor delivery. J Contr Rel, 1997, 48: 29

[20] Shu X Z, Zhu K J. A novel approach to prepare tripolyphosphate/chitosan complex beads for controlled release drug delivery. Int J Pharm, 2000, 201: 51

[21] Shu X Z, Zhu K J, Song WH. Novel pH-sensitive citrate cross-linked chitosan film for controlled drug release. Int J Pharm, 2001, 212: 19

[22] Cheng R, Lim L Y. Preparation of insulin-loaded pectin nanoparticles for colonic drug delivery. Proceed Int Symp on Contr Bioact Mater, 2000, 27: 992

[23] Tabata Y, Yamada K, Miyamoto, et al. Bone regeneration by basic fibroblast growth factor complexed with biodegradable hydrogels. Biomaterials, 1998, 19: 807

[24] Yamada K, Tabata Y, Yamamoto K, et al. Potential efficacy of basic fibroblast growth factor incorporated in

biodegradable hydrogels for skull bone regenerate. J Neurosurg, 1997, 86: 871

[25] Modenhauer M G, Nairn J G. Formulation parameters affecting the preparation and properties of microencapsulated ion exchange resins containing theophylline. J Pharm Sci, 1990, 79(8): 659

[26] Zelphati O, Francis C, Szoka J. Liposomes as a carrier for intracellular delivery of antisense oligonucleatide: a real or magic bullet? J Contr Rel, 1996, 41: 99

[27] Lasic D D, Templeton N S. Liposomes in gene therapy. Adv Drug Deliv Rev, 1996, 20:221

[28] Conary J T, Erdos G, Guire M M, et al. Cationic liposome plamid DNA complexes: in vitro cell entry and transgene expression augmented by synthetic signal peptides. Eur J Pharm Biopharm, 1996, 42 (4):277

[29] Verma I M, Somia N. Gene therepy——promises, problem and prospects. Nature, 1997, 389:239

[30] Harada Kataoka K. Formation of polyion complex micelles in an aqueous milieu from a pair of oppositely-charged block copolymers with poly(ethylene glycol) segments. Micromol, 1995, 38 :5294

[31] Wolfert M A, Schact E H, Toncheva V, et al. Characterization of vectors for gene therepy formed by self-assembly of DNA with synthetic block copolymers. Hum Gene Ther. 1996, 7: 2123

[32] Kabanov A V, Vinogradov S V, Suzdaltseva YZ, et al. Water soluble block polycations as carriers for oligonucleotide delivery. Bioconjugate Chem, 1995, 6:639

[33] Kataoka K, Togawa H, Harada A, et al. Spontaneous formation of polyion complex micelles with narrow distribution from antisense oligonucleotide and cationic block copolymer in physiological saline. Macromol, 1996, 29:8556

[34] Kim J S, Kim B I, Maruyama A, et al. A new non-viral DNA delivery vector: terplex system. J Contr Rel, 1998,53:175

[35] Lim Y B, Han S U, Kong H U, et al. Biodegradable polyester, poly[2-(4-aminobutyl)-L-glycolic acid], as a nontoxic gene carrier. Pharm Res, 2000, 17(7):811

[36] Lim D W, Yeom Y I, Park T G. Poly(DMAEMA-NVP)-b-PEG-galactose as gene delivery rector for hepatocytes. Bioconjug Chem, 2000, 11(5):688

[37] Guo W, Lee R J. Efflcient gene delivery via non-covalent complexes of folic acid and polyethylenimine. J Contr Rel, 2001, 77(1~2):131

[38] Lee H, Jeony J H, Park T G. A new gene delivery formulation of polyethylenimine /DNA complexes coated with PEG conjugated fusogenic peptide. J Contr Rel, 2000, 76(1~2):183

[39] Koping-Hogqard M, Tubuleka I, Guan H, et al. Chitosan as a nonviral gene delivery system. Structure-property relationships and characteristics compared with polyethylenimine in vitro and after lung administration in vivo. Gene Ther, 2001, 8(14):1108

[40] Amsden B, Turner N. Diffusion characteristics of calcium alginate gels, Biotechnol. Bioeng, 2000, 65:605

[41] Murata Y, Nakada N, Kawashima S, et al. Influence of brilliant blue. J Contr Rel, 1993, 23:21

[42] Thu B, Bruheim P, Espevik T, et al. Alginate polycation microcapsules. Ⅱ. some functional properties. Biomatereials, 1997, 17: 1069

[43] Kikuchi A, Kawabuchi M, Sugihara M, et al. Pulsed dextran release from calcium-alginate gel beads. J Contr Rel, 1997, 47: 21

[44] Kikuchi A, Kawabuchi M, Watarabe A, et al. Effect of Ca^{29}-alginato gel dissolution on release of dextran with different molecular weights. J Contr Rel, 1999, 58: 21

[45] Remunan-ropez C, Bodmeier R. Mechanical, water uptake and permeability properties of cross-linked chitosan glutamate and alginate films. J Contr Rel, 1997, 44: 215

[46] Aral C, Akbuga J. Alternative approach to the preparation of chitosan beads. Int J Pharm, 1998, 168: 9
[47] Kwon I C, Bae Y H, Kim S M. Heparin release from polymer complex. J Contr Rel, 1994, 30: 155
[48] Hari P R, Chandy T, Sharma C P. Chitosan/calcium-alginate beads for oral delivery of insulin. J Appl Polym Sci, 1996, 59: 1795
[49] Bowersock T L, Hogenesch H, Suckow M, et al. Oral vaccination with alginate microsphere systems. J Contr Rel, 1996, 39: 209
[50] 舒晓正，朱康杰. 壳聚糖-海藻酸钠微囊对蛋白质控制释放的研究. 功能高分子学报，1999, 12(4): 423
[51] 何炳林.离子交换与吸附树脂.上海:上海科技教育出版社,1995
[52] Motgcka S, Naoth C J L, Mairn J G. Preparation and evaluation of microcapsulated and coated ion exchange resin beads containing Theophyline. J Pharm Sci, 1985,74(6):643
[53] Umemoto M, Higashi K, Mitani Y. Prolonged release liquid type of pharmaceutical preparation. Eur Patent, 0565310, 1993

（陈建海）

附录一 药用高分子材料学与现代药剂学主要期刊

国外部分(英文)

生物材料部分

1. Biomaterials	生物材料
2. Biopolymers	生物聚合物
3. Biomaterials Medical Devices and Artificial Organs (Biomater Med Dev & Art Org)	生物材料医用装置与人工器官
4. Journal of Biomedical Materials Research (J. Biomed Mater Res)	生物医用材料研究杂志
5. Journal of Biomedical Engineering (J Biomed Eng)	生物医学工程杂志
6. Journal of Polymer Science (J Polym Sci)	聚合物科学杂志
7. Journal of Applied Polymer Scienee (J Appl Polym Sci)	应用聚合物科学杂志
8. Macromolecules	大分子

药剂与剂型部分

1. Advanced Drug Delivery Reviews (Adv Drug Del Rev)	高级给药评论
2. American Journal of Hospital Pharmacy (Am J Hosp Pharm)	美国医院药学杂志
3. Biological and Pharmaceutical Bulletin (Biol Pharm Bull)	生物与药学通报
4. Chemical and Pharmaceutical Bulletin (Chem Pharm Bull)	化学与药学通报
5. CRC Critical Reviews in Therapeutic Drug Carrier Systems	控制释放协会关于治疗药物载体系统的评论
6. Drug Development and Industrial Pharmacy (Drug Dev & Ind Pharm)	药物开发与工业药学
7. Drug Targeting and Delivery	药物靶向与给药
8. Journal of Pharmaceutical Science (J Pharm Sci)	药学科学杂志
9. Journal of Pharmacy and Pharmacology (J Pharm Pharmacol)	药学与药理学杂志
10. Journal of Controlled Release (J Contr Rel)	控制释放杂志
11. Journal of Pharmacokinetics and Biopharmaceutics (J Pharmacokin Biopharm)	药物动力学与生物药剂学杂志
12. Journal of Microencapsulation (J Microencap)	微囊化杂志
13. Journal of Liposome Research	脂质体研究杂志
14. Journal of Drug Targeting	药物靶向杂志
15. International Journal of Pharmaceutics (Int J Pharm)	国际药剂学杂志
16. Pharmaceutical Research (Pharm Res)	药物研究
17. Pharmaceutical Technology (Pharm Tech)	制药技术

国内部分(国家级)

生物材料部分

1. Chinese Journal of Polymer Science (Chin J Polym Sci)
2. 高分子学报
3. 中国生物医学工程学报
4. 中国生物医学工程杂志
5. 高分子材料与科学
6. 功能高分子学报
7. 高分子通报
8. 功能材料

药剂学部分

1. Journal of Chinese Pharmaceutical Science (J Chin Pharm Sci)
2. 药学学报
3. 中国药学杂志
4. 中草药
5. 中国现代应用药学
6. 中国医药工业杂志
7. 中国医院药学杂志
8. 中国药学文摘
9. 中国海洋药物
10. 中国中药杂志
11. 中国新药与临床杂志
12. 中国药房
13. 中国新药杂志
14. 解放军药学学报
15. 中成药
16. 中药材
17. 国外医学——药学分册
18. 中国药科大学学报
19. 沈阳药科大学学报
20. 华西药学杂志

附录二　英文缩写对照表

ADA	Adenosine Deaminase	腺苷脱氨酶
AFM	Atomic Force Microscope	原子力镜
AG	Ammonium Glycyrrhizinate	甘草酸铵
BDDS	Bioadhesive Drug Delivery Systems	生物黏附给药系统
BFGF	Fibroblast Growth Factor	成纤维细胞生长因子
BGF	Base Growth Factor	碱性生长因子
BMA	*n*-Butyl Methacrylate	甲基丙烯酸丁酯
BSA	Bovine Serum Albumin	牛血清白蛋白
BuAA	*N*-Butylacrylamide	*N*-叔丁基丙烯酰胺
CA	Cellulose Acetate	醋酸纤维素
CAP	Cellulose Acetate Phthalate	醋酞纤维素
CB	Carbomer	卡波姆
CEA	Carcinoembryonic Antigen	癌胚抗原
CGRP	Calcitonin Geng-Related Peptide	降钙素基因相关肽
CMC-Na	Carboxymethylcellulose Sodium Salt	羧甲基纤维素钠
CP	C. pyloridis	幽门弯曲菌
CPVA	Cross-povidone	交联的聚维酮
CSSBDDS	Colon-site Specific Bioadhesive Drug Delivery Systems	结肠定位生物黏附给药系统
DBA	Biflorus Agglutinin	扁豆凝集素
DCF	Diclofenac Sodium	二氯苯胺苯乙酸钠
DDC	Dicyclohexyl Carbodiimide	二环己基碳化二亚胺
DHAQ	1,4-Dihydroxy-9,10-Anthraquinone	米托蒽醌
DMA	Dynamic Mechanical Analysis	动态热机械分析法
DMAA	*N*, *N*-Dimethylacrylamide	*N*, *N*-二甲基丙烯酰胺
DMSO	Dimethylsulfoxide	二甲基亚砜
DNR	Daunorubicin	柔红霉素
DOPE	Dioleoylphosphatidylethanolamine	二油酰磷脂酰乙醇胺
DOX	Adriamycin	多柔比星,阿霉素
DSPE	Distearoylphosphatidyl ethanolamine	二硬脂酸磷脂酰乙醇胺
DTA	Differential Thermal Analysis	差示热分析法
DVB	Diethylene	二乙烯
DZP	Diazepam	地西泮[安定药]
EC	Ethylcellulose	乙基纤维素
EGF	Epidermal Growth Factor	表皮生长因子
EGPMA	Ethylene Glycol Di-methacrylate	乙二醇二甲基丙烯酸酯
EMC	Methyl-ethylcellulose	甲基乙基纤维素

GA	Glycyrrhetintic Acid	甘草酸
GGGS	Glycyl-glycyl-galactosamine	甘氨酰甘氨酰半乳糖胺
GMS	Glyceryl Monostearate	甘油单硬脂酸酯
GPC	Gel Permeation Chromatography	凝胶色谱法
GTM	Gentamycin	庆大霉素
HA	Hyaluronan	玻璃酸酶;透明质酸酶
HBS	Hydrodynamically Balanced Systems	流体动力学平衡系统
HDL	High Density Lipoprotein	高密度脂蛋白
HEC	Hydroxyethyl-cellulose	羟乙基纤维素
HET	7-Hydroxy-ethyl-theophylline	羟乙基茶碱
HIV	Human Immuno Deficiency Virus	人免疫缺陷病毒
HPC	Hydroxypropyl Cellulose	羟丙基纤维素
HPGPC	High Gel Permeation Chromatography	高效凝胶色谱法
HPLC	High Performance Liquid Chromatography	高效液相色谱(法)
HPMC	Hydroxypropyl Methyl Cellulose	羟丙基甲基纤维素
IER	Ion Exchanged Resins	离子交换树脂
KS	Kaposi's Sarcoma	卡波西肉瘤
LALLS	Low Angle Laser Light Scatting	小角激光散射
LCST	Low Critic Solution Temperature	浊点
LHRH	Luteinizing Hormone-Releasing Hormone	促黄体(生成)激素释放激素
LNG	Levonorgestrel	左炔诺孕酮
LPS	Laser Particle Sizer	激光粒度分析仪
MC	Methylcellulose	甲基纤维素
MCC	Microcrystalline Cellulose	微晶纤维素
MMA	Methyl Methacrylate	甲基丙烯酸甲酯
MPS	Mononuclear Phagocyte System	单核-巨噬细胞系统
NIPAAm	*N*-Isopropylacrylamide	*N*-异丙基丙烯酰胺
NMR	Nuclear Magnetic Resonance Spectroscopy	磁共振光谱
PAA	Poly(acrylic acid)	聚丙烯酸
PAAm	Poly(acrylamide)	聚丙烯酰胺
PBCA	Poly(butyl-cyanoacrylate)	聚氰基丙烯酸丁酯
PCL	poly(caprolactone)	聚己酸内酯
PEG	poly ethylene glycol	聚乙二醇
PEI	Poly(ethylenimine)	聚乙烯基亚胺
PEO	polyethylene oxide	聚氧乙烯
PGA	Polyglycolic Acid	聚乙醇酸
PGLA	poly(glycolic acid-co-dl-lactic acid)	聚乳酸与乙醇酸共聚物
PHAs	Poly(hydroxyalkanoates)	聚羟基烷酸酯
PHB	Poly(hydroxybutyrate)	聚羟基丁酸酯
PHBV	Poly(hydroxybutyrate valerate)	聚羟基丁酸戊酯
PHCA	Poly(hexylcyanoacrylate)	聚己基丙烯酸烷酯

PHEMA	Poly(hydroxyethyl methacrylate)	聚羟乙基甲基丙烯酸酯
p-HEMA	Poly(hydroxyethyl-Methacrylic; Methacrylic acid)	聚羟乙基甲基丙烯酸
PHPMA	Poly(hydroxyethyl propyl methacrylate)	聚羟乙基丙基甲基丙烯酸酯
PLA	Poly(lactic acid)	聚乳酸
PLL	Poly(l-lysine)	聚赖氨酸
PMAA	Poly(methyl methacrylate)	聚甲基丙烯酸甲酯
PNA	Peanut Agglutinin	花生凝集素
PP	Polypropylene	聚丙烯
PSA	Pressure Sensitive Adhesive	压敏胶
PU	Poly(urethane)	聚氨基甲酸乙酯
PVA	Polyvinyl Alcohol	聚乙烯醇
PVAC	Polyvinyl Acetate	聚乙烯乙酸酯
PVC	Polyvinyl Chloride	聚氯乙烯
PVP	Polyvinyl Pyrrolidone	聚乙烯吡咯烷酮
RHG-CSF	Recombinant Human Granulocyte Colony-Stimulating Factor	重组人粒细胞集落刺激因子
SCID	Severe Combined Immun-odeficiency Disease	重度复合性免疫缺陷病
SCMS	Sodium Carboxymethyl Starch	羧甲基淀粉钠
SEM	Scanning Electron Microscope	扫描电子显微镜
SLN	Solid Lipid Nanoparticle	固体脂质纳米粒
SOD	Superoxide Dismutase	超氧化歧化酶
SPM	Scanning Probe Microscope	扫描探针显微镜
ST	Sodium Taurocholate	牛磺胆酸钠
STL	Solanum Tuberosum Lectin	土豆凝集素
STM	Scanning Tunnel Microscope	扫描隧道显微镜
TDDS	Transdermal Drug Delivery Systems	经皮给药系统
TEM	Transmission Electron Microscope	透射电子显微镜
TL	Tomato Lectin	番茄凝聚素
TRF	Transferrin Receptor	转铁蛋白受体
WGA	Wheat-Germ Agglutinin	麦胚凝集素